2018 第壹拾陆辑

中国建筑史论汇刊

王贵祥 主编
贺从容
李菁 副主编

清华大学
建筑学院主办

中国建筑工业出版社

内 容 简 介

《中国建筑史论汇刊》由清华大学建筑学院主办，以荟萃发表国内外中国建筑史研究论文为主旨。本辑为第壹拾陆辑，收录论文 11 篇，分为东亚建筑专题、佛教建筑研究、古代建筑制度研究、建筑文化研究，共 4 个栏目。

其中东亚建筑专题收录有 2 位学者的最新成果，分别为《日本中世禅宗寺院的中国文化影响——以十境为例》、《日本黄檗宗寺院布局初探》；佛教建筑研究成果亦包含 2 篇，分别为《洛阳白马寺修建史札》、《山西阳城海会寺格局演变与寺院中的儒学空间发展》；古代建筑制度研究收录 5 篇，分别是《翼（叶）形栱名称考——敦煌吐蕃建筑画研究》、《佛光寺东大殿实测数据之再反思——兼与肖旻先生商榷》、《清代“洋青”背景下匠作使用普鲁士蓝情况浅析》、《台湾地区馆藏两部宋〈营造法式〉抄本概览》与《重庆丰都名山天子殿后殿调查与分析》；建筑文化研究的成果有《北京旧城历史文化价值新探》与《规矩方圆　浮图万千——中国古代佛塔构图比例探析（上）》。此外还有清华大学最新的测绘成果一份《山西高平开化寺测绘图》。上述论文中有多篇是诸位作者在国家自然科学基金支持下的研究成果。

书中所选论文，均系各位作者悉心研究之新作，各为一家独到之言，虽或亦有与编者拙见未尽契合之处，但却均为诸位作者积年心血所成，各有独到创新之见，足以引起建筑史学同道探究学术之雅趣。本刊力图以学术标准为尺牍，凡赐稿本刊且具水平者，必将公正以待，以求学术有百家之争鸣、观点有独立之主张为宗旨。

Issue Abstract

The *Journal of Chinese Architecture History* (JCAH) is a scientific journal from the School of Architecture, Tsinghua University, that has been committed to publishing current thought and pioneering new ideas by Chinese and foreign authors on the history of Chinese architecture. This issue (vol. 16) contains 11 articles that can be divided into four columns according to research area: East-Asian Architecture, Buddhist Architecture, Traditional Architectural System, and Architectural Culture.

Two papers discuss the history of East-Asian Architecture, “Adaptation of Chinese Style in the Japanese Zen Temple: A Study of *Jikkyo*” and “Layout of Ōbaku Monasteries in Japan”. Next are two contributions to the study of Buddhist Architecture, “Building History of the White Horse Temple in Luoyang” and “The Evolution of the Layout of Haihui Temple in Yangcheng, Shanxi Province, and the Development of Confucian Learning Space”. The section on Traditional Architectural System includes five articles, “Transmission of the Wing- (or Leave-)shaped Bracket——A Study of Architectural Representations in Dunhuang Murals during the Tibetan Period (786-848)”, “Reassessment of Data Measurement of the East Hall of Foguang Temple and Discussion by Xiao Min”, “Craft Application of Prussian Blue against the Background of ‘Oversea Blue’ Use in Qing China”, “Two Editions of *Yingzao Fashi* Preserved in Taiwan, China”, and “The Back Hall of the Son of Heaven Complex on Fengdu Mountain in Chongqing”. Architectural Culture is the theme of the next two papers, “New Exploration of the Historical and Cultural Values of Old Beijing” and “Rules of Square and Circle, Thousands of Different Pagodas: The Composition Ratio of Traditional Chinese Buddhist Pagodas (Part 1)”. Finally, there is a field report of Kaihua Monastery in Gaoping, Shanxi province. This issue contains several studies supported by the National Natural Science Foundation of China (NSFC).

The papers collected in the journal sum up the latest findings of the studies conducted by the authors, who voice their insightful personal ideas. Though they may not tally completely with the editors’ opinion, they have invariably been conceived by the authors over years of hard work. With their respective original ideas, they will naturally kindle the interest of other researchers on architectural history. This journal strives to assess all contributions with the academic yardstick. Every contributor with a view will be treated fairly so that researchers may have opportunities to express views with our journal as the medium.

谨向对中国古代建筑研究与普及给予热心相助的华润雪花啤酒（中国）有限公司致以诚挚的谢意！

目 录

Table of Contents

东亚建筑专题

日本中世禅宗寺院的中国文化影响
——以十境为例[1]

蔡敦达

（同济大学）

摘要：镰仓时代末至室町时代，在京五山、镰仓五山为首的日本禅宗寺院中，出于对中国文化的憧憬、宗教信仰以及修行环境的美化等需要，盛行境致、特别是十境的命名。然十境之命名并非始于日本禅院，南宋以降在中国五山中已见十境。“十咏（十题）”对禅院十境命名的影响不可忽视。源于中国的潇湘八景图和八景诗随日本入宋僧和入元僧以及中国渡来僧传入日本，并形成一种模式。日本禅僧模仿这种形式，命名“××八景”，最终这种“八景”命名模式移植到禅院的境致命名。如同十境，禅院的八景亦为境致命名之一种。本文主要论述了“十咏（十题）”、“潇湘八景”对禅院十境、八景的影响以及日本禅院十境命名的盛行状况。

关键词：境致，十境，八景，禅院，十咏（十题），潇湘八景

Abstract: The paper explores the historical reasons for the selection of names for important Japanese Zen temples (*Kyo gozan and Kamakura gozan*) after picturesque, significant scenes of an area, especially in the tradition of *jikkyo* (ten places), in the late-Kamakura and early-Muromachi period. The naming scheme reflects the admiration of Japanese monks for Chinese culture, religious practice, and aesthetic (environmental) arrangement, but had originated in Chinese Chan Buddhist culture during the Southern Song dynasty. It is important to note the influence of two Chinese poem-paintings—the *Illustrated Ten Poems* (*Shiyong tu*) and the *Eight Views of the Xian and Xiang Rivers* (*Xianxiang bajing*)—that started a whole artistic tradition in Japan after their introduction by *Nissoso, Nyugenso* and *Toraiso*. Japanese Zen monks imitated the artistic pattern, first naming their paintings and poems after them (“*XX hakkei”; Eight Views of XX*) and finally, their temples. Similar to the idea of *jikkyo*, the naming scheme of *hakkei* also builds on the natural environment and adopts the names of the most celebrated places of an area for the Zen Buddhist temples.

Keywords: *jingzhi* (Jap.: *kyochi*), *shijing* (Jap.: *jikkyo*; ten objects, here celebrated places), *bajing* (Jap.: *hakkei*; eight views), Zen temple, *Shiyong tu* (*Illustrated Ten Poems*), *Xianxiang bajing* (*Eight Views of the Xian and Xiang Rivers*)

镰仓时代（1192—1333年）末至室町时代（1336年或1338—1573年），在以京五山[2]、镰仓五山[3]为首的日本禅宗寺院中，出于对中国文化的憧憬、宗教信仰以及修行环境的美化等需要，

---

❶ 本论文为同济大学人文科学交叉学科项目“从五山文学看日本禅寺建筑和庭园的中国文化影响”（项目号：11002191125）研究成果。

❷ 指京都的五山之上南禅寺、五山第一天龙寺、第二相国寺、第三建仁寺、第四东福寺和第五万寿寺。

❸ 指镰仓的五山第一建长寺、第二圆觉寺、第三寿福寺、第四净智寺和第五净妙寺。

盛行境致[1]、特别是十境的命名。早期的实例有渡日中国高僧清拙正澄（1326—1339年在日）的《东山十境》（慈视阁、望阙楼、大悟堂、群玉林、入定塔、乐神庙、无尽灯、清水山、第五桥、鸭川水）、明极楚俊（1329—1336年在日）的《题建长寺十境》（玄关、大彻堂、得月楼、逢春阁、拈花堂、蘸碧池、华严塔、嵩山、玲珑岩、圆通阁）以及日本高僧梦窗疏石（1275—1351年）的《龟山十境》（普明阁、绝唱溪、灵庇庙、曹源池、拈花岭、渡月桥、三级岩、万松洞、龙门亭、龟顶塔），等等。

然十境之命名并非始于日本禅院，在南宋、元代的中国五山[2]中已见十境。例如留元日本禅僧别源圆旨（1320—1330年留元）在他撰写的诗文集《南游集》中载有《和云外和尚天童十境韵》[3]的偈颂。

万松关

廿里苍髯夹路遥，清风树树响寒涛。

等闲掉臂那边过，谁管门头千尺高。

翠锁亭

十二栏杆凝碧寒，青山绿水四连环。

檐头滴滴零松露，孤鹤飞从天外还。

宿鹭亭

机自忘时心自闲，梦飞江海立栏杆。

向明月里藏身去，莫与雪花同色看。

清关

山青云白冷相依，是子归来就父时。

寒淡门风难入作，且从门外见容仪。

万工池

凿断山根通宿云，万夫镬下水泥分。

[1] 关于境致（きょうち），中村元，等.岩波仏教辞典[M].东京：岩波书店，1989：180.作如下释义："禅宗特别重视寺院内外的风致，选择山、岩、川、池、建筑物、桥等重要景物作为景观，称之'十境（じっきょう）'，亦作诗唱咏。十境并非限于寺内景物，还包括如'建仁十境'中的五条大桥、法观寺五重塔（位于京都市东山区，建于1440年）等。""境致"一词早期出现在临济义玄（？—867年）语录《临济录》行录中，"师栽松次，黄檗问：'深山里栽许多作什么？师云：一与山门作境致，二与后人做标榜。'道了，将镬头打地三下。"后在圆悟克勤（1063—1135年）《碧岩录》第24则："看他两人，放则双放，收则双收。沩仰下谓之境致。"和第33则："资福乃沩山、仰山下尊宿，寻常爱以境致接人。"这里的"境致"当作"以具体行为或行动教化众僧或民众"解。而本论文中的"境致"作禅宗寺院内外的景物乃至景观之意。"境致"出自禅僧，用于禅寺，因此从一开始就包含所谓"伽蓝七堂"的主要建筑物以及具有中国建筑特色的"亭"、"桥"等，当然还有山川等自然物以及"池"等，是自然景观与人文景观高度结合的浓缩和升华，表现的是禅僧的理想境界和禅寺的空灵崇高。在日本，涉及这方面的研究论文主要有：玉村竹二.禅院の境致——特に楼閣、廊橋について[J].佛教藝術（26）.后收入：同氏.日本禅宗史論集・卷上[M].京都：思文阁，1967；関口欣也.中世五山伽藍の源流と展開[M]//同氏执筆.五山と禅院.東京：小學館，1983.后收入：関口欣也.関口欣也著作集三・五山と禅院[M].東京：中央公論美術出版，2016；関口欣也.中国江南の大禅院と南宋五山[J].佛教藝術（144）.后收入：関口欣也.関口欣也著作集二・江南禅院の源流、高麗の発展[M].東京：中央公論美術出版，2012.等。笔者1994年向东京大学提交的博士论文《日本中世禅寺空间构成的研究》，试对境致作了专门研究。另外，高桥康夫亦在这方面尤其对冲绳的境致作了全面的研究，相关论文收入：高桥康夫.海之「京都」——日本琉球都市史研究[M].京都：京都大学学术出版会，2015。近些年，日本东北大学的野村俊一准教授以及奈良文化财研究所的年轻研究人员亦对这方面作了有益的研究。

[2] 指五山第一杭州径山寺、第二杭州灵隐寺、第三明州天童寺、第四杭州净慈寺、第五明州阿育王寺。

[3] 上村观光，编.五山文学全集・第一卷[M].京都：思文阁，1992：737-738.

池成月到鉴天象，不比黄河彻底浑。

登阁

一溪流水隔尘境，万叠青山绕石房。
不涉阶梯超佛地，毗卢顶上骂诸方。

玲珑岩

悬崖苍壁太高生，不假天工雕琢成。
突出八方无背面，四山花木自枯荣。

虎跑泉

烟菟爪下涌寒泉，一饮方知如蜜甘。
多少禅和除渴病，休言众味不相兼。

龙潭

头角渊潜水月交，清波彻底蘸青宵。
有时沙界施甘泽，浩浩丛林长异苗。

太白禅居

东晋沙门曾此禅，青山都是旧青毡。
长庚星没天河晓，童子不来经几年？

天童寺即中国五山第三太白山天童景德禅寺，据《扶桑五山记》[1]卷一记载，天童寺境致有五凤楼、光明藏、九峰、龙潭、玲珑岩、双沼、宿鹭亭、清关、万松关、万工池、登阁、妙高台、翠锁亭、门外二十松、虎跑泉、太白禅居等十六处，万松关、翠锁亭、宿鹭亭、清关、万工池、登阁、玲珑岩、虎跑泉、龙潭、太白禅居为其十境（图 1~ 图 3）。既然是“和韵”，就必然有原偈颂，其作者无疑就是云外和尚。云外和尚指天童寺第四十九世住持云外云岫（1242—1324年），天童十境可以认为是云外和尚选定的。可见十境之命名于南宋之后，这在五山为首的中国禅院中非常盛行。

以下就“十咏”、“十题”对禅院十境的影响、“潇湘八景”对禅院八景的影响以及日本禅院中十境命名的盛行等问题，参照禅宗史、美术史、建筑史诸领域先学们的研究成果作一探讨。

图 1　天童寺全景

（常盘大定，关野贞 . 中国文化史迹 · 第四卷 [M]. 京都：法藏馆，1975.）

图 2　天童寺参道[2]

（作者自摄）

图 3　万工池[3]

（作者自摄）

[1] 《扶桑五山记》为江户时代中期抄本，记载日本京五山、镰仓五山的历代住持、境致、塔头、寮舍名以及中国五山、十刹、甲刹的开山和历代住持、境致名，并记日本十刹、诸山一览以及五山、十刹的位次变迁。据玉村竹二考证，此书成书年代为日本享保七年或享保八年，即 1722 年或 1723 年。参见：玉村竹二，校证 . 扶桑五山记 [M]. 京都：临川书店，1983。

[2] 又称“二十里松径”或“门外二十松”，松径之始地“万松关”为外山门，天童寺境致和十境之一。

[3] 由内、外两池组成，亦称“双镜”、“双沼”，天童寺境致和十境之一。

一、"十咏"、"十题"对禅院十境的影响

除前文的留元日本禅僧别源圆旨《和云外和尚天童十境韵》中所见《天童十境》之外，还有较之更早的北宋舒亶所作的《天童十题》。[1]

太白峰

千峰下视尽儿孙，仙事寥寥不可闻。

长作人间三月雨，请看肤寸岭头云。

太白庵

何年杖锡此徘徊，天上真官为我来。

芝圃鹤归香火冷，石基空锁旧莓苔。

玲珑岩

诡形廻与万山殊，空洞由来一物无。

直恐虚心自天意，人间穿凿枉工夫。

响石

渊明休弄没弦琴，混沌中含太白音。

闻说几回风雨夜，四山浑作老龙吟。

龙池

灵踪聊寄数峰云，雨意含云白昼昏。

不用高僧时咒钵，一泓长贮万家村。

虎跑泉

一啸风从空谷生，直教平地作沧溟。

灵山不与江心比，谁会茶仙补水经。

佛迹

苍崖绝壁印苔痕，陈迹千年尚似新。

杖履纷纷走南北，几人不是刻舟人？

临云阁

高僧终日笑凭栏，亦似无心懒出山。

几度海风吹散雨，坐看彩翠落人间。

春乐轩

隔水岩花红浅深，花边相对语幽禽。

管弦不到山间耳，谁会凭栏此日心。

宿鹭亭

云过千溪月上时，雪芦霜苇冷相依。

正缘野性如僧癖，肯为游鱼下钓矶。

舒亶（1042—1104年），北宋末士大夫，官至御史中丞，后坐罪被罢官，死后宋徽宗追赠其为龙图阁学士。值得注意的是，《天童十题》的太白庵、玲珑岩、龙池、虎跑泉、宿鹭亭即其中的五题，与《天童十境》的太白禅居、玲珑居、龙潭、虎跑泉、宿鹭亭相同。由此看来，文人禅僧题诗作偈

[1] [宋]张津，等，编修．乾道四明图经·卷八[M]//宋元方志丛刊·第五册．北京：中华书局，1990：4927-4927.

同一主题说明两者存在交流，尽管有些并非直接交流。据《乾道四明图经》卷八，除《天童十境》之外，还载有舒亶有关禅僧、禅院的多篇诗文。可以认为禅僧在命名禅院十境时，同文人相互交流，并相互影响。

另外，北宋高僧觉范惠洪（1071—1128 年）所著《石门文字禅》卷八中收有《任价玉馆东园十题》[1]，其十题为涵月亭、览秀亭、四可亭、第一轩、如春轩、寒亭、浩庵、方便亭、觉庵、鉴止轩，题写的想必是文人园林或别墅中的十处景物。舒亶将天童寺的十处景物收入诗内，觉范惠洪将文人园林的十处景物写进诗里，这反映了文人与禅僧之间的交流，同时说明“十咏”、“十题”之类诗作形式不仅在文人、诗人中，且在禅僧之间亦十分普及。又如北宋高僧契嵩（1007—1072 年）所著《镡津集》卷十二见有《法云十咏诗叙》，是为法云昼上人所作十咏而写的序文。

> 法云昼上人，缮其居之西厦，曰翠樾堂，以其得山林美荫也；户其北垣，曰陟崖门，示其乘高必履正也；始其入林之径，曰啸月径，高其所适也；疏其泉，曰夏凉泉，贵其濯热也；表昔僧之茔，曰华严塔，德其人也；指其岭之峻绝者，曰樵歌岭，乐野事也；名其亭，曰暎发亭，取王子敬山川相暎发之谓也；目其山之谷，曰杨梅坞，别嘉果也；榜其阁，曰清隐阁，以其可以静也；就竹辟轩，曰修竹轩，拟其操也。是十咏者，举属法云精舍。[2]

在这里，翠樾堂、陟崖门、啸月径、夏凉泉、华严塔、樵歌岭、暎发亭、杨梅坞、清隐阁、修竹轩十处景物的内容或出处均述说得非常清楚，正如序文中所言，选择此十处景物是为了更好地美化精舍四周的景观。再如南宋范成大编纂的《吴郡志》卷三十三“郭外寺・尧峰院”条中记载有当院十景：

> 尧峰院，在吴县横山，即唐免水院也。院有十景，谓清辉轩、碧玉沼、多境岩、宝云井、白龙洞、观音岩、堰盖松、妙高峰、东斋、西隐。[3]

据附其后诗文得知，其十景实出于北宋末高僧怀深（1077—1132 年）所作《山居十咏》。此同前文《法云十咏诗叙》，即将诗文中的十咏照搬成为禅院中的十景。《吴郡志》的成书年代为南宋绍定二年（1229 年），这同中国禅林中五山十刹的成立年代大致吻合[4]，可以认为在这一时期，以五山十刹为主的禅院中盛行十景之命名，诸如《山居十咏》之类演变为禅院十景绝非偶然之

---

[1] 明复法师，主编．禅门逸书・初编第四册 [M]．台北：明文书局，1980：102.

[2] 明复法师，主编．禅门逸书・初编第三册 [M]．台北：明文书局，1980：135-136.

[3] 陆振岳，校点．吴郡志 [M]．南京：江苏古籍出版社，1986：491.《慈受怀深禅师广录》收《山居十咏（和尧峰泉老）》十首，另有《灵岩披云台十颂》。参见：忏庵居士，编辑．高僧山居诗・高僧山居诗续编 [M]．原书．上海：商务印书馆，1934、1935；江苏广陵古籍刻印社影印，1997：126-128；[宋] 怀深，撰．陈曦，点校．慈受怀深禅师广录 [M]．上海：上海古籍出版社，2015：103-105)。但两书诗文字句略有不同。

[4] 关于中国五山十刹制度的成立年代，尚无定论。一种观点认为，入南宋后，禅宗尤其是临济宗以江南为中心，势力十分强大，达到了其鼎盛期。禅宗为了加强同朝廷、士大夫阶层的关系，将中央集权的官僚制度移植禅林，使之各种机构官僚化。时任宰相的史弥远（1164—1233 年）奏请宁宗帝（1194—1224 年在位）建立五山十刹制度。若是事实，史弥远任宰相的时间为 1208 年至 1233 年，对照宁宗帝在位时间一起来考虑的话，推测五山十刹制度的成立年代为嘉定年间，即 1208 年至 1224 年这段时期。

事。“十景”（“十境”）[1] 实为“十咏”、“十题”之袭承，两者不仅形式相同，而且选择的内容大致一样。《天童十题》和《和云外和尚天童十境》所选景物有五处相同，均包括禅院建筑物及周围景物。只是“十境”更加偏重于选择同禅院有关的建筑物，如山门、法堂、佛殿、僧堂、方丈、众寮、塔等伽蓝建筑物。总而言之，禅院十境之命名是受“十咏”、“十题”之类的影响而产生的，而不是忽然出现的。

二、“潇湘八景”对禅院八景的影响

提起八景，最为著名的是“潇湘八景”，相关史料又分为潇湘八景图和潇湘八景诗，即绘画和诗文两种。最先作八景图的画家传为北宋的宋迪[2]，据沈括（1031—1095 年）所著《梦溪笔谈》卷十七“书画”记载：

> 度支员外郎宋迪工画，尤善为平远山水。其得意者，有平沙雁落、远浦帆归、山市晴岚、江天暮雪、洞庭秋月、潇湘夜雨、烟寺晚钟、渔村落照，谓之八景，好事者多传之。[3]

另前文提及的觉范惠洪被认为是八景诗鼻祖，其八景诗见于《石门文字禅》卷八所载八景诗的序文中：

> 宋迪作八景绝妙，人谓之无声句。演上人戏余曰：道人能作有声画乎？因为之，各赋一首。[4]

可见觉范惠洪是模仿无声句之宋迪八景图而写下有声画之八景诗的。无论是宋迪的八景图还是觉范惠洪的八景诗，从其题目和内容可以得知，冠有特定地名的只有潇湘夜雨和洞庭秋月两景，然而潇水、湘水、洞庭这些河川湖泊广大缥缈，其具体位置无从把握。即，八景图、八景诗共同的特点是不确定具体实景，不描写具体景物。但至北宋末宋徽宗（1100—1125 年在位）时，潇湘八景图的制作非常盛行，到处可见八景的命名，与以往不同的是对各个具体实景选取其特定的景物组成八景。例如，《古今图书集成》卷一千二百十三“长沙府部汇考十三・长沙府古迹考”所载全部府县均见有八景或十景的命名。仅就“本府”八景的说明来看，至少可以看出洞庭秋月、渔村夕照、烟寺晚钟分别代指莲花潭、南湖港、水陆寺等特定的景物。较宋迪八景图、觉范惠洪八景诗，其实景

---

[1] 十境和十景在当时的禅僧之间，就境致的意义上而言是相同的。时代上晚于《天童十境》的，有阿育王寺十境（舍利塔、涌现岩、七佛潭、大权洞、佛迹岩、仙书岩、妙喜泉、宸奎阁、金沙井、玉几峰）。释自学和清源本曾分别作有《次十境韵》和《次十景韵》诗偈题咏。参见：[清] 释畹荃，撰．明州阿育王山续志・卷十二 [M]// 中国佛寺史志．台北：明文书局，1980。从音韵上看“境”、“景”，二者发音相同。《汉语大词典》“境”、“景”各自字条中见如下记载：境［jìng《广韵》居影切、上梗、见。］；景 1［jǐng《广韵》居影切、上梗、见。］；景 2［jǐng《广韵》於境切、上梗、影。］。参见：汉语大词典编辑委员会，汉语大词典编纂处．汉语大词典・第二卷 [M]. 上海：汉语大词典出版社，1986：1199；汉语大词典编辑委员会，汉语大词典编纂处．汉语大词典・第五卷 [M]. 上海：汉语大词典出版社，1994：769。其中，“境”与“景 1”发音上虽四声不同，但均发“jing”，“境”是第四声，而“景”是第三声。顺便提一下，两字的日语发音亦对应汉语发音。据《大汉和辞典》，“境”发“ケイ、キヤウ”。参见：诸桥辙次．大汉和辞典・卷三 [M]. 大修馆书店，1986：2517；“景（一）”发“ケイ、キヤウ”，“景（二）”发“エイ、ヤウ”。参见：诸桥辙次．大汉和辞典・卷五 [M]. 大修馆书店，1986：5531。换言之，“境”、“景”二者的发音不仅在汉语，在日语中亦是相同的。就“物象”、“物境”上的意义而言，“境”接近于“景”，然在表示特定区域的具体景物之外，更是指代被赋予特定意义或色彩的景物。“境致”（包括“十境”在内）与“景致”之异，大而言就在于此。当然，禅僧们在具体作偈唱和时，“境”、“景”有时混淆，但作为“境致”的意义不变，“十境”、“十景”并存亦由此产生。

[2] 关于潇湘八景图在中国的产生，多采用岛田修二郎的观点。参见：岛田修二郎．宋迪と瀟湘八景 [J]// 南画鑑賞・十之四。后收入：同氏．中国绘画史研究 [M]. 东京：中央公论美术出版，1993。

[3] 胡道静．梦溪笔谈校证 [M]. 上海：上海古籍出版社，1987：549.

[4] 明复法师，主编．禅门逸书・初编第四册 [M]. 台北：明文书局，1980：97-98。另，同书卷十五亦载有其潇湘八景诗。

形象十分明了，为八景发展、演变后的一大特征。而这一特征又给禅院八景的命名带来了影响。下面围绕这点来考察潇湘八景在日本的流传和影响。

起源中国的潇湘八景图、八景诗，由留宋、留元日本禅僧或渡日中国禅僧传入日本。据说有渡日中国高僧一山一宁（1299—1317年在日）题画诗的思堪所作《平沙落雁图》为现存日本人创作的最早的八景图。镰仓时代末传入的这种潇湘八景图，为室町时代及以后的日本画家推崇备至，并竞相模仿、炮制。又因八景图同四季绘、月次绘、名所绘[1]等日本画在形式上有相似之处，故与之产生共鸣，使八景图发生了变化。[2]首先是季节的顺序。本来潇湘八景图有季节感的画题为山市晴岚表初夏、洞庭秋月和平沙落雁表秋天、江天暮雪表冬天，但并不按春夏秋冬的顺序排列。但以日本潇湘八景屏风画为例来看，始于山市晴岚，中段为洞庭秋月、平沙落雁，最后以江天暮雪收尾，这在画面构图上已形成一个固定模式，即自初夏到秋冬的季节按序排列、一目了然。可以认为八景图按四季顺序排列的表现手法基于四季绘、月次绘等日本画，正如俳句需要表示季节感的季语一样，季节的表现在潇湘八景图的制作中成为必不可少的重要因素。其次是八景图的名所绘影响。如前所述，宋迪的潇湘八景图未必确定实景、描写特定景物，这从现存的传牧溪（图4）、玉涧的潇湘八景图残画中可见一斑，其画意主要通过水色、空气、光线之组合，表现一种渺茫、混沌的意境。然传入日本后，八景图的主题分别形成了山市、夜雨、归帆、渔村、秋月、落雁、晚钟、暮雪八个独立的画面，具有了名所绘的某些特征。从潇湘八景屏风画可以看出，传入日本后的潇湘八景图，在加入四季绘、月次绘、名所绘等日本画的表现手法后，无论在时间上还是空间上，均使特定景物具体化了。

潇湘八景诗在日本最早的实例为渡日中国高僧大休正念（1269—1289年在日）的潇湘八景诗。[3]有关日本禅林中潇湘八景诗的产生、普及、衰退，有朝仓尚的“「瀟湘八景」詩——禅林における三転期”论文[4]，按其划分为三个阶段。

[1] 四季绘、月次绘、名所绘为日语，意为描写四季、十二个月（月次）和名胜（名所）风景及节庆活动的绘画。

[2] 关于潇湘八景图传入日本，同四季绘、月次绘、名所绘的关系，多采用户田祯佑的观点。参见：户田禎佑．瀟湘八景と水墨山水屏風[M]// 日本屏風集成 2. 東京：講談社，1978。

[3] 大日本佛教全书·第四十八卷“禅宗部”[M] 东京：财团法人铃木学术财团，1971：236.

[4] 朝仓尚．禅林的文学[M]. 大阪：清文堂，1985. 第一章第一节

[5] 日本国宝级文物。墨的表现手法由淡至浓，层层重叠，突显厚重感；同时运用淡墨营造广阔无垠的景观。

图4　传牧溪《渔村夕照图》（潇湘八景图卷断简）[5]
（东京根津美术馆藏）

1. 潇湘八景诗的产生、传入——承久之变——南北朝大乱

2. 潇湘八景诗的普及、隆盛——南北朝大乱——应仁之变

3. 潇湘八景诗的成熟、衰退——应仁之变——安土、桃山时代

这里值得注意的是第二阶段的普及、隆盛期，它又分为三个时期，即南北朝大乱－尊氏、义诠时代的普及期；义满、义持时代的消化期；义教时代－应仁之变的隆盛期。普及期特点是渡日中国禅僧、留元日本禅僧的作品居多，代表人物为清拙正澄、雪村友梅（1307—1329年留元）、中岩圆月（1325—1332年留元）。消化期的作品多为义堂周信（1325—1388年）、绝海中津（1336—1405年）及他们的法嗣、门生的作品，数量庞大。隆盛期的八景诗数量较前期又有增多。有关普及、消化、隆盛期，朝仓尚指出：

> 前期（指普及、消化期）的潇湘八景诗，无论从诗的形式还是内容来看，均较为自由，诸僧的各诗均具有个性。然本期（指隆盛期）的八景诗对潇湘八景而言，往往创作成具体形象（换言之，创作出的只是一个规格化了的观念世界），并出现概念化的征兆。[1]

其观点非常富有启发性，这里提到的“具体形象”、“规格化”、“概念化”，实质上指的就是一种模式化。例如，夕照多以斜晖、夕阳、斜曛、斜阳、夕照、残照、返照、淡阴、红满天等词汇来表现；归帆又多使用回帆、蒲帆、飞帆、空帆、片帆、风帆、归帆、轻帆、古帆、孤帆等词语。就此看来，潇湘八景诗亦同八景图一样，传入日本后，形成了一种固定模式，并注重对具体景物的描写。

除潇湘八景诗之外，日本禅僧又模仿这种形式，将八景套用在日本的某些地名上，命名为“××八景”，其中较早的实例有铁庵道生（1262—1331年）所作的《博多八景》[2]诗。

香椎暮雪

缩螺自白鸟边断，天地都无一寸青。

归棹只随夕日地，载家何处扣吟扃。

箱崎蚕市

行尽松阴沙嘴路，路头尽处到江湄。

东边卖了西边买，落日晚风吹酒旗。

长桥春潮

饥虹偃旁春霏饮，人踏饥虹饮处行。

湍雪浑涛伍员恨，不知何日得澄清。

庄滨泛月

地角天涯行遍了，又于西海尽头游。

桂枝露滴望东眼，蜃气薄时看白鸥。

志贺独钓

未羡韩彭兴汉室，岂谋利禄废清游。

扁舟一叶沧波上，载得乾坤不尽秋。

[1] 朝仓尚.禅林的文学[M].大阪：清文堂，1985：29.

[2] 上村观光，编.纯铁集[M]//五山文学全集·第一卷.京都：思文阁，1992：374-375.

浦山秋晚

三十年前贪胜概，几回飞梦落烟峦。

而今老倒看图尽，而鬓秋吹霜后山。

一崎松竹

山奔海口逐奔鲸，激起秋涛月夜声。

欲问巢云孤鹤梦，霜苓千载石根清。

野古归帆

晚楼极目水天宽，云影收边山影寒。

杳杳遥疑泛凫雁，梨花一曲过海滩。

这里所选八景想必就是博多地方的某些特定实景或景物，可以看出其主题和内容均具有春夏秋冬的季节感和景物的场所性，显然是模仿潇湘八景而创作出来的作品。

其实在禅院的境致命名中亦有采用“×× 八景”这种形式的，这可看作是八景在禅院境致上的转用，它同十境，均为境致的一种表现形式。《扶桑五山记》卷二载有大慈寺十境及八景、西岸寺八景。

（大慈寺）十境

槟榔坞、菡萏峰、衣明殿、云秀溪、绿池、潮音阁（山门）、拈花堂（法堂）、烹金炉（方丈）、止止庵、清凉轩

（大慈寺）八景

龙山春望、古寺绿荫、渔浦归舟、桥边暮雨、江上夕阳、东营秋月、西寒夜雪、野市炊烟

（西岸寺）八景

慈云晚钟、清湖夜月、春社花木、秋社风露、砥桥跨虹、荻野环翠、飞阳濯痰、三济修禊

这里值得注意的是，禅院除十境之外，还选择八景作为禅院境致这一点。有关大慈寺八景，以“日向州龙兴山大慈禅寺八景”为题，101 位禅僧作诗唱咏，义堂周信为此特地撰写了《大慈八景诗歌集叙》。据序文称，今川了俊（1325—1420 年）以镇西探题管辖九州地方时，热爱当地山水，特别钟情大慈寺的境致，而叹息没有歌咏其八景的诗歌，于是派一位名叫瞬庵宗久的诗歌能者去京城，约请京五山等擅长诗歌的禅僧作大慈寺八景诗。义堂周信在序文中是这样描述大慈寺八景的：

大慈八景，其曰龙山春望，言宜乎春也；曰古寺绿荫，言宜乎夏也；曰渔浦归舟，以咏渔父也；曰野市炊烟，以乐市隐也；曰桥边暮雨，示防卒暴也；曰江上夕阳，示迫桑榆也；其山城宜月者，曰东营秋月，所以警夜也；其宜雪者，曰西塞夜雪，所以戒不虞也。[1]

从以上序文可以看出大慈寺八景具有季节感、场所性和具体景物，同时又反映了潇湘八景的强烈影响。另有关大慈寺八景还有一处值得注意的记录，义堂周信日记《空华日用功夫略集》卷三康历二年（1380 年）七

[1] 空华集·十三[M]//上村观光，编．五山文学全集·第二卷．京都：思文阁，1992：1709.

月十八日条中见如下一段文字：

为清祖侍者求，改八景目子，盖日向州龙兴山大慈寺境致也。[1]

这里特别重要的是，它明确指出了大慈寺八景为"大慈寺境致"，类似表现在禅僧的诗歌里亦可以看到，这些均说明了大慈寺八景为境致这一事实。大慈寺八景、西岸寺八景除受潇湘八景的影响之外，同潇湘八景比较，其具体景物的形象更为强烈，多又包括山、湖、桥、花木等禅院境致常用的素材。由此看来，始于中国的潇湘八景这一主题由禅僧传入日本后，八景图、八景诗均发生变化，更为强调季节感和场所性，同时又影响禅院境致的命名；同十境一样，在禅院中亦选择八景作为境致，这些十境、八景均可认为是禅院的境致。

❶ 辻善之助，等，校订．空华日用功夫略集·卷三[M]．东京：太洋社，1942：129.

三、日本禅院中十境命名的盛行

如前所述，禅院十境之命名最早是由渡日中国禅僧或留宋、留元日本禅僧传入日本的，著名的有明极楚俊的"建长寺十境"、清拙正澄的"建仁寺十境"等。以此为契机，在日本禅僧之间亦流行起十境的命名，其中梦窗疏石的"天龙寺十境"最负盛名。京五山中，五山之上的南禅寺、五山第一的天龙寺、五山第二的相国寺、五山第三的建仁寺、五山第四的东福寺、五山第五的万寿寺均命名有十境；镰仓五山第一的建长寺等亦命名有十境。下面以京五山、镰仓五山为主，对日本禅院之十境命名作一考察。

南禅寺全称太平兴国南禅寺，山号瑞龙山。正应四年（1291年）改龟山上皇三井寺别院离宫禅林寺殿为禅院，迎圣一国师之法嗣无关普门为开山，称龙安山禅林寺。正安年间（1299—1302年）改为南禅寺，德治二年（1307年）选为准五山，建武元年（1334年）正月二十六日成为五山第一，至德三年（1386年）七月十日升为五山之上（图5，图6）。

❷ 日本重要文化财级文物，重建于桃山时代（1582—1598年或1600年）以后，禅宗寺院最高级别"五山之上"的山门。

❸ 日本国宝级文物，由大小方丈组成，大方丈为1589年建造的皇宫清凉殿缩小规模移建于此的建筑。

图5　南禅寺三门[2]
（日本古寺美术全集22京五山[M].东京，集英社，1983.）

图6　南禅寺方丈[3]
（日本古寺美术全集22京五山[M].东京，集英社，1983.）

据《扶桑五山记》卷二记载，南禅寺境致有五山之上、毗卢顶上、金刚殿、昙华堂、近水院、五凤楼、云堂、锁春亭、羊角岭、藏春峡、愈好亭、归云洞、合涧桥、萝月庵、独秀峰、豢龙池、龙渊室、霜花岩、神仙佳境、牢度梯、薝蔔林、绫户庙、雪隐、表率寮、望仰、龙蟠、虎啸、结集、景雪、择木、思忠、内史、小玉、化檀三十四处。十境分别是独秀峰、羊角岭、归云洞、豢龙池、昙华堂、锁春亭、萝月庵、绫户庙、愈好亭、薝蔔林。还有《雍州府志》卷八、《山城名胜志》卷十三亦见有记载，然不知其命名者。另据《荫凉轩日录》长禄二年（1458年）六月十一日条记载，八代将军足利义政（1449—1473年在位）拜访南禅寺时，游览泉水，巡视十境。[1]可见当时南禅寺十境已广为人知，成为上至将军、下到文人禅僧的观赏对象。

天龙寺全称天龙资圣禅寺，山号灵龟山。原为檀林皇后迎唐高僧义空开创的檀林寺的旧址，后成为与后嵯峨、龟山、后醍醐三天皇关系密切的离宫龟山殿。足利尊氏、直义两兄弟为祈祷后醍醐天皇冥福，于历应二年（1339年）听从梦窗疏石劝导，在此建寺，称灵龟山资圣禅寺，翌年改为天龙资圣禅寺，开山是梦窗疏石。历应四年（1341年）八月二十三日选为五山第二，至德三年（1386年）七月十日列为五山第一。

据《扶桑五山记》卷三记载，天龙寺境致有普明阁、曹源池、三级岩、万松洞、龙门亭、龟顶塔、拈花岭、渡月桥、灵庇庙、绝唱溪、天下龙门、法雷堂、集瑞轩、选佛场、觉皇宝殿、洞鉴、联芳十七处。十境分别为普明阁、绝唱溪、灵庇庙、曹源池、拈花岭、渡月桥、三级岩、万松洞、龙门亭、龟顶塔（图7～图9）。另据《天龙开山梦窗正觉心宗普济国师年谱》[2]记载，贞和二年（1346年）春二月，为表“教外别行之场”，梦窗作《天龙寺十境》[3]赋，并自作序。天龙寺十境之命名是在禅院建成后不久即选定的。

普明阁

广大慈光照世间，善财当面隔重关。

眼皮横盖虚空界，弹指开门匹似闲。

绝唱溪

滩声激出广长舌，莫谓深谈在口边。

日夜流传八万偈，灼然一字未尝宣。

灵庇庙

精蓝分地建届宫，专冀神风助祖风。

莫怪庭前松屈曲，天真正直在其中。

曹源池

曹源不涸直臻今，一滴流通广且深。

曲岸回塘休着眼，夜阑有月落波心。

拈花岭

灵山拈起一枝萼，分作千株在此峰。

只见联芳至今日，不知劫外几春风。

[1] “南禅寺御成。……斋罢，南禅院御烧香并泉水，徐步御览。于国师塔御烧香，十境名数御览也。……”参见：玉村竹二，胜野隆信，校订．荫凉轩日录·第一卷[M]．京都：临川书店，1991：176.

[2] 塙保己一，编．太田藤四郎，补．续群书类从·第九辑下[M]．东京：续群书类从完成会，1981：496-523.

[3] 夢窓正覚心宗普済国師語録[M]//大正新修大藏経·第八〇卷“続諸宗部十一”．東京：大正新修大藏經刊行會，1992：481.

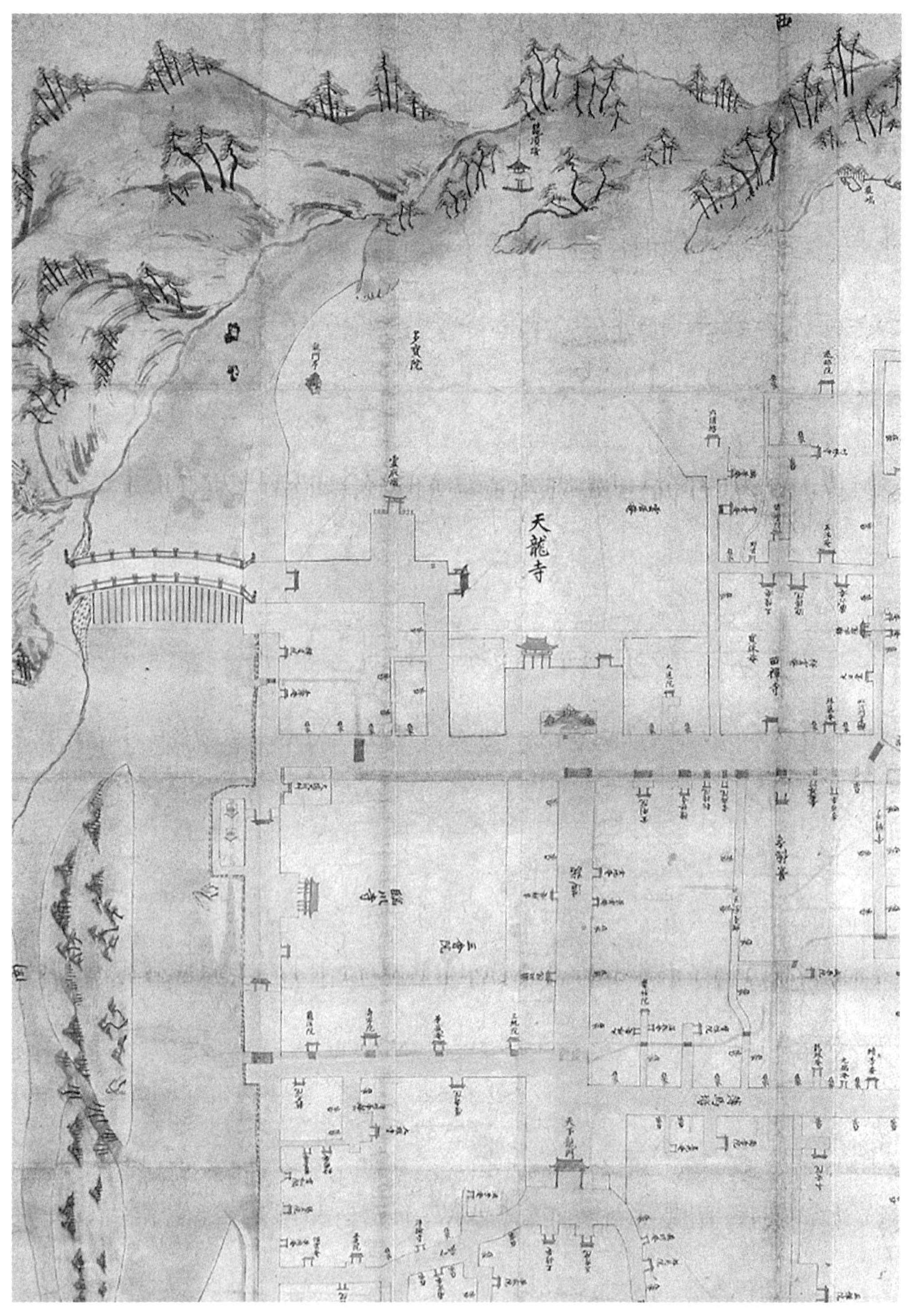

图 7 《应永钧命绘图》（1426 年，局部）❶
（天龙寺藏）

❶ 日本重要文化财级文物。图上方（西面）为龟山，见有“绝顶塔（龟顶塔）”，天龙寺居图中央，图左面（南面）见有“绝唱溪（大井川）”、“渡月桥”、“龙门亭”、“灵庇庙”，下方见有“天下龙门（外山门匾额）”，均为天龙寺境致或十境之一。

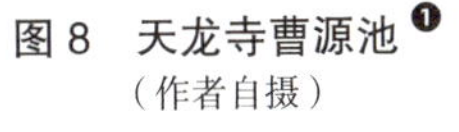

图 8　天龙寺曹源池[1]
（作者自摄）

图 9　岚山渡月桥[2]
（作者自摄）

渡月桥

虹势截流横两岸，一条活路透清波。

渡驴渡马未为足，玉兔三更推毂过。

三级岩

分危布险作三重，水激云遮路不通。

无限金鳞遭点额，谁知遍界起腥风。

万松洞

万株松下一乾坤，翠霭氛氲锁洞门。

仙境由来属仙客，莫言此地非桃源。

龙门亭

不借巨灵分破拳，两山放出一洪川。

三更夜半无来客，数片归云宿槛前。

龟顶塔

松生背上绿毛长，顶戴浮图万劫祥。

户牖恢开不藏六，重重法界目前彰。

渡日中国禅僧东陵永玙（1351—1365 年在日）、日本禅僧乾峰士昙（1285—1361 年）等人和其韵[3]，均作过天龙寺十境偈颂。有关天龙寺十境，《太平记》卷廿四作如下描述：

> 此开山国师，大性寄心水石，以浮萍之迹为事，傍水依山，作十境景趣。所谓大士应化普明阁，尘尘和光灵庇庙，天心浸秋曹源池，金鳞焦尾三级岩，真珠琢领龙门亭，棒三壶龟顶塔，云半间万松洞，不言开笑拈花岭，无声闻声绝唱溪，上银汉渡月桥。此十景（境）其上，集石假烟峰之色，栽树移风涛之声。惠崇烟雨之图、韦偃山水之景亦未得风流也。[4]

相国寺全称相国承天禅寺，山号万年山。永德二年（1382 年），足利义满为创建一禅院，与春屋妙葩（1311—1388 年）、义堂周信商议，经春屋、

[1] 日本特别史迹名胜，日本高僧梦窗疏石作庭，融合宋元画风之禅宗元素的回游式庭园。

[2] 架设在绝唱溪（大井川）上的桥梁，百年前为木桥。“渡月桥”、“绝唱溪”均为天龙寺境致和十境之一。

[3] 东陵永玙偈颂参见：玉村竹二，编．五山文学新集・别卷二 [M]. 东京：东京大学出版会，1991：80-81；乾峰士昙“天龙十景，和梦窗国师韵”，参见：玉村竹二. 五山文学新集・别卷一 [M]. 东京：东京大学出版会，1991：545-546.

[4] 长谷川端，注译．太平记・第三卷 [M]. 小学馆，1997：163.

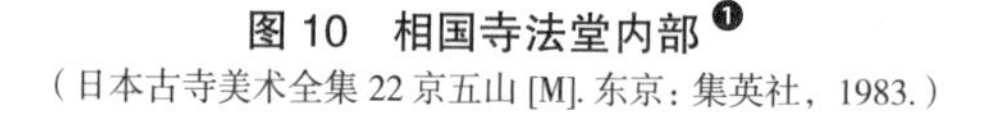

图 10　相国寺法堂内部❶
（日本古寺美术全集 22 京五山 [M]. 东京：集英社，1983.）

图 11　相国寺钟楼“洪音楼”❷
（作者自摄）

义堂建议，将寺号定为承天相国。永德三年（1383 年），又经义堂提议改新寺为相国承天禅寺，迎梦窗疏石为劝请开山，春屋自为二世。至德三年（1386 年）七月十日列为五山第二（图 10，图 11）。

据《扶桑五山记》卷四记载，相国寺境致有祝厘堂、护国庙、圆通阁、功德池、大宝塔、洪音楼、天界桥、龙渊水、般若林、妙庄严域、觉雄宝殿、铁鹞、金乌、无畏堂十四处。十境分别为祝厘堂、护国庙、圆通阁、大宝塔、洪音楼、功德池、天界桥、龙渊水、般若林、妙庄严域。另据《荫凉轩日录》记载，嘉吉元年（1441 年）二月十五日，六代将军足利义教参拜鹿苑院时，僧录季琼真蕊（？—1469 年）题写十境名献上，并出示天界桥图。❸可见相国寺十境是由季琼真蕊命名的。

建仁寺山号东山，开山明庵荣西、开基源赖家。建仁二年（1202 年），荣西受将军赖家庇护实现了在京都建寺的夙愿，于幕府领地六波罗北端开创建仁寺，最初为天台・真言・禅三宗兼学之道场，后成为禅院。建武年间（1334—1338 年）入五山，历应四年（1341 年）八月二十三日为五山第四，至德三年（1386 年）七月十日列为五山第三。

据《扶桑五山记》卷四记载，建仁寺境致有慈视阁、望阙楼、大悟堂、群玉林、入定堂、乐神庙、无尽灯、清水山、第五桥、鸭川水、三世如来殿、清凉轩、拈花堂、雪隐、悦可、表率、梦升、等慈、龙藏、虎林、春会、希真二十二处。十境分别为慈视阁、望阙楼、大悟堂、群玉林、入定堂（应为入定塔）、乐神庙、无尽灯（亦称十境灯）、清水山、第五桥、鸭川水。建仁寺十境是由清拙正澄命名的，为此作《东山十境》❹十首（图 12，图 13）。

❶ 日本重要文化财级文物，重建于 1605 年，现兼作佛殿，桃山时代禅宗样佛殿、法堂建筑中最大规模的遗构。

❷ 重建于 19 世纪中叶，具有江户时代末期禅宗样特色。相国寺境致和十境之一。

❸ “……当院御烧香，盖八日御懈怠也。山门十境名，书而献之。十境名曰祝厘堂、护国庙、圆通阁、功德池、大宝塔、洪恩音楼、天界桥、龙渊川、般若林、庄严域。天界桥，图而悬御目。”参见：玉村竹二，胜野隆信，校订．荫凉轩日录・第一卷 [M]. 京都：临川书店，1991：146。

❹ 上村观光，编．禅居集 [M]// 五山文学全集・第一卷．京都：思文阁，1992：462-463.

图 12 建仁寺三门“望阙楼”[1]
（作者自摄）

图 13 建仁寺方丈（局部）[2]
（日本古寺美术全集 22 京五山 [M]. 东京：集英社，1983.）

慈视阁

有情无情入我眼，我眼遍入情无情。
正见正知观自在，瞳人双倚玉栏横。

望阙楼

百级云梯眼界宽，不违咫尺觐天颜。
夜摩走入三门上，亿万山河尽笑欢。

大悟堂

选佛场开集胜流，心空及第是良筹。
谁从暗里轻移步，踏着文殊脚指头。

群玉林

垂棘悬黎蕴德辉，琳瑯环植富瑰琦。
莫愁大宝无酬价，世有良工尽得知。

入定塔

亲见虚庵得正传，色身坚似法身坚。
凭谁为铸黄金磬，敲出萝龛个老禅。

乐神庙

吉备行祠自古灵，升山迎奉护禅庭。
三千眷属常围绕，铁骑追风鬼眼青。

无尽灯

须弥为烛海为油，十面磨铜法界周。
此土他方尘数佛，灼然不隔一线头。

清水山

累嵬奇峰绀色幽，寒泉千尺下峰顶。
百川浩浩知多少，个是圆通第一流。

❶ 重建于江户末期，建仁寺境致和十境之一。

❷ 日本重要文化财级文物，文禄年间（1592—1599 年）移建此地。

第五桥

半虚空里独横身，接尽中途未到人。

浊界众生何日了，谁知脚下是通津。

鸭川水

凫顶波光似汉江，淀清疑可染衣裳。

曾从加茂宫前过，滴滴醍醐彻底香。

清拙正澄于元弘三年（1333 年）十月二十日接后醍醐天皇敕封，自镰仓建长寺上京就任建仁寺第二十三世住持，直至建武三年（1336 年）春夏之交迁任南禅寺住持为止。可以认为建仁寺十境是在这一段时期里命名的，与“建长寺十境”同为日本禅院中十境的早期实例。

东福寺山号惠日山，嘉祯二年（1236 年）由九条道家发愿，宽元二年（1244 年）迎圣一国师圆尔为开山。最初为天台•真台•禅三宗兼学之寺院，后逐成为禅院。建武年间（1334—1338 年）入五山，历应四年（1341 年）八月二十三日成为五山第五，至德三年（1386 年）七月十日列为五山第四。

据《扶桑五山记》卷五记载，东福寺境致有选佛场、栴檀林、龙吟水、甘露水、通天桥、二老桥、卧云桥、思远池、洗玉涧、三笑桥、五社宫、妙云阁、无价轩、千松林、潮音堂、五社、解空堂十六处（五社宫与五社为同一镇守，故算一处）。十境分别为妙云阁、选佛场、潮音堂、栴檀林、思远池、成就宫（又名五社宫）、通天桥、千松林、甘露井、洗玉涧（图 14，图 15）。东福寺十境名见于传雪舟《东福寺伽蓝图》（图 16）了庵桂悟题写的赞文（永正二年，1505 年）[1]中，《雍州府志》卷九亦有记载。

万寿寺山号九重山，永长二年（1097 年）白河上皇将皇女郁芳门院媞子内亲王遗宫改为佛寺称六条御堂。最初为净土教寺院，正嘉年间（1257—1259 年）十地觉空、东山湛照改其为禅院，名曰“万寿寺”。延文三年（1358 年）九月二日入五山，至德三年（1386 年）七月十日列为五山第五。

据《扶桑五山记》卷五记载，万寿寺境致有琴台、十地超关、大雄宝殿、三山神祠、千松客径、枯木回春、新花更雨、东轩、南院、镜沼十处。另

图 14　东福寺三门[2]
（作者自摄）

图 15　通天桥[3]
（作者自摄）

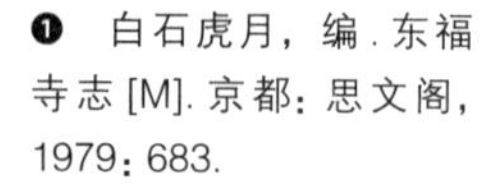

❶ 白石虎月，编．东福寺志 [M]. 京都：思文阁，1979：683.

❷ 日本国宝，重建于 15 世纪初，现存禅宗样最早的三门遗构。

❸ 东福寺自古以“通天红叶”闻名，通天桥将三门、本堂、方丈与北面的开山堂连接了起来。“通天桥”、“洗玉涧”以及西面的“卧云桥”均为东福寺的境致和十境之一。

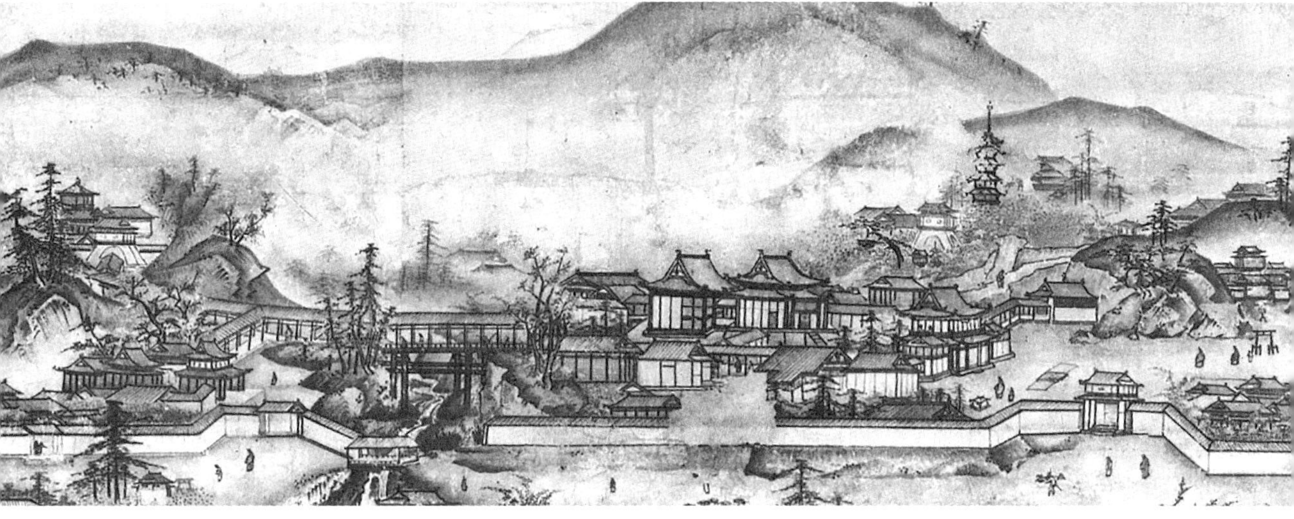

图 16 传雪舟《东福寺伽蓝图》(局部)[1]
(东福寺藏)

据《京城万寿禅寺记》[2] 记载,其为景南英文于宝德三年(1451 年)所命名,并有其所撰偈颂一首:

东轩虚豁包南院,海上三山当处开。
夜月无心临镜沼,暮云有意傍琴台。
新花雨遂空谈散,枯木春从冷坐回。
亲礼大雄超十地,千松夹径接方来。

《扶桑五山记》卷五所载境致名想必是沿袭《京城万寿寺记》偈颂中记载。

建长寺全称建长兴国禅寺,山号巨福山。建长元年(1249 年)由北条时赖发愿创建,建长五年(1253 年)落成,因年号称建长寺,迎渡日中国高僧兰溪道隆为开山。镰仓末期成为五山之一,历应四年(1341 年)八月二十三日列为五山第一。

据《扶桑五山记》卷三记载,建长寺境致有拈花堂、毗卢宝阁、大彻堂、嵩山、得月楼、逢春阁、龙王殿、玄关、蘸碧池、听松轩、天津桥、栴檀林、圆通阁、对神阁、海眼、截流桥、应真阁、法轮宝藏、松下轩、华严塔、摩霄阁、照心、海东法窟、天下禅林、玲珑岩、三千佛、昙华堂以及十寮共三十七处。十境分别为玄关、大彻堂、得月楼、逢春阁、拈花堂、蘸碧池、华严塔、嵩山、玲珑岩、圆通阁。建长寺十境是由明极楚俊命名的,为此作《题建长寺十境》[3] 十首。

玄关

巨辟门何妙,来锋不敢当。峻机才透彻,圆应便通方。
大道谁留碍,迷途自着忙。古今凡与圣,来往更无妨。

大彻堂

当机领旨深,妙悟廓禅心。扑落虚空碎,掀翻大地沉。
灯笼超果位,露柱证圆音。一点灵光在,晖晖耀古今。

[1] 日本重要文化财级文物。白墙围绕的禅寺境内,三门、佛殿、法堂及方丈排列有序,丘陵上建有五重塔,通天桥架设在溪流上。此图展现了东福寺 16 世纪初的伽蓝景象。

[2] 塙保己一,编. 群书类从 · 第二十四辑 [M]. 东京:续群书类从完成会,1977:241-245.

[3] 明极楚俊遗稿 [M]// 上村观光,编. 五山文学全集 · 第三卷. 京都:思文阁,1992:2029-2031.

得月楼

百尺耸危台，轩窗面水开。银鱼腥不到，玉兔影先来。

初印波心静，旋移松顶回。夜深观未足，更复小徘徊。

逢春阁

东皇司令早，暖律已潜回。淑气排檐入，韶光透户来。

草芽穿土出，花蕊向阳开。台榭多生意，功归造化魁。

拈花堂

金色一头陀，观机眼力殊。旨明拈起处，妙显破颜初。

即此非他物，从来错认渠。灯笼满露柱，百万只茫如。

蘸碧池

谁凿地为沼，寒泉涵泳深。青林浮水面，翠巘浸波心。

竖看山形侧，横观树影沉。晚游成胜赏，聊作五言诗。

华严塔

佛现舍那身，顿机人罕闻。深穷华藏海，广演竺乾文。

密护加栏楯，秘函标相轮。都卢高七级，千古镇乾坤。

嵩　山

五岳标中岳，屹居天地心。衡常如侍卫，岱华似恭钦。

惠日辉幽谷，慈风动少林。孰知西祖意，昭显海东岑。

玲珑岩

不假人穿凿，天生怪状奇。嵌空八面透，峻峭一方危。

灵竺比难及，罗浮类莫齐。肯容来宴座，闲惹雨花飞。

圆通阁

闻思修证得，圆应十方通。耳听众色别，眼观诸响同。

朱门严像设，白屋奉真容。此阁何神验，灵光鲁殿雄。

明极楚俊元德二年（1330年）二月抵关东后，受北条高时之邀住持建长寺，元弘元年（1331年）退居寺内云泽庵。可以认为建长寺十境是在这一段时期里命名的，与“东山十境”同为日本禅院中十境的早期实例（图17～图19）。另有乾峰士昙的“巨福山十题次明极和尚韵”[1]。

除五山之外，在十刹、诸山（甲刹）中均有十境的命名，《扶桑五山记》、《宗派目子》[2]等中多见这方面的记载，十刹中十境的实例有：

越前弘祥寺十境：头陀峰、连云石、甘露泉、新丰亭、逢渠桥、精进溪、安居渡、万桑里、三曲洲、深龙渊。

日向大慈寺十境：槟榔坞、菡萏峰、衣明殿、云秀溪、绿池、潮音阁、拈花堂、烹金炉、止止庵、清凉轩。

相模大庆寺十境：觉华、□荫、富月、雪谷、古镜池、白花桥、龙尾水、蛇眠石、独木桥、愈好轩。

山城妙光寺十境：降魔室、对神轩、五通庙、大彻堂、紫金台、宝陀阁、甘露井、坐禅石、澄灵、岁寒。

❶ 乾峰和尚语录[M]// 玉村竹二，编. 五山文学新集·别卷一. 东京：东京大学出版会，1991：639-641.

❷《宗派目子》为记载禅宗各派别人名、事物名的纸片，以便记忆。其中亦记录有不少禅院的境致（包括十境名），一些十刹、诸山的十境名为《扶桑五山记》所不载。本文引用的是东京大学史料编纂所抄本（石井光雄旧藏上村本）。

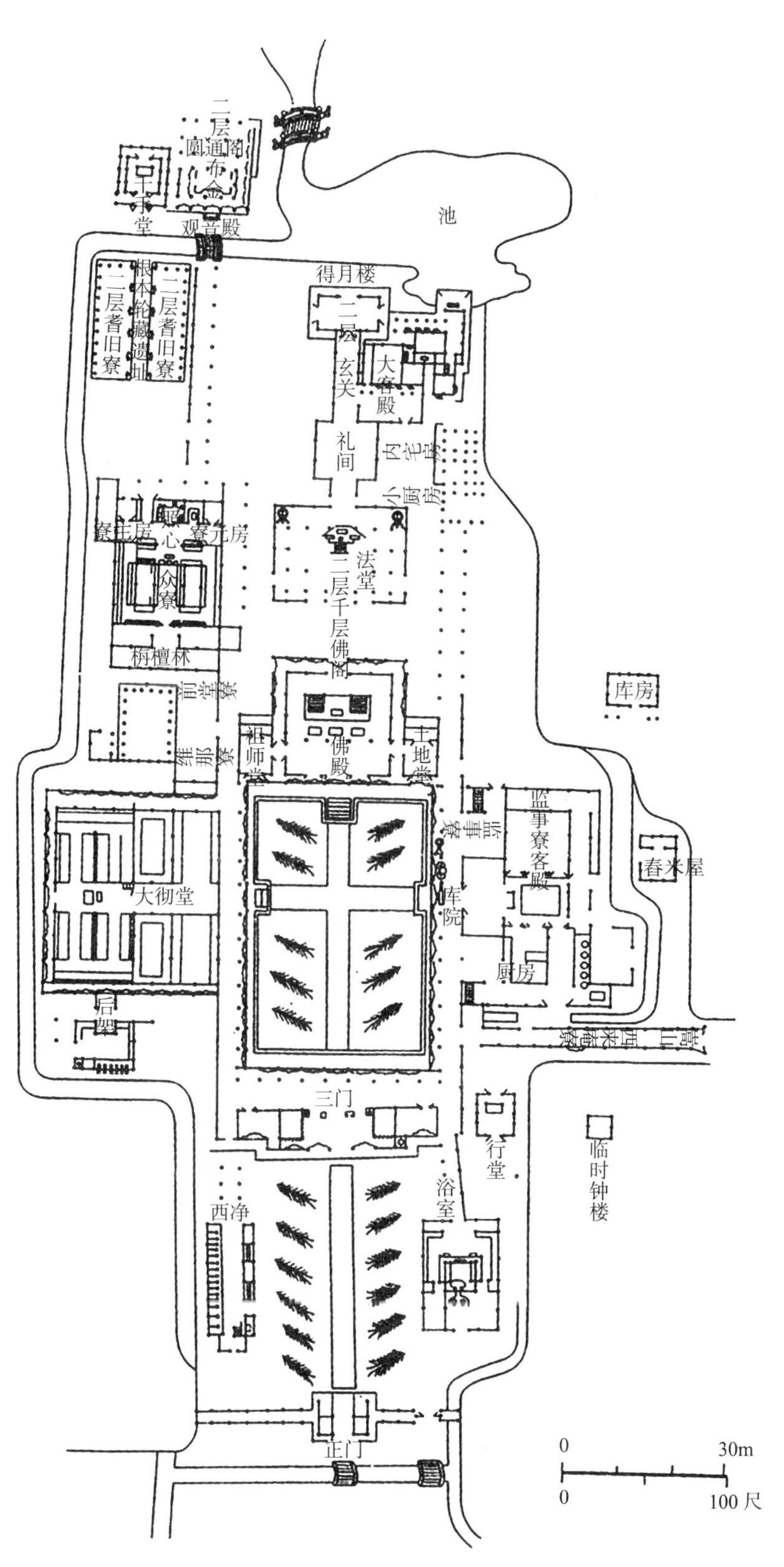

图 17 《建长寺指图》(建长寺伽蓝配置图)❶

(日本建筑学会 . 日本建筑史图集 [M]. 东京：彰国社，1980.)

❶ 图背面记有“元弘元年(1331 年)”字样。三门、佛殿、法堂、方丈排列在中轴线上，回廊自三门左右直达方丈，伽蓝布局规整有序，体现了左右对称的禅宗寺院的典型形式。

图 18　建长寺俯瞰（自背面胜上岳望建长寺）[1]
（作者自摄）

图 19　建长寺方丈庭园[2]
（作者自摄）

[1] 三门、佛殿、法堂等呈直线布局，右手建筑为方丈。
[2] 以“蘸碧池”为主，周围有“得月楼”、“逢春阁”等建筑，均为建长寺境致和十境之一。

宝林永昌禅寺十境：法华宝塔、灵神庙、飞雪岩、圆通宝殿、望江楼、普门境、翡翠桥、白幡城、横翠岭、藏春坞。

法云昌国禅寺十境：曹源池、利生塔、甘露泉、仙游洞、补陀岩、岷峨山、濯锦江、博奕岩、翻花岩、涌金峰。

次列诸山（甲刹）中十境的实例有：

三河实相寺十境：灵光庙、三岛轩、万松洞、西江水、垂虹桥、宿鹭池、南阳江、有孚井、无尽藏（缺一处）。

土佐吸江寺十境：粹适庵、吞海亭、磨砖堂、见国岭、玄夫岛、潮音洞、白鹭洲、雨花岩、独钴水、泊船岸。

大隅正兴寺十境：灵山净土、石体、八相石、佛迹石、竹林精舍、虚空会、白鹭洲、指月桥、玲珑岩、悟道井。

萨摩大愿寺十境：万松林、甘露泉、潜龙峰、夜星河、天香亭、落水桥、马立原、白虎岭、蓬壶洞、二水渡。

丰后大智寺十境：不二庵、禅居、松月、大雄院、金粟院、竹隐、本立、自牧、巢松、独芳轩。

丹后云门寺十境：镇海轩、拔深阁、滋福水、大义田、金鳌岛、白鹭洲、菖蒲涧、翡翠岩、抽笔峰、出径岸。

肥前万寿寺十境：惠峰、双涧、剑阁、石屏、青霞岭、白莲峰、笕水石、左手石、凤凰石、龙王池。

伊势金刚证寺十境：明星水、连珠水、住佛谷、金池、吞海、狮子岩、深壶峰（缺三处）。

从以上十境的内容来看，主要可分为两大类：即以禅院伽蓝为主的建筑物和以禅院周围山川为主的自然景观。前一种又细分为山门、法堂、佛殿、僧堂、方丈、众寮等伽蓝和亭、桥等建筑；后一种除山川等自然物之外，还包括水池、水井等半自然物。

山门古称三门，传象征空、无相、无愿三解脱门。禅院三门分外门、中门、正门，《五山十刹图·诸山额集》中见有外山门、中门、正门。现在所说山门为正门，即正山门之略，在日本外山门简略为外门。[1] 无论是山门还是外门，多有门额这种标志，而命名为禅院境致（或十境）的多为悬挂有这种匾额的建筑。例如，天龙寺普明阁（山门楼阁）、相国寺圆通阁（山门楼阁）、建仁寺望阙楼（山门楼阁）、东福寺妙云阁（山门楼阁），等等。其他五山禅院十境中虽未见山门，但绝大多数将其选为禅院境致之一。[2] 十境之所以重视山门，原因主要有二：一是山门所具有的象征性，山门为禅院之入口，进了山门，便是进了与外界烦嚣世俗截然不同的清净世界。二是山门楼阁的功能性，楼阁上除安置千尊佛、五百罗汉等造像之外，还用于眺望。这在中国五山境致中即见记载，例如，径山寺清凉法海、天下径山便是这种山门匾额，别源圆旨《和云外和尚天童十境韵》有“登阁”一偈，写的就是登上千佛阁饱览周围景色时的感受。另，有关建仁寺望阙楼，《翰林五凤集》卷一载瑞石《望阙楼春眺》诗一首：“望阙高楼对帝城，楣间谁昔独佳名。掖花清柳吟眸里，撩起唐僧应制情。”[3] 可见当时登山门楼阁远眺是一种时尚的风气，同时亦说明了楼阁建筑的盛行。

法堂为说法之堂，禅院中住持上堂之道场。宋承天道原编《景德传灯录》（景德元年，1004年）卷六《禅门规定》出自百丈怀海（749—814年）所定清规之一部分，有关佛殿、法堂是这样记载的：“不立佛殿，唯树法堂者，表佛祖亲受当代为尊也。”可见在当时的禅院中极为重视法堂的作用。以中国五山第一的径山寺为例，据《径山寺》卷十二“径山兴圣万寿禅寺”条载：“十七年，真歇建大雄宝殿。”即真歇清了于南宋绍兴十七年（1147年）始建径山寺佛殿。换言之，径山寺自唐代创建以来一直未建佛殿，百丈清规的古制延续至南宋初期。[4] 从径山寺在禅林中所占的重要地位来看，它给予其他禅院的影响是非常重大的。中国五山境致命名上亦如实地反映了这一现象，没有一处见有佛殿为境致的，而法堂倒有两处：灵隐寺直指堂和净慈寺宗镜堂。日本五山中法堂选入境致（或十境）的有：南禅寺昙华堂（十境）、天龙寺法雷堂、相国寺无畏堂、建仁寺拈花堂、东福寺潮音堂（十境）、建长寺拈花堂（十境）、圆觉寺直指堂等。其中建长寺拈花堂为法堂一层，上层毗卢宝阁亦为该寺境致之一，据《建长寺指图》载上置千尊佛像，可知其为重层的楼阁建筑。另，《五山十刹图》载有“杭州径山寺法堂样”剖面图，上层标明“二界”，说明其为重层的楼阁建筑。可以推测建长寺法堂是学习、模仿径山寺法堂等中国当时的禅宗建筑，法堂为重层楼阁建筑同时体现了禅院重视法堂这一事实。

佛殿为供奉本尊之堂，伽蓝的主要建筑物。但如前所述，袭承古制的禅院中并非如此。《景德传灯录》卷八“汾州无业禅师”曰“巍巍佛堂，其中无佛”，明圆极居顶编《续传灯录》卷三“龙潭智圆禅师”载，“问：古殿无佛时如何？师曰：三门前合掌。”这些在轻视佛殿、佛像这点上，

[1] 横山秀哉.禅の建築[M].東京：彰國社，1967：132.

[2] 例如南禅寺山门楼阁和外门五山之上、天龙寺外门天下龙门、相国寺外门妙庄严域、建长寺山门楼阁应真和东外门海东法窟及西外门天下禅林、圆觉寺山门楼阁法云阁、净智寺外门宝所在近均为各禅寺境致。

[3] 大日本佛教全书·第八十八卷[M].东京：财团法人铃木学术财团，1972：256.

[4] 服部俊崖.徑山寺考[J].佛教藝術（一之九）：77；關口欣也.中国江南の大禅院と南宋五山[J].佛教藝術（144）：47。

与前述“不立佛殿,唯构法堂”同出一辙。更有甚者,如宋希叟绍昙撰《五家正宗赞》卷一“德山宣鉴传”载，德山住持禅院时，拆除佛殿，唯存法堂。这在境致命名上亦得到如实的反映，中国五山中均不见佛殿选入境致的，只是在十刹中有两处命名为境致的，即中天竺寺摩利支殿和国清寺毗卢境。但在日本五山中，虽佛殿选入十境的十分少见（唯万寿寺大雄宝殿一处），然多为各寺的境致，如南禅寺金刚殿、天龙寺觉皇宝殿、相国寺觉雄宝殿、建仁寺三世如来殿、圆觉寺大光明宝殿、寿福寺三佛殿等。禅院伽蓝传入日本大约在南宋以后，前述的径山寺大雄宝殿、中天竺寺摩利支殿均建于南宋初期，即自南宋以后，佛殿始在中国禅院中成为主要伽蓝。在《五山十刹图》灵隐寺、天童寺、万年寺伽蓝配置图（图 20 ～图 22）上，佛殿均建在禅院的中心位置上，可以推测传入日本的禅院伽蓝配置为中国南宋以后的形式。

除山门、法堂、佛殿之外，僧堂、方丈、众寮、寮舍、塔及镇守堂等亦被命名为境致或十境。特别是方丈及其周围集中有多处境致，是个值得注意的现象。方丈为禅院住持的住处，亦是禅僧坐禅、教化的道场。《五山十刹图》灵隐寺、天童寺、万年寺平面图中均见方丈,通常位于法堂背后。灵隐寺为前方丈、方丈；天童寺为寂光堂、大光明藏、方丈；万年寺为大舍堂、楞伽堂。查该图“诸山额集”得知寂光堂、大光明藏为天童寺前方丈额铭，大舍堂、楞伽堂分别为万年寺的前、后方丈额铭。可见当时的禅院中是分别存在前、后方丈的，前方丈为公共场所，是禅僧坐禅、实施教化的道场，而后方丈为私人生活场所，是住持起居、休息的地方。[1]中国五山径山寺的境致中有不动轩、龙渊室及不动岩，不动轩、龙渊室分别为

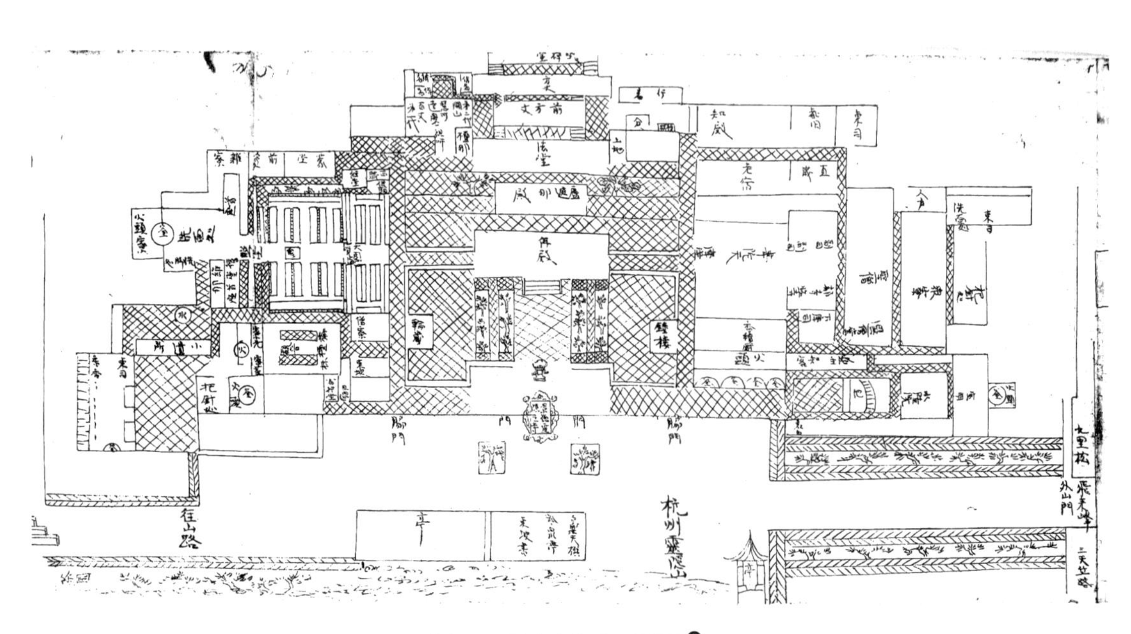

图 20　灵隐寺伽蓝配置图[2]

（曹洞宗宗宝影印本刊行会，编 . 五山十刹图 . 东京：同刊行会，1994.）

❶ 横山秀哉 . 禅の建築 [M]. 東京：彰國社，1967：154.

❷ 灵隐寺为中国五山第二位，伽蓝中轴线上，由南至北排列山门（匾额“景德灵隐之寺”）、佛殿、卢舍那殿、法堂、前方丈、方丈和坐禅堂等；山门和佛殿左右为转轮和钟楼，法堂左右为祖师（堂）和土地（堂）等；东侧主要有水陆堂、选僧堂、众寮等，西侧主要有栴檀林、僧寮，经堂等。东边“飞来峰”、“九里松”以及前面的“冷泉亭”，加之“栴檀林”均为灵隐寺境致。

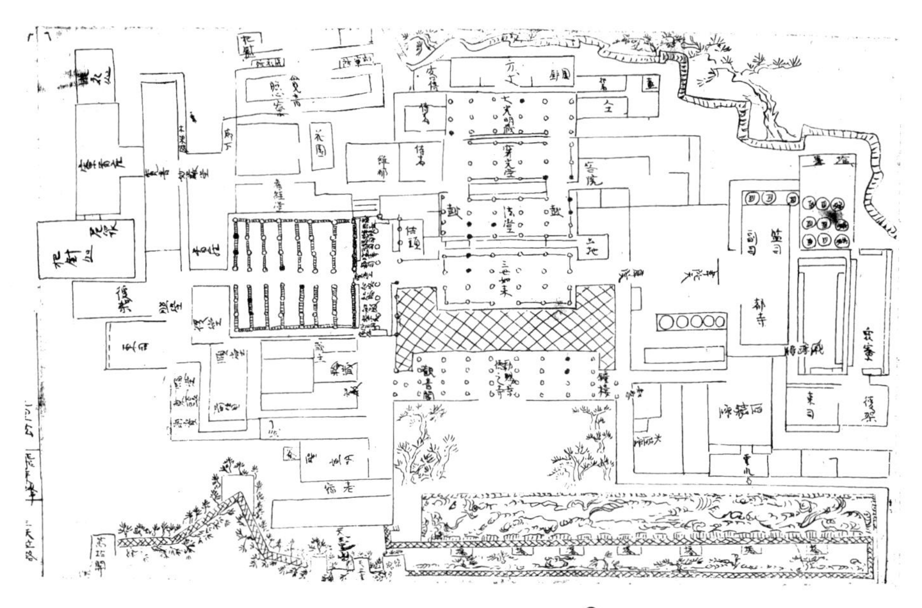

图 21　天童寺伽蓝配置图 ❶

（曹洞宗宗宝影印本刊行会，编 . 五山十刹图 . 东京：同刊行会，1994.）

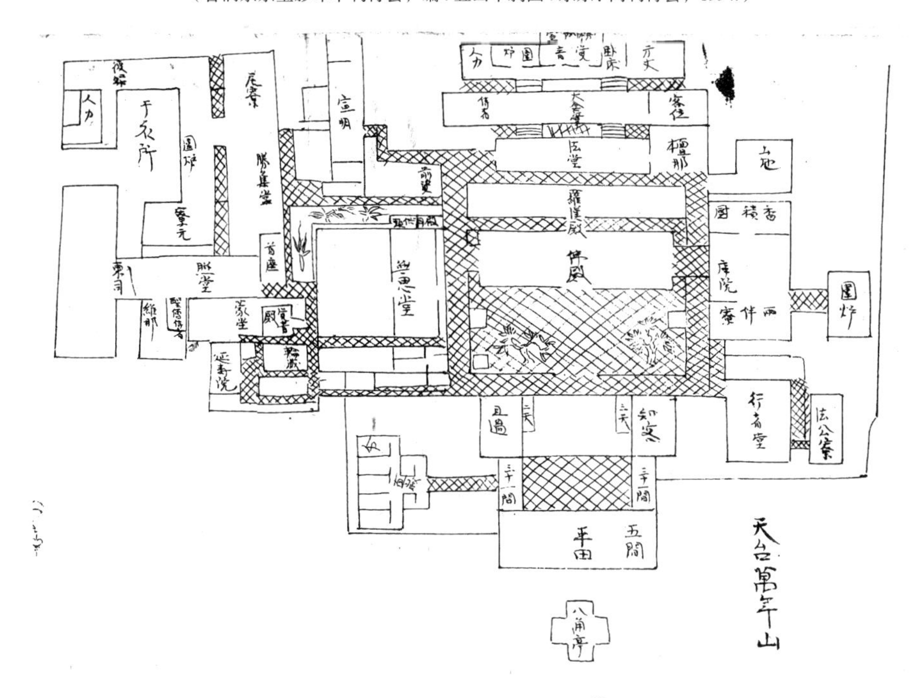

图 22　万年寺伽蓝配置图 ❷

（曹洞宗宗宝影印本刊行会，编 . 五山十刹图 . 东京：同刊行会，1994.）

---

❶ 天童寺为中国五山第三位，伽蓝中轴线上，由南至北排列山门（匾额“敕赐景德之寺”）、佛殿（匾额“三十如来”）、法堂、前方丈（匾额“寂光堂”、“大光明藏”）和方丈等；山门左右为观音堂和钟楼，佛殿左右为僧堂和库里；东侧主要有水陆堂、涅槃堂、选僧堂、众寮等，西侧主要为轮藏、经藏、看经堂等。山门前见有“万工池”和七塔，“万工池”、“宿鹭亭”、“万松关”均为天童寺境致和十境之一。

❷ 伽蓝中轴线上，由南至北排列中门（匾额“中田”）、山门、佛殿、罗汉堂、法堂、大舍堂和方丈等，佛殿与罗汉堂之间设回廊连接，东侧主要有库院、僧寮，土地（堂）等，西侧主要有无思堂、轮藏、观音殿、延寿院等。

前方丈和后方丈，不动岩为寺后山大石。另外，十刹中灵谷寺方丈潮音阁、雪窦寺方丈天开图画、虎丘寺方丈致爽阁等均为各寺的境致。日本五山中最为典型的是建长寺方丈及其周围的境致命名。据《扶桑五山记》卷二载共有七处，即得月楼（建于方丈西北之楼）、逢春阁（建于方丈东北之阁）、龙王殿（方丈）、玄关（方丈门额）、蘸碧池（方丈后池）、听松轩（方丈书院）、对神阁（方丈小书院），其中得月楼、逢春阁、蘸碧池还被选入建长寺十境。建长寺方丈亦存在过前方丈和后方丈。[1]另，选入境致的有南禅寺方丈上层毗卢顶上、天龙寺方丈书院集瑞轩、圆觉寺方丈平等轩、寿福寺方丈之阁扶桑兴禅之阁等，建仁寺方丈之阁慈视阁还为其十境之一。境致或十境之所以重视方丈，原因在于方丈本身所具有的性质：一、方丈为住持起居、休息的场所，是日常生活的地方，属私人生活范围。为了丰富生活、美化环境，而命名某些建筑物、山石、池水为境致。二、方丈同时又是禅僧坐禅、实施教化的道场，带有公共场所的性质，有时甚至还兼作法堂之用（如径山寺前方丈不动轩）。方丈亦同山门、法堂等，相当部分为重层楼阁建筑，这是当时禅院伽蓝盛行楼阁建筑的一种具现。方丈上层多用于眺望，据《荫凉轩日录》长禄二年（1458 年）二月二十九日条载："建仁寺御成。……上于慈视阁东山御一览。"[2]记录了足利义政拜访建仁寺时，登慈视阁眺望东山景色一事。

镇守堂为祭祀伽蓝守护神之堂。这在中国五山境致中当然不见列举，即便在日本五山的镰仓五山中亦不见其为境致的例子，但在京五山中几乎所有的禅院均将其命名为十境之一。例如：南禅寺绫户庙、相国寺护国庙、建仁寺乐神庙、东福寺五社宫、万寿寺三山神祠，天龙寺灵庇庙亦为该寺的一处境致。可以认为在境致或十境的命名上，镰仓五山深受中国五山的影响，诸如建长寺、圆觉寺开山兰溪道隆、无学祖元等本身就是渡日中国禅僧，加之建长寺十境即为渡日中国禅僧明极楚俊所命名。而京五山在境致或十境的命名上，已加入一些日本的因素，选择镇守堂便是一例。查京五山镇守堂所祭祀的伽蓝守护神，得知其均为日本或当地诸神[3]，如南禅寺为绫户神、天龙寺和相国寺为八幡神、建仁寺为乐御前神、东福寺为八幡•春日•稻荷•贺茂•山王神。在禅院设镇守堂，祭祀伽蓝守护神恐同神佛不分这一奈良时代以来的传统有关。[4]

另外，亭、桥等建筑亦多被命名为境致或十境。亭，据《释名》"释宫名"解："亭，停也，人所停集也。凡驿亭、邮亭、园亭，并取此义为名。"亭在中国历史悠久，尤其是宋代以后，亭建筑十分盛行。宋李诫编《营造法式》（成书于宋元符三年，1100 年）中，详细记载有亭的式样、建造技术、规范等。文人墨客有关亭的诗文更是不胜枚举，仅宋代名家作品而言，就有欧阳修的《丰乐亭记》、《醉翁亭记》，苏轼的《喜雨停记》、《放翁亭记》，苏辙的《黄州快哉亭记》以及苏舜钦的《沧浪亭记》等。中国五山中除净慈寺之外，其他禅院每寺至少有一处亭子选入境致，天童寺锁翠亭、宿鹭

[1] 横山秀哉．禅の建築 [M]．東京：彰國社，1967：155.

[2] 玉村竹二，胜野隆信，校订．荫凉轩日录・第一卷 [M]．京都：临川书店，1991：167.

[3] 横山秀哉将其分类为三种：第一种为同寺域有关的神；第二种为其开山留学中国传来佛法时有特别灵验的神；第三种为禅院开创时受开山之感化而出现的神。参见：横山秀哉．禅の建築 [M]．東京：彰國社，1967：223.

[4] 镇守堂的一个重要作用是通过所祭祀的伽蓝守护神保佑禅院平安，这在梦窗疏石的《龟山十境》偈颂之一的"灵庇庙"（精蓝分地建庙宫，专冀神风助祖风）、清拙正澄《东山十境》偈颂之一"乐神庙"（吉备行祠自古灵，开山迎奉护禅庭）中可以看出。

亭还被选入该寺十境。亭通常建于山顶或水旁，如径山寺含晖亭、流止亭及育王寺玉几亭建在山顶，建在水边或池中的有著名的灵隐寺冷泉亭、壑雷亭及天童寺宿鹭亭，这在《五山十刹图》两寺平面图上清晰可见。亭的作用主要就是眺望，这从大量的咏亭诗、亭记中便可得到证实，禅僧的登高行为或许更带一种超脱之感。[1]同为建筑物，亭子与禅院伽蓝相比，更具有文学色彩，作为禅院空间的一个组成要素使之更加丰富。日本五山境致或十境中亦有亭子，如南禅寺锁翠亭和愈好亭（均为十境）、天龙寺龙门亭（十境）及净智寺妙高亭，但总体数量上不如中国五山那样多。这或许同禅院选址条件有关，除净智寺妙高亭是建在山峰上的之外，以上所举各寺亭子均建于假山或坡地上。而最为典型的是关东十刹第一瑞泉寺的遍界一览亭，它是梦窗疏石开创该寺后翌年，即嘉历三年（1328 年）建于寺后山锦屏山顶的亭子，梦窗疏石题有《遍界一览》偈[2]，明极楚俊、清拙正澄等渡日中国高僧均有诗赋。

桥在禅院境致或十境中亦占有不小比重，就日本五山而言，有南禅寺合涧桥、天龙寺渡月桥（十境）、相国寺天界桥（十境）、建仁寺第五桥（十境）、东福寺通天桥（十境）、二老桥、卧龙桥和三笑桥、建长寺天津桥和截流桥、圆觉寺偃松桥等。不仅寺内的桥梁，而且作为借景还命名一些寺外的桥梁作为该寺的境致或十境。这在中国五山中便有先例，如净慈寺境致六桥指的就是西湖六桥，即映波桥、锁澜桥、望山桥、压堤桥、东浦桥、跨虹桥。天龙寺渡月桥（架在大井川上流的桥梁）、建仁寺第五桥（架在鸭川上的桥梁）当属这种借景。桥的形式中有一种桥、亭合二为一的亭桥（或称廊桥），这在当时十分流行，东福寺通天桥、建长寺天津桥即为这种形式。

山川在禅院境致或十境中所占的比重较大。例如中国五山径山寺，除主峰凌霄峰之外，五峰（钵盂峰、鹏搏峰、宴坐峰、大人峰、朝阳峰）和七峰之一的御爱峰，共计七座山峰被选入境致，占该寺境致的三分之二。这主要取决于禅院选址及周围环境，因为中国五山均属山岳寺院或山麓寺院。有关径山寺的选址及周围环境，南宋潜说友纂修《咸淳临安志》卷二十五“径山”条中是这样描述的：“奇胜特异，五峰周抱，中有平地，人迹不到。”楼钥《径山兴圣万寿禅寺记》[3]又是如此记载的：“余尝登含晖之亭，如踏斗亭，左眺云海，视日初出，前望都城，自西湖、浙江以至越山，历历如指诸掌，真绝景也。”日本五山中镰仓五山，特别是建长寺、圆觉寺，从禅院选址到伽蓝布局、诸堂形式均是模仿南宋禅院的，因此境致命名亦深受中国五山的影响。而选择山峰为境致的典型是净智寺，共有四处，即天柱峰、回鸾峰、鹏搏峰、凤栖峰。京五山禅院选址虽不同于镰仓五山，然在境致命名上亦非常重视山峰，南禅寺十境致之一独秀峰本为邻寺岩藏寺所有，是南禅寺用京中五条土地换来作为该寺主峰的[4]，其重视程度可见一斑。天龙寺十境之一拈花峰为岚山一座峰，位于寺南面，相

[1] 径山寺第五十五世住持季潭禅师“晓晴流止亭看岩下眠云”句中“亭际老僧来倚槛，只疑下界顿成空”便是一例。参见：[明]宋奎光. 径山志·卷九[M]// 中国佛寺史志. 台北：明文书局，1980：830.

[2] “天封尺地许归休，致远钩深得自由。到此人人眼皮绽，河沙风物我焉瘦。”参见：天龍開山夢窓正覚心宗普済国師年譜[M]// 続群書類従·続第九輯下. 東京：続群書類従完成會，1988：508。

[3] [明]宋奎光. 径山志·卷七[M]// 中国佛寺史志. 台北：明文书局，1980：627-636.

[4] “此峰旧属岩藏寺，寺亦龟山上皇檀度之地。龙湫和尚住山，买此一峰为寺主山，质以京中五条地，寄附岩藏寺。有司公验契券在。”参见：天下南禅寺記[M]// 群書類従·第二十四輯. 東京：続群書類従完成會，1984：227-228。

隔一条大井川。而建仁寺十境之一清水山远离该寺，但仍作为借景成为该寺境致。同山峰有密切关系的是岩石和洞窟，亦多被选为禅院境致或十境。中国五山是这样，日本五山亦是如此，例如南禅寺归云洞、天龙寺万松洞、建长寺玲珑岩均为该寺十境。其他虽未选入十境，但选为境致的却还有许多。作为一种倾向，境致中多山峰的禅院，岩石和洞窟的境致数量亦较多。若说山峰是禅院之借景的话，那岩石和洞窟便是其点景。

河川、溪水同山峰、岩石和洞窟一样，在禅院境致或十境中亦占有重要位置。例如，中国五山净慈寺将整个西湖作为寺的境致；天龙寺十境之一绝唱溪即为流经寺南的大井川，建仁寺十境之一鸭川水是条横穿京都南北的长河；还有相国寺十境之一龙渊水（河流）和东福寺十境之一洗玉涧（溪流）等。另，水池、水井在禅院境致中亦十分多见。水池通常位于山门或正门前，这在中国五山和日本五山的禅院中均一样，且多被选为境致或十境。如天童寺万工池、南禅寺豢龙池（十境）、相国寺功德池（十境）、东福寺思远池（十境）和圆觉寺白鹭池等。然在日本五山中，方丈周围和塔头❶亦见有水池，如天龙寺曹源池（十境、方丈）、建长寺蘸碧池（十境、方丈）、圆觉寺妙香池（塔头）等。这在中国五山中是没有的，它同方丈住宅及塔头在日本禅院中的独自发展有着很大关系。❷

最后，来看看树木，特别是松树选为境致的实例。例如有灵隐寺九里松径、天童寺门外二十里松径、中国十刹灵谷寺的五里松、国清寺的十里门松等。松树选为境致来源于临济义玄（？—867年）语录《临济录》行录中“师栽松次，黄檗问：‘深山里栽许多作什么？师云：一与山门作境致，二与后人做标榜。’道了，将钁头打地三下。”❸松树与禅僧的关系密切❹，松树可谓禅院境致之先驱。

关于日本禅院之十境命名，天佑梵嘏（1460—1466年任万寿寺住持）宽正五年（1464年）所撰《京城万寿禅寺记》中一段文字非常说明这个问题：

> 宝德三年（1451年）壬申，余与住持月谷诸老宿相谓曰：大小名刹，大半有十境之名，未必天造地设，万寿境中新撰十名则可矣哉！即往前住天下大老东福景南和尚，请撰其名。和尚一一撰之，曰：十地超关、大雄宝殿、新花更雨、枯木回春、东轩、南院、琴台、镜沼、三山神祠、千松客径。乃结十境以四韵一偈，曰：东轩虚豁包南院，海上三山当处开。夜月无心临镜沼，暮云有意傍琴台。新花雨逐空谈散，枯木春从冷坐回。亲礼大雄超十地，千松夹径接方来。宝德壬申孟秋日，前住当山景南英文、八十八岁，谨书。盖大雄宝殿、南院、琴台者，不改旧名也。鹿苑竺云大和尚跋十境偈曰：寺必当有十境耶。十地、宝觉，

❶ 塔头为日语。源于日本禅宗寺院中开山或住持圆寂后，弟子为敬仰师德在塔（墓）头（旁）建庵守墓。后大寺院高僧隐居时于寺院附近或境内建小院居住，及圆寂以后其门人仍居住该院，如祖师生前般守护供养。此院或庵称之为塔头，原附属于大寺院，明治以降多具独立寺院性质。

❷ 关于这个问题，可参考：玉村竹二．五山叢林の塔頭に就て[M]// 同氏．日本禅宗史論集・卷上．京都：思文閣，1967；横山秀哉．禅の建築[M]．東京：彰國社，1967；川上貢．禅院の建築[M]．京都：河原書店，1968；川上貢．禅院の建築[M]．東京：中央公論美術出版，2005年新订版。

❸ 入矢义高，译注．临济录・岩波文库[M]．东京：岩波书店，1989：185-186.

❹《建长寺指图》在山门与佛殿之间记有柏槙。《荫凉轩日录》文正元年（1466年）闰二月十八日条中见有载嘉树、美竹的记录：“上月六郎来话，忻藏主说桂方寺为山门境致又后人标手，而山门前溪边栽嘉树或美竹。其根本无恙，不亦幸乎”参见：玉村竹二，胜野隆信，校订．荫凉轩日录・第二卷[M]．京都：临川书店，1991：109。另文明十八年（1486年）十月二十二日、二十六日条中亦有相国寺塔头鹿苑院门前栽树的记录。而《宋高僧传》卷十一“唐杭州秦望山圆修传”有鸟巢禅师松树上修行、坐禅四十年的传说，日本《明惠树上坐禅像》描绘的是明惠上人坐禅树上的形象。

筚路蓝缕之始。弘安辛巳（1281 年）以来，百七十余岁之间住持者几人，寓居者几人，胡为缺焉不为之哉！不当必有十境耶。仍旧贯，如之何？何必改作今也。夫十者非自天而降，亦非从地而涌，盖出当人之胸次，而竦一世之耳目。响者朝夕于兹者，如唯识其面，而未知其名；而见其面，则蔼然眉目，欢尔心胸。颓壁毁垣，古松老柏，精气一新，是所谓世必有非常之人，而后有非常之事也。……[1]

此段文字内容主要是记述万寿寺十境的命名经过，但它涉及了日本禅院十境命名的几个重要问题。首先是“大小名刹，大半有十境之名”，也就是说不论禅院的规模或大或小，绝大多数均选择有十境。前面所举的五山、十刹、诸山（甲刹）十境实例已说明了这一点，在此无须赘言。五山之类大禅院除十境之外，还选择有其他许多境致。至于十境与境致的关系，通常认为十境来自境致之中，但从以上大量的实例看，本人推测禅院境致之命名始于十境，十刹、诸山中不见境致名记载的，却命名有十境；五山多既见境致名，又命名有十境；而更为重要的是，将天龙寺、相国寺、建仁寺、万寿寺及建长寺十境同《扶桑五山记》中记载的这些禅院的境致名比较，就会发现十境均排列在这些禅院境致的前十名，相国寺、建仁寺十境甚至同该寺境致名的顺序完全一致。可以说，禅院十境之命名在当时应为一种时尚，十分盛行；而十境在禅院境致中占有重要位置，有时甚至是必不可少的，故有“寺必当有十境”之句。

其次，日本禅院十境之命名，有赖于渡日中国禅僧、留元日本禅僧以及日本高僧和名僧的作用。在十境传入日本初期，前两者起到了主导作用；但在普及和推广方面，后者作用尤大，且多为德高望重、具有极高中国文化和文学素养的高僧和名僧。渡日中国禅僧中，影响最大的为清拙正澄（1274—1339 年），泰定三年（1326 年）渡日，翌年受北条高时之邀就任建长寺第二十一世住持，仿灵隐寺之制，建清流、指临、荔香、宗蒲、起汾、冽泉、景扬、思恭、畊道、用则十处公共寮舍，后均被选为建长寺境致。元德元年（1329 年）迁住净智寺，翌年迁任圆觉寺第十六世住持。元弘 3 年（1333 年）接后醍醐天皇敕封，上京就任建仁寺第二十三世住持。建武 3 年（1336 年）迁任南禅寺第十四世住持，历应元年（1338 年）退院，翌年圆寂。有《语录》二卷、诗文集《禅居集》二卷及《大鉴清规》一卷。“东山十境”收入《禅居集》之中。明极楚俊（1262—1336 年）元德元年（1329 年）同竺仙梵仙（1329—1348 年在日）等人一起渡日，翌年抵京都，同年下关东，由北条高时安排住持建长寺，元弘元年（1331 年）退住，闲居寺内云泽庵。元弘三年（1333 年）受后醍醐天皇之邀就任南禅寺第十三世住持，翌年让位梦窗疏石，迁任建仁寺第二十四世住持，建武三年（1336 年）圆寂。有《语录》六卷，《明极楚俊遗稿》为《明极和尚语录》中除住山录、佛事法语之外的部分，《题建长寺十境》收入其中。留元日本禅僧中，最具代表性的为别源圆旨和雪村友梅，别源圆旨（1294—1364 年）元应二年

[1] 塙保己一，编. 群书类从·第二十四辑. 东京：续群书类从完成会，1984：185-186.

（1320年）27岁时留元，于金陵凤台山宝宁寺参谒古林清茂，刻苦钻研偈颂，后历参天童山云外云岫、天目山中峰明本等高僧，并在云外、古林会下担任过侍者、藏主等职。元德二年（1330年）返日，在元十一年。收有《和云外和尚天童十境韵》的《南游集》为留元时所作诗偈集，云外云岫为之作序，称赞其偈颂"句意不凡"。回国后，康永元年（1342年）受越前朝仓广景之邀，就任弘祥寺开山，弘祥寺十境当是别源圆旨命名的。雪村友梅（1290—1346年）幼时即为渡日中国高僧一山一宁的侍童，一山为之起名友梅。德治二年（1307年）至元德元年（1329年），留元二十余年。期间，历参诸尊宿，广交士大夫为友；攻读经、史、诸子，周游名山古迹；又经受间谍嫌疑、坐牢、流放等艰辛，最后受到元朝廷特赐的宝觉真空禅师称号的厚遇。回国后，先任山城嵯峨西禅寺住持（1332—1334年）、丰后蒋山万寿寺住持（1334—1336年），后又任万寿寺住持（1343年）、建仁寺第三十世住持（1345年）。宝林永昌禅寺十境和法云昌国禅寺十境恐为雪村所选，两寺开山均为雪村友梅，法云寺为建武四年（1337年）播磨守护赤松则村建于当地赤穗苔绳乡的禅寺；宝林寺为贞和元年（1345年）赤松则村之子则佑建于备前新田庄中山的禅寺。雪村留元时诗偈集有《岷峨集》。

日本高僧中，许多人虽没有到过当时的中国——元朝，但不少人均命名有禅院十境，例如梦窗疏石（天龙寺十境）、虎关师炼（景阳十景）[1]、季琼真蕊（相国寺十境）、景南英文（万寿寺十境）、天祥一麟（大愿寺十境），等等，而其中最为著名的是梦窗疏石。梦窗疏石（1271—1351年）少时曾习密乘，因梦游中国禅宗名刹疏山、石头，自觉同禅宗有缘，改法名为"疏石"。先后拜兰溪道隆子弟多人为师，历参一山一宁、高峰显日等中日高僧，并得高峰印可。几经隐居生活后，正中二年（1325年）受后醍醐天皇敕封入住南禅寺。翌年返镰仓，先后住持净智寺、瑞泉寺和圆觉寺。天皇驾崩后，接受足利尊氏的奏请，梦窗成为天龙寺开山。此外，由他开创的禅院还有临川寺、等持院、真如寺、西芳寺等。生前特赐号有梦窗国师、正觉国师、心宗国师，圆寂后的敕封谥号为普济国师、玄猷国师、佛统国师、大圆国师，世称七朝帝师。梦窗交友或弟子中许多是渡日中国高僧或留元日本禅僧，例如他同明极楚俊友谊深厚，曾作诗篇相互唱和应酬。他用假名著述的《梦中问答》刊行时，竺仙梵仙曾为之作跋。另外，梦窗还是个山水癖和造园大家，其隐居地永保寺、吸江庵、泊船庵以及瑞泉寺、西芳寺等均留有他造园的杰作，而前述的天龙寺十境之命名为其这方面天才的集大成。

再次，禅院十境并非"天造地设"，而是为了抒发禅僧"当人之胸次"。梦窗疏石偈颂"境致元非净秽殊，大人所在是灵区"[2]，强调的就是境致命名中禅僧所起作用的重要性。天龙寺十境之一的"龟顶塔"是座建在寺后龟山顶上的多层风水塔，梦窗有偈颂赋道："户牖恢开不藏六，重重法

[1] 上村观光，编．济北集[M]// 五山文学全集・第一卷．京都：思文阁，1992：98-99.

[2] 龍天開山夢窓正覚心宗普済国師年譜[M]// 続群書類従・続第九輯下．東京：續群書類従完成會，1988：511.

界日前彰。”登塔眺望四周，“法界”在眼前清晰可见，从而表达禅僧此时此刻的一种胸怀。梦窗喜好在寺后山顶上筑亭建塔等，如瑞泉寺的遍界一览亭、西芳寺的缩远亭等，建造这些亭、塔的目的就是通过眺望表达禅僧的胸怀。因禅僧的个人爱好、所要抒发的胸怀各异，故在十境的命名上，有的多选择伽蓝等建筑物，而有的偏重于自然景物，但目的均是为了借物抒情，表达自我胸怀，在这点上是相通一致的。

以上主要论述的是京五山、镰仓五山等临济禅院中十境的命名。除此之外，五山的塔头和五山以外的大禅寺中亦见有十境之命名，如相国寺塔头今是庵十境（芦花深处、水月亭、狎鸥槛、懒渔窝、净友轩、有秋店、菜园、池上闲步、香影斋、辨才天庙）。[1] 又有所谓林下、如大德寺十境（达摩峰、瑞云轩、看云亭、金刚轩、古松岩、起龙轩、官池、梅桥、云门庵、明月桥）[2] 和妙心寺十境（万岁山、拈花塔、渡香桥、百花洞、宇多河、旧籍田、南华塔、斋宫社、鸡足岭、高安滩）[3]。另外，曹洞宗禅院中亦有十境的命名，其较为早期的实例有普济善救（1347—1408年）命名的加贺圣兴寺十境[4]（三神庙、饭涌峰、瑞云丘、活人溪、龙吟松、官路桥、明月江、灵龟岛、石莲塚、白鹭洲）和越前禅林寺十境[5]（藏六山、白山庙、如意峰、医王岭、讲师谷、主道岩、甘露泉、安禅石、挂鞋榎、度香川）、松堂高盛（1431—1505年）命名的远江高台山圆通院十境[6]（卧龙松、白银坂、清凉界、如意峰、梅花径、紫竹林、巨鳌峰、松荫塔、清眼岭、洗耳岩）。由于研究不够，这些均没在本文中展开。即便是已论述的、以京五山、镰仓五山为主的禅院十境尚有深化的必要，例如有关其发展、变化以及影响等，这些有待于在今后的论著中完成。

[1] 今是庵十境为春溪洪曹（？—1465年）所命名，见《荫凉轩日录》宽正四年（1463年）九月二十六日条，参见：玉村竹二，胜野隆信．荫凉轩日录・第一卷[M]．京都：临川书店，1991：428。另，瑞溪周凤（1391—1473年）诗集《卧云稿》有“次韵题今是庵”和“和同庵十咏”，参见：玉村竹二，编．五山文学新集・第五卷[M]．东京：东京大学出版会，1991：570-572。

[2] 黑川道祐，撰．雍州府志[M]新修京都丛书・第十卷．京都：临川书店，1976：644.

[3] 黑川道祐，撰．雍州府志[M]新修京都丛书・第十卷．京都：临川书店，1976：650。另，无著道忠．正法山志・第八卷[M]．京都：思文阁，1975：176中亦载同寺十境。

[4] 普済禅師語録・卷之下[M]//曹洞宗全書・第五卷“語録一”．東京：曹洞宗全書刊行會，1973：162-164.

[5] 同上

[6] 円通松堂禅師語録・第一[M]//曹洞宗全書・第五卷“語録一”．東京：曹洞宗全書刊行會，1973：393-396.

日本黄檗宗寺院布局初探[1]

李沁园

（清华大学建筑学院）

摘要： 作为我国传入日本的最后一支禅宗分支，黄檗派在日本建立了新宗派黄檗宗，并对日本近世文化产生了重大的影响，黄檗宗寺院建筑的独特做法继和样、大佛样、禅宗样之后在日本被称为“黄檗样”。本文将尝试对黄檗宗寺院的布局特征进行归纳和对比，并试图对其祖型源流进行分析。

关键词： 佛教建筑，寺院布局，黄檗宗，黄檗山万福禅寺，长崎唐三寺

Abstract: The Ōbaku sect, the last branch of Zen Buddhism that originated in China and spread to Japan, has significantly influenced Japanese culture. Its unique architectural style is known as Ōbaku style. This paper summarizes and compares the characteristics of layout within the most representative Ōbaku sect monasteries, and analyzes their possible historical archetype.

Keywords: Buddhist architecture, temple layout, Ōbaku (Zen) sect, Manpuku Temple on Mt. Ōbaku, Sōfuku Temple and Shōfuku Temple

日本黄檗宗源于我国明末福建福清临济宗黄檗派。明末崇祯时（1628—1644 年），福清黄檗山万福寺在隐元隆琦禅师住持期间发展成为闽地大禅刹之一，并自此创立了临济宗黄檗派，渐渐形成了黄檗教团，声名远播。

日本江户时代初期，黄檗派首先传入了中国人往来频繁的港口城市日本长崎，从中国东渡的僧人先后在长崎建立了兴福寺、福济寺以及崇福寺，但其传播范围仅限于九州长崎地区，所知者以及信奉者甚少；直至江户中期，即 1654 年（日本承应三年，即清顺治十一年），福建福清黄檗山万福寺住持隐元隆琦禅师受崇福寺住持之邀经由中左所（厦门）东渡长崎（图 1），起初传法于长崎四唐寺之一的兴福寺，在得到德川幕府的支持和赠地以后，于宽文元年（1661 年）开创新寺。出于对故乡的思念，隐元禅师仍将新寺命名为黄檗山万福寺（后文称本山京都黄檗山万福寺）。[2]

图 1　1654 年，隐元禅师东渡日本路线图
（作者自绘）

[1] 本文受国家自然科学基金项目“文字与绘画史料中所见唐宋、辽金与元明木构建筑的空间、结构、造型与装饰研究”（项目批准号：51378276）及“晋东南地区古代佛教建筑的地域性研究”（项目批准号：51578301）资助。

[2] 京都府教育委员会．重要文化財萬福寺大雄宝殿禅堂修理工事报告．昭和四十五年三月．

自此隐元禅师在日本开宗立派，将新宗派命名为黄檗宗。黄檗宗在德川幕府以及诸多大名的支持下迅速发展壮大，隐元禅师的弟子、法嗣被日本各地大名邀请开创新寺，并形成了由其弟子领导的十一个流派，随后越来越多的日本寺院归入黄檗宗门下。在黄檗宗建立后的两百余年时间里，黄檗宗文化迅速影响着日本，在日本被称作“黄檗文化”。就佛教本身而言，黄檗宗从禅宗思想、寺院建筑规制、戒律清规、法式仪轨以及寺院制度等方面都给日本佛教界带来了深远影响。除佛教以外，黄檗文化还在语言、书法、音乐、绘画、印刷、医学、制药、雕塑、茶文化、饮食等方面对日本社会产生了广泛的影响。

就黄檗宗寺院建筑制度而言，黄檗宗的兴起时间处于日本江户时代（1603—1867 年）中期，该时期的建筑多融合日本各时代建筑的特征，经历了几百年逐渐趋于定型，缺乏独特性和创新性。建筑技术和形态严格遵守木割法，使得建筑形态千篇一律。在这种背景下，伴随着黄檗宗的传入，新颖的建筑手法为日本千篇一律的寺院建筑增添了不少生气。于是，为了将其特殊的做法与之前传入日本的和样、禅宗样以及大佛样区分开来，最后这个伴随着黄檗宗从我国传入日本的建筑样式，就被命名为“黄檗样”。[1]

国内外众多学者在介绍日本黄檗山万福寺的时候均指明该寺采用了中国明朝建筑样式[2]，少数学者就日本黄檗山万福寺的祖型进行了更进一步的论证，认为黄檗山万福寺的建筑式样源于我国东南沿海明代样式。[3]然而福建明代建筑从南至北存在较大的差异，目前并没有学者针对日本黄檗样祖型的具体来源做系统的研究。

在不足百年的时间里，黄檗宗在日本迅速发展壮大。据记载，截至延享二年（1745 年），黄檗宗在日本各地所辖寺院达到了 1043 个。而后由于各种灾害导致寺庙损坏，黄檗宗所辖寺庙的数量逐渐减少。据昭和五十五年（1980 年）由日本文化厅编辑的《宗教年鉴》记载，当时日本黄檗宗寺院仍有 462 个，现存黄檗宗寺院 441 个（包括各寺塔头[4]）（图 2）。[5]其中位于日本长崎的崇福寺、兴福寺、圣福寺以及本山京都黄檗山万福寺中的部分建筑，因其特殊做法及历史价值被认定为日本国指定文化财（即国家重点文物保护单位），同时这几座寺院也是最具代表性的黄檗宗寺院。因此，本文将以上述四座寺院为样例，尝试对黄檗宗寺院的布局进行分析，试图找寻其布局特征，并对这些寺院布局的祖型源流进行初步探讨。

一、寺院布局的分类及特征

由于长崎唐三福寺（崇福寺、福济寺、兴福寺）在黄檗宗开宗之前即本山京都黄檗山万福寺创立之前就已经修建，因此在初创时期的布局上并没有受到本山万福寺的影响。此外，长崎唐三寺是东渡僧人在当地移民的支持以及信仰需求下建立的，而黄檗宗本山万福寺是以开宗立派并由此为

[1] 関野貞，著．太田博太郎，編．日本の建築と芸術 [M]．東京：岩波書店，1990.

[2] 関野貞，著．太田博太郎，編．日本の建築と芸術 [M]．東京：岩波書店，1990.

[3] 张十庆．中日古代建筑大木技术的源流与变迁 [M]．天津：天津大学出版社，2004.

[4] 塔头本是弟子为了追思逝去的高僧在其墓地附近修建的小院。后来指高僧或祖师退隐之后在寺院里修建的庵院，作养老静修之用，又称为塔中、塔院。

[5] 吉谷一彦．黄檗宗伽藍の特徴について．日本建築学会九州支部研究報告第 32 号：277-280.

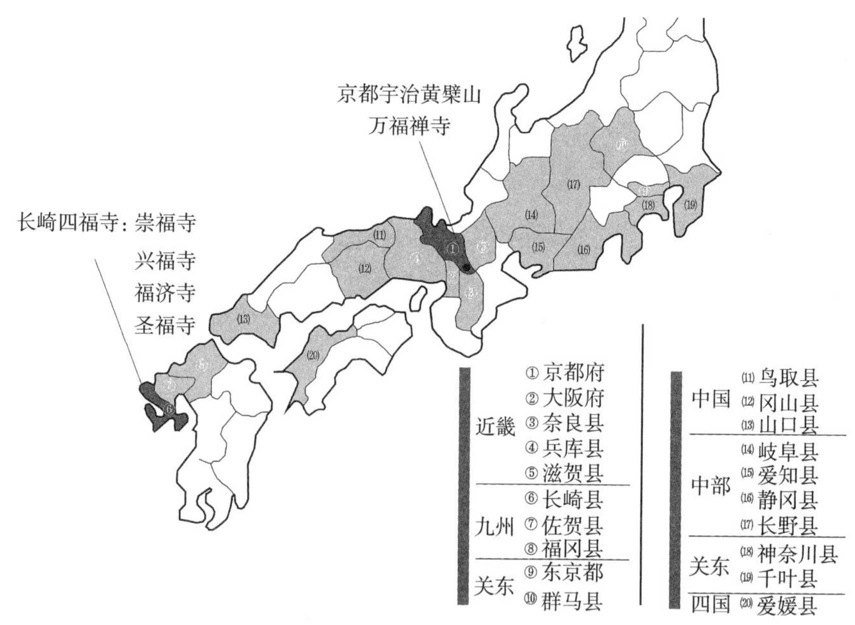

图 2 日本黄檗宗寺院主要分布图

（作者自绘）

基础弘扬黄檗禅为目的而建立的。基于两者创建目的以及格局的不同，笔者将长崎唐三寺与以京都黄檗山万福寺为代表的黄檗宗寺院分为了长崎型和京都型两类，并对这两类寺院进行分别论述。

1. 长崎地区早期黄檗宗寺院布局（长崎型）

1）长崎崇福寺

日本宽永六年（1629 年）福建省福州僧人超然（时年 63 岁）东渡日本长崎传法，于宽永九年（1632 年）得到开创新寺的许可，当地商人欧阳氏捐出自家别庄作为新寺址。后又经过了三年的筹备，新寺于宽永十二年（1635 年）开始建造，并将其命名为崇福寺。

崇福寺是唐三寺中最后一个建立的寺庙，也是建筑及布局保存得最完好的一座，现存建筑多为江户时期遗构，包括：三门、第一峰门、天王殿、大雄宝殿、护法堂、钟鼓楼、妈祖门、妈祖堂、开山堂、方丈和近代修建的祠堂。该寺坐东朝西，主要建筑沿两条东西向平行轴线布置，分别为：北轴线（由护法堂、大雄宝殿、开山堂组成）和南轴线（由钟鼓楼、妈祖门、妈祖堂组成）。方丈设置于妈祖堂南侧，近代修建的祠堂位于大雄宝殿北（图 3）。

护法堂与钟鼓楼并列，大雄宝殿与妈祖门并列，开山堂、妈祖堂与祠堂并列，形成了方形院落型布局。各建筑之间围合出了三个以石板铺砌的中庭空间，其中最大的中庭位于大雄宝殿与妈祖门之前，由妈祖门、回廊和妈祖堂围合的中庭次之，开山堂前中庭最小（图 4）。

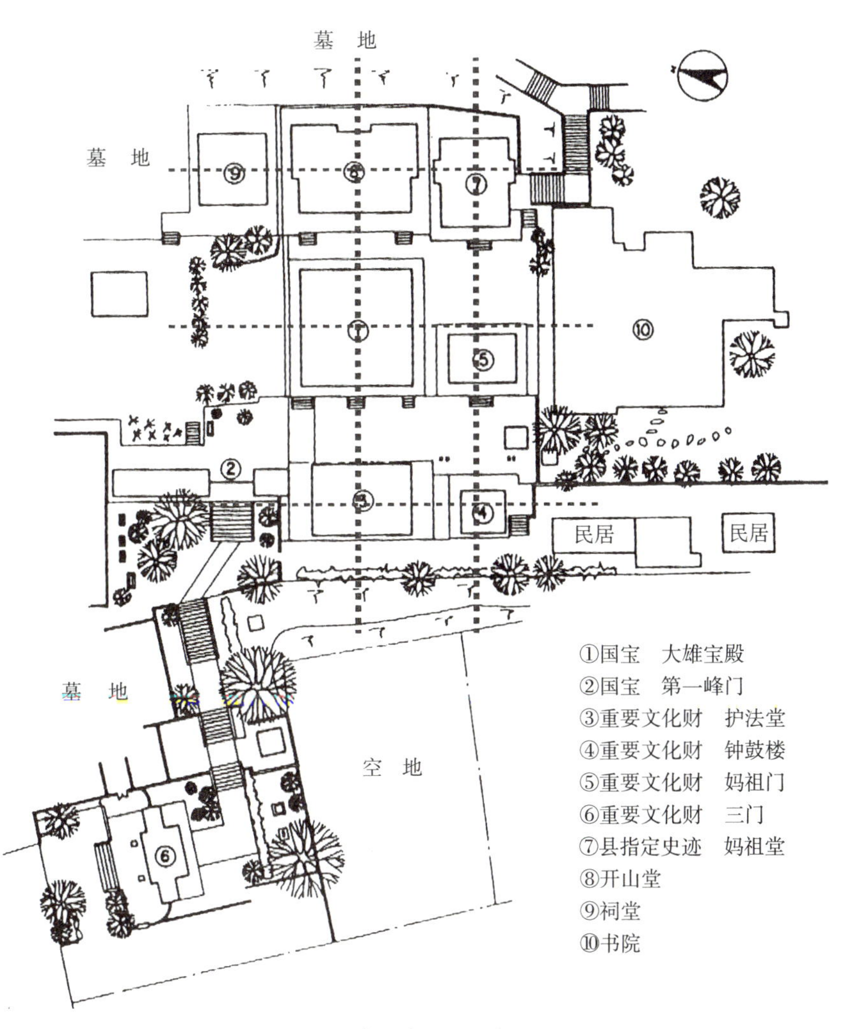

图 3 崇福寺平面示意图

（作者据《崇福寺大雄宝殿、第一峰门修理工事报告》自绘）

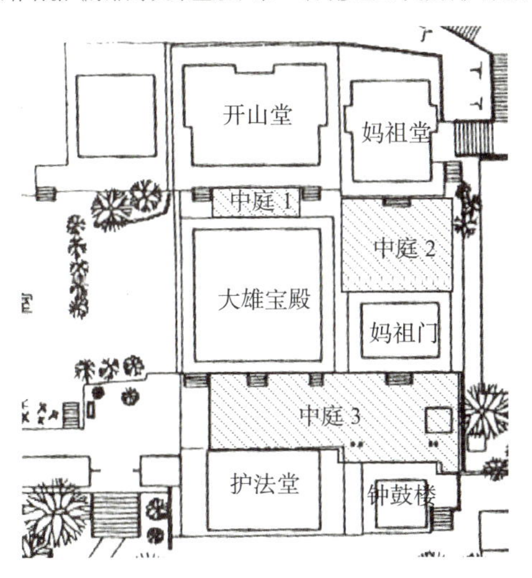

图 4 崇福寺中庭分析图

（作者据《崇福寺大雄宝殿、第一峰门修理工事报告》自绘）

图 5　长崎屏风所绘崇福寺

（崇福寺 . 崇福寺大雄宝殿、第一峰门修理工事报告 . 平成七年三月）

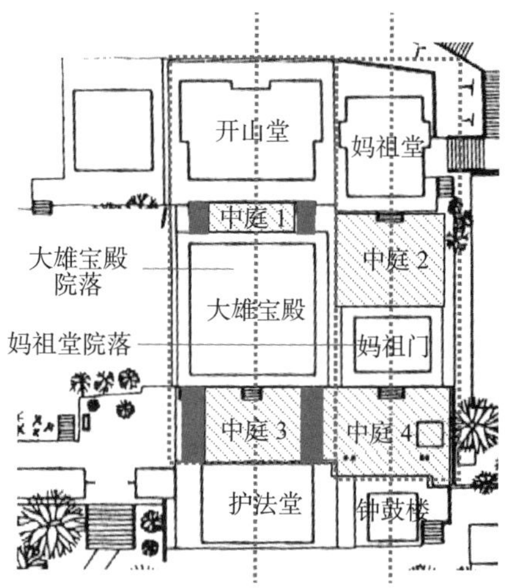

图 6　江户时期回廊复原图

（作者据《崇福寺大雄宝殿、第一峰门修理工事报告》自绘）

据日本学者们考证以及结合古图“长崎屏风”所绘，现存护法堂在该寺初建时并不存在。现开山堂所在原建有重檐法堂，殿中仍保留了两根由中国运来的广叶杉（福州杉）柱子，据日本学者鉴定该木柱与建立崇福寺时所用的材料相同。[1] 钟鼓楼原建于寺西南角，祠堂原为方丈所在。值得注意的是，根据“长崎屏风”所示（图 5），妈祖门与大雄宝殿前的中庭空间有回廊相隔，将该中庭分为两部分，同时也将整个寺院分为左右两部分，解决了在一座寺庙中同时存在佛、道两种祭祀对象的问题（图 6）。该时期布局较为符合明代寺院“天王殿－大雄宝殿－法堂－方丈（法堂之侧）”的布局，同时也与《黄檗山寺志》中所描述的院落型布局相似。

[1] 崇福寺 . 崇福寺大雄宝殿、第一峰门修理工事报告 . 平成七年三月 .

2）长崎兴福寺

兴福寺是长崎唐三寺中建立最早的寺院，由中国江西渡日僧人真元创建于元和六年（1620 年），新寺建于皆吉氏废宅之上。现存建筑包括江户时期遗存的山门、钟鼓楼、妈祖堂和明治时期以后重建的大雄宝殿及三江会所。山门辟于左侧，大雄宝殿位于正中，两侧各为妈祖堂及库里。钟鼓楼位于大雄宝殿前方左侧，正对为三江会所门（图 7）。该寺历经损毁与重建，格局与初建时期大为不同。

3）长崎福济寺

福济寺由福建泉州僧人觉海禅师创于日本宽永五年（1628 年），寺内大部分的建筑，是在由泉州开元寺东渡而来的蕴谦禅师的住持下，至明历元年（1655 年）完成建造。但随后历经战乱和火灾，江户时代的建筑和格局均已不存，现存建筑建于日本近代昭和年间。所幸日本长崎文化厅存有该寺总平面图（图 8），可窥探当时寺院布局。寺院呈横向布局，坐东北朝西南。整个寺院由西面以大雄宝殿为中心和东面以青莲堂为中心的两

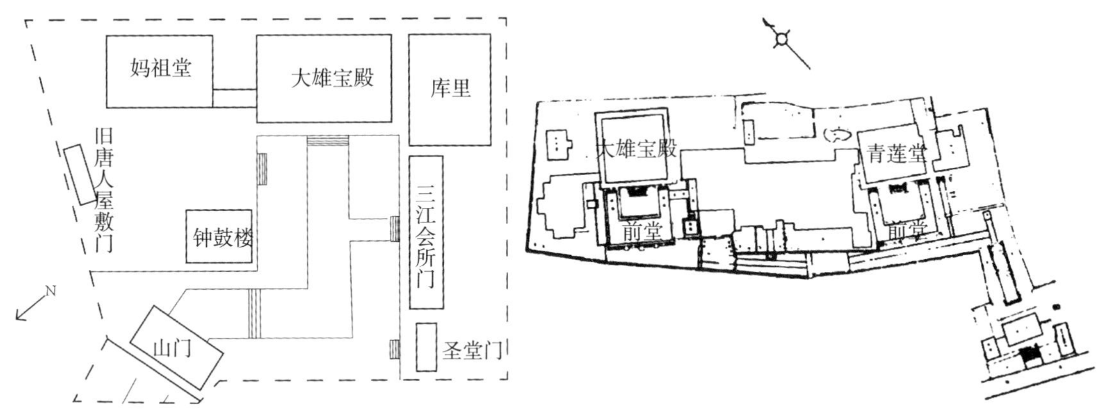

图 7　兴福寺现状平面示意图
（作者自绘）

图 8　长崎文化厅存福济寺初创时期平面示意图
（文献 [10]）

组建筑群构成，两组建筑中间由一不规则的长方形广场相连，山门设置于东南角，大雄宝殿和青莲堂前方均被廊屋及殿堂所围合从而形成两个方形的天井，天井以石板铺砌。

2. 以京都黄檗山万福寺为代表的寺院布局（京都型）

1）京都黄檗山万福寺

京都黄檗山万福禅寺作为日本黄檗宗的本山，位于京都府宇治市高峰山西麓的扇状地形中央。万福寺开创于日本宽文元年（1661 年），福建省福清黄檗山万福寺住持隐元禅师受日本长崎兴福寺住持逸然禅师的邀请于承应三年七月五日（1654 年 7 月 5 日）抵达长崎，几年后得到了后水尾天皇以及德川幕府的信奉。万治二年（1659 年），德川幕府将当时山城国宇治郡（现今京都府宇治市）的大和田赐予隐元禅师作为新寺的封地。日本宽文元年（1661 年）开始创建新寺，隐元禅师出于对故乡福建黄檗山万福禅寺的思念，新寺仍被命名为“万福寺”，新寺所在的太和山更名为“黄檗山”。❶ 自日本宽文元年（1661 年）创建伊始，京都黄檗寺历经修缮与扩建，现存寺院格局较江户时期扩充了不少，本文将只针对江户时期的格局以及建筑进行分析研究。

寺院的建设分为以下几个阶段（表 1）：

表 1　日本黄檗山万福寺各营建阶段

第一阶段 日本宽文元年（1661 年）—宽文三年（1663 年）	第二阶段 日本宽文八年（1668 年）	第三阶段 日本宽文八年（1668 年）
东、西方丈、法堂、禅堂	大雄宝殿、天工殿、斋堂、钟楼、鼓楼	三门
宽文三年（1663 年）—宽文六年（1666 年）	宽文九年（1669 年）	元禄六年（1693 年）
藏殿、通玄门、舍利堂和开山堂	伽蓝堂、祖师堂	总门

第一阶段的营建始于宽文元年（1661 年），东西方丈、法堂、禅堂开始逐一修建，宽文三年（1663 年）完成了上述四座建筑的修建。同年开始营建寺院轴线东边的一组院落，包括寿藏殿、通玄门、

❶ 京都府教育委员会 . 重要文化财萬福寺大雄宝殿禅堂修理工事报告 . 昭和四十五年三月 .

舍利堂和开山堂四座建筑。其中寿藏殿于宽文三年（1663年）完成修建，通玄门于宽文五年（1665年）完成修建，舍利殿于次年宽文六年（1666年）完成修建。根据《普照国师年谱》所载“宽文三年癸卯八月二十三日诸门弟子以师腊高为营寿藏于万松冈，造法相于开山堂，诞日请上堂。”可知，宽文三年（1663年）造佛像于开山堂，因此开山堂于1666年已经存在，但现存的开山堂建于延宝三年（1675年）。由此猜测原建于宽文三年的开山堂可能损毁并于10余年后重建，因此仍将开山堂划为第一阶段营建的建筑之一。

第二阶段仅耗时两年便完成了主要殿堂的营建。宽文七年（1667年），万福寺在接到了德川幕府赠予的白金2万两及木材以后，于宽文八年（1668年）开始第二阶段的堂宇修建，当年完成了大雄宝殿、天王殿、斋堂、钟楼和鼓楼的营建。宽文九年（1669年）伽蓝堂、祖师堂被修建完成。

第三阶段于延宝六年（1678年）完成了三门的修建。最后于元禄六年（1693年）完成了总门的营建。至此，日本黄檗山万福寺的营建完成。[1]

[1] 京都府教育委员会．重要文化財萬福寺大雄宝殿禅堂修理工事报告．昭和四十五年三月．

日本黄檗山万福寺的殿堂严格遵守了中轴线对称的布局，共有四进。整个寺庙坐东朝西，面朝祖庭福建黄檗山万福寺所在的西面，各进之间均有高差，自西向东层层升高。总门设置在轴线西北，过总门后在通往寺庙主要殿堂的小路南侧（轴线最西端）的第一进院落中设有放生池，放生池前即三门，采用重层歇山顶楼阁的形式。过三门沿寺院轴线依次设置天王殿、大雄宝殿、法堂。大雄宝殿前设有月台。天王殿往后至大雄宝殿的第三进院落的轴线两侧由西向东依次为鼓楼（北）－钟楼（南）、祖师堂（北）－伽蓝堂（南）、禅堂（北）－斋堂（南）。第四进院落轴线北侧设置了祠堂，而东、西方丈分别位于法堂两侧，主要建筑均以回廊相连。三门至天王殿的第二进院落北侧为一个小型院落，包括正中的通玄门、开山堂和舍利殿，西侧设有松隐堂、客殿、侍者寮和库里（仓库）等堂舍。开山堂前廊与通往天王殿北侧的回廊相连，回廊北侧数十道阶梯以上为寿藏，南侧建有一个小型庭院（图9）。

在京都黄檗寺建立以后，黄檗宗迅速在日本发展壮大，各地黄檗宗的寺庙陆续修建，很多黄檗宗寺庙均以本山京都黄檗寺作为模板而进行营建，规模均不及本山且建筑布局多为本山的缩减版。

2）其余日本各地具有代表性的黄檗宗寺院

其余黄檗宗寺院多历经损毁，绝大多数寺院格局均与初创之时大相径庭，所幸的是有些寺院的舆图、设计图以及建筑损毁以前的测绘图均有保留，因此笔者选择了几座格局保存较完好或者具有初创时期舆图的寺院对其布局进行分析。

长崎圣福寺，虽然圣福寺与长崎唐三寺并称唐四寺，但圣福寺是在日本本山黄檗寺开创以后的日本延宝五年（1677年）才建立的，可以说是在日本本山黄檗寺的影响下产生的。初创建时期的建筑现仅存天王殿、大

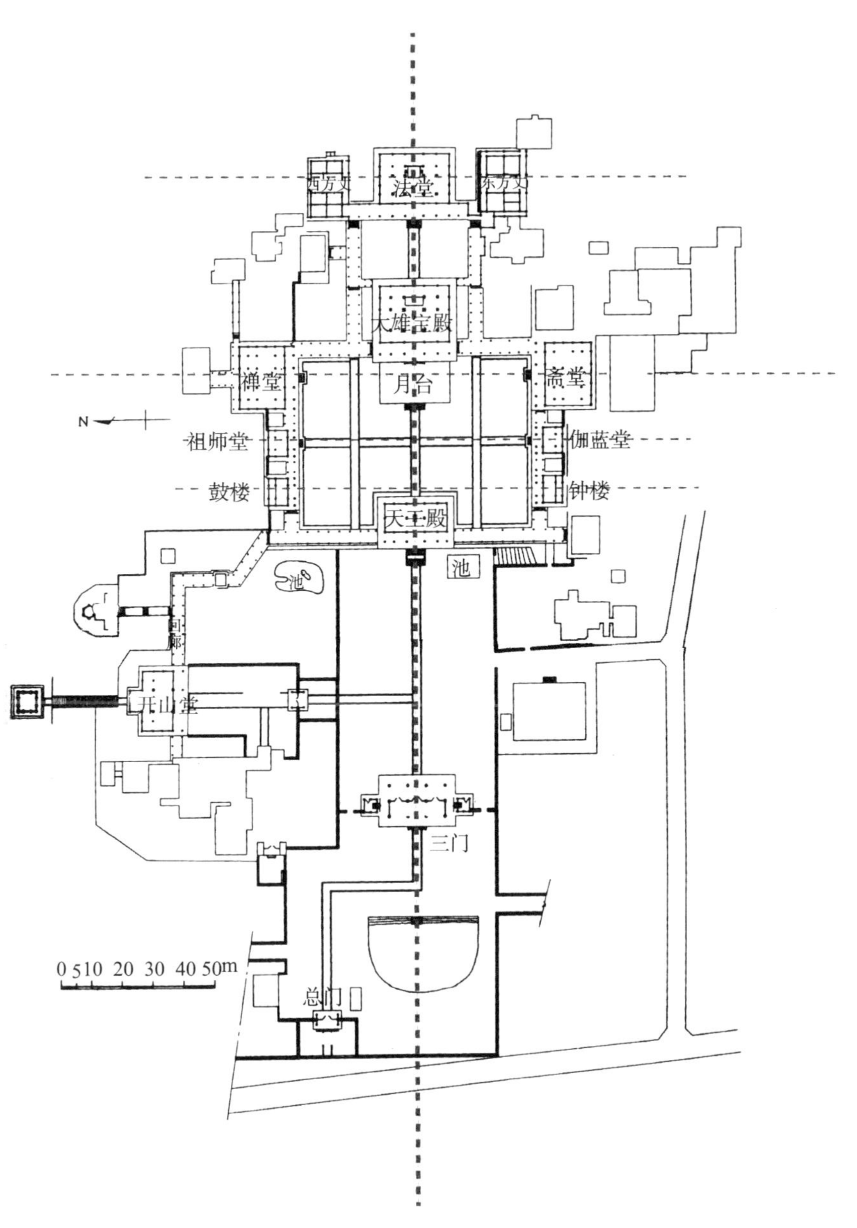

图 9　京都宇治黄檗山万福寺平面示意图
（作者据文献 [4] 自绘）

雄宝殿、钟楼、三门以及禅堂的遗址，方丈则为后期在库里（包括斋堂）的基础上修建而成。因此初创时期的寺院应该是以天王殿 – 大雄宝殿为轴线进行布置的，大雄宝殿右为库里（包含斋堂），禅堂遗址位于大雄宝殿左侧与库里相对，钟楼设置在禅堂遗址前、天王殿左；主要殿堂之间没有用回廊相接（图 10）。

法云寺，位于日本大阪，该寺原属真言宗，于日本宽文十二年（1672 年）改归黄檗宗，寺院自该年开始兴建，至宝永元年（1704 年）修建完成。该寺规模较小，仅有两进。整座寺院坐北朝南，总门设置在轴线以西(左侧)，

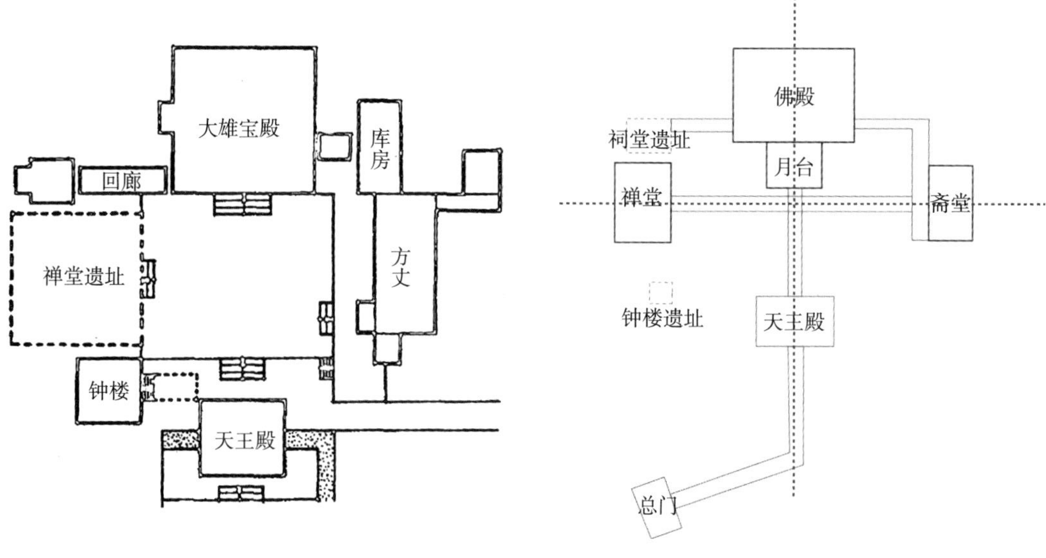

图 10　长崎圣福寺现状平面简图
（文献 [10]）

图 11　法云寺现状平面示意图
（作者自绘）

天王殿以及佛殿（大雄宝殿）位于轴线上，禅堂（左）、斋堂（右）分别位于轴线两侧的相对位置，佛殿、禅堂与斋堂之间用回廊相连（图 11）。

佐贺县鹿岛市普明寺，创立于日本延宝七年（1676 年），寺院中楼门与大雄宝殿位于中轴线上，左禅堂、右斋堂相对设置在轴线两侧，四座建筑以回廊相连形成了一个方形院落。

北九州市福聚寺，由隐元禅师的弟子即非如一于宽文五年（1665 年）创建，寺院历经多次损毁现已不存，但从所存舆图可以看出该寺在初创时山门与大雄宝殿位于中轴线上，大雄宝殿前左右两边分别设置禅堂与斋堂，且有回廊将三座殿堂连接在一起，形成了与大阪法云寺相似的“コ”字形布局。

福冈县柳川市福严寺，创建于日本宽文九年（1669 年），现已不存，但通过当时的设计图纸可见佛殿位于寺院正中，禅堂与斋堂相对设在大雄宝殿前左右两边，而方丈设置在佛殿左禅堂后，主要殿堂均有回廊相连。

同样只有图纸留存而殿堂悉数损毁的位于小田原市的绍太寺，通过弘化年间（19 世纪 40 年代）的图纸可知其早期的寺院布局以三门 – 大雄宝殿 – 法堂为中轴线，禅堂与法堂分列轴线左右，钟鼓楼分别位于天王殿两侧，与宇治万福寺同样于大雄宝殿前设月台，主要建筑均以回廊相连（图 12）。

3）黄檗禅对京都型黄檗宗寺院布局的影响

黄檗宗之所以在日本被接纳后迅速发展是由于其不同于江户时期日本的禅宗各派，在建立之初即将黄檗禅（其核心特点为：打坐参禅、受戒持戒）以及一系列黄檗清规系统化、规范化。黄檗宗虽一直坚持为临济正宗，但在思想以及清规上体现了律宗的特点，源于中国律宗与禅宗长期以来融合的结果。[1] 在禅林建设上，隐元禅师并不推崇伽蓝的建设，

❶ 林观潮．隐元隆琦禅师 [M]. 厦门：厦门大学出版社，2010.

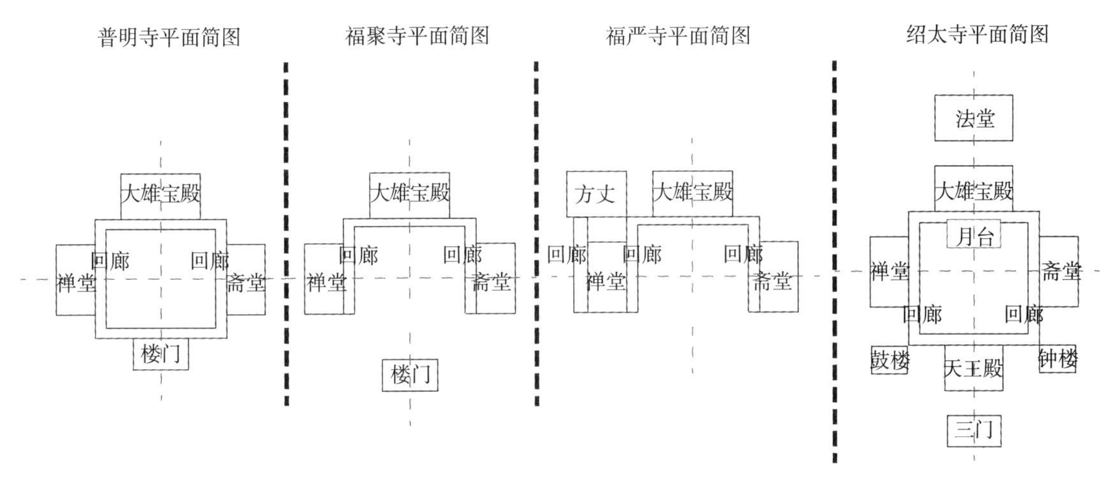

图 12　日本普明寺、福聚寺、福严寺以及绍太寺平面布局示意图

（作者自绘）

据《黄檗清规》(后文简称《清规》) 所载:“……立规矩以训吾徒。而丛林由是而兴。至于临济。乃本宗之祖。我等既承其后。可弗尊欤。……”❶他认为对弟子的教育以及个人的修行是寺院中兴的前提。因此，日本黄檗宗万福寺寺院建筑布局非常规整但是建筑并不显奢华隆重，简洁古朴是本山黄檗宗万福寺的特点。而就建筑配置而言，《清规》对寺院僧人日常活动的主要场所的建筑功能均作了说明,《清规》中所提到的建筑包括：戒坛（法堂所在）、三门、天王殿、佛殿、禅堂、斋堂以及方丈。而日本黄檗寺的主体布局便由这七座建筑构成（图 13）。方丈分列法堂左右，分为东西两序这点也在《清规》中“方丈”一节中提到:“……居丈室列两序……”。寺院主体建筑井然有序的排列，处处体现了黄檗禅的核心——“律”。尽管后期的黄檗宗寺院在规模上不如本山京都万福寺，但是不论建筑多寡，主体建筑均有序地排列，采用沿中轴对称的严谨布局也是黄檗禅之“律”的体现。

❶ 文献 [7].

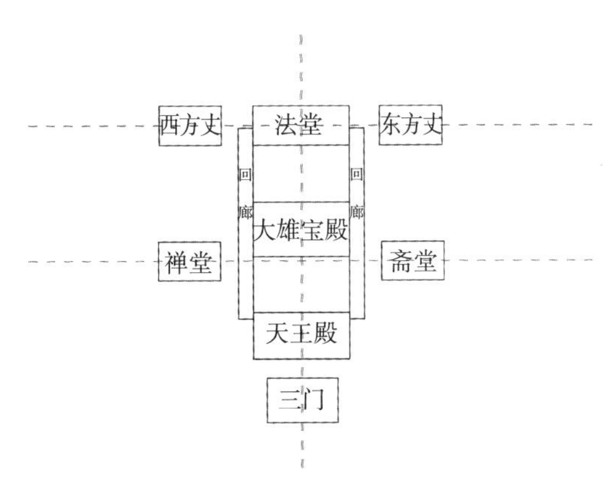

图 13　日本黄檗宗万福寺主体建筑布局示意图

（作者自绘）

二、两种类型的黄檗宗寺院布局特点

1. 寺院规模及空间

以崇福寺为代表的长崎型寺院多在民宅的基础上修建而成，因此寺院规模较小，各建筑连接非常紧密，寺院整体布局依原有民宅的用地形状，呈横向的长方形。而以日本黄檗寺为代表的京都型黄檗宗寺院，殿堂之间布局疏朗。同样都是廊院型的布局，对于长崎型唐三寺而言，由于寺院所祀对象除了传统禅寺的释迦牟尼外还有妈祖，且两者于寺中地位相同，因此在长崎型的唐三寺中回廊最主要的作用是对供奉空间进行区分，其次才对主体建筑进行烘托。而京都型的寺院中回廊更多的是对空间的围合起到了突出主体建筑的作用。

2. 建筑配置

值得注意的是，长崎型寺院的大雄宝殿主轴线上，除崇福寺以外，均没有设置法堂，大雄宝殿前左右两边也不设禅堂以及斋堂。另外，妈祖堂和妈祖门的设置，也是长崎黄檗宗寺院的一大特色。在当时远渡而来的中国人心中，庇佑航海旅人平安的海神妈祖与大雄宝殿同等重要。京都型寺院中本山宇治黄檗寺的寺院配置相当完备，其后建立的黄檗宗寺院在规模上虽没有本山黄檗寺的完备，但基本上均具备大雄宝殿、禅堂和斋堂。尤其需要指出的是，在以京都宇治黄檗山万福寺为代表的京都型寺院中并没有设置妈祖堂、妈祖门。

3. 寺院建立的目的

结合上述两类黄檗寺院的历史沿革以及建筑配置可以看出，长崎型寺院的建立是基于东渡日本的中国人的传统信仰的寄托，重视的是祭拜而非修行，妈祖堂的设置是福建人民尤其是经常出海之人对平安的祈求，而大雄宝殿中供奉释迦牟尼佛则是中国禅宗自古以来的传统。京都黄檗寺的建立从法堂、禅堂开始，大雄宝殿等建筑完成于修建的第二阶段。法堂为僧人受戒以及传法之处，禅堂为僧人修行之用，因此可以看出京都型寺院本山京都黄檗寺在创立之初以传法和修行为目的，礼佛、拜佛传统固然重要，但是作为一个刚刚在日本建立的新宗派，传法以及修行（参禅）更为重要。其余京都型寺院作为黄檗禅传播的载体，同样非常注重修行。

4. 中庭空间以及景观

在对中庭空间的处理以及景观设置上，长崎型各寺的主要建筑与周围建筑相围合形成大小不一的以砖石铺砌的中庭空间，这些空间均不大，在功能上更接近于天井。庭内不种植景观植被，在禅意上略有缺失，显得较为世俗化。但京都型各寺的中庭空间就非常大，庭中只留一条由石板所铺的小路通往各个殿堂，剩下的空间栽植有限的植被。例如在堂前栽种自日本中世[1]便广为种植的柏树等，余下空间如同日本传统寺院以碎石子铺地，充分表达了禅的意境。

三、两种类型寺院布局之源流与异同

黄檗宗传入的江户时期，寺庙逐渐趋于世俗化，各宗派寺院的布局均有不同。例如，在真宗寺院中，主体建筑多由供奉本尊所在的本堂和宗祖所在的殿堂组成，通常并列设置，两殿堂之间有回廊相连；其余建筑多列于四周，并没有明确的轴线存在（图 14）。而京都知恩院、真宗本山京都东、西本愿寺和真宗高天派本山专修寺等，也与黄檗宗寺院沿轴线对称的寺院布局完全不同。同时，除曹洞宗仍使用廊院型布局外，其余各宗如临济宗均没有使用回廊。

追溯到日本中世的禅宗寺院，由中国南宋传入日本的寺院布局中，山门、佛殿、法堂、库院、僧堂这五个构成要素的位置和关系较为稳定[2]，受日本黄檗宗本山万福寺影响的日本黄檗宗寺院的布局与之有一定的相似之处，两者都是沿轴线对称布局，日本本山黄檗寺在中轴线上依次设置三门、佛殿、法堂，其余寺院的中轴线则由三门、佛殿以及其前方左右两侧的禅堂和斋堂构成（图 15）。区别在于，受中国南宋寺院影响的日本中世禅宗寺院的总门设置在中轴线最前端，而黄檗宗寺院的总门均辟于轴线一侧，且日本黄檗寺的方丈从轴线上移到了法堂两侧，形成东、西方丈两序的形式，并在大雄宝殿与三门之间设置了黄檗宗所独有的天王殿。另外，两者在轴线两侧的殿堂建筑内容不同。日本宋风禅寺在轴线两侧的固定构成为僧堂 - 厨库左右对应，有的寺院还有东司（西净）- 宣明以轴线相对，例如日本建长寺。

因此，日本黄檗宗寺院与日本宋风禅寺在寺院布局上虽有一定联系，但异大于同，所以在考虑日本黄檗宗寺院的布局源流上应该与其传入的祖地——中国福建明代至清初的禅寺布局进行对比。

[1] 一般将日本近代以前的历史时期分为先史时代、古代、中世、近世四个时期。每个时期又分别由若干时代组成，其中中世对应镰仓时代（1185—1332 年）和室町时代（1333—1572 年）。

[2] 张十庆. 中国江南禅宗寺院建筑 [M]. 武汉：湖北教育出版社，2002.

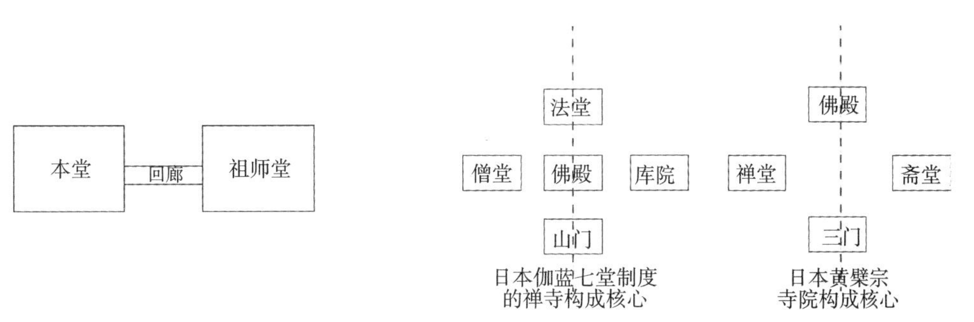

图 14　江户时期代表性佛寺布局
（作者自绘）

图 15　日本佛寺构成简图
（作者自绘）

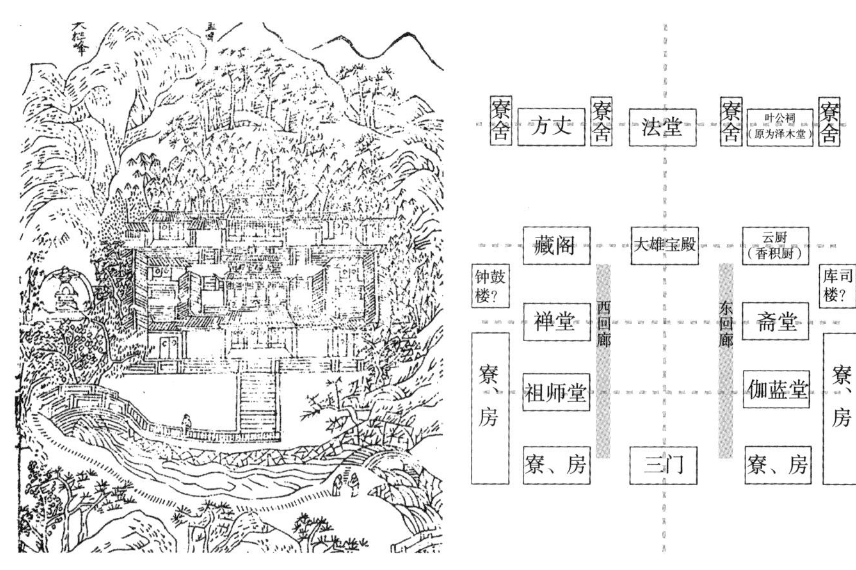

图 16　明末福清黄檗山万福寺伽蓝图（1653 年，谢图南绘）
（道光《黄檗山寺志卷首》）

图 17　隐元禅师住持时期福建福清黄檗寺平面复原示意图
（作者自绘）

福建福清黄檗山万福寺作为日本黄檗宗的祖庭，也是日本黄檗宗始祖隐元禅师在东渡日本以前住持的寺院，其当时的布局应该被重点关注。据道光年间《黄檗山寺志》[1] 所载，明末崇祯、永历年间（1637—1643 年），在隐元隆琦禅师的住持下，万福寺实现了真正的复兴以及伽蓝的完备，使其具备了大禅刹的格局，完成建筑四十余座，各山峰中建庵九座。同时寺志还记载了各个殿、堂、阁楼、廊、寮舍、房、门、亭、桥及各庵的大致位置与重要建筑物的尺寸。结合道光年间《黄檗山寺志》卷首所载《明末黄檗山伽蓝图》（图 16）可以推测出当时寺院为廊院式布局，寺院以山门 - 大雄宝殿 - 法堂为轴线，方丈与叶公祠（原泽木堂）分别位于法堂左右，大雄宝殿两边建有回廊连接主要建筑。轴线两侧从前至后依次为：祖师堂 - 伽蓝堂，禅堂 - 斋堂，藏阁 - 云厨，各组建筑均严格对称。寺院最外侧设有多组附属院落，各院落以堂舍围合成天井，这样的布局同样见于初创于唐代的鼓山涌泉寺。该寺历经损毁与重建，现存寺院建筑虽均建于清代，但其寺院布局仍沿用明代时期的布局。涌泉寺同福建黄檗寺类似，采用了廊院型中轴线对称布局，山门辟于轴线右侧，中轴线上依次设置天王殿、大雄宝殿以及法堂，天王殿至大雄宝殿的第一进院落轴线两侧相对的位置依次为钟、鼓楼，寿昌堂 - 闽王祠，祖师殿 - 伽蓝堂，两侧还设有戒堂以及念佛堂两组院落；大雄宝殿两侧分别配有上客堂 - 白云堂、禅堂 - 斋堂两组院落；而法堂两侧为圣箭堂以及祖堂院落（图 17）。

由此可见：1）日本本山黄檗寺的寺院主体建筑布局与福建黄檗寺以及涌泉寺非常类似，均采用廊院型；2）且其轴线构成均为：天王殿、大雄宝殿、

[1] 杜吉祥．中国佛寺史志汇刊 [M]. 台北：台北明文书局，1980.

法堂、方丈；轴线两侧为钟、鼓楼，祖师堂、伽蓝堂及禅堂、斋堂（图 18）。

区别在于：福建两寺均有院落的存在。特别是鼓山涌泉寺中殿堂，自成院落，殿前均有天井。

日本本山黄檗寺虽与之不同，但长崎型黄檗宗寺院——福济寺采用了这种模式。同时长崎型黄檗宗寺院的中庭均铺设石板，在日本史料中记为“石埕”，在福建“石埕”即是在民居中以砖石铺砌的天井空间，多位于院落正门前，用于停放交通工具以及晾晒粮食。

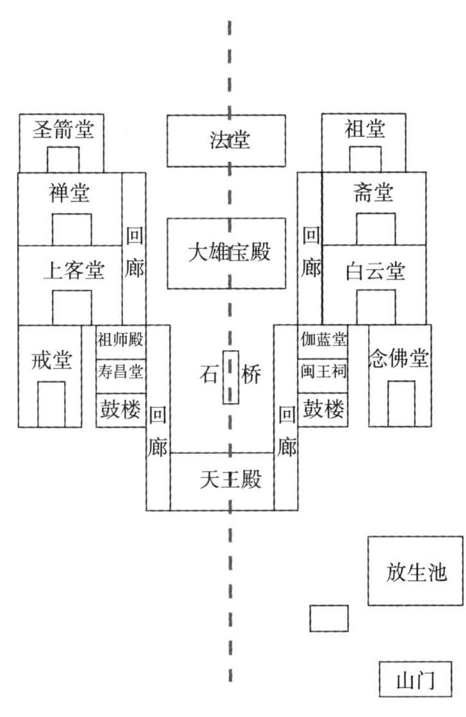

图 18　涌泉寺主要建筑平面简图

（作者自绘）

因此就日本黄檗宗寺院布局而言，长崎型寺院布局更倾向于民居化以及世俗化，是同时被福建寺院以及民居所影响的产物。而京都型寺院中的日本本山黄檗寺反映的是福建地区明清时期的寺院布局特征，准确地说，是由明代向清代转型过程中的特征。其余的京都型黄檗宗寺院布局是日本本山黄檗寺的简化，仅保留了日本黄檗宗寺院的核心功能，用于祭拜（佛殿）以及僧侣的修行（禅堂）和生活（斋堂），但依旧是福建明清佛寺的延续。

四、小结

综上所述，日本黄檗宗的两类寺院（长崎型和京都型），不论在整体布局还是建筑配置上均不尽相同，造成这种的结果主要原因在于建造时间以及目的不同。

长崎唐三寺（兴福寺、崇福寺、福济寺）为黄檗宗开宗之前已有的寺院，且为渡日僧人和商人自发建立，缺乏组织性，寺院布局较为世俗化，更趋近于福建民居建筑。而以本山黄檗山万福寺为代表的京都型黄檗宗寺院，在布局上传承自中国福建福州地区明代禅宗寺院，并且结合黄檗宗自身的禅宗思想和清规以“律”为出发点，创造了不同于日本其他禅寺的布局。

同时，建筑的设置反映了两型寺院的创建目的。妈祖堂与大雄宝殿共存的长崎型寺院，是渡日商人信仰的寄托，重在礼佛、祭拜；京都型黄檗宗寺院，则集传播、弘法、礼佛、修行等目的为一体。

参考文献

[1] 张十庆 . 中国江南禅宗寺院建筑 [M]. 武汉：湖北教育出版社，2002.

[2] 妻木靖延 . ここが見どころ！古建築 [M]. 学艺出版社，2016.

[3] 関野貞，著 . 太田博太郎，編 . 日本の建築と芸術 [M]. 東京：岩波書店，1990.

[4] 京都府教育委员会 . 重要文化財萬福寺大雄宝殿禅堂修理工事报告 . 昭和四十五年三月 .

[5] 崇福寺 . 崇福寺大雄宝殿、第一峰门修理工事报告 . 平成七年三月 .

[6] 川上貢 . 近世建築の生産組織と技術 [M]. 东京：中央公论美术出版，1984.

[7] 性激高泉 . 隐元和尚黄檗清规 [M]，1668. 日本黄檗文华藏

[8] 吉谷一彦 . 黄檗宗伽藍の特徴について [J]. 日本建築学会九州支部研究報告第 32 号

[9] 林观潮 . 隐元隆琦禅师 [M]. 厦门：厦门大学出版社，2010.

[10] 山本辉雄 . 九州黄檗宗寺院伽蓝构成 [J]. 日本建筑学会计划系论文报告集第 389 号，昭和六十三年七月 .

[11] 杜吉祥 . 中国佛寺史志汇刊 [M]. 台北：台北明文书局，1980.

佛教建筑研究

洛阳白马寺修建史札

王贵祥
（清华大学建筑学院）

摘要：洛阳白马寺作为中国汉传佛教史上的第一座寺院，具有特殊的历史地位，但由于洛阳城在历史上的多舛命运，白马寺也遭遇了多次蹂躏与毁坏，并经历了历代的修复与重建。较为大规模的修复与重建工程，发生于唐武则天时期、北宋淳化间、元至顺间、明洪武间以及清代。虽经过历代重修，其寺院内的空间格局与建筑配置，应当是与当时汉传佛教寺院的基本格局相一致的。本文依据有限的史料，对洛阳白马寺历史上几次重要的修复或重建的相关信息加以了梳理，对寺内建筑布局在主要历史阶段的可能样态进行了分析推测，以期既作为了解洛阳白马寺，也作为理解中国汉传佛教寺院发展历史的一个参照。

关键词：洛阳白马寺，释源，修建，重修，寺院格局

Abstract: As the first Buddhist temple built in China, the White Horse (Baima) Temple in Luoyang has a special standing, but because of the vicissitudes of history, it was demolished, destroyed, restored, and rebuilt on several occasions in the past. Large-scale restoration and rebuilding took place under empress Wu Zetian of Tang, in the Chunhua reign period of Northern Song, in the Zhishun reign period of Yuan, in the Hongwu reign period of Ming, and in the Qing dynasty. The spatial layout and architectural arrangement of each construction activity was consistent with the design of Chinese Buddhist architecture of that period. Based on the limited historical information available, the paper makes an attempt to analyze the possible layouts of each round of temple (re)construction in order to better understand the history of the White Horse Temple in Luoyang as well as the development of Han-Buddhist temple construction in China.

Keywords: White Horse (Baima) Temple in Luoyang, Sources of Chinese Buddhism, building, restoration, arrangement of temple buildings

前不久洛阳白马寺住持印乐大和尚亲临笔者陋室，盛邀笔者参与到白马寺内拟建大殿的深化设计工作中。听到这一请求，虽然对大和尚的信任，心存感激，但因兹事体大，委实不敢答应。百般推托未果，只好允诺协助承担这座建筑设计的建筑师做一点参谋性、建议性工作。

既要参谋、建议，就需熟悉相关资料，虽然过去有关白马寺的描述性文字也读了一些，但真要仔细甄别，却很难厘清这座寺院的修建历史。关于寺院早期格局与寺内建筑的文字记录，更是寥若星沙，令人一片茫然。数日仔细搜寻，穿越浩繁史籍，理出一点儿粗略头绪，加以整理，聊备可能的不时之询。

一、东汉、魏晋与北朝时期的白马寺

1. 有关白马寺的早期记载

尽管习惯上认为，作为中国汉传佛教第一寺，洛阳白马寺始创于东汉明帝年间。但是，在

有关东汉乃至三国时期的正史中，无论《后汉书》还是《三国志》，都没有发现有关白马寺创建的任何直接记载。有关白马寺记述的最早史籍，出现于两晋与南北朝时期。

先来梳理一下史上最早提到与白马寺相关事迹的几位历史人物。在曾记述白马寺或与白马寺相关史实的早期作者中，已知生卒年代最早者，可能是《牟子理惑论》的作者牟子，其生活的年代约在东汉末年的桓灵板荡之际，其次是东晋十六国时期的释道安，《高僧传》引释道安撰写《经录》中，提到了与荆州白马寺有关的高僧安世高。然而，这两部文献，都仅见于南北朝时期作者的撰著之中。

现存史籍中直接涉及与白马寺相关事迹，时代最早者为《后汉书》作者，南朝宋时的范晔（398—445年），但他的文字中并未直接提到白马寺。接着，是南朝齐、梁释僧祐（445—518年），他撰有《弘明集》与《出三藏记集》。稍晚一点的陶弘景（456—530年）是一位道士，撰有《真诰》。其后有南梁释慧皎（497—554年），其《高僧传》是一部重要佛教史籍。同时期的北朝则有《水经注》作者郦道元（约466—527年）及北魏后期的杨衒之。杨氏生卒年不详，但开始撰写《洛阳伽蓝记》时，恰逢北魏永熙之乱结束，时间当在534年之后。也就是说，除了范晔的著述，在略早的5世纪上半叶之外，杨衒之、陶弘景、释慧皎、郦道元等人的撰著时间，大体上是接近的，都可能在5世纪末或6世纪初左右。那么，这些早期作者记录了与白马寺有关的一些什么信息呢？

南朝宋人范晔所撰《后汉书》是正史中最早提到汉明帝夜梦金人、遣使问法之事的文献："世传明帝梦见金人，长大，顶有光明，以问群臣。或曰：'西方有神，名曰佛，其形长丈六尺而黄金色。'帝于是遣使天竺，问佛道法，遂于中国图画形象焉。楚王英始信其术，中国因此颇有奉其道者。后桓帝好神，数祀浮图、老子，百姓稍有奉者，后遂转盛。"[1]但是，这里并没有出现任何与"白马寺"相关的文字。

首次直接提到白马寺的是释僧祐，《弘明集》中有："弟子少游弱水，受戒樊邓，师白马寺期法师。屡为谈生死之深趣，亟说精神之妙旨。"[2]史书上谈到弱水，一般是指接近昆仑山的某条河流，这里的弱水似是暗示作者曾往中原之西游历之意，而"樊邓"则指今日湖北樊城与河南邓县一带。期法师者，较大可能是指《高僧传》中提到的南朝宋荆州长沙寺释法期。也就是说，史籍中最早提到的白马寺，其实是南北朝时期荆州或襄阳的，而非洛阳的白马寺。

在《出三藏记集》中，僧祐提到另外一座白马寺："《须真天子经》，太始二年十一月八日于长安青门内白马寺中，天竺菩萨昙摩罗察口授出之。"[3]这里所指显然是汉长安城青门内的白马寺。太（泰）始二年（266年）为西晋立国第二年，这时的长安城青门内，有一座寺院为白马寺。换言之，史籍中最早提到白马寺，始自南北朝时期，所载发生在白马寺的事

[1] ［南朝宋］范晔．后汉书．卷88．西域传第七十八．百衲本景宋绍熙刻本．

[2] 文献[2].［南朝梁］僧祐．弘明集．卷10．秘书郎张缅答．

[3] 文献[2].［南朝梁］僧祐．出三藏记集．卷7．须真天子经记第五．

件，可溯至西晋初年，只是这时提及白马寺，并非特指洛阳白马寺。

《高僧传》中提到一座建于荆州的白马寺："又庾仲雍《荆州记》云：'晋初有沙门安世高，度䢼亭庙神，得财物立白马寺于荆城东南隅。'"❶高僧安清（世高）来华时间，大约在东汉晚年，这一点见于《高僧传》中所引释道安撰《经录》："案释道安《经录》云：'安世高以汉桓帝建和二年至灵帝建宁中二十余年，译出三十余部经。'"❷可知他曾活动于东汉桓帝建和二年（148 年）至灵帝建宁年间（168—172 年），但同文中又引庾仲雍《荆州记》，提到安清于晋初（265 年）在荆州东南隅建白马寺。显然，这里所记述的两件事情之间，肯定是存在某种讹误的。

❶ [南朝梁]慧皎．高僧传．卷1．译经上．安清三．大正新修大藏经本．

❷ [南朝梁]慧皎．高僧传．卷1．译经上．安清三．大正新修大藏经本．

以笔者拙见，释道安在世时间（312—385 年）去晋不远，他曾活动于荆襄一带，或更能确知荆州白马寺的创建时间，他所录安清活动于东汉末年，或可能真有所据，而庾仲雍为东晋末南朝宋初人，时间约在 420 年前后，《荆州记》所载安清在荆州所建白马寺，若创于西晋初年（265 年），时间已过去 155 年，或有讹误，亦未可知？若其寺果为安清所创，时间追溯至安清活动于中土地区的东汉末年，似乎更为恰当？

近年，在襄阳出土的东汉塔寺形象（图 1），表明东汉时期的荆襄一带，可能已经出现有类似佛塔的建筑形象，或多少可以从旁印证释道安所言，安清（世高）在东汉桓灵之际曾到过荆襄一带，并可能在荆州地区曾创建被称为白马寺之建筑的史实。由此或可推知，早在东汉灵帝时，荆州似已有白马寺之设，则洛阳白马寺在东汉时曾存于世，当是更为可信之事。

图 1 襄阳出土明器

（襄阳市博物馆藏）

最早出现洛阳白马寺的信息，亦见于僧祐《出三藏记集》，其中记录了西晋僧人竺法护在白马寺译经之事："沙门竺法护于京师，遇西国寂志诵出此经。经后尚有数品，其人忘失，辄宣现者，转之为晋。更得其本，补令具足。太康十年四月八日，白马寺中，聂道真对笔受，劝助刘元谋、传公信、侯彦长等。"❸这里给出了竺法护译出《文殊师利净律经》的时间为西晋太康十年（289 年）四月八日。西晋太康年，首都尚在洛阳，故这里的"京师"当指洛阳，则白马寺亦当指洛阳白马寺。

❸ 文献[2]．[南朝梁]僧祐．出三藏记集．卷7．文殊师利净律经记第十八．出经后记．

其文又载，同年十二月竺法护在洛阳白马寺译出另外一部经："太康十年十二月二日，月支菩萨法护手执梵书，口宣晋言，聂道真笔受，于洛阳城西白马寺中始出。折显元写，使功德流布，一切蒙福度脱。"[1]这里特别明确了，竺法护的译经地点是洛阳城西白马寺。显然，这两则西晋僧人竺法护的译经事迹，是已知有关洛阳白马寺所发生事件的最早历史记录。

译出上述两部经之后的第二年，即西晋永熙元年（290年），竺法护还曾在白马寺校对《正法华品》译稿："永熙元年八月二十八日，比丘康那律于洛阳写《正法华品》竟。时与清戒界节优婆塞张季博、董景玄、刘长武、长文等手经本，诣白马寺对，与法护口校古训，讲出深义。"[2]三件事情，发生在前后两年内，且都在洛阳白马寺中，可以确知，3世纪时的西晋洛阳城西，确实矗立着一座佛寺——白马寺。

《出三藏记集》也提到汉明帝夜梦金人、遣使取经的故事："汉孝明帝梦见金人，诏遣使者张骞、羽林中郎将秦景到西域，始于月支国遇沙门竺摩腾，译写此经还洛阳，藏在兰台石室第十四间中。其经今传于世。"[3]大约同时的道士陶弘景提到同一个故事，并且谈道："按张骞非前汉者，或姓名同耳。"[4]说明上文所提到的张骞，并非西汉武帝时凿通西域的张骞。

陶弘景对故事细节做了更多描述："汉孝明皇帝梦见神人身长丈六，项生圆光，飞在殿前，欣然悦之。遍问朝廷，通人傅毅对曰：'臣闻天竺国有得道者，号曰佛，传闻能飞行，身有白光，殆其神乎。'帝乃悟，即遣使者张骞、羽林郎秦景、博士王遵等十四人之大月氏国，采写佛经《四十二章》，秘兰台石室第十四，即时起洛阳城西门外道北立佛寺，又于南宫清凉台作佛形像及鬼子母图。帝感非常，先造寿陵，亦于殿上作佛像。是时国丰民安，远夷慕化，愿为臣妾。佛像来中国，始自明帝时耳。"[5]

郦道元《水经注》所说大略相同："谷水又南，迳白马寺东。昔汉明帝梦见大人，金色，项佩白光，以问群臣。或对曰：西方有神，名曰佛，形如陛下所梦，得无是乎？于是发使天竺，写致经像。始以榆欓盛经，白马负图，表之中夏，故以白马为寺名。"[6]这是较早提到白马寺寺名来源的历史文献，明确说明，其寺因白马驮经而来，故以称之。

杨衒之《洛阳伽蓝记》的记述接近《水经注》："白马寺，汉明帝所立也，佛入中国之始。寺在西阳门外三里御道南。帝梦金神长丈六，项背日月光明，胡人号曰佛。遣使向西域求之，乃得经像焉。时白马负经而来，因以为名。"[7]

释慧皎将这一故事列为《高僧传》首卷之首："汉永平中，明皇帝夜梦金人飞空而至，乃大集群臣以占所梦。通人傅毅奉答：'臣闻西域有神，其名曰佛，陛下所梦，将必是乎。'帝以为然，即遣郎中蔡愔、博士弟子秦景等，使往天竺，寻访佛法。愔等于彼遇见摩腾，乃要还汉地。腾誓志弘通，不惮疲苦，冒涉流沙，至乎雒邑。明帝甚加赏接，于城西门外立精舍以处之，汉地有沙门之始也。但大法初传，未有归信，故蕴其深解，无所宣述，后少时卒于雒阳。有记云：腾译《四十二章经》一卷，初缄在兰

[1] 文献[2].[南朝梁]僧祐.出三藏记集.卷7.魔逆经记第十五.出经后记.

[2] 文献[2].[南朝梁]僧祐.出三藏记集.卷8.正法华经后记第七.

[3] 文献[2].[南朝梁]僧祐.出三藏记集.卷2.新集撰出经律论录第一.《四十二章经》一卷.

[4] 文献[2].[南朝梁]陶弘景.真诰.卷9.协昌期第一.

[5] 文献[2].[南朝梁]陶弘景.真诰.卷9.协昌期第一.

[6] [北魏]郦道元.水经注.卷16.谷水.又东过河南县北，东南入于洛。清武英殿聚珍版丛书本.

[7] [北魏]杨衒之.洛阳伽蓝记.卷4.城西.四部丛刊三编景明如隐堂本.

台石室第十四间中。腾所住处，今雒阳城西雍门外白马寺是也。相传云：外国国王尝毁破诸寺，唯招提寺未及毁坏。夜有一白马绕塔悲鸣，即以启王，王即停坏诸寺。因改‘招提’以为‘白马’。故诸寺立名多取则焉。”❶有趣的是，释慧皎给出了白马寺寺名的另一个来源：在外国的一位国王毁破诸寺之时，有一白马绕塔悲鸣，感动了国王，停止了毁寺行为。只是，在这条记述中，汉明帝所派遣的使者，不再是张骞，而是蔡愔。这里还暗示，在南北朝时期，各地名为白马寺的寺院很多。

实际上，《高僧传》中虽不止一处提到白马寺，却未必特指洛阳白马寺，如有关僧人支遁（支道林）的记述：“初至京师，太原王闲甚重之，……隐居余杭山，深思《道行》之品，委曲《慧印》之经。……遁尝在白马寺与刘系之等谈《庄子逍遥篇》。”❷支遁为东晋高僧，京师指建康，其寺指的也是建康白马寺。另释法悦：“悦乃与白马寺沙门智靖率合同缘，欲改造丈八无量寿像，以申厥志。始鸠集金铜，属齐末，世道陵迟，复致推斥。至梁初，方以事启闻，降敕听许，并助造光趺。”❸这里的白马寺，也是指建康白马寺。

十六国时期高僧释道安曾因白马寺过于狭小，创立檀溪寺：“复请还襄阳，深相结纳。……安以白马寺狭，乃更立寺，名曰檀溪，即清河张殷宅也。”❹檀溪寺在襄阳，故其文所言狭者，当指襄阳白马寺。

《高僧传》中还提到：“释昙邃，未详何许人。少出家，止河阴白马寺。”❺因为洛阳在黄河之南，其属地中有名曰“河阴”者，故这里的白马寺，指的可能是洛阳白马寺。

正史中直接提到白马寺者，最早是《晋书》：“（义熙）九年（413年）正月，大风，白马寺浮图刹柱折坏。”❻但这里所指是建康而非洛阳的白马寺。同样，《陈书》中载：“德基少游学于京邑，……尝于白马寺前逢一妇人，容服甚盛，呼德基入寺门，脱白纶巾以赠之。”❼说的也应该是建康白马寺。

《梁书》中载：“太清二年（549年），……既至，仍遣缵向襄阳，前刺史岳阳王察推迁未去镇，但以城西白马寺处之。”❽事情发生在荆襄一带，从其上下文看，所指不是襄阳就是荆州白马寺。

值得注意的是，《晋书》、《陈书》、《梁书》作者，都是唐代人，其史料价值已不如前述几部文献。由此或可以了解，自南北朝至唐，人们谈论白马寺时，并非特指洛阳白马寺。

即使在北朝统治区域，洛阳以外也有白马寺，如除了上文提到的长安白马寺外，前后赵及北齐都城邺城，也有白马寺，北周大象元年（579年）邺城僧人上书周静帝：“邺城故赵武帝白马寺佛图澄孙弟子王明广诚惶诚恐，死罪上书。”❾

然而，相比较之，北朝诸史中提到白马寺，较多是指向洛阳的。《魏书》载：“哀帝元寿元年，博士弟子秦景宪受大月氏王使伊存口授浮屠经。中

❶ [南朝梁]慧皎．高僧传．卷1．译经上．摄摩腾一．大正新修大藏经本．

❷ [南朝梁]慧皎．高僧传．卷4．义解一．支道林八．大正新修大藏经本．

❸ [南朝梁]慧皎．高僧传．卷13．兴福第八．释法悦十四．大正新修大藏经本．

❹ [南朝梁]慧皎．高僧传．卷5．义解二．释道安一．大正新修大藏经本．

❺ [南朝梁]慧皎．高僧传．卷5．卷12．诵经第七．释昙邃一．大正新修大藏经本．

❻ [唐]房玄龄，等．晋书．卷29．志第十九．五行下．庶征恒风．清乾隆武英殿刻本．

❼ 文献[2]．[唐]姚思廉．陈书．卷33．列传第二十七．儒林．贺德基传．

❽ [唐]姚思廉．梁书．卷34．列传第二十八．张缅弟缵、绾传．清乾隆武英殿刻本．

❾ [唐]释道宣．广弘明集．卷10．辨惑篇第二之六．周祖天元立对卫元嵩上事．四部丛刊景明本．

土闻之，未之信了也。后孝明帝夜梦金人，项有日光，飞行殿庭，乃访群臣，傅毅始以佛对。帝遣郎中祭愔、博士弟子秦景等使于天竺，写浮屠遗范。愔仍与沙门摄摩腾、竺法兰东还洛阳。中国有沙门及跪拜之法，自此始也。愔又得佛经《四十二章》及释迦立像。明帝令画工图佛像，置清凉台及显节陵上，经缄于兰台石室。愔之还也，以白马负经而至，汉因立白马寺于洛城雍关西。摩腾、法兰咸卒于此寺。”[1]《北齐书》提到：“昔汉明帝时，西域以白马负佛经送洛，因立白马寺，其经函传在此寺，形制淳朴，世以为古物，历代藏宝。”[2]

[1] [北齐]魏收．魏书．卷114．志第二十．释老十．清乾隆武英殿刻本．

[2] [唐]李百药．北齐书．卷19．列传第十一．韩贤传．清乾隆武英殿刻本．

显然，自南北朝始，有关洛阳白马寺的史料渐渐多了起来。

2. 汉文史籍中有关白马寺记载的可能来源

通观早期史籍中有关白马寺记载，直言洛阳白马寺，是因白马驮经而来，因之以名者，有郦道元的《水经注》与杨衒之的《洛阳伽蓝记》。其过程描述，又以《高僧传》与《魏书》最为详细。然而，从史料分析，这几处情节大略相近的记录，可能出自比这几部文献更早的《牟子理惑论》。

《牟子理惑论》的流传年代虽不尽清晰，但从其行文及所述史实背景，如：“是时灵帝崩后，天下扰乱，独交州差安，北方异人咸来在焉，……先是，时牟子将母避世交趾，年二十六归苍梧娶妻，……”[3]等语推测，这一文献的问世时间，似乎更像是东汉末时。后世之人将牟子比附为几乎与汉明帝同一时代的东汉初之人牟融（？—79年）。这与东汉末年，因桓灵板荡，躲避战乱，居于交趾的牟子，显然并非是同一个人。无论如何，这部《牟子理惑论》至迟在南朝梁释僧祐《弘明集》与《出三藏记集》中已被提到。

[3] 文献[2]．[南朝梁]僧祐．弘明集．牟子理惑论．

《出三藏记集》中仅列出人名与书名：“牟子《理惑》”。[4]而《弘明集》在篇首“序”中直接引入《牟子理惑论》正文，并将作者标为“汉·牟融”，可见南北朝时人，已经弄不清撰写这篇文字的“牟子”究竟是何许人了。正是在这里所引的正文中，提到汉明帝感梦求经之事：“问曰：‘汉地始闻佛道，其所从出耶？’牟子曰：‘昔孝明皇帝，梦见神人，身有日光，飞在殿前。欣然悦之。明日博问群臣，此为何神？’有通人傅毅曰：‘臣闻天竺有得道者号曰佛。飞行虚空，身有日光，殆将其神也。’于是上寤。遣中郎蔡愔、羽林郎中秦景博士、弟子王遵等十八人，于大月支，写佛经四十二章，藏在兰台石室第十四间。时于洛阳城西雍门外起佛寺，于其壁画千乘万骑，绕塔三匝。又于南宫清凉台，及开阳城门上作佛像。明帝时豫修造寿陵，曰：‘显节亦于其上，作佛图像。’时国丰民宁，远夷慕义。学者由此而滋。”[5]

[4] 文献[2]．[南朝梁]僧祐．出三藏记集．杂录序．弘明目录序第八．

[5] 文献[2]．[南朝梁]僧祐．弘明集．序．牟子理惑论．

前文提到，释僧祐是南北朝时期几位直接提到白马寺作者中时代最早之人，而在他的著作中，又两次提到《牟子理惑论》。其中，《出三藏记集》中仅列出《理惑》一名，当是《牟子理惑论》早期流传时所用原名。《弘明集》中所用《牟子理惑论》一名，疑是僧祐自己加上去的。而其所注作者“汉牟融”,究竟是僧祐原文就有,还是后世之人添加?已不得而知。无论如何,从已知史料可知,有关佛教初传及白马寺创建时间与原因的最早记录,很可能出于这部大约在东汉末年问世的《牟子理惑论》。

显然,在隋唐以前的文献中,能够找到的有关洛阳白马寺的资料就这么多,由此可知的信息仅仅是:

1)洛阳白马寺,与汉明帝夜梦金人,遣使求法,白马驮经,始创佛寺这一历史事实可能有所关联。

2)随着汉使及天竺僧人摄摩腾、竺法兰带入中原地区的最早一部汉译佛经是《四十二章经》,其经颇受东汉统治者重视,被珍藏于东汉宫廷内的“兰台石室第十四间”。

3)自十六国至南北朝时期,各地曾建有多座白马寺,特别是南朝首都建康,以及荆州(江陵)、襄阳、长安、邺城等地,都有白马寺。

4)东汉末年进入中土地区的高僧安世高(清),可能参与了荆州白马寺的建造。东晋十六国时期的高僧释道安,参与了襄阳白马寺的建造。

5)大约在西晋中叶(289—290年),僧人竺法护曾在洛阳白马寺内译经,并参与对已译佛经的校对,可以确知洛阳白马寺在3世纪晚期的存在。

3. 汉传佛教寺院的最早形式

早期文献中,除了《牟子理惑论》所云“于洛阳城西雍门外起佛寺”之说,所谓因白马驮经而始创白马寺的说法,仅有北朝郦道元、杨衒之粗略提及,北齐人魏收(507—572年)所撰《魏书》也持了这一说法,之后初唐人撰《法苑珠林》因袭这一观点:“逮于炎汉《明帝内记》云:‘……陛下梦警,将无感也。即敕使西寻,过四十余国,届舍卫都。僧云:佛久灭度。遂抄圣教六十万五千言,以白马驮还。所经崄隘,余畜皆死,白马转强,嘉其神异,洛阳立白马寺焉。’贝叶真文,西流为始;佛光背日,东照为初。”[1]

然而,早期史料中,有关白马寺内建筑具体描述,少之又少。最早的《牟子理惑论》中仅提到,其寺之址在汉洛阳城西雍门外,寺内建筑墙壁上绘有壁画,表现千乘万骑,绕塔三匝形象。既未提到寺名,亦未提到寺内有佛殿、佛塔之属,甚至没有提到寺内的佛像,却提到在洛阳南宫清凉台及开阳门上绘(或雕凿)有佛像;在汉明帝陵寝之上,设有佛图(佛塔)造型。

这里所说的清凉台,仅见于班彪《两都赋》:“徇以离殿别寝,承以崇台闲馆,焕若列星,紫宫是环。清凉宣温,神仙长年,金华玉堂,白虎麒麟,区宇若兹,不可殚论。”[2]清凉与宣温,当指宫馆台榭之名,可能就是《牟子理惑论》中所提最早有佛像的“南宫清凉台”。

《后汉书》中虽没有直接提到白马寺,但从其文可知,自汉明帝之后,汉地已开始有佛的“图画形象”,且统治阶层中,如楚王英,及后来的汉桓帝,都曾奉祀浮图、老子。

这一时期的佛寺建筑,仅见于《洛阳伽蓝记》中的一点描述:“明帝崩,

[1] [唐]释道世. 法苑珠林. 卷100. 传记灾第一百. 感应缘. 四部丛刊景明万历本.

[2] [南朝宋]范晔. 后汉书. 卷40上. 班彪列传第三十上. 百衲本景宋绍熙刻本.

起祇洹于陵上。自此以后，百姓冢上，或作浮图焉。”[1]所谓起祇洹于陵上，与《牟子理惑论》中所说在陵上“作佛图像”是一回事，似乎是指在陵墓上设置了类似佛塔的造型？这里提到的“自此以后，百姓冢上，或作浮图焉。”记录的应该也是当时百姓仿效汉明帝陵，在自家坟冢上建立佛塔的现象。可惜，这种在坟冢、陵墓之上建立佛塔的建筑形象，究竟是什么样子，已知史料中，见不到一点踪影。

北魏时，已接近5世纪中叶，距离汉明帝求法，已过去400年。梳理一下这400年间白马寺建筑情况，能够得出的推测仅是：最早，随着摄摩腾与竺法兰的到来，“明帝甚加赏接，于城西门外立精舍以处之。”[2]所带佛经《四十二章经》被珍藏在东汉宫内兰台十四室。所谓城西门外精舍，仅仅是用来接待外来宾客的汉鸿胪寺（鸿胪寺，掌蕃客朝会[3]）内的客舍。两位天竺僧人到来之后，除了译经之外，还在鸿胪寺内建筑物墙壁上，绘制绕塔旋转的千乘万骑（于其壁画千乘万骑，绕塔三匝[4]）。这似乎是汉地最早的佛教壁画，也是来华天竺僧人最早有关佛教的形象创作。

汉传佛教最早的祭祀空间，类似于中国既有的“神祠”。东汉末、三国时，洛阳似有“白马坞”，坞内有神祠。据《高僧传》，曾经行至“河阴白马寺”的僧昙邃，在睡梦中：“比觉己身在白马坞神祠中，并一弟子。自尔日日密往，余无知者。后寺僧经祠前过，见有两高座，邃在北，弟子在南，如有讲说声。”[5]

这里的“白马坞”，其义不详。但此坞位于“河阴白马寺”中，疑是白马寺内一处早期礼佛空间。祠是古代中国人的传统祭祀空间，佛教初传汉土，统治阶层中最早信仰佛教的楚王英和后来的汉桓帝，恰是将佛与老子，当作神明供奉在神祠内祭祀的：“桓帝好音乐，善琴笙。饰芳林而考濯龙之宫，设华盖以祠浮图、老子，斯将所谓‘听于神’乎！”[6]

有关汉桓帝作为神祠祭祀之用的华盖，究竟是什么式样，难以厘清。史籍中提到汉灵帝时所设的一个华盖，可以给人们一点想象空间：“灵帝于平乐观下起大坛，上建十二重，五采华盖高十丈。坛东北为小坛，复建九重，华盖高九丈。列奇兵骑士数万人，天子住大盖下。礼毕，天子躬擐甲，称无上将军，行阵三匝而还，设秘戏以示远人。”[7]所谓华盖，是矗立在一座高坛之上造型如伞盖般的构造物。这里有两尊坛，一为大坛，高12重，一为小坛，高9重。大坛之上竖有高10丈的五彩华盖，小坛之上华盖高9丈。祭祀礼仪除了鞠躬作揖之外，还要环绕大坛三匝，并有如秘戏般的仪式。这种环绕中心旋转三匝的仪式，很可能多少已是受到佛教“绕塔三匝”之礼影响的膜拜式礼仪方式。灵帝是继桓帝之后登基的汉末帝王，这一华盖形式，与桓帝设华盖以祠老子、浮图的做法很可能十分接近。平乐观与白马寺的距离也不远，都位于洛阳谷水之南，彼此或存在一些相互影响。

汉桓帝在位时间是147—167年，距离汉明帝夜梦金人、遣使求法时间，已经过去将近100年。这时的礼佛空间，仅仅是“设华盖以祠浮图、老子”，

[1] [北魏]杨衒之．洛阳伽蓝记．卷4．城西．四部丛刊三编景明如隐堂本．

[2] [南朝梁]慧皎．高僧传．卷1．译经上．摄摩腾一．大正新修大藏经本．

[3] [唐]魏徵，等．隋书．卷二十七．志第二十二．百官中．清乾隆武英殿刻本．

[4] 文献[2]．[南朝梁]僧祐．弘明集．序．牟子理惑论．

[5] [南朝梁]慧皎．高僧传．卷5．卷12．诵经第七．释昙邃一．大正新修大藏经本．

[6] [南朝宋]范晔．后汉书．卷7．孝桓帝纪第七．百衲本景宋绍熙刻本．

[7] [魏]郦道元．水经注．卷16．谷水．清武英殿聚珍版丛书本．

说明佛教初传中原地区一个相当时间内，人们仅是将佛作为神明，供奉在神祠之内，设置隆耸的华盖加以祭祀。如此推知，佛教初传时期（自东汉至西晋）的白马寺内，可能也存在过类似华盖形式的祭祀佛浮图的神祠。

至迟至三国时期，人们已经开始营造“上累金盘，下为重楼，又堂阁周回，……作黄金涂像，衣以锦彩”[1]的浮图寺。这显然是汉传佛教建筑的最早形式，其主要建筑的外形，是一座塔殿，上有塔刹（金盘），下为重楼，周有堂阁环绕，塔殿之内，供奉涂有黄金的佛造像。

[1] ［南朝宋］范晔．后汉书．卷73．刘虞公孙瓒陶谦列传第六十三．百衲本景宋绍熙刻本．

《魏书》提到魏洛阳宫西的佛图寺，也是这种以塔为中心，周阁环绕的空间形式（图2）：“魏明帝曾欲坏宫西佛图。外国沙门乃金盘盛水，置于殿前，以佛舍利投之于水，乃有五色光起，于是帝叹曰：‘自非灵异，安得尔乎？’遂徙于道（阙），为作周阁百间。佛图故处，凿为濛汜池，种芙蓉于中。”[2]

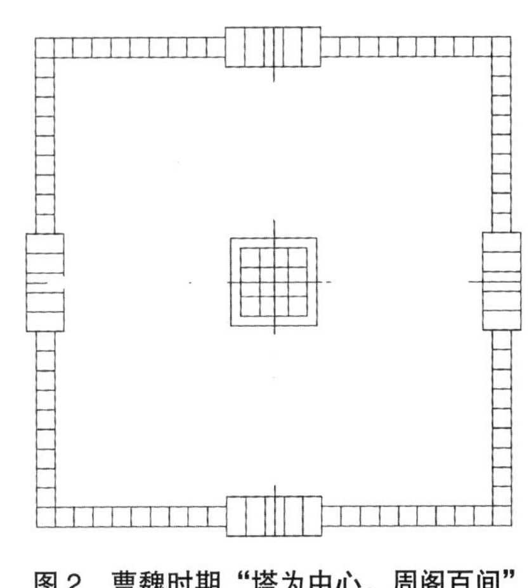
图2　曹魏时期“塔为中心，周阁百间”的佛寺
（作者自绘）

[2] ［北齐］魏收．魏书．卷114．志第二十．释老十．清乾隆武英殿刻本．

重要的是，北魏人的记载中，已暗示出最早洛阳白马寺的建筑式样，可能就是这种方形平面、多层楼阁的塔殿形式，即所谓“依天竺旧状而重构之”的浮图塔式样：“自洛中构白马寺，盛饰佛图，画迹甚妙，为四方式。凡宫塔制度，犹依天竺旧状而重构之，从一级至三、五、七、九。世人相承，谓之‘浮图’，或云‘佛图’。晋世，洛中佛图有四十二所矣。”[3]

[3] ［北齐］魏收．魏书．卷114．志第二十．释老十．清乾隆武英殿刻本．

这里透露出两个与早期白马寺建筑与空间可能有所关联的信息：

一，魏明帝时，在洛阳曹魏宫城西侧有一座浮图塔，被魏明帝迁移到了另外一个位置，并以塔为中心，周围建造了100间周阁，形成一个周阁环绕，中心为塔的早期寺院模式。

二，如果说早期白马寺内建筑制度不详，但三国时期洛阳白马寺，可能依然与曹魏宫城西浮图一样，采用了以塔为中心，周围环绕周阁的格局，这从三国末笮融所建浮图寺中可窥一斑。

也就是说，早期白马寺，很可能采用了某种“宫塔制度”：中心矗立平面“为四方式”的浮图塔，似为可容纳信众与佛像的方形塔殿形式；四围环绕廊阁，形成一个“依天竺旧状而重构之”，具有“宫塔制度”特征，以“塔为中心，周阁环绕”的寺院（图3）。据史料，在西晋洛阳城内，这种遵循天竺旧状“宫塔制度”的佛图寺，有42所之多。

4. 南北朝时期洛阳白马寺寺院空间

当然，如果说这种以塔为中心的“宫塔制度”在东汉、曹魏及西晋时，

汉晋时代浮屠立面推想图

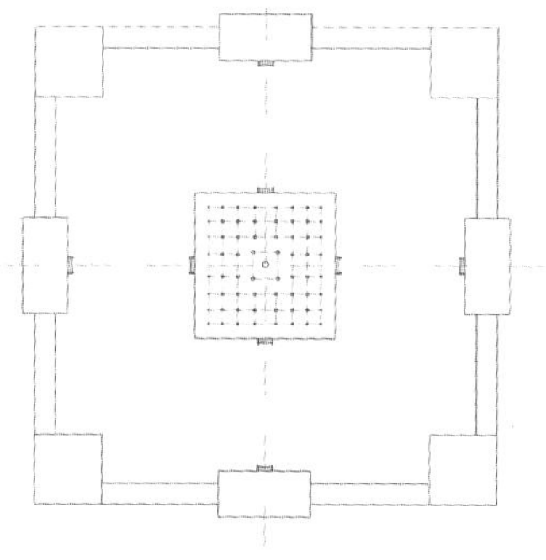

汉晋时代塔寺平面推想图

汉晋时代塔寺剖面推想图

图3　汉晋塔寺平立剖面推想图

（作者自绘）

曾一度在洛阳流行，那么，至迟到了北魏时期，情况已开始发生变化，杨衒之《洛阳伽蓝记》描述："寺上经函至今犹存。常烧香供养之，经函时放光明，耀于堂宇，是以道俗礼敬之，如仰真容。浮屠前，柰林蒲萄异于余处，枝叶繁衍，子实甚大。柰林实重七斤，蒲萄实伟于枣，味并殊美，冠于中京。"❶这里说的经函，指的是曾珍藏于东汉宫廷兰台十四室的佛教典籍。

显然，南北朝时，经历近400年风波，这些珍贵经函，已被移藏至洛阳白马寺。这些宝函放射出的光亮，能够照耀堂宇。由这一描述可知，北魏洛阳白马寺内，可能已有"堂宇"建筑。这个"堂宇"，可能是佛殿，也可能是讲堂。因为，南北朝时期佛寺中，佛殿与讲堂建筑，已十分常见。

然而，这时的白马寺内，仍有一座佛塔（浮屠），塔前种植有柰林与葡萄，枝叶繁茂，果实硕大。关于白马寺中有柰林一事，后世文献中还有进一步演绎："白马寺有柰林，故寺称柰园。"❷其实，将佛寺比作柰园，可能是有佛教史依据的。《法苑珠林》引《智度论》有："王子意惑，于柰园中大立精舍，四种供养，并种种杂供，无物不备，以给提婆达多。"❸可知佛教在印度初创之时，曾在柰园中建立精舍。

南朝梁人萧子范还将柰园与杏坛并列："惟至人之讲道，必山林之闲旷。彼柰园与杏坛，深净名与素王。"❹说明早在南朝梁时的文人，已将佛寺与孔子弘传儒教的杏坛相提并论。如果这里的柰园喻指白马寺，那么，在当时人看来，白马寺作为具有释源意义的中国汉传佛教寺院，似乎可以与儒家创始人孔子最初讲学的曲阜杏坛相比肩。这一点从唐释灵澈诗句"经来白马寺，僧到赤乌年"❺中或也可大略看出一点端倪。

事实上，从文献中透露出的信息可知，南北朝时期，同时设置佛殿、讲堂与佛塔的做法已十分普遍，若再加上寺前三门，可以勾勒出一座典型南北朝佛寺的空间格局。也就是说，从已知南北朝时期常见的"前塔后殿"与"前殿后堂"式寺院配置，结合上文所提有关白马寺点滴信息，可以推测：北魏时的洛阳白马寺，很可能已是：前为三门、门内有浮图塔、塔后是佛殿、佛殿之后可能还有讲堂这样一种寺院基本空间格局。

当然，白马寺还有一个非同一般的特点：这里曾藏有最早传入中土地区并经过天竺僧人摄摩腾与竺法兰译成汉文的佛经。存有这些佛经的宝函

❶［北魏］杨衒之．洛阳伽蓝记．卷4．城西．四部丛刊三编景明如隐堂本．

❷ 文献[1]．钦定四库全书．子部．类书类．[明]彭大翼．山堂肆考．卷174．宫室．僧寺．柰林．

❸［唐］释道世．法苑珠林．卷49．不孝篇第五十．五逆部第二．四部丛刊景明万历本．

❹ 文献[2]．[清]严可均．全梁文．卷23．萧子范．玄圃园讲赋．

❺ 文献[2]．[宋]赵明诚．金石录．卷22．隋愿力寺舍利宝塔函铭．"唐刘禹锡集载僧灵澈诗，有云：'经来白马寺，僧到赤乌年。'禹锡称其工。"

曾被珍藏在东汉宫廷兰台十四室内。据《北齐书》:“昔汉明帝时，西域以白马负佛经送洛，因立白马寺，其经函传在此寺，形制淳朴，世以为古物，历代藏宝。”❶ 可知，至迟到了南北朝时期，这一宝函已经移藏白马寺内。

同是这一时期，曾流传有“白马寺宝台样”图形:“般洪像（《太清目》所有）、白马寺宝台样，右二卷，姚昙度画。”❷ 姚昙度是南北朝时人，这里或暗喻出，南北朝时的白马寺内，可能建有专门用来珍藏汉代佛经宝函的宝台。如果这座宝台是一座建筑，那么，它是否有可能被布置在当时白马寺内的讲堂之后？

当然，在讲堂之后或周围，除了可能有藏经宝台之外，可能还会有僧舍之设。例如，《魏书·释老志》记载北魏天兴元年（398 年）:“是岁，始作五级佛图、耆阇崛山及须弥山殿，加以缋饰。别构讲堂、禅堂及沙门座，莫不严具焉。”❸ 这是一种前为五级佛塔、塔后为佛殿（须弥山殿）、殿后为讲堂、讲堂周围有禅堂与僧寮（沙门座）的南北朝时期典型寺院模式（图 4）。需要提醒的一点是，这一典型寺院的建造时间，比最早提到洛阳白马寺的释僧祐的在世时间（445—518 年）还要早大约半个世纪。

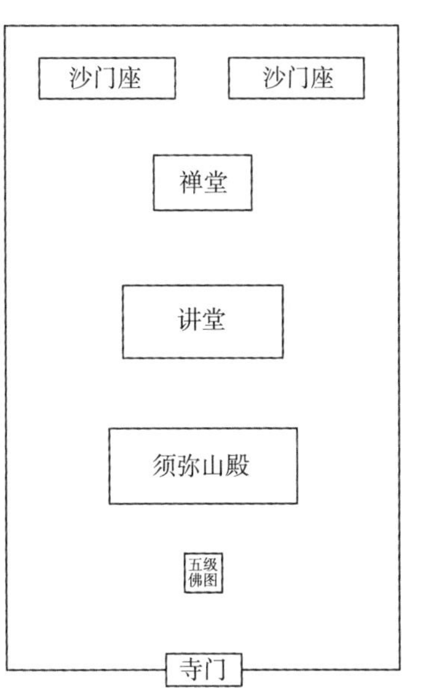

图 4　北魏天兴元年佛寺建筑组成示意
（作者自绘）

与早期白马寺可能有一点关联的，是初唐释道世所撰《法苑珠林》中转述《汉法内传经》的一个故事:“又至汉永平十四年正月一日，五岳诸山道士六百九十人朝正之次，上表请与西域佛道较试优劣。敕尚书令宋庠引入，告曰：此月十五日大集白马寺南门立三坛。五岳八山诸道士将经三百六十九卷，置于西坛;二十七家诸子书二百三十五卷，置于中坛;奠食百神，置于东坛。明帝设行殿在寺门道西，置佛舍利及经。……法兰法师为众说法，开化未闻。时司空刘峻、京师官庶、后宫阴夫人、五岳诸山道士吕惠通等一千余人，并求出家。帝然可之。遂立十寺，七寺城外安僧，三寺城内安尼。后遂广兴佛法，立寺转多，迄至于今。”❹

从这个故事中推知，早期白马寺前设有“南门”，当是前文所推测白马寺前的“三门”。据唐释道世的说法，在佛教初传之时，曾在白马寺前发生一次僧、道斗法的仪式，并曾在白马寺南门外设东、中、西三坛。汉明帝还在寺门道西设置行殿。这次斗法之后，随着佛教徒取得的胜利，出家人剧增，统治者遂在洛阳城设置 10 座寺院，其中 7 座在城外，安置男性僧徒，3 座在城内，安置女性尼众。白马寺是否属于这次新立的 10 座寺院之一，亦不可知。这一说法，因为出现时代较晚，更多具有传说性意味。

❶ [唐]李百药．北齐书．卷 19. 列传第十一．韩贤传．清乾隆武英殿刻本．

❷ 文献 [2]．[唐] 裴孝源．贞观公私画史．序．

❸ [北齐] 魏收．魏书．卷 114. 志第二十．释老十．清乾隆武英殿刻本．

❹ [唐] 释道世．法苑珠林．卷 18. 感应缘．汉法内传经．四部丛刊景明万历本．

[1] ［唐］释道宣．广弘明集．卷 15. 佛德篇第三．列塔像神瑞迹并序唐终南山释氏．四部丛刊景明本．

[2] ［唐］释道世．法苑珠林．附录．补遗．周洛州故都西塔．四部丛刊景明万历本．

据《广弘明集》:“洛州故都西白马寺东一里育王塔。”[1]然而，这一有关白马寺阿育王塔的故事，在《法苑珠林》中又变为了:“周洛州故都塔者，在城西一里，故白马寺南一里许古基。俗传为阿育王舍利塔，疑即迦叶、摩腾所将来者。降邪通正，故立塔表以传真云云。”[2]

道宣与道世系同一时代之人，同是描述白马寺附近的一座古塔，两者说法南辕北辙：一说，在白马寺东一里；一说，在白马寺南一里。说明距离北魏灭亡已经接近一个半世纪的初唐时人，已经说不清北魏白马寺内或周边曾经的建筑情况了，遑论东汉、西晋时代。

再做一点延伸性分析，如果这座距离白马寺十分近的阿育王塔，果真存在过，那么，有可能正是白马寺内最早建立的那座“依天竺旧状而重构之”的方形佛塔或塔殿。也就是说，这座阿育王塔，是否实际上标志出了从东汉、西晋到南北朝时期洛阳白马寺所处的真实位置？亦未可知。

然而，到了唐代，这座天竺式样的白马寺（育王）塔，很可能已不在当时的白马寺内，而是或在其东一里处，或在其南一里处。由此似可推测，唐代洛阳白马寺，多少已经偏离了东汉白马寺初创时的位置。自汉末至隋初，其间数百年动荡、战乱与波折，白马寺多次遭受蹂躏，甚至毁灭，加之土地归属权上可能存在的历史变迁，很难确保隋唐时重建的白马寺，依然矗立在东汉白马寺原有旧址上。换言之，如果道宣与道世的记录接近历史真实，那么，汉代白马寺原初位置，很可能不是在唐代白马寺之东一里，就是在其南一里许的位置上。

二、唐代白马寺的重兴

1. 屡遭摧残的洛阳白马寺

如果说公元 1 世纪的汉明帝时期，在汉洛阳城西的雍门外，首创了中国汉地的第一座佛寺——白马寺这件事，可以确认为是历史事实，那么在汉传佛教初传数百年中的白马寺史，无疑是饱经风霜、反复被摧残的历史。

洛阳白马寺创立后的百余年，中国汉地并没有形成大规模建造佛寺的趋势。东汉帝室除了将摄摩腾、竺法兰最初翻译的汉地第一部佛经——《四十二章经》珍藏于东汉洛阳大内宫殿的档案馆——兰台十四室之外，至多是在为帝王百年之后所建的寿陵之上，图绘（或建造）了浮图（可能是早期佛塔）形象，以彰显帝王对佛教的崇尚。这一做法，也影响到普通百姓，一些百姓也在自己的坟冢之上，绘制（或建造）浮图形象。

如果唐释道世《法苑珠林》的记载可信，那么，在佛教传入之后的东汉永平十四年（71 年），白马寺前出现了一场所谓“佛道斗法”的事件。在斗法过程中，白马寺南门外，设置东、中、西三坛，五岳八山诸道士与天竺僧人竺法兰彼此斗法，佛教大获全胜。其结果是，有一千多道教徒愿意出家为僧人，接着，汉室在洛阳城建立了 10 座佛寺，其中有 3 座尼寺，在洛阳城内，有 7 座僧寺，在洛阳城外。这可能是汉传佛教寺院建造史上的最早扩张。然而，这一说法实在太具戏剧性，且是在距离东汉初年 600 年之后的唐代才出现的，其可信程度令人质疑。

在汉明帝之后的百余年间，东汉统治阶层中明确可知信仰佛教的人，主要是楚王英与汉桓帝："楚王英始信其术，中国因此颇有奉其道者。后桓帝好神，数祀浮图、老子，百姓稍有奉者，后遂转盛。"❶楚王英生活的时代，在东汉建武初至永平十三年（70 年）间，与汉明帝夜梦金人、遣使求法的时间大体接近。

在这之后，有据可查的东汉统治者营造的佛教祭祀建筑，仅有汉桓帝在宫中设置的浮屠、老子之祠："饰芳林而考濯龙之宫，设华盖以祠浮图、老子，斯将所谓'听于神'乎！"❷汉桓帝在位时间为 147—167 年，距汉明帝求法、楚王英始信佛教及后人所言白马寺永平十四年佛道斗法之事，已过去将近 100 年。这期间有关洛阳白马寺建筑的记载，史料中几乎渺无踪迹。

东汉末年的洛阳城，经历了前所未有的动荡与毁灭。先后有"黄巾之乱"与"董卓之乱"，初平元年（190 年）三月："己酉，董卓焚洛阳宫庙及人家。"❸初平二年（191 年）："董卓遂发掘洛阳诸帝陵。"❹"于是尽徙洛阳人数百万口于长安，步骑驱蹙，更相蹈藉，饥饿寇掠，积尸盈路。卓自屯留毕圭苑中，悉烧宫庙官府居家，二百里内无复孑遗。"❺"又自将兵烧南北宫及宗庙、府库、民家，城内扫地殄尽。又收诸富室，以罪恶没入其财物；无辜而死者，不可胜计。……街陌荒芜，百官披荆棘，依丘墙间。"❻东汉末，三国初的洛阳，城内荒芜，城周四外二百里内无复孑遗。一座城市被摧残到了如此惨烈状况，其城门之外的一座佛寺，又何以能独善其身？

尽管在曹魏与西晋时期，洛阳佛教有所发展，白马寺也曾有过重建，但西晋末永嘉之乱，又一次将洛阳推入了劫难深渊。十六国时期天竺僧人佛图澄："以晋怀帝永嘉四年（310 年）来适洛阳，志弘大法。……欲于洛阳立寺，值刘曜寇斥洛台，帝京扰乱，澄立寺之志遂不果。乃潜泽草野，以观世变。时石勒屯兵葛陂，专以杀戮为威，沙门遇害者甚众。"❼这一情景下的白马寺境遇，可想而知。

又过了 230 余年，北魏末时的洛阳再遭劫难："至武定五年（547 年），岁在丁卯，余因行役，重览洛阳。城郭崩毁，宫室倾覆，寺观灰烬，庙塔丘墟，墙被蒿艾，巷罗荆棘。野兽穴于荒阶，山鸟巢于庭树。"❽这里描述的惨烈景象，很可能也是当时洛阳白马寺的真实写照。

洛阳再次兴盛，是隋统一之后重建洛阳城之时。新建的洛阳城，以伊阙龙门为城市主轴线对景，城市主体部分，迁到了白马寺西侧，白马寺的位置，由汉洛阳城西的雍门之外，或北魏洛阳城内城西阳门外，变成了隋唐洛阳城上东门之外。

关于白马寺与隋唐洛阳城的关系，史料中有载："又《集异记》：裴珙

❶ [南朝宋] 范晔．后汉书．卷 88. 西域传第七十八．百衲本景宋绍熙刻本．

❷ [南朝宋] 范晔．后汉书．卷 7. 孝桓帝纪第七．百衲本景宋绍熙刻本．

❸ [南朝宋] 范晔．后汉书．卷 9. 孝献帝纪第九．百衲本景宋绍熙刻本．

❹ [南朝宋] 范晔．后汉书．卷 9. 孝献帝纪第九．百衲本景宋绍熙刻本．

❺ [南朝宋] 范晔．后汉书．卷 72. 董卓列传第六十二．百衲本景宋绍熙刻本．

❻ 文献 [2]. [南朝宋] 裴松之，注．三国志．卷 6. 魏书六．董二袁刘传第六．

❼ [梁] 慧皎．高僧传．卷9. 神异上．竺佛图澄一．大正新修大藏经本．

❽ [北魏] 杨衒之．洛阳伽蓝记．序．四部丛刊三编景明如隐堂本．

家洛阳，自郑西归，至石桥，有少年以后乘借之，疾驰至上东门而别。珙居水南，促步而进，徘徊通衢，复出上东门，投白马寺西窦温之墅。”[1]可知，距离白马寺较近的城门是洛阳上东门。

事实上，自南北朝始，各地多建有白马寺。甚至还有一些地方建有白马祠，如五代后周时：“周世宗北征，命翰林学士为文祭白马祠，学士不知所出，遂访于（尹）拙，拙历举郡国祠白马者以十数，当时伏其该博。”[2]然而，这里的白马祠，究竟是祭祀白马的祠堂，还是以白马命名的寺院，尚无从得知。

2. 唐代洛阳白马寺的重兴

遍翻史料，我们并不知道自北魏末年重受蹂躏之后的白马寺，在北周及隋代时的情形究竟如何。从点滴历史信息中可知，见于历史记载的白马寺最早大规模重修，似乎始自唐武则天时期。

武则天对白马寺的重修，与她的嬖臣僧怀义有一些关联：“垂拱初，说则天于故洛阳城西修故白马寺，怀义自护作。寺成，自为寺主。”[3]这位僧怀义在白马寺中大事扩张：“怀义后厌入宫中，多居白马寺，刺血画大像，选有膂力白丁度为僧，数满千人。”[4]又据《资治通鉴》，垂拱元年“太后修故白马寺，以僧怀义为寺主。”[5]垂拱元年为685年，唐代洛阳白马寺，当是重建于这一年。以其规模可以容纳千人之众，则其空间范围也应该是相当可观的。现存白马寺东侧约百米处，出土了唐代白马寺内一处殿基的局部，或可从一个侧面证明唐代白马寺的规模较明清白马寺要大出许多。

能够证明唐时白马寺规模较大的另外一个信息是，安史之乱中史思明入洛阳，因为忌惮唐将李光弼，曾屯兵白马寺：“贼惮光弼威略，顿兵白马寺，南不出百里，西不敢犯宫阙，于河阳南筑月城，掘壕以拒光弼。”[6]能够屯集兵马，可知这时的白马寺，可能有着较大的空间与较多的殿阁房寮。

隋唐时代不仅是佛教渐趋鼎盛的一个重要时代，也是洛阳白马寺重兴的一个全新时代。从文献中可知，唐代白马寺中，仍然有重要的译经活动，如：“释佛陀多罗，华言觉救，北天竺罽宾人也。赍多罗夹，誓化脂那，止洛阳白马寺，译出《大方广圆觉了义经》。”[7]此外，有唐一代，佛道之间一直存在彼此争胜的相互博弈，唐中宗初年，“诏僧道定夺《化胡成佛经》真伪。时盛集内殿，百官侍听。”[8]辩论的结果是佛教取得了最终的胜利，唐神龙元年（705年）：“下敕曰：‘仰所在官吏废此伪经，刻石于洛京白马寺，以示将来。’敕曰：‘朕叨居宝位，惟新阐政，再安宗社，展恭禋之大礼，降雷雨之鸿恩，爰及缁黄，兼申惩劝。如闻天下诸道观皆画《化胡成佛变相》，僧寺亦画玄元之形，两教尊容，二俱不可。制到后限十日内并须除毁。’”[9]这至少从一个侧面说明了唐代时的白马寺仍然具有十分重要的地位。

也许因为有唐一代佛教鼎盛、寺院林立，白马寺只是无数煌煌大寺中的一座，没有太多需要特别记录的重要历史事迹，所以相关的记载少之又

[1] [清]徐松．唐两京城坊考．校补记．卷五．东京．外郭城．清连筠簃丛书本．

[2] [元]脱脱，等．宋史．卷431．列传第一百九十．儒林一．尹拙传．清乾隆武英殿刻本．

[3] [后晋]刘昫，等．旧唐书．卷183．列传第一百三十三．外戚．薛怀义传．清乾隆武英殿刻本．

[4] [后晋]刘昫，等．旧唐书．卷183．列传第一百三十三．外戚．薛怀义传．清乾隆武英殿刻本．

[5] [宋]司马光．资治通鉴．卷203．唐纪十九．垂拱元年．四部丛刊景宋刻本．

[6] [后晋]刘昫等．旧唐书．卷110．列传第六十．李光弼传．清乾隆武英殿刻本．

[7] [宋]赞宁．大宋高僧传．译经篇第一之二．唐洛京白马寺觉救传．大正新修大藏经本．

[8] [宋]赞宁．大宋高僧传．护法篇第五．唐江陵府法明传．大正新修大藏经本．

[9] [宋]赞宁．大宋高僧传．护法篇第五．唐江陵府法明传．大正新修大藏经本．

少。其后的宋、金之际，也是一样，有关唐、宋、金时期洛阳白马寺的史料文献，也几乎如凤毛麟角一般。

3. 唐代洛阳白马寺的可能格局

有关唐以及其后的宋、金时代白马寺内的建筑情况，从史料中很难观其详细，只能从点滴的史料中做一点探究性的尝试。

1）佛殿

自东汉至三国时代，如果说有佛教寺院的设置，从现有的资料观察，寺内的主要建筑，也只是浮图塔，或“上累金盘，下为重楼，又堂阁周回”[1]的塔殿形式。没有任何历史资料证明，三国之前的寺院中，有佛殿建筑的设置。换言之，佛殿在寺院中的兴起，很可能始于魏晋时期。

唐宋间的白马寺中有佛殿，这本是理所当然的，史料中也透露出了这一点，先是：“玄宗初即位，东都白马寺铁像头无故自落于殿门外。”[2]这件事应该发生在唐玄宗开元初年（713年）。之后，“贞元初，至于洛京白马寺殿，见物放光，遂探取为何经法，乃《善导行西方化导文》也。”[3]这里指的是唐德宗贞元初年（785年）。这时的白马寺殿，可能是寺中的主殿，是这座寺院中的主要建筑之一。

2）佛阁

唐代时白马寺中有阁。先是于盛唐时期有三位密教大师，即著名的开元三大士，来到中土地区。唐代史料所载其中善无畏大师的神话故事中，记录了他一日之间返回天竺，向当地僧人提到，白马寺新建了一座楼阁：“本师谓和尚曰：中国白马寺重阁新成，吾适受供而反，汝能不言，真可学也。乃授以总持密教，龙神围绕，森在目前，无量印契，一时受顿，即日灌顶，为天人师，称曰三藏。”[4]善无畏是在开元四年（716年）到达长安城的，之后活动于中土多年，这里暗示出在唐开元年间洛阳白马寺中曾经新建了一座楼阁。

另外一条史料中，也提到了白马寺的“阁”：“代宗宝应元年十一月丁亥，回纥遣使拔贺那上表贺收东京，并献逆贼史朝义旌旗等物，引见于内殿，赐采物二百疋。初回纥至东京，以贼界肆行残忍，士女惧之，皆登善圣寺及白马寺二阁，以避之。回纥纵火二阁，伤死者计万，累旬火不灭。”[5]宝应元年为762年，这座楼阁遭助唐平逆的回纥兵所焚，也应是在这一年。以善无畏的故事推知，白马寺阁遭焚，距离其阁新建的时间，大约不超过50年。

《册府元龟》中的“善圣寺”，应该是“圣善寺”之误，事见《旧唐书》：“初，回纥至东京，以贼平，恣行残忍，士女惧之，皆登圣善寺及白马寺二阁以避之。回纥纵火焚二阁，伤死者万计，累旬火焰不止。”[6]东都圣善寺，曾是善无畏大师驻锡之寺，是唐代东都洛阳的一座重要寺院。两座寺院的距离不远，这或也是善无畏十分清楚白马寺新建重阁之事的原委。上文中

[1] ［南朝宋］范晔．后汉书．卷73．刘虞公孙瓒陶谦列传第六十三．百衲本景宋绍熙刻本．

[2] ［后晋］刘昫等．旧唐书．卷37．志第十七．五行．清乾隆武英殿刻本．

[3] ［宋］赞宁．大宋高僧传．读诵篇第八之一．唐睦州乌龙山净土道场少康传．大正新修大藏经本．

[4] 文献[1]．钦定四库全书．别集类．汉至五代．［唐］李华．李遐叔文集．卷2．东都圣禅寺无畏三藏碑．

[5] ［宋］王钦若．册府元龟．卷170．帝王部．来远．明刻初印本．

[6] ［后晋］刘昫等．旧唐书．卷195．列传第一百四十五．回纥．清乾隆武英殿刻本．

所说的“二阁”，很可能证明了唐代时的白马寺与圣善寺，各有一座楼阁。

关于圣善寺之阁，史料中有一些记载：“神龙初，东都起圣善寺报慈阁。”[1]可知其阁始创于唐中宗神龙年间（705—707年）。又有记载：“圣善寺，章善坊。神龙元年二月，立为中兴，二年，中宗为武太后追福，改为圣善寺。寺内报慈阁，中宗为武后所立。景龙四年正月二十八日制：‘东都所造圣善寺，更开拓五十余步，以广僧房。’计破百姓数十家。”[2]其寺位置在洛阳章善坊，坊位于隋唐洛阳城南市之东南。仅仅为了拓广僧房的面积，就向外扩张了50余步，以一步为5尺、一唐尺为0.294米计，大约拓展了73.5米余，可知，其寺规模应该是比较大的，所以史料中称：“东都圣善寺，缔构甲于天下。”[3]

既是一座缔构甲天下的大寺，其楼阁的规模也一定十分宏伟：“郑广文作《圣善寺报慈阁大像记》云：‘自顶至颙八十三尺，慈珠以银铸成。虚中盛八石。’”[4]这里的“颙”含义不清，故宋人又改之为“颐”：“圣善寺报慈阁佛像，自顶至颐八十三尺，额中受八石。”[5]即使是“颐”，其义也难解，但从上下文看，这里说的似乎是佛像之形体高度。

关于圣善寺阁内的佛像，还有一种说法：“武后为天堂以安大像，铸大仪以配之。天堂既焚，钟复鼻绝。至中宗欲成武后志，乃斫像令短，建圣善寺阁以居之。”[6]也就是说，中宗所创圣善寺大阁，是为了安置原洛阳宫中武则天在明堂之后所创天堂内伫立的佛造像的。以史传武则天天堂之高，其内佛像无疑也是十分高大的，故即使圣善寺新造大阁，也必须“斫像令短”，才可能安置得进去。

好在史料中给出了圣善寺阁中大佛的高度尺寸，这尊佛像的高度，至少不低于83尺（合24.4米），佛像头部额内的容积，有8石之大。粗略计算之，以1石为10斗，1斗为10升，则1石为100升推算，因1升折合今日容量，约为1立方分米，即0.001立方米，则8石容量约为0.8立方米，亦即，其佛造像的额部大小，约为0.9米见方。可见，这一佛造像的尺度是相当可观的，由此推知，这座楼阁的高度之高与内部空间之大，也是不言而喻的。而且，这座圣善寺阁，是一座内部中空、可以安置高大佛造像的大阁，其形式很可能接近今日其内尚存有16米高观音立像的蓟县独乐寺观音阁（图5），只是形体更为高大罢了。

图5 蓟县独乐寺观音阁
（辛惠园 摄）

[1] [后晋]刘昫等. 旧唐书. 卷190中. 列传第一百四十. 文苑中. 清乾隆武英殿刻本.

[2] [宋]王溥. 唐会要. 卷48. 议释教下. 清武英殿聚珍版丛书本.

[3] [唐]高彦休. 唐阙史. 卷下. 东都焚寺. 明万历十六年谈长公钞本.

[4] 文献[2]. [唐]李绰. 尚书故实.

[5] 文献[2]. [宋]钱易. 南部新书. 丙.

[6] [唐]刘餗. 隋唐嘉话. 卷下. 明顾氏文房小说本.

图 6　洛阳白马寺唐代柱础遗存
（作者自摄）

图 7　清凉台西侧 4 个唐代柱础位置
（作者自摄）

在发生兵祸与战乱之际，百姓们分别涌到圣善寺与白马寺的楼阁之上，以躲避祸乱。说明白马寺内的这座楼阁，规模与高度也非同一般。不同之处是，白马寺阁，可能是重阁。由史料记录知，当时躲进二阁中的人数众多，“伤死者计万”，仅从容纳人数上分析，白马寺阁内或也会涌入数千人之众，可知，其阁的尺度不会很小。

至于白马寺阁在寺院中的位置，因为是大阁，当位于寺院中轴线上，是位处大殿之后的寺院主阁，如从唐代史料中所知当时寺院中较为多见的弥勒阁、大悲阁、天王阁、华严阁等。唐释道宣《中天竺舍卫国祇洹寺图经》与《关中创立戒坛图经》中都提到，在寺院沿中轴线布置的主殿之后，就有多层楼阁的配置。

这里或可以推测，唐代白马寺的中轴线上，在寺院主殿之后，有一座较为高大、能容数千人的木构楼阁建筑。大约创立于善无畏在中土地区活动的开元年间（716 年之后），但是在不足半个世纪之后的代宗宝应元年（762 年），因遭兵燹而焚。白马寺清凉台西侧现存有 4 个巨大的石雕柱础，其直径有 1 米余，其形式与唐代覆盆式柱础十分接近，有可能是唐代白马寺阁的柱础遗存（图 6，图 7）。由此可知，在唐代时白马寺清凉台的位置上，尚无砖筑高台，而是一座木构的楼阁或殿堂。

3）佛塔

又有一说，认为唐代宗年间遭到焚毁的圣善寺与白马寺二阁，其实是两座佛塔：“初，回纥至东京，放兵攘剽，人皆遁保圣善、白马二祠浮屠避之，回纥怒，火浮屠，杀万余人，及是益横，诟折官吏，至以兵夜斫含光门，入鸿胪寺。”[1] 这里所说，与上文提到的圣善寺、白马寺二阁，应该是一回事。

然唐代东都圣善寺内是有木构佛塔建筑的：“圣善、敬爱两寺皆有古画，圣善寺木塔有郑广文书画，敬爱寺山亭院壁上有画《雉》，若真，砂子上有时贤题名及诗什甚多。”[2] 唐代《登圣善寺阁望龙门》诗中也提到：“高

[1] ［宋］欧阳修，宋祁．新唐书．卷217上．卷217上．列传第一百四十二上．回鹘上．清乾隆武英殿刻本．
[2] ［宋］郭若虚．图画见闻志．卷五．故事拾遗．西明寺．明津逮秘书本．

阁聊登望，遥分禹凿门。刹连多宝塔，树满给孤园。香境超三界，清流振陆浑。报慈弘孝理，行道得真源。”[1]这里的“报慈”当指圣善寺阁，登阁可以远眺龙门，可知其高度之高，更重要的是，在当时的圣善寺内，不仅有大阁，而且有木构多宝塔。

唐代白马寺中佛塔的情况并不清楚，宋人提到：“又洛都塔者，在城西一里，故白马寺南一里许。古基，俗传为阿育王舍利塔，即迦叶摩腾所将来者。”[2]显然，宋代人所说的白马寺塔，并不在寺院之内，而是在寺南一里许（这或许与唐人道宣或道世所说白马寺旧有阿育王塔是一回事），其位置或许距离今日尚存之白马寺齐云塔的位置不远。地处白马寺山门外东南约200米处的齐云塔，是金代的遗构，这座齐云塔，是否是在原白马寺阿育王舍利塔的旧基上重建而成的，尚不得而知。

此外，前文提到僧怀义与白马寺之间的故事，其中还有一段插曲，武周天册万岁元年（695年）：“僧怀义益骄恣，太后恶之。既焚明堂，心不自安，言多不顺；太后密选宫人有力者百余人以防之。壬子，执之于瑶光殿前树下，使建昌王武攸宁师壮士殴杀之，送尸白马寺，焚之以造塔。”[3]说明白马寺历史上曾有一座僧塔，是因僧怀义而建的。

然而，据史料记载，北宋时代确曾在洛阳白马寺中建造过一座佛塔：“时西京天宫、白马寺，并营浮图，募众出金钱，费且亿万，权臣为倡，首劳郡承，风指涂商，里豪更相说导，附嚮者唯恐后。”[4]事情发生在北宋年间，北宋西京，即洛阳。北宋时期，洛阳天宫寺与白马寺内，都曾大兴土木，营造佛塔，其塔造价不菲，“费且亿万”，规模也一定是可观的。只是北宋时期新创的佛塔，很可能是一座八角形平面佛塔。至于其塔所处位置，如果是在寺内，仍有可能是沿用了南北朝至隋唐时期那种“殿前塔”式的格局，亦即将寺院主塔布置在寺院主殿之前的中轴线上。

从这一角度分析，唐时的白马寺内也应该有浮图塔之设，宋时只是对唐时白马寺浮图的重修或重建。从寺院建筑配置格局推测，塔出现的时间，一般比阁要早，且前文已经分析，南北朝时的白马寺内，可能已经有依天竺旧状而重构之的佛浮图，其位置亦可能在佛殿之前，若这一寺院建筑配置格局能够在唐代得以延续，则宋代所营之白马寺浮图，当是在唐代白马寺浮图的旧址上修复或重建的。只是，唐代浮图，平面可能为方形，而北宋浮图，则很可能已是八角形平面了。

相应的例子，恰可以参照同是在北宋时代重建佛塔的洛阳天宫寺。据史料记载，洛阳天宫寺始创于北魏时期，寺内原有巨大的佛像与一座三级佛塔：“又于天宫寺，造释迦文像，高四十三尺，用赤金十万斤，黄金六百斤。又构三级石佛图，高十丈。榱栋楣楹，上下重结，大小皆石，镇固巧密，为京华壮观。”[5]这一描述，同样见于《魏书·释老志》中的记载。参照南北朝时期寺院格局的一般做法，这座三级石浮图，应是布置在寺院中轴

[1] [清]曹寅，等.全唐诗.卷78.成崿.登圣善寺阁望龙门.清文渊阁四库全书本.

[2] 文献[2].[宋]钱易.南部新书.己.

[3] [宋]司马光.资治通鉴.卷205.唐纪二十一.天册万岁元年.四部丛刊景宋刻本.

[4] 文献[1].钦定四库全书.集部.别集类.北宋建隆至靖康.[宋]尹洙.河南集.卷16.紫金鱼袋韩公墓志铭(并序).

[5] [唐]释道宣.广弘明集.卷2.归正篇第一之二.魏书释老志.四部丛刊景明本.

线上的佛殿之前的，则北宋时天宫寺内佛塔的重建工程，亦有可能沿用了旧有的空间位置。

4）宝台

前文已经提到，在唐代所传的书画目录中，提到了白马寺宝台图样："般洪像（《太清目》所有）、白马寺宝台样，右二卷，姚昙度画。"[1]另，"昙度子，不知名，出家，法号惠觉（下品）。姚最云：'丹青之用，继父之美。定其优劣，嵇聂之流。'（有般洪像、白马寺宝台样行于代）"[2]姚昙度是南北朝时期之人，这里或暗喻出在南北朝时的白马寺中有宝台造型。隋唐时代的白马寺内，未见有关的史料记录。

白马寺宝台，究为何物，是一个未解的问题。从白马寺的历史来看，东汉明帝时，白马驮经而来，汉庭曾将西域二僧最初译出的《四十二章经》，珍藏于"兰台十四室"。这里的兰台，是当时东汉帝室的藏宝之所。早在西汉时代，宫廷内就设有兰台，用以收藏珍贵或神秘的宝籍："及前孝哀皇帝建平二年六月甲子下诏书，更为太初元将元年，案其本事，甘忠可、夏贺良谶书臧兰台。"[3]西汉太初元将元年，为公元前5年，这里的"臧"，通"藏"。显然，这是将具有神秘意味的谶纬之书藏在了"兰台"，且设"兰台令"以辖之。另外，在东汉末："初平元年（190年），代杨彪为司徒，守尚书令如故。及董卓迁都关中，允悉收敛兰台石室图书秘纬要者以从。"[4]这里似乎暗喻了东汉宫廷内典藏秘籍之所为兰台石室。这或与佛教典籍中提到的"兰台十四室"相契合。即兰台十四室，很可能是兰台令所管辖的一座石室。

此外，《水经注》中提及珍藏佛经的宝函为榆欓所制："始以榆欓盛经，白马负图，表之中夏，故以白马为寺名。此榆欓后移在城内愍怀太子浮图中，近世复迁此寺。然金光流照，法轮东转，创自此矣。"[5]这款榆欓木宝函，先是藏于洛阳宫中的兰台十四室，汉末三国时，恐已流出宫外，西晋时移在洛阳城内的愍怀太子（278—300年）浮图之中。

《北史》中记录了一则故事，记载了北魏末年，武将韩贤在剿灭反叛州人时，误伤白马寺藏经宝函之事："州人韩木兰等起兵，贤破之。亲自案检收甲仗，有一贼窘迫藏尸间，见将至，忽起斫贤，断其胫而卒。始汉明帝时，西域以白马负佛经送洛，因立白马寺。其经函传于此寺，形制厚朴，世以古物，历代宝之。贤知，故斫破之，未几而死。论者谓因此致祸。"[6]可知，北魏时，原藏于东汉宫廷兰台十四室的榆欓木藏经宝函，辗转于西晋愍怀太子浮图，最终传于白马寺中。这个经函的尺度较大，其中可以藏匿一个人，其形制十分古拙厚朴，因而成为寺内珍藏的一宝，"历代宝之"，韩贤斫破宝函，因而致祸，并被写入正史，可知这一宝函在当时人们心中的地位。

既然北魏末年其宝函尚存白马寺，仅仅是被斫破，且被世人宝之，则其后的白马寺仍然会珍惜这一宝函及其中所藏秘籍。因而，这里是否可以

[1] 文献[2].[唐]裴孝源.贞观公私画史.序.

[2] [唐]张彦远.历代名画记.卷七.南齐.明津逮秘书本.

[3] 文献[2].[汉]班固.汉书.卷99上.王莽传第六十九上.

[4] [南朝宋]范晔.后汉书.卷66.陈王列传第五十六.百衲本景宋绍熙刻本.

[5] [魏]郦道元.水经注.卷16.谷水.清武英殿聚珍版丛书本.

[6] 文献[2].[唐]李延寿.北史.卷53.列传第四十一.韩贤传.

图 8　洛阳白马寺清凉台鸟瞰
（洛阳白马寺提供）

推测，南北朝时的白马寺内曾经模仿汉代宫廷内的“兰台”，建立了一座专门用来收藏佛教典籍的“宝台”？前文所引《北齐书》中所提到的：“昔汉明帝时，西域以白马负佛经送洛，因立白马寺，其经函传在此寺，形制淳朴，世以为古物，历代藏宝。”❶多少也从一个侧面印证了这一推测。

如果这一推测成立，则上文所说的“白马寺宝台样”其实曾是白马寺内的一幢建筑，其内专门用来珍藏佛教典籍。北魏末遭到破坏的经函，原本可能就是珍藏在这座“宝台”之内的。如果真有这样一座收藏佛教经典的宝台，其功能略似后世的“藏经楼”，或会被布置在寺院建筑中轴线的后部。明清时代白马寺在寺院后部设置“清凉台”（图 8），其实很可能正是沿袭了白马寺早期这一建筑配置格局。

5）讲堂、斋堂与厨库

唐人的另外一首诗中，透露出唐代洛京白马寺的点滴信息：“禅心空已寂，世路仕多歧；到院客长见，闭关人不知。寺喧听讲绝，厨远送斋迟；墙外洛阳道，东西无尽时。”❷

由“寺喧听讲绝”可知，寺内当有讲堂，而讲堂距离寺内之厨房（香积厨）似乎略远，故而讲经结束之后，送斋之事略有迟缓。而听讲僧俗用斋，似乎也应该有斋堂。按照一般的寺院配置，讲堂应该布置在寺院中轴线上，大约在主殿之后、主阁之前。而斋厨之设，多在寺院中轴线东侧的跨院之内。毗邻厨房亦应有寺内的库院之设。而与斋堂、厨库相对应的寺院西路，则应该有僧寮甚至禅堂的设置。这样才可能大致组成一个维系僧团修学弘讲的基本空间。当然，史料中始终未见白马寺禅堂的描述，故这里也不假设唐代白马寺中有禅堂的存在。

需要提到的一点是，这首诗的作者许浑的在世时间约为 791—858 年。其出生年代距离白马寺阁遭兵燹火焚的代宗宝应元年（762 年）已经过去

❶ ［唐］李百药．北齐书．卷 19．列传第十一．韩贤传．清乾隆武英殿刻本．

❷ 文献 [1]．钦定四库全书．集部．别集类．汉至五代．［唐］许浑．丁卯诗集．卷下．近体诗．五言律诗一百九十四首．白马寺不出院僧．

了将近 30 年，这里或可以推测，在可能位于佛殿之后的白马寺阁被焚毁之后，人们又参照当时一般寺院的空间配置模式，在原白马寺阁的旧址上建造了一座讲堂（或法堂），从而使白马寺也成为一所“寺喧听讲”的热闹场所。当然，也不能排除白马寺讲堂与寺阁曾经一度并存的可能。

6）鼓楼与钟楼?

唐代寺院中有钟楼之设，与钟楼对峙而立者，一般为经楼，史料中尚未见这一时期寺院中有对称配置的钟楼与鼓楼。但据一条史料可知，五代时白马寺僧曾击鼓聚众：“周武行德为西京留守，白马寺僧永顺，每岁至四月于寺聚众，击鼓摇铃，衣妇人服，赤麻缕画袜，诵杂言，里人废业聚观，有自远方来者。行德恶其惑众，杀之。”[1] 这里的“周武”指的可能是后周武宗时期，时间已近北宋初。这一期间的白马寺僧曾击鼓摇铃以聚众，这里的鼓，指的是否是悬于一座建筑——鼓楼内的大鼓，尚未可知。

7）长廊

唐代寺院多采用回廊院的空间形式。故作为一座著名寺院，当时的白马寺也可能有回廊之设。唐代诗人王昌龄诗《东京府县诸公与綦毋潜李颀相送至白马寺宿》中有曰：“鞍马上东门，裴回入孤舟。贤豪相追送，即棹千里流。赤岸落日在，空波微烟收。薄宦忘机括，醉来即淹留。月明见古寺，林外登高楼。南风开长廊，夏夜如凉秋。”[2]

诗人东出洛阳上东门，夜宿白马寺，明月之下，登高楼、见长廊，感受到夏夜的清凉。以王昌龄生活于 698—757 年，这一时段也恰是白马寺阁从建立到接近焚毁（762 年）的那段时间，故诗人在这里所登的高楼当是白马寺阁，而其所见的长廊，无疑是白马寺中轴线两翼的长廊。这多少从一个侧面暗示了唐代时的白马寺占地规模比较宏大。

晚近时代一些人撰文，不知从哪里捕捉到一条信息，描述唐代白马寺规模宏大，有“跑马关山门”之说。但笔者愚钝，遍搜唐代以来相关史料，实在没有找到这一说法与白马寺的任何关联。事实上，类似说法近年来也出现在与唐代汴州大相国寺、成都大慈寺、元代大都大圣寿万安寺等古代寺院相关的描述中，历史上是否真出现过有关这些寺院的这类文字描述，也有待确凿史料的佐证。

洛阳地处中原与关中之间的战略要地，自古乃兵家必争之地。因此，无论唐末、五代，还是北宋末、金末，乃至元末、明末的历次战争，洛阳城都屡遭蹂躏。白马寺在历史的拉锯战中，曾经无数次遭受了磨难与重创。这或也是有关白马寺寺内建筑相关资料少之又少的重要原因，因为历次劫难都会将寺内所存的相关寺史文献毁于一旦。

以北魏末遭受重创之后，隋唐时代白马寺的重兴开始推算，自 6 世纪至 13 世纪，即隋唐、五代、宋金时期，大约 700 年间，白马寺大致保持了一个相对稳定的发展阶段。这或可以从武则天重建白马寺到金代在白马寺南兴建齐云塔这两个事件中看出一些端倪。结合如上分析，我们或可以

[1] [宋]王钦若. 册府元龟. 卷 689. 牧守部. 威严. 明刻初印本.

[2] [清]曹寅，等. 全唐诗. 卷 140. 王昌龄. 东京府县诸公与綦毋潜李颀相送至白马寺宿. 清文渊阁四库全书本.

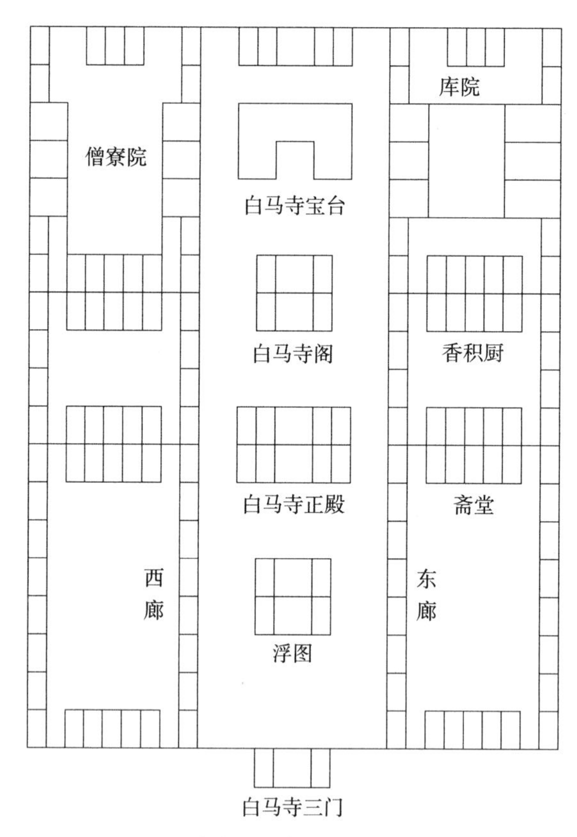

图 9　唐代白马寺平面想象示意图

（作者自绘）

对白马寺在唐宋两代可能存在过的殿塔楼阁等建筑，做一个推测性的归纳（图 9）：

a. 寺前部为寺院三门；

b. 三门之内可能有一座浮图塔，故北宋时代洛阳白马寺与天宫寺才会同时营建（重建）浮图塔；

c. 浮图塔后为寺院主殿；

d. 寺院主殿之后，可能曾有唐代开元年间所创木构楼阁——白马寺阁；

e. 寺院后部曾经有用来珍藏从汉代宫廷内流传出的佛经宝函的白马寺宝台；

f. 寺院中轴线建筑两侧有南北向布置的东西长廊；

g. 寺院东侧跨院中可能有斋堂与香积厨；

h. 唐代的白马寺内还可能曾设有讲堂（或法堂），其位置是在佛殿之后、白马寺阁之前？抑或只是位于佛殿之后与白马寺阁相同的位置上，只是所处的时代不同？尚未可知。

然而，中晚唐时期的白马寺，也曾出现过十分凋敝的境况，如唐代诗人张继《宿白马寺》诗中所描述的："白马驮经事已空，断碑残刹见遗踪。萧萧茅屋秋风起，一夜雨声羁思浓。"[1] 张继生活于唐天宝、大历间。代

[1] ［清］曹寅，等. 全唐诗. 卷 242. 张继. 宿白马寺. 清文渊阁四库全书本.

宗宝应元年（762 年），张继投笔从戎，被朝廷录于征西府中供差遣。而白马寺阁正是在这一年遭到火焚。这首诗描写的很可能正是安史之乱、特别是白马寺阁遭兵燹火焚之后的景象。显然，这次兵燹之后的白马寺已经呈现为断碑残刹的衰败景象了，这一景象很可能一直延续到宋初。

此外，从现存的史料中似乎再难发现有关这一时期白马寺建筑更进一步的相关历史信息，令人颇有扼腕而叹、不胜唏嘘之感。

三、宋元与明清时期的白马寺

1. 宋代洛阳白马寺

据清人的记载，自唐代以来，洛阳白马寺经历过 4 次较大规模重修："白马寺，在洛阳县东二十里，……唐垂拱初，武后重修。河南通志，宋淳化、元至顺间，俱敕修。明洪武二十三年重修。"❶ 也就是说，清代文献中提到的自 7 世纪至 14 世纪白马寺的 4 次重修，包括了：

1）唐武则天时期；

2）宋淳化时期；

3）元至顺时期；

4）明洪武时期。

这 4 次重修都是由当时最高统治者诏敕修建，应该是白马寺历史上最为重要的 4 次重修或重建工程。换言之，自唐武则天重修白马寺之后，最为重要的重修工程发生在北宋太宗淳化间（990—994 年）、元代成宗至顺间（1330—1333 年）以及明代洪武二十三年（1390 年）。

然而，据寺内所存《大金国重修河南府左街东白马寺释迦舍利塔记》碑载："洎五代之后，粤有庄武李王，施己净财，于（白马）寺东又建精蓝一区，亦号曰东白马寺。并造木浮图九层，高五百尺。塔之东南隅有旧碑云：'功既落成，太祖睹王之乐善，赐以相轮。'"❷ 可知，在五代末宋初之时，曾有一位庄武李王，舍财创建了东白马寺，寺内有浮图，高约 500 尺（折合为 155 米上下）。

这可能是一个夸张了的高度尺寸，但这座由宋太祖赐以相轮的宋塔十分高大则是可以想见的。然而，这里所说的"东白马寺"，与汉唐时的洛阳白马寺是否在同一座寺院内？这次新建东白马寺工程，与宋初淳化年间白马寺重修工程之间，有什么关联？这里都没有说得太清楚。既有东白马寺，则在这一时期，汉唐以来的洛阳白马寺可能与东白马寺是并存于世的？

另据史料，宋太祖晚年曾在白马寺做短期停留："太祖晚年自西洛驻跸白马寺而生信心，洎回京阙写金刚经读之，赵普奏事见之，上曰：不欲泄于甲胄之士，有见者止谓朕读兵书可也。"❸ 以太祖薨于 976 年，则这件事很可能发生在 970 年至 976 年之间。这时的白马寺，情况究竟怎样，从史料中不得而知。

❶ 文献 [1]. 钦定四库全书 . 史部 . 地理类 . 总志之属 . 大清一统志 . 卷 163.

❷ 文献 [3]：741.[金] 大金国重修河南府左街东白马寺释迦舍利塔记 .

❸ 文献 [1]. 钦定四库全书 . 子部 . 杂家类 . 杂纂之属 . [宋] 曾慥 . 类说 . 卷十九 . 异闻录 .

从时间上推测，宋人苏易简（958—997 年）为白马寺鼎新重修所做之记，记录的当是太宗淳化年间的重修工程，其中提到："皇帝端拱北辰，垂裳南面，步摄提而重张岁纪，把钧陈而再纽乾纲。……惟纪开元之代，乃命鼎新纬构，寅奉庄严。采文石于他山之下，环材于邃谷离娄；骋督绳之妙，冯夷掌置臬之司；辟莲宫而洞开，列绀殿而对峙。图八十种之尊相，安二大师之法筵。灵骨宛如可验，来仪于竺国；金姿穆若犹疑，梦现于汉庭。天风高而宝铎锵洋，晴霞散而雕栱辉赫。周之以缭垣浮柱，饰之以法鼓胜幡。远含甸服之风光，无殊日域，旁映洛阳之城阙，更类天宫。"[1]由其记大约只能推测出，这座重修过的白马寺，莲宫洞开，绀殿对峙，规模比较宏伟；有缭垣浮柱，法鼓胜幡，建筑也十分庄严，如此而已。

其记中还提到："经始福田之所，已圮而更兴未睹。"[2]可知，在这次重修之前，寺院中的一些建筑已经倾圮残破，新建寺院殿阁有焕然一新之感。

此外，有宋一代的真宗、仁宗间，洛阳白马寺还有过较大规模修缮。据《续资治通鉴长编》，仁宗天圣元年（1023 年）夏四月："丙辰，以岁饥，权罢修西京太微宫、白马寺。"[3]显然，这次重修是从真宗时开始的，北宋人尹洙（1001—1047 年）描述："时西京天宫、白马寺，并营浮图，募众出金钱，费且亿万，权臣为倡，首劳郡承，风指涂商，里豪更相说导，附向者唯恐后。"[4]指的可能正是这次重修。仁宗初登基，因年景不好，中止了这一工程。由"权罢修"一语可知，仁宗也是迫于无奈，暂时中止了寺塔重修。重要的是，透过这一信息，可以知道，这次重修中似乎重新建造了白马寺浮图塔。但是，这座浮图塔与上文中提到的五代末北宋初年在"东白马寺"所建的高 500 尺的佛塔，究竟是不是同一座塔，似乎也没有说得十分清楚。

如果真宗与仁宗时所营白马寺塔并非"东白马寺"内宋初所创之木塔，则这座宋塔有可能沿用了南北朝至唐代寺院的空间格局，布置在古白马寺寺内中轴线上大殿之前的佛塔，只是平面可能已经变为八角形。

当然，对宋代洛阳白马寺内的建筑，实在无法找到更进一步的史料依据，由宋淳化间曾大举营造浮图塔一事推测，其寺院内的格局可能多少有点沿袭唐代洛阳白马寺的大致布局：前为三门，门内有佛塔，塔后为佛殿，殿后有法堂，法堂之后，可能有楼阁、经台之属。至于是否有钟楼、经楼，其配殿、跨院之类附属建筑又是如何配置的，皆未可知。

然而，北宋以后的洛阳城与白马寺，历史境遇都大不如前。自五代至北宋间，帝都东移，洛阳城从一座京师重镇，日趋成为一座地方小城。宋仁宗景祐年间（1034—1038 年）："王曾判府事，复加修缮，视成周减五之四，金元皆仍其旧。明洪武元年，因旧址始筑砖城，设河南卫守之。周围八里三百四十五步，高四丈，广如之，池深五丈，阔三丈。门四。"[5]从其与一般县城无异的洛阳城墙周回长度，大约也可以一窥自宋金至明清洛阳城的大致规模。

[1] 文献 [1]. 钦定四库全书 . 史部 . 地理类 . 都会郡县之属 . [清] 河南通志 . 卷 50. 寺观 . 河南府 . 白马寺 .

[2] 文献 [1]. 钦定四库全书 . 史部 . 地理类 . 都会郡县之属 . [清] 河南通志 . 卷 50. 寺观 . 河南府 . 白马寺 .

[3] 文献 [1]. 钦定四库全书 . 史部 . 编年类 . [宋] 李焘 . 续资治通鉴长编 . 卷 100. 仁宗 .

[4] 文献 [1]. 钦定四库全书 . 集部 . 别集类 . 北宋建隆至靖康 . [宋] 尹洙 . 河南集 . 卷 16. 紫金鱼袋韩公墓志铭（并序）.

[5] 文献 [1]. 钦定四库全书 . 史部 . 地理类 . 都会郡县之属 . [清] 河南通志 . 卷 9. 城池 . 河南府（洛阳县附郭）.

无论 12 世纪初的金宋战争，还是 13 世纪中叶的蒙古与金人的战争，又都对洛阳城造成极大摧残。在残酷的战争中，地处东西交通要冲的白马寺难逃厄运。元代文献中明确提到北宋末年的洛阳白马寺："至钦宗靖康（1126—1127 年）时毁于金人兵火。"❶其后的南宋建炎二年（1128 年），金统治者"迁洛阳、襄阳、颍昌、汝、郑、均、房、唐、邓、陈、蔡之民于河北。"❷透过这一举措，也可以看出当时战争的惨烈状况。

❶ 文献 [1]. 钦定四库全书 . 史部 . 地理类 . 游记之属 . 河朔访古记 . 卷下 . 河南郡部 .

❷ 文献 [2]. [清] 李有棠 . 金史纪事本末 . 卷 9. 攻取中原 .

2. 金代重修洛阳白马寺塔

据寺内所存《大金国重修河南府左街东白马寺释迦舍利塔记》，在五代末北宋初所创高达 500 尺的东白马寺塔之后："又一百五十余季，至丙午岁之末，遭劫火一炬，寺与浮图俱废，唯留余址，鞠为瓦子堆、茂草场者，今五十载矣。往来者视之，孰不咨嗟叹息焉！……彦公大士自浊河之北底此，睹是名刹，荒榛丘墟，彷徨不忍去。一夕遽发踊跃，持达心，乃鸠工造甓，缘行如流，四方云会，不劳余刃而所费办集。因塔之旧基，剪除荒埋，重建砖浮图一十三层，高一百六十尺。……时大定十五季五月初八日，于是乎书。"❸

❸ [金] 大金国重修河南府左街东白马寺释迦舍利塔记 [M]// 释海法 . 海法一滴集——白马寺与中国佛教 . 成都：四川辞书出版社，1996：741.

自宋初向后推算 150 年，大致到了北宋末年，这里的"丙午岁"当指宋钦宗靖康元年（1126 年）。这也是北宋灭亡的前一年。显然，这一年因为金人兵火，洛阳白马寺再遭劫难，白马寺及寺中浮图，已毁圮不堪，成为瓦砾之堆。

时间又过了 50 年，恰是金大定十五年（1175 年），也是白马寺金代砖塔"齐云塔"重建之年。关于这座塔的塔名来历，据寺内所存北宋真宗天禧五年（1021 年）刻石《摩腾入汉灵异记》，早在东汉明帝"己巳之岁"（永平十二年，即 69 年），曾经在白马寺建有一座"浮图，……凡九层，五百余尺，岌若岳峙，号曰齐云。"❹

❹ [宋] 摩腾入汉灵异记 [M]// 释海法 . 海法一滴集——白马寺与中国佛教 . 成都：四川辞书出版社，1996：742.

按照这一说法，金代所建齐云塔，其实是白马寺塔历史上的第三个阶段：

第一个阶段是在东汉永平十二年（69 年），这一年可能创建了一座高 500 多尺的浮图塔。如果不考虑在北魏或隋唐时代未见详细描述的白马寺塔，那么：

第二个阶段，当是五代末、北宋初年由庄武李王所建、宋太祖赐相轮的东白马寺木塔，其高或亦为 500 尺。

第三个阶段，为金大定十五年（1175 年）所建的砖浮图，亦称齐云塔。

其实，这里有几处疑问：

其一，东汉时期，即使有佛浮图的传入，也应该是天竺样式，即比较低矮如窣堵坡状的方坟式佛塔，这样的塔是不可能建造成 500 尺高式样的。且在此之前的任何文献中都没有提到汉代白马寺塔的造型与高度，故这里所说东汉永平"齐云塔"、"凡九层，五百余尺"，当是后人比附之说无疑。

其二，五代末、北宋初所创木浮图，白马寺所存金代碑记中明确说明，是位于白马寺东，亦称为“东白马寺”内的一座木塔。其寺与汉唐白马寺是否为同一寺，其塔与汉唐时期白马寺中所建浮图塔究竟是否是同一座塔，本身就存有很大疑问。其高500尺，更是一件令人存疑之事。依笔者拙见，从这些史料中能够得出的结论，只能是五代末北宋初时，在白马寺东，曾经新建一座“东白马寺”，寺中有木塔，比较高大。这座塔，连同其西侧的古白马寺，在北宋末年遭到焚毁。

金代大定年间白马寺重修过程中，又在宋代东白马寺木塔旧址上重建了一座砖塔，称之为“齐云塔”。金塔高度，据称有160尺（约50米）之高。然而实际上这座十三级金代砖塔，是一座颇有唐塔遗风的方形密檐砖筑塔，其塔边长7.8米，高度仅约35米，合宋尺至多也不过百尺余。可知，宋人甚至金人文字中确有浮夸之处，不足以直接采信。其所云汉代九级浮图，或宋代高500尺木浮图，也只能作为一个参考性意象。

另据白马寺原住持释海法：“建造金塔之时，还筑护塔墙垣三重，立古碑五通，左右焚经台两所，并修建屋宇二十八间，大小门窗三十七座（？）。”[1]这一描述，疑似参考《大金国重修河南府左街东白马寺释迦舍利塔记》中所记内容而来，但齐云塔位于白马寺东侧，若建护塔墙垣，当是围绕齐云塔所建，则这里的屋宇28间指的也应该是齐云塔周围的殿舍庑房，规模比较小。其中“大小门窗三十七座”更不知所云。由此或可推测，金代时的齐云塔与白马寺，已经处在两个不同的空间范围内，相信这时的白马寺自有其规模，而齐云塔周围则有三层墙垣，仅仅环绕有28间房屋。

由金代齐云塔周围建筑的规模推想，金代白马寺本体规模也一定大不如前。换言之，宋末金初是白马寺历史上一个转捩点。遭金人焚毁的白马寺及“东白马寺”与浮图塔，再也没有恢复到汉唐乃至北宋时期的辉煌，其塔已由木浮图改而成为砖塔，高度似乎也降低了不少，其塔周围空间相信已不是很大，至少其殿舍庑房数量已十分少，由此推知金时的白马寺本身规模亦大不如前。

3. 元代洛阳白马寺重建

然而尽管如此，有元一代在帝室的推动下，洛阳白马寺又经历了一次大规模的重建过程，再一次重现了这座释源古寺的历史辉煌。

元统治者十分看重白马寺作为中国释教之源的历史地位。元成宗于大德二年（1298年）诏命当时白马寺住持释龙川（名行育，女真人，姓纳合氏）为五台山新创敕建大万圣祐国寺寺主：“佛教之兴，始于洛阳白马寺，故称释源。……成宗以继志之孝，作而成之，赐名大万圣祐国寺。……诏师以释源宗主兼居祐国。师见帝师以辞曰：某以何德，猥蒙恩宠，其居白马已为过分，安能复居祐圣，愿选有德者为之，幸怜其诚以闻于上。帝师不可，曰：此上命也，上于此事，用心至焉，非女其谁与居？此吾教所系，女其勉之。”[2]

[1] 文献[3]：742.

[2] 文献[1]. 钦定四库全书. 子部. 释家类.［元］释念常. 佛祖历代通载. 卷22.

关于元代重修，元代人所撰《河朔访古记》有稍详细的描述："白马寺，洛阳城西雍门外。……寺有斗圣堂一所，世传三藏与褚善信雠校经义之所。"❶其文中也特别提到："又有翰林学士苏易简所撰碑一通，备载寺之兴废始末甚详，至钦宗靖康时毁于金人兵火。逮国朝至元七年，世祖皇帝从帝师帕克斯巴（旧作八思巴，今改正）之请，大为兴建。门庑堂殿、楼阁台观，郁然天人之居矣。庭中一巨碑龟趺螭首，高四丈余。碑首刻曰：'大元重修释源大白马寺赐田功德之碑。'荣禄大夫翰林丞旨阎复奉敕撰碑，曰：圣上大德改元之四年冬十月，释源大白马寺告成。"❷可知元代重修工程首倡于世祖至元七年（1270年），竣工于成宗大德四年（1300年），历时约30年之久。

正是在阎复奉敕撰写的这通《大元重修释源大白马寺赐田功德之碑》中，粗略地描述了元代重修的大致建筑配置："为殿九楹，法堂五楹，前三其门，傍依阁、云房、精舍、斋庖、库厩，以次完具，位置尊严，绘塑精妙，盖与都城万安、兴教、仁王三大刹比�焉，始终阅二纪之久。"❸这里所说建寺之始终，用了"二纪之久"，以古人所云一纪为12年，则为24年，这当是个大略数字，与前文所说始于至正、成于大德的时间是相匹配的。

白马寺毗卢殿内后壁，嵌有一通石刻《龙川大和尚遗嘱记》，其中有："元贞二年（1296年），紌（丹）巴上士奏奉圣旨，遣成大使，驰驿届寺，塑佛菩萨于大殿者五，及三门四天王，计所费中统钞二百定（锭）。大德三年（1299年），召本府马君祥等庄绘，又费三百五十定（锭）。其精巧臻极，咸曰希有。"❹由此推知的信息是，元代白马寺山门内塑有四大天王。可知早在元代时，白马寺的山门与天王殿其实已是一座殿堂。这或可以从一个侧面证明，今日白马寺山门内尚存元代遗迹的天王殿，可能就在元代白马寺山门旧址之上。此外，元代白马寺九开间大殿内塑有5尊佛与菩萨，有可能是三世佛与二胁侍菩萨造像。

根据这一描述，可以大致推想出元代重建的白马寺基本格局：

1）前为三门（前三其门），亦即今日所称之"山门"，推测即在今日白马寺天王殿位置。

2）三门内有一座面广为九开间的寺院正殿（为殿九楹），疑在今日白马寺大雄宝殿位置。三门之内，元代时正殿之前似没有什么建筑，说明元代时宋人所建佛塔已经不存，但面广为九开间的大殿其前的庭院空间应该比较宏大，故设想现存寺内大佛殿位置可能曾是宋代佛塔位置，元代时这里似为主殿前的庭院。

3）正殿之后为一座面广五开间的法堂（法堂五楹），当在今日白马寺接引殿的位置。

4）法堂之后，或仍然有藏纳汉代佛经宝函的经台，即在今日之清凉台位置。这座高台在明代时似有重建，台上建立了毗卢阁。

❶ 文献[1]. 钦定四库全书. 史部. 地理类. 游记之属. 河朔访古记. 卷下. 河南郡部.

❷ 文献[1]. 钦定四库全书. 史部. 地理类. 游记之属. 河朔访古记. 卷下. 河南郡部.

❸ 文献[1]. 钦定四库全书. 史部. 地理类. 游记之属. 河朔访古记. 卷下. 河南郡部.

❹ [元]龙川大和尚遗嘱记[M]// 释海法. 海法一滴集——白马寺与中国佛教. 成都：四川辞书出版社，1996：767.

5）正殿或法堂之前的左右两侧，可能有对峙而立的楼阁（傍依阁）。

6）左右有庑房、僧舍之功能性、居住性用房（云房）。在寺院中，“云房”与“绀殿”对应，属于寺内居住性、辅助性用房。如唐人徐纶所言：“绀殿故而复新，云房卑而更起。曲尽其妙，以广其居。”[1]宋代以来寺院中的僧寮，多位于寺之西侧。

[1] [清]董诰，等．全唐文．卷856．徐纶．龙泉寺禅院记．清嘉庆内府刻本．

7）寺之左右当有跨院，院中有“精舍”之设。这里的精舍，或为方丈室，或为上客堂之类的接待用房。其中，方丈室一般会在寺院后部，或居中，或在左右某侧。待客之所，多在寺院前部东侧。

8）按照宋代以来渐次形成的寺院空间配置，寺院中轴线两侧多有斋堂与厨房之设（斋庖），同时也会有库院、马厩（库厩），以提供僧人的后勤服务。

9）寺内原有“斗圣堂”一所，当是与东汉时所谓“佛道斗法”事件相关的纪念堂。元代时的斗圣堂，可能是宋金时代遗存，其位置不详。

另外，这里提到了元代京师大都城内的万安、兴教、仁王三座寺院。万安者，大圣寿万安寺（今北京妙应寺），是一座敕建寺院，至元十六年（1279年）建。寺中有元世祖帝后影殿，也是元代臣子觐见皇帝之前的习仪之所，其规格之高是可以想见的。

兴教者，大兴教寺，寺中有元太祖成吉思汗神御殿，及专为帝师巴思八所建帝师殿，也是一座高等级佛寺。这里也曾是元代臣子进宫之前的习仪之所。

仁王者，大护国仁王寺，元世祖敕建寺院，至元七年（1270年）建，至正六年（1356年）重建，位处高良河（今西直门外）一带，寺内亦有元代帝后影堂、神御殿。

如果说元代重建的洛阳白马寺可以与大都城内万安、兴教、仁王三座敕建寺院相比肩，其寺院等级与规模也一定是相当可观的。这一点或可从其寺的主殿为九开间大略看出一点端倪。

元代白马寺，是在经历了宋金之交战火蹂躏后，又过了一个半世纪的再一次重兴。元初文人程钜夫（1249—1318年）所撰《送荣上人归洛阳白马寺》诗：“荣公游上国，又向洛阳归；白马开新寺，缁尘濯旧衣。吟诗江月冷，振锡野云飞；此去千余里，无令消息稀。”[2]千里之外的诗人，亦得知白马寺新建之事，或也可以看出这次重建的影响之大。

[2] 文献[1]．钦定四库全书．集部．别集类．金至元．[元]程文海．雪楼集．卷30．诗．送荣上人归洛阳白马寺．

4. 明清两代洛阳白马寺重修

元代国祚不足百年，岁月侵蚀与接踵而来的元末战争，无疑对地处冲要的洛阳城及白马寺造成冲击与破坏，这或是明初洪武二十三年（1390年）再次重修洛阳白马寺的主要原因。史籍中关于这次重修，仅见于清代编纂的《河南通志》。

为了了解明初寺院的大致格局，这里以明洪武间山西太原新创的一座寺院作为一个参照："崇善寺在城东南隅，旧名白马寺。……（洪武）十四年晋恭王荐母高皇后，即故址除辟，南北袤三百四十四步，东西广一百七十六步。建大雄殿九间，高十余仞，周以石栏回廊一百四楹。后建大悲殿七间，东西回廊。前门三楹，重门五楹。经阁、法堂、方丈、僧舍、厨房、禅堂、井亭、藏轮具备。"❶

❶ 文献 [1]. 钦定四库全书 . 史部 . 地理类 . 都会郡县之属 . [清] 山西通志 . 卷 168. 寺观一 . 太原府 .

这座原名为白马寺的佛寺，重建于明洪武十四年（1381 年），比洛阳白马寺重建略早。一说工程始于洪武十六年（1383 年），完成于洪武二十四年（1391 年），则几乎是与洛阳白马寺同时建造的。因为是地方封王所建，规模比一般寺院要大，例如寺院占地，以明尺为今 0.32 米计，其地南北长约 550.4 米，东西宽约 281.6 米，折合明亩约 250 余亩。其寺院空间配置，或可以作为了解同一时期重建之洛阳白马寺的参照。

沿寺院中轴线，前有前门（金刚殿？）三间，后有重门（天王殿？）五间，主要庭院之内为九开间大雄殿（与元代白马寺规格与等级相同），其后为七开间大悲殿。大雄殿与大悲殿两侧有回廊环绕。再后当为法堂，法堂之后似为藏经阁。如此形成前后五进院落。其余方丈、僧舍、厨房、禅堂、井亭、藏轮等建筑会依寺院一般规则分置在寺之两侧的跨院之内（图 10）。以此为参照，似可大略推想一下明代洛阳白马寺的大致空间格局。

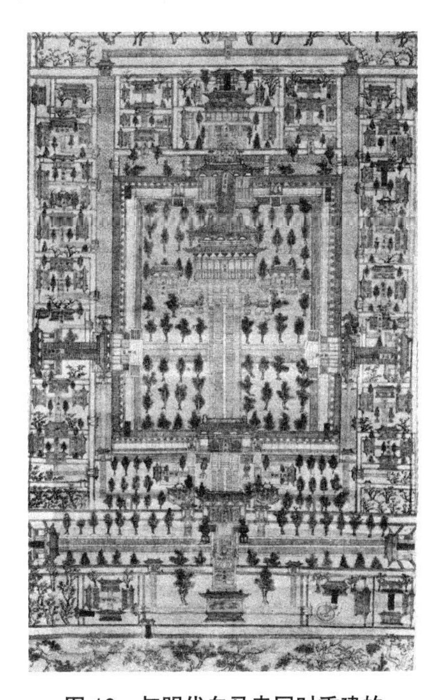

图 10　与明代白马寺同时重建的山西太原崇善寺

（潘谷西 . 中国古代建筑史 · 第四卷 [M]. 北京：中国建筑工业出版社，2009.）

白马寺内尚存明嘉靖二十年（1541 年）刻《重修祖庭释源大白马寺佛殿记》，其中有记："至今日久年远，栋宇倾颓。迨我朝皇明正德丁丑，有僧定太暨化主德允等攀近功德，张端、马成、张禹、李深等招请名匠，重修一区。由是四方之人，闻风向化，富者输其材，贫者效其力。不日之间，殿陛焕然而日新，圣像彩色而鲜明。"❷ 由此确知，洪武二十三年（1390 年）白马寺重修后，至 120 余年后的正德十二年（1517 年），白马寺再一次展开较大规模修缮。

❷ 文献 [3]：831.[明] 重修祖庭释源大白马寺佛殿记 .

另据嘉靖三十五年（1556 年）《重修古刹白马禅寺记》碑，在正德重修之后数十年，白马寺进行了又一次修缮，是由司礼监掌印太监兼总督东厂黄锦捐资并监督兴建的，并"以眷属省祭官李奉义董其事，守制商州判孙政赞其功，至于朝夕视事，始终效勤，则有族弟省祭官黄□。"❸ 其碑

❸ 文献 [3]：832. [明] 重修古刹白马禅寺记 .

文中特别提到了在修缮工程中“区别成图”[1]，说明当时的工程，是有相应的修缮设计图纸的。

这次修缮工程于嘉靖三十四年春开工，次年（1556年）冬竣工：“建前后大殿各五楹，中肖诸佛及侍从，阿难、迦叶、文殊、普贤、罗汉、护法之神。建左右配殿各三楹，中肖观音、祖师、伽蓝、土地众神。饰像貌以金碧，绘栋宇以五采。”[2]这里所说的“前后大殿各五楹”，当指寺内现存之大佛殿与大雄殿。可知现存白马寺内这种将两座大殿前后并置的做法，很可能始于明嘉靖三十四年的这次重修。

据称，其碑中还谈及这次工程中修缮的天王殿、钟鼓楼（？）、礼贤堂、演法堂，及静舍120间。同时，特别提及在寺院后部高台上，建重檐殿五楹，“中塑毗卢佛及贮诸品佛经。左右建配殿各三楹，分塑摩腾、竺法兰二祖。”[3]另据释海法的描述，这次修缮中，在台下两旁还建有禅院两所，各为九间。[4]在元代所创三门（天王殿）之前，另设寺院前门，即所谓“大门三空，砖石券之；门外东西，石狮翼之。”[5]可知今日洛阳白马寺看似简易的砖筑山门，却是创建于明嘉靖年间的遗存。显然，嘉靖间的这次重修，基本上确定了现存白马寺基本空间格局与建筑配置模式：

1）前为砖筑拱券式山门；

2）山门内为天王殿（元代三门旧址）；

3）天王殿内，依次布置前后两座五开间殿堂，前为大佛殿；

4）大佛殿之后为大雄殿；

5）大雄殿之后为接引殿；

6）接引殿之后即为砖筑高台（清凉台），台上有重檐五开间毗卢殿。

中轴线两侧，如山门内天王殿两侧，可能配置有钟楼与鼓楼。大佛殿与大雄殿前两个院落，左右各设三开间配殿，分别为观音殿与祖师殿，及伽蓝殿与土地众神殿。在毗卢殿前两侧，亦各有三间配殿，分别供奉摄摩腾与竺法兰两位祖师。此外，还有分别设置的礼贤堂与演法堂。

明代人谢榛（1495—1575年）留有两首与白马寺有关的诗作，多少透露出一点当时白马寺的建筑信息。一首为《白马寺》：“何年此地筑禅台，薝卜香花十度开。白马寺前西去路，天教汉使取经来。”[6]这首诗与唐人许浑《白马寺不出院僧》中的“墙外洛阳道，东西无尽时”[7]正相呼应，说明自唐至明数百年间，白马寺前都横亘着一条东西要道。

谢榛的另一首诗为《晚至白马寺登毗卢阁望洛阳安国禅院》：“雪晴山阁冷侵衣，西望平林暮鸟归。鹫岭云霞空裹色，洛城金界共余晖。”[8]谢榛生活的时代在明中叶之弘治至隆庆间（1488—1572年），说明这期间寺内曾有一座高大楼阁——毗卢阁。明清时代寺院的一般配置中，毗卢阁位于寺院中轴线后部，有时会与寺内藏经阁共享一座建筑物。令人不解的是，现存白马寺毗卢殿是位于高台之上的重檐单层殿堂，没有登阁远望的可能。

[1] 文献[3]：832.[明]重修古刹白马禅寺记.

[2] 文献[3]：832.[明]重修古刹白马禅寺记.

[3] 文献[3]：832.[明]重修古刹白马禅寺记.

[4] 文献[3]：832.[明]重修古刹白马禅寺记.

[5] 文献[3]：832.[明]重修古刹白马禅寺记.

[6] 文献[2].[明]谢榛.谢榛全集.卷二十.七言绝句二百一十二首.白马寺.

[7] 文献[1].钦定四库全书.集部.别集类.汉至五代.[唐]许浑.丁卯诗集.卷下.近体诗.五言律诗一百九十四首.白马寺不出院僧.

[8] 文献[1].钦定四库全书.集部.别集类.明洪武至崇祯.[明]谢榛.四溟集.卷10.晚至白马寺登毗卢阁望洛阳安国禅院.

那么，诗人登毗卢阁，望洛阳安国寺，究竟是真实的体验，还是自己的想象？尚不得而知。

据寺内存明嘉靖三年（1524年）刻《修白马寺塔记》碑，这时的白马寺："塔以日颓，庐以日堕。"[1]其碑中记载了正德十四年（1519年）顺天府人王刚夫妇行商至此："聿生信心，舍赀以新之。……砖石也，灰也，费若干缗；工食也，顶之镀金也，又若干数。"[2]经过这次重修，白马寺塔被"整旧为新，灵光屹然，飞金涌雪，炫耀于层空。"[3]显然，正德十四年重修的主要是金代所建白马寺齐云塔。

遗憾的是，与历史上的朝代更迭几乎无异，著名的洛阳白马寺始终未能逃脱重建、圮败，甚或焚毁，然后再重建、再圮败、再焚毁的梦魇。虽然明洪武、正德、嘉靖年间多次重修，但是，仅在嘉靖重修不过数十年之后的明代万历年间（1573—1620年），在文人姚士粦的笔下，白马寺已经再次出现衰微与破败的景象："白马寺为中国梵刹之始。寺在洛阳东平畴禾黍中，台殿卑隘，法象剥坏，前有一塔，问之，云藏腾兰舍利也。……不知千百年后，湮没无余，第有白马岿焉独存耳！"[4]

仅从文字中也可以看出，万历时的白马寺，已经又一次淹没在野田黍禾之中，虽有台殿，已显卑隘；虽存佛像，已剥落残损，唯有寺前两尊从宋陵中迁来的石刻白马，孤零零地伫立在寺前旷野中，守护着饱受凄风苦雨侵蚀的千年古寺。

又过了近100年，清顺治、康熙年间的朱彝尊（1629—1709年），有《白马寺》诗曰："仁寿千年寺，今存半亩宫。苔钟横道北，瓦塔限墙东。客至愁嗥犬，僧寒似蛰虫。夕阳留未去，双树鸟呼风。"[5]与朱彝尊大约同一时代的王世祯（1634—1711年），也留有一首《白马寺》诗："伽蓝半化洛阳尘，汉代鸿胪迹尚新。太息他年穷楚狱，仁祠空解祀金人。"[6]

可知清代上半叶的洛阳白马寺，多已化作历史尘埃，残余规模似仅半亩，俨然一座路旁小寺的模样。当然，这里的"半亩之宫"当是一种譬喻，但清代时白马寺的寺院规模已经变得十分狭小，则是可以想见的。其道北铜钟布满青苔，墙东砖塔残损破败，一副凄凉景象，令人感喟世事之无常。

另寺内亦存有清康熙五十五年（1716年）《重修释源大白马寺殿宇碑记》，可知清康熙年间，白马寺亦有重修。释海法称，此次重修，包括大殿、山门、配殿、毗卢阁，经过这次修缮，"上而台阁殿宇，及诸寮舍等"，皆"焕然一新"。[7]可知，现存寺内山门、大殿、配殿及毗卢阁，应保存了较多清代重修的痕迹。

另据释海法的描述，直至晚清时期的光绪九年（1883年）与宣统二年（1910年），洛阳白马寺还曾有过两次较为重要的重修工程，一次是在同治年间遭火焚的立佛殿旧基上重建的殿堂，另一次是对位于寺院后部高台上的毗卢阁的重修。两次重修皆留有碑记。[8]由此大略可知，现存白马

[1] 文献[3]：834.［明］修白马寺塔记.

[2] 文献[3]：834.［明］修白马寺塔记.

[3] 文献[3]：834.［明］修白马寺塔记.

[4] 文献[2].［明］姚士粦.见只编.卷上.

[5] 文献[2].［清］朱彝尊.曝书亭集.卷14.古今诗.白马寺.

[6] 文献[1].钦定四库全书.集部.别集类.［清］王士祯.精华录.卷10.今体诗.白马寺.

[7] 文献[3]：835.［明］修白马寺塔记.

[8] 文献[3]：838-839.

寺当是明清两代反复修葺之后的遗存。

5. 现存白马寺的空间格局

再来看今日的白马寺，从寺基观察，现存白马寺主体部分的基址规模，南北长约 240 米（合 150 明步），东西宽约 135 米（合 84.4 明步），约为明亩 52.75 亩。大约是明代太原崇善寺基址面积的 1/5。这一基址面积，恐也比元、明两代重建的白马寺小了许多。寺内建筑遗存大体保存了明清两代建筑遗构所形成的格局：

1）寺前为一略呈牌楼状的山门，八字斜墙，三洞拱券，结构与造型较为简陋（图 11），当是在明嘉靖三十五年（1556 年）所建遗构基础上修缮而成的。

2）山门内为天王殿，面阔 5 间，进深 3 间，东西面广 20.5 米，南北进深 14.5 米，歇山式屋顶，据说是元代遗构，疑为在元代白马寺前三门殿遗构基础上多次修缮的结果（图 12）。

3）天王殿后为大佛殿，亦为一座 5 开间单檐歇山大殿，东西面广 22.6 米，南北进深 16.3 米，当为明代嘉靖三十五年（1556 年）所创前后两殿之前殿遗构（图 13）这里有可能是唐宋时寺院中佛塔的位置，元代时这里可能曾是寺内主殿前的庭院空间。

4）大佛殿之后的大雄宝殿，是一座面广 5 间、进深 3 间的悬山顶大殿，其东西面广 22.8 米，南北进深 14.2 米，可能是明代嘉靖三十五年（1556 年）所创前后两殿中的后殿之遗构（图 14），因其殿形制较前殿简陋，疑是清代时在后殿旧址上重建之物，其殿址疑在元代白马寺九间正殿的旧址之上。

5）大雄殿之后为接引殿，这是一座面广 3 间、进深 2 间的硬山小殿（图 15），重建于清代光绪年间（1875—1908 年），这座小殿可能即是在同治元年（1862 年）遭焚毁之立佛殿的旧址上重建之物。这座殿堂可能坐落于元代白马寺法堂的旧址之上。

6）寺院中轴线最后一座建筑为毗卢阁，实际为设置在一座砖筑高台——清凉台之上的毗卢殿。清凉台之谓，无疑来自东汉宫殿名称，这里只是借用其名罢了。其台高约 6 米，东西长 42.8 米，南北宽 32.4 米。台上毗卢阁为一重檐木构殿堂，面阔 5 间，进深 4 间，东西广 17.03 米，南北宽 11.7 米，重檐歇山屋顶（图 16），其建筑等级显然是寺内现存建筑中最高的，其阁可能是明嘉靖三十五年（1556 年）所创、清宣统二年（1910 年）修葺之旧构。

7）毗卢阁前两侧配殿，分别供奉有摄摩腾与竺法兰两位高僧的塑像。此外还有玉佛殿、卧佛殿、六祖殿等殿堂建筑，只是其建造时代相对比较晚近。

8）至于寺院山门内的钟鼓楼，则是十分晚近的建筑，所谓明代时的钟鼓楼，甚至未见任何遗迹。

图 11　白马寺明代山门
（洛阳白马寺提供）

图 12　白马寺天王殿（疑在元代白马寺三门位置）
（洛阳白马寺提供）

图 13　白马寺大佛殿
（洛阳白马寺提供）

图 14　白马寺大雄殿
（洛阳白马寺提供）

图 15　白马寺接引殿
（洛阳白马寺提供）

图 16　白马寺清凉台毗卢殿
（洛阳白马寺提供）

这里所引数据非笔者亲测，或不足为据，仅做尺度上的参考。此外，寺内还有数十余通碑刻，弥足珍贵。现存寺内除了天王殿前左右对峙的钟鼓楼外，还有一些建筑，如清凉台东西两侧并置的朵殿——法宝阁与藏经阁，也是十分晚近建造的。至于寺内之云水堂、客堂、斋堂、祖堂、禅堂、方丈院等附属建筑，分置于寺院东西两侧，建造时代各不相同，大多也比较晚近，与历史上的寺院格局关联不大，更有近些年在寺院附近新创的印度寺、泰国寺、缅甸寺等，更与历史上的白马寺渺不相涉，这里不再一一赘述。

参考文献

[1] 文渊阁四库全书（电子版）[DB]. 上海：上海人民出版社，1999.

[2] 刘俊文 . 中国基本古籍库（电子版）[DB]. 合肥：黄山书社，2006.

[3] 释海法 . 海法一滴集——白马寺与中国佛教 [M]. 成都：四川辞书出版社，1996.

山西阳城海会寺格局演变与寺院中的儒学空间发展[1]

刘圆方　何文轩　贺从容

（清华大学建筑学院）

摘要：山西阳城海会寺是全国重点文物保护单位，保存有多个历史时期的建筑遗存，其中有书院一处为明代遗构。本文以碑铭题记和建筑测绘为主要资料，结合县志、诗文、调研访谈，对海会寺的格局演变进行了梳理，并在此基础上，解读了海会寺中书院的出现与发展，以及海会书院的建筑空间特色。同时，以海会寺为典型案例，结合晋东南地区的其他案例，对儒学文化对佛教建筑的影响进行了总结与解读。

关键词：山西阳城海会寺，海会书院，儒学空间

Abstract: Haihuisi (Haihui Temple) in Yangcheng, Shanxi province, is a National Priority Protected Site that preserves the ruins of buildings from different times including a Confucian academy dating to the Ming dynasty. Through analysis of stele inscriptions and information gathered during architectural survey and mapping and from local gazetteers, poems, and interviews, this paper discusses the evolution of the temple layout and analyzes the appearance and development of the Confucian academy in terms of (learning) space. The paper then summarizes and interprets the influence of Confucianism culture on Buddhist architecture, taking Haihuisi as a typical example but combining it with the authors' knowledge about similar examples in southeastern Shanxi.

Keywords: Haihui Temple in Yangcheng, Shanxi province, Haihui Academy, Confucian learning space

海会寺位于今山西省阳城县北留镇北约 3 公里处，是一座经历数代的重要佛寺。现存建筑格局主要分为三部分：一是最靠近现规划景区入口的、位于整个海会寺建筑群东南角的海会寺双塔；二是建筑群西的佛寺建筑主体部分，从南到北，中轴线依次坐落着山门、天王殿、药师殿、毗卢阁、大佛殿（遗址）、大雄宝殿，中轴建筑两侧或者有配殿厢房，或者围以廊庑，五进院落由南往北，依仗地势逐渐抬高，规模宏大；三是在主体部分东侧、双塔北边的海会寺园林区，与寺院初创渊源颇深的龙泉，以及方志中记载的阳城八景之海会龙湫都在这个区域，同时这里也建有明清时期著名的书院——“藐山方丈”（图 1 ~图 3）。

海会寺建寺年代可追溯至唐代。现存唐代遗构仅有建于唐天祐十九年（922 年）的顺愍禅师圆寂塔一处。现存明代遗构多处：寺院主体部分的最后两进建筑，塔院建筑及建成于明隆庆二年的十三级如来塔，海会书院（即藐山方丈）。其中，寺院主体的最后两进院落中，大雄殿前的佛殿已经毁坏，仅有台基留存。结合碑文记载，可以确定大雄殿以及两侧僧舍、东西共四座配殿均建成于明天顺到成化年间。

[1] 本文受国家自然科学基金项目“晋东南地区古代佛教建筑的地域性研究”资助，项目批准号：51578301。感谢陵川文物局的支持和帮助。

图 1　海会寺总平面图
（作者自绘）

寺内现存从五代到清末的碑刻共计 81 块，可清理出碑文近两万字。本文择 35 篇重点碑记（其中包括现在佚失但见于方志的一篇：明隆庆二年《龙泉寺重修宝塔佛殿记》），结合大量诗碣文赋及其他文献资料，并现场调研与图纸绘制，对海会寺的历史沿革、格局演变进行了梳理与分析。以海会寺为切入点阐释了寺院中儒学空间的渗入与发展。

一、历史沿革与格局演变

1. 初建与寺名演变

阳城海会寺初建的确切时间，凭借现存文献资料很难准确考据。

初创时间的几种说法中，最晚的是唐乾宁元年。此说法主要来自清代的几本方志。雍正十三年本的泽州府志，以及乾隆二十年本、同治十三年本的阳城县志中，都有“*唐乾宁元年建，初名郭峪院*”的记载。稍早的康熙二十六年本阳城县志中，则清晰记载，乾宁初年之工程并非寺院的初建，

图 2　海会寺航拍照片
（何文轩　摄）

图 3　海会书院（局部）航拍照片
（何文轩　摄）

而是在蜀僧顺慜主持下的一次规模较大的增修。寺内现存后周徐纶撰写的《大周泽州阳城县龙泉禅院记》中，则详述了东蜀惠义精舍禀律沙门讳顺慜增修海会寺，最终成新旧屋宇并正殿共70余间。此碑刻于后周广顺二年，距离顺慜增修海会寺仅50年，碑文所述比较可信。据此判定，海会寺的初建，应该早于乾宁元年。

另外，有海会寺建于隋代的说法[1]，不过也只是“据传海会寺初创于隋代”。笔者整理了关于海会寺的碑文与古籍资料，并未找到支撑这一说法的有力佐证，仅有明嘉靖年间的王朝雍诗碑中有诗句“山河连赵魏，宫殿肇隋唐”，年代距离隋唐久远，并且属于诗文措辞，不能作为依据。

建寺的缘由，从早期徐纶的《大周泽州阳城县龙泉禅院记》（后文简称《龙泉禅院记》），一直到明清时期的古籍，说法都较为一致。徐纶在《龙泉禅院记》中对这个故事的描述颇为生动详尽，可见海会寺的创建至少在当时当地影响颇广：

> 是院之东十数里，孤峰之上有黄砂古祠。时有一僧，莫详所自，于彼祠内讽读《金刚般若》之经。一日，有白兔驯扰而来，衔所转经文，蹶然而前去，因从而追之。至于是院之东数十步，先有泉，时谓之龙泉，于彼泉后而止。僧异之而感悟焉。因结茆宴坐，誓于其地始建刹焉。

碑记中说，有僧人在某寺里读经，忽有一白兔出现，衔着经书就跑。僧人追到了某处，竟发现了一股泉水，心有感悟，决定在此建寺。可惜碑文中记载，这个僧人的来历是“莫详所自”，而这段故事发生的时间也只能“莫究”。就连僧人曾经读经的寺院，也只记载为在海会寺东十几里的孤峰上的一座“黄砂古祠”，推测可能是一座并无名额的寺。而笔者在考据海会寺建寺缘由时，发现有将阳城县町店镇龙岩寺误作海会寺建寺僧人读经寺的情况[2]。这主要是源于对《山西通志》和《阳城县志》中“龙岩寺”

[1] 程勇. 太行深处的建筑瑰宝——阳城海会寺[J]. 文物世界,2007(3):38.

[2] 田园. 海会寺发展变迁考[J]. 艺术文化交流，2016年6月下半月刊：287.

一条的误读。龙岩寺确实也有白兔听经的典故。但是方志中所载的龙岩寺僧祖汤读《法华经》，有白兔听经，却与海会寺建寺的白兔衔经没有关系。首先，官修方志及民国王璧修的《阳城大宁乡小志》中，都明确提到，释祖汤为明代高僧；另外，寺名不定的所谓“黄砂古祠”，明确记载在海会寺东，而龙岩寺却位于海会寺西边的龙岩山上。

虽然关于海会寺初建只有“白兔衔经”这样一个近乎传说的说法，但是基本上可以确定，海会寺初建于隋唐时期，是僧人读经修行的场所。

海会寺最初称“郭峪院”，实际上很可能是因为尚未取得名额，暂以郭峪地名命名。最初的官赐名额，是源于蜀僧顺慜的倡议，在当时的泽潞节度使的奏请下得来的。因为龙泉紧邻寺院，又与建寺缘由相关，故官方降敕文，赐名额为“龙泉禅院”。这件事最初仅在徐纶的《龙泉禅院记》中有载，并没有相关牒文可考，而顺慜生平在古籍中也鲜有出现。不过，徐纶撰《龙泉禅院记》之时，距离顺慜在龙泉寺圆寂不过30年，所述还是较为可信的。

海会寺现存有北宋太平兴国七年（982年）碑一通，附有北宋赐“海会寺”名额的牒文：

> 中书门下牒：泽州奏准敕分析到所管存留有无名额僧尼寺院共三十二所，内阳城县龙泉禅寺，敕赐海会寺为额牒。奉敕据分析到先存留无名额寺院等，宜令本州除胜生得额外，其余寺院各依前项名额书勒县印。牒至准敕故牒。

明弘治年间立石的《龙泉寺三僧记》中，写到“海会”两个字的寓意：寺院东侧有龙泉，水流绕寺，向西流入沁水，汇聚到河，最终归于东海。另有一种解释：“海会”出自《华严经》，其中“海”比喻德高，所以“海会”意指许多高僧会聚。[1]这都是后世对于寺名的解读。

[1] 宋奇飞．明清泽州士商互动关系研究［D］．太原：山西大学，2016：22.

2. 碑文中记载的历史上的数次修缮活动与格局演变

寺院在赐额前的郭峪院时期的具体建筑格局已经很难考据。现在能看到的仅有徐纶在《龙泉禅院记》中所载：于乾宁年间蜀僧顺慜重新兴修寺院的东侧，龙泉之后，曾结有庵，疑为最初郭峪院之所在。可惜建筑格局已不可考。

现存碑记古籍中有确凿记载的，关于海会寺最早的修缮应该是在唐末到五代时期。龙泉后面的庵在此时已经开始走向湮灭，而没有得到修缮，最终使得海会寺主体的轴线逐渐西移。而此后的多次兴修所立碑文中，都明确提到泉在“院左”。也正是在这个时期，海会寺建成了著名的双塔中更具有宗教属性的僧人圆寂塔——海会寺唐塔。

后周时期的寺院格局、配置信息依旧难以考据，仅《龙泉禅院前后记》中有一点简单的记述，简略记载当时修缮后的寺院规模：殿、房一共70余间。

金代规模更盛，虽然碑文中记录并不详细，但是依据关于正殿之后的两侧庖厨、库房间数的记载，估计当时寺院的主体应当已经具备至少三四进院落。同时正是在这个时期，出现了关于寺院园林的经营和东西方向跨院的创建的可考碑记。

元代至明初，海会寺并无碑文留存。清光绪年间，胡聘之编《山右石刻丛编》整理了山西自北魏到元代的大量碑文，关于海会寺的仅有五代到金代的几篇。推测从元代到明初，海会寺很可能没有进行大规模的修缮活动，故而也没有碑文立石。

明代的碑文存世较多，对寺院格局、配置的记载也比较翔实可靠。明成化十五年（1479 年）陈宽撰《重修龙泉寺记》，载：“*首建正殿，继列西庑，殿之后建藏经阁，殿之前建千佛阁，阁之前增立碑亭，亭之前竖以山门，门之左右缭以垣墙。*”记载了寺院中轴线上的建筑序列。而对于寺院中的其他建筑，譬如禅堂、法堂、僧室、仓库、庖厨等，并没有明确记载其位置，估计应该在中轴线两侧。此时期数次增修所立的碑文中，还提到寺院中一些不在中轴线上的殿宇的“创建”，比如天顺二年（1458 年）所建天王、地藏、伽蓝殿。也正是在这一时期，寺院创建了水陆殿，这也与明代水陆法会的兴起契合。

现有碑文对这个时期的中轴线上建筑序列的记载存在一个疑点，即分布在正殿前后的千佛阁和藏经阁在明成化十五年后的古籍碑文记载中消失，而明弘治七年及之后的多篇碑记中，关于中轴线上阁建筑的记载，都仅有毗卢阁一处。中轴线上现存的最后一座殿宇——大雄殿，依据碑文记载和杨继宗所题的殿额，可以确定重建于明成化十五年（1479 年），极有可能为陈宽所撰《重修龙泉寺记》中提到的“正殿”。而按“*殿之后建藏经阁，殿之前建千佛阁*”，大雄殿前有千佛阁，后有藏经阁。这只是依照陈宽所撰《重修龙泉寺记》记载的一个推测，实际上“千佛阁”、“藏经阁”两个称法仅在明成化十五年（1479 年）的碑文中有出现。仅仅过了 15 年，至明弘治七年（1494 年），杨继宗撰《龙泉寺三僧记》，记述了海会寺三位僧人先后增修寺院的事情，就没有再提及“千佛阁”与“藏经阁”了。两通碑刻都提到了海会寺住持僧智林及弟子德净在数十年间修建的数次活动，依照年份将两篇碑记中提到的修建列表对比（表 1），可以对于后来不再被提及的千佛阁、藏经阁和历代碑文中屡次提到的毗卢阁之间的关系，给出一个合理的推测。实际上晋东南地区确实有殿阁供奉毗卢遮那佛、周围塑千佛环绕的例子，比如长子县崇庆寺的千佛殿，中间就供奉毗卢遮那佛。而这也符合佛教的“千佛绕毗卢”。故而结合与明代所修大雄殿的位置关系，可以提出猜想：陈宽碑文中的“千佛阁”，极有可能就是后来屡被提及的“毗卢阁”。而殿后的“藏经阁”，后来就没有任何重修或者其他的记载了。仅有乾隆二十年（1755 年）刻本的《阳城方志》图考中绘有海会寺一幅，图中在寺院最北、依靠

表 1　陈宽、杨继宗所撰碑文中提到的修缮活动列表

	陈宽撰《重修龙泉寺记》（1479 年）	杨继宗撰《龙泉寺三僧记》（1494 年）
宣德七年（1432 年）	有僧曰智林，住持是寺，尝补修之于前	
宣德八年（1433 年）		（僧智林住持）妆塑正殿佛像七尊
正统十年（1445 年）		（僧智林住持）起盖水陆殿、方丈、库房共一十有五间
景泰二年（1451 年）		（僧智林住持）造僧房二百余间
天顺二年（1458 年）		（僧智林住持）建天王、地藏、伽蓝殿共九间
天顺七年（1463 年）		（僧智林住持）立东西书廊四十间
成化七年（1471 年）——成化十五年（1479 年）	（林之徒德净）首建正殿，继列西廊，殿之后建藏经阁，殿之前建千佛阁，阁之前增立碑亭，亭之前竖以山门，门之左右缭以垣墙	
成化八年（1472 年）		（僧德净住持）重修毗卢阁，建左右□楼
成化十九年（1483 年）		（僧德净住持）造牌楼三间于寺门之前

后山处有两层阁一座，说明寺院在明清时期极有可能在最北侧是有一座“阁”的。至于究竟是不是“藏经阁”，以及“藏经阁”的其他信息，皆不可考。

始建于嘉靖四十四年（1565 年）、落成于隆庆二年（1568 年）的十三级如来塔标志着海会寺又一波寺院格局发展高潮的开始。白巷里人李思孝创修十三层塔，并建塔后的佛殿，围绕形成塔院。仅记述修塔一事的碑记就有隆庆二年（1568 年）王国光撰《龙泉寺重修宝塔佛殿记》和隆庆五年（1571 年）赵讷撰《龙泉寺新建塔记》两篇。其中,赵讷详述了“塔院”的建筑形制：

> 塔之后，则建佛殿三楹，左右角殿各三楹，东西护法、李公祠、两廊僧舍各五楹。塔之前，建过殿三楹，又前中为门楼，左右为钟鼓楼，皆极其壮丽。

从海会寺现存建筑格局看，双塔是游离在整个寺院主体轴线外的一个附属部分。实际上，仅据赵讷所撰碑文就可以看出，在明代初建时，建有完备的钟鼓楼与山门的塔院可以看作整个寺院轴线的开端，一度是寺院的重要组成部分。另据乾隆本方志中所绘的海会寺，也可以看出“塔院”在整个建筑序列中的重要地位。而且，“塔院”中有佛殿、僧舍，在寺院的宗教活动中也占有重要的地位。

但是以白巷里李思孝为代表的阳城乡绅望族开始成为寺院修缮活动背后的主导，对于寺院中世俗化配置的出现确实产生了影响。最典型的例子就是李思孝捐资建成的“塔院”中的“李公祠”。王国光在《重修宝塔佛殿记》中记载，寺僧人感激李思孝，为他在塔院塑像，就像是给孤独长者[1]一样。即这个“祠”是已经被寺院同化的、类似于护法伽蓝的配置。乡绅

[1] 即给孤长老须达多，是舍卫城一位乐善好施的富豪，有给孤独长者金砖布园以弘法的故事。

望族的力量崛起之后,寺院中出现的“祠”并不只这一例。清光绪六年(1880年)的一篇碑文中,也提到有“东北角宗祠一所”。根据碑文中所说的位置,应当指的是海会寺东北隅的一所居士院。

明末至清代,碑文中仍多次出现关于毗卢阁、佛殿等建筑的修缮维护,不复赘述。

碑文中对于寺院中出现过的跨院、别院也有一些记载。自五代到清末的碑文中提及的格局演变表明,金大定二十五年(1185年)所立碑记中记述的西侧跨院在整个寺院格局演变中逐渐消失了,而在唐末蜀僧顺慜重建寺院的基础上,于寺院轴线的东侧,即更为靠近龙泉的园林区,开始有了诸如“别院”一类的建筑的创建,甚至形成了寺院主体旁边的数进跨院。这一点,在乾隆本《阳城方志》“图考”中收录的海会寺图中可以清楚地看到。“别院”不仅在建筑格局上并没有远离寺院主体,在空间功能上其实也与寺院佛教活动有着一定的关系。刻于清康熙三十八年(1699年)的《重修水陆殿记》,就记载当时殿宇常年失修,略有倾圮,而“寺中僧众多住别院焚修”。可见明清时期寺院主要轴线东侧所建的建筑也承担着一定的宗教功能。

简言之,海会寺早期建庵龙泉,唐末蜀僧顺慜的修缮奠定了现在主寺格局的基础,直至明清,海会寺主轴线上的几进院落基本上只是依循原有格局,仅对破败建筑进行修缮。明清时期,主要的寺院规模开拓集中围绕东侧的塔院,以及与原有寺院相并的“别院”进行。也正是东侧的这部分跨院中,出现了与儒学密切相关的书院。这部分将在后文详述,此处不再展开(表2)。

表2 碑文中反映的各时期格局简图列表

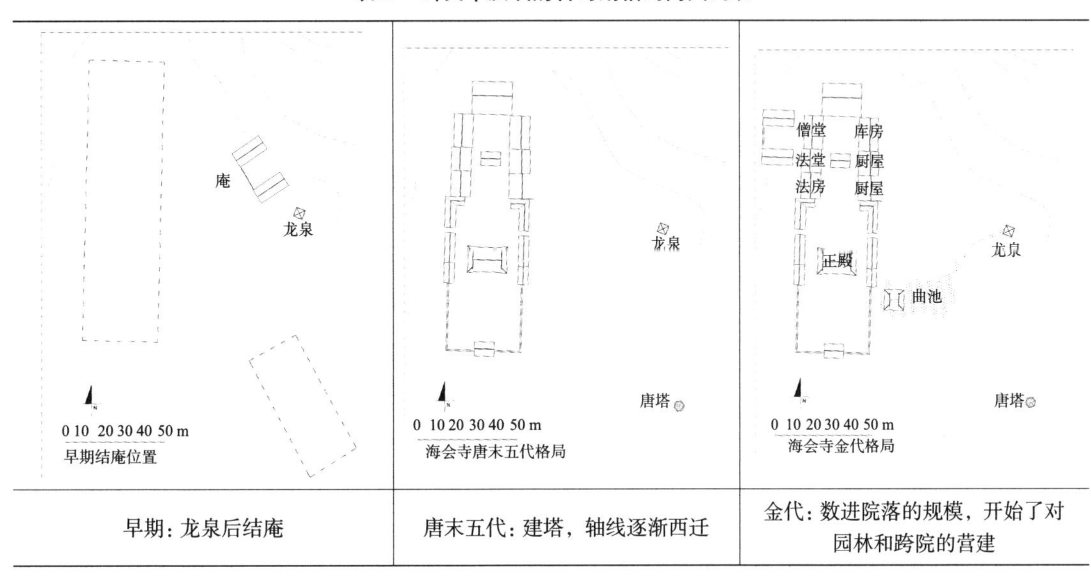

早期:龙泉后结庵	唐末五代:建塔,轴线逐渐西迁	金代:数进院落的规模,开始了对园林和跨院的营建

续表

<table>
<tr>
<td>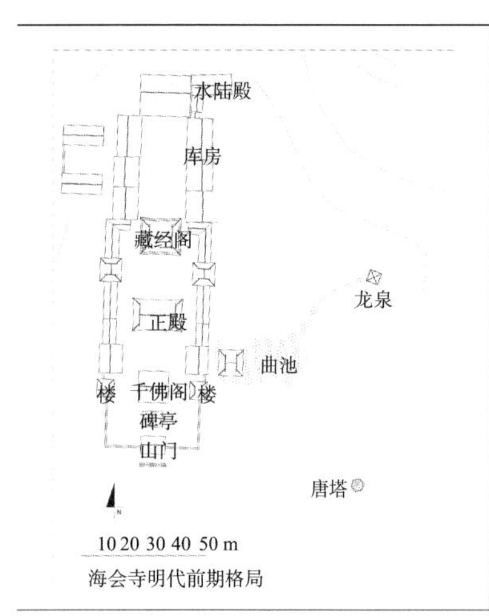
海会寺明代前期格局</td>
<td>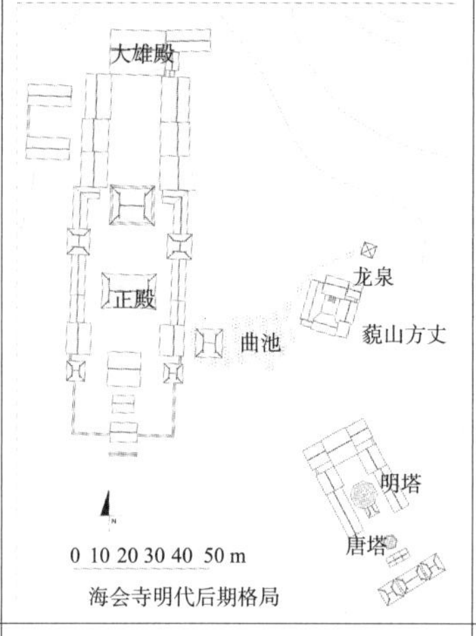
海会寺明代后期格局</td>
<td>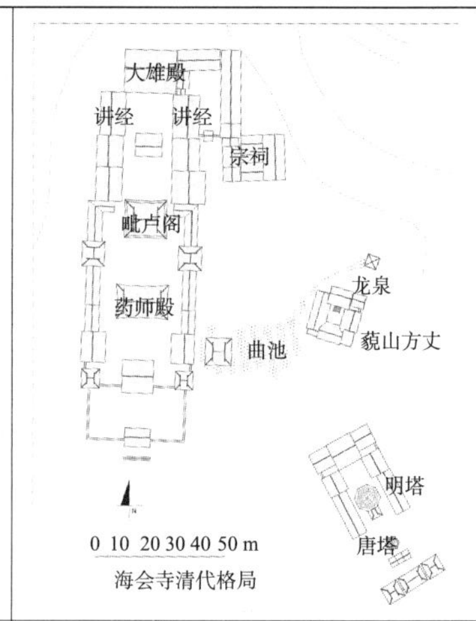
海会寺清代格局</td>
</tr>
<tr>
<td>明代（建明塔前）：寺院主体数进院落的进一步增建，对殿、阁进行创建与修缮</td>
<td>明代（建明塔后）：开始了大量围绕塔院和东侧“别院”的营建</td>
<td>清代：继续对东侧跨院轴线进行补充</td>
</tr>
</table>

二、海会寺寺院演变的三个阶段及分析

笔者在整理海会寺现存碑文等古籍资料的过程中，发现寺院的发展特点可以划分为三个阶段。各个阶段寺院的兴建活动背后的主导力量发生着变化，从而对建筑格局与空间特色都产生了影响。而对于寺院演变的分阶段分析也将为后文有关寺院中儒学空间出现原因的阐释奠定基础。

1. 初建——宗教僧人、僧团主导的时期

阳城海会寺早期的营建活动，基本上都与僧人联系紧密。

海会寺初建的确切时间与住持修建的僧人姓名都不可考，但是诸多方志古籍中，关于白兔衔经、僧人遂建寺的记载均一致，基本上可以确定佛寺初建与僧人建庵读经修行有关。

早期主持海会寺修缮增建活动的僧人中，有可靠记载的是蜀僧顺戆。顺戆禅师其人，仅在徐纶撰写的《龙泉禅院记》中有载，为“东蜀惠义精舍禀律沙门”。唐乾宁初年，顺戆游历至当时的郭峪院，主持了增修活动，最终成“绀殿”、“云房”新旧建筑共 70 余间。这也是有关海会寺寺院建筑规模的最早的明确记载。同样是顺戆提出了申请院额，自此有了“龙泉禅院”之称。

最后一项和顺戆有关的海会寺增建活动，是建于唐天祐十九年（922 年）的圆寂塔。徐纶《龙泉禅院记》记载：

> 至唐天祐十九年七月五日，顺寂于本院，建塔于院之右。

这一句话，是现存关于海会寺砖塔的最早记录。王小圣编注的《海会寺碑碣诗文选》[1]中，对于“天祐十九年”提出了疑问：唐末天祐仅有四年，不知纪年是否有误。文中将建塔时间根据后梁的年号进行了换算与更正，于

❶ 王小圣．海会寺碑碣诗文选 [G]. 太原：山西人民出版社，2002.

是也出现了“建于后梁龙德二年”(922年)的说法。实际上，天祐四年唐哀帝禅位朱温之后，仍有晋王李克用、南汉、吴越、前蜀等割据政权沿用唐天祐年号。碑文不过是佐证了当时的阳城地区应该属于晋的势力范围内。

徐纶写《龙泉禅院记》的时间，离记述的顺憋禅师圆寂、弟子建塔仅过去了30年,可信度应该较高。可是对于塔的位置的记载却出现了一个问题。《龙泉禅院记》明确记录顺憋禅师圆寂塔建在“院之右”,即在寺的西侧。可是，现存海会寺的双塔，确确实实在整个寺院的东南方向(图4，图5)。

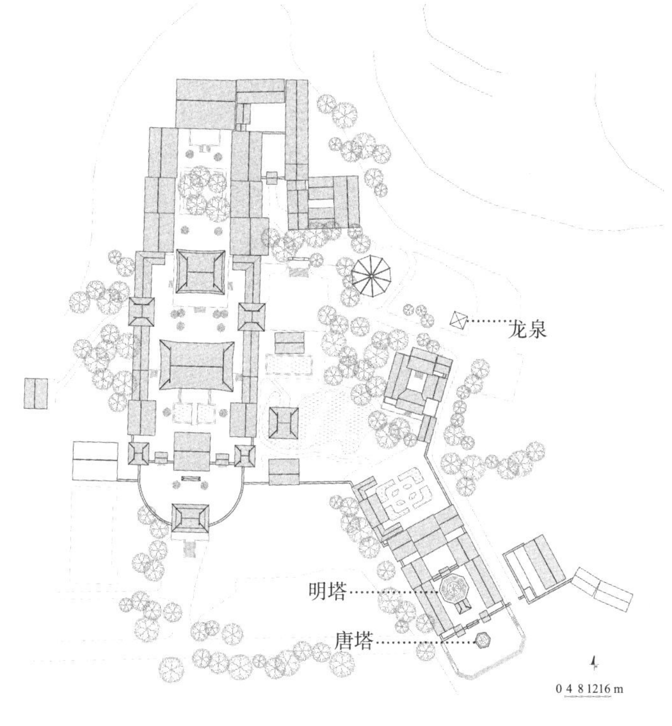

图4 海会寺中塔、龙泉位置
(作者自绘)

图5 海会寺与双塔
(何文轩 摄)

顺懋禅师扩建寺宇后，从金代到明清，有多次对于寺院的修缮与增建，也有大量的碑文留世为佐证。其中，仅有金亡到元末的两百多年，相关碑文记载空缺。但是，依据建筑遗存和其他信息，仍然可以确定，海会寺的院落格局演变，是一直建立在顺懋禅师扩建后的寺宇基础上的，并没有出现诸如废弃现有、旁边另辟一地重建之类的做法。而现存的宋金时期的碑记中，也并没有改址重建舍利塔的记录。

考虑到海会寺所处地理环境的特殊性，结合碑记中对于海会寺最初结庵选址的描述，可以给出一个较为合理的推测：至少在顺懋禅师圆寂建塔的时候，在现在的数进院落的东面、更为偏近所谓龙泉的位置，是有寺院建筑的。而且极有可能，整个寺院建筑依着山势环境，呈现一个带有偏折的轴线。

《龙泉禅院记》中就有："其院东，龙泉后面结庵之所，三纪已前微认故迹，今则堙没矣。"可知，从《龙泉禅院记》撰写的时间，再往前推三纪，即在顺懋禅师活动的期间，在西侧的几进院落的东侧、龙泉前后，是有寺院建筑的。这部分寺院建筑建造年份较早，甚至有可能就是早于西侧的几进院落营建的、最初的"郭峪院"。

换言之，早期海会寺的轴线应该在现轴线的东侧，依山势形成带有偏折，这也解释了徐纶记载的"建塔于院之右"。

实际上，在后来数次的增建之后，寺院的轴线逐渐往西移动，同时，规模的扩大使得偏折前的轴线向南延长，于是偏折角度不可避免地变大。但是，无论从明代如来塔以及塔院的兴建、清代方志中的图像记载，还是现在的建筑遗存，都可以看到对于调整后的偏折轴线的追求。这个问题将在后文详细探讨。

早期僧人主导的另一次较大的修缮活动，发生在金大定十年（1170年）。海会寺现存大定二十五年碑，刻苏瓘撰写《海会寺重修法堂记》，详述了住持僧宗祐[1]重修海会寺一事：

> 大定十年，有住持僧祐公上人，发洪誓愿，不惮勤劳，辄毁故以更新，特易小而成大，广其制度，增其基址。重修法堂五间，更于次下创建法堂五间，西夹院子屋六间，又于正殿后重葺厨屋前后共十间，库房五间，僧堂五间。

蜀僧顺懋、住持僧宗祐的两次修缮，使海会寺规模逐渐变大，但是碑文中提到的格局与配置，较之后世还是比较简单纯粹的，仅提到佛殿、法堂、库房、僧堂等几种，同时正是这两次修缮中出现了佛教建筑中特有的僧人圆寂塔。

而在早期海会寺纯粹的宗教僧人或僧团主导的发展期结束后，数代的兴建以及碑文中对于寺院活动的记载，虽然还是以僧人为主，但是已经开始有了儒生以及越来越兴盛的乡绅文化的印迹。

[1] 宗祐，生平信息难考，仅有《海会寺重修法堂记》记载："祐公上人者，下佛村人氏，俗姓马，法名宗祐，字吉老，夏腊六十有二岁。"

2. 发展——儒学初涉时期

海会寺的演变进程中，最初与儒学和儒生发生的联系，出现在游赏、借宿的文人的诗文中。现在，海会寺中仍存有大量的诗碑，另外，还有很多现已佚失的诗文在方志古籍中被提及。通过这些诗文可以看出，这一时期寺院中的文人儒生往来很多。他们吟诗作和、读书借宿，甚至还与住持僧人成了朋友。另一方面，大量的儒家读书人的往来与借宿，对寺院中建筑的配置和空间也有影响，虽然其影响与后来介入的乡绅力量相比要弱很多，但是仍然可以看出儒学与中国文人文化在寺院中的逐渐渗入。

现在能够确知的最早围绕海会寺的诗文，应该是以“竹径通幽处，禅房花木深”为韵脚的两组诗。金大定七年（1167 年）立石的诗碑（诗碑现已佚，《山西通志金石志》、《泽州府志》、《山右石刻丛编》均有载，另诗在《全金诗》有载），记载了金大定五年（1165 年）李宴、何虑等五人在海会寺相聚的事情，并刻录了当时五人分别以“禅房花木深”五个字为韵脚所作的七律。李宴撰序有：

> 纵观壁间诸公诗，有以“竹径通幽处”为韵者，遂用下五字“禅房花木深”各赋一篇，以纪其来。

李宴在序中提到，五人以“禅房花木深”为韵写诗，是为附和壁间已有的以“竹径通幽处”五字为韵的诗。前五首诗现在已无考。实际上，海会寺现存有金泰和五年（1205 年）所立徐守谦诗碑，载徐守谦所作以“竹径通幽处”为韵的五首诗。序中记载作诗缘由，提到“昔有竹径通幽处，禅房花木深次以十韵，留题于壁。尔后风雨所坏，遗失五韵，为终身之叹。”李宴等五人曾在壁间看到的以“竹径通幽处”为韵的诗，在仅仅 40 年后的泰和五年就已经无存。可见，载有“诸公诗”的，并不是后世刻诗的碑廊，而应该是在客堂一类的建筑中，辟有墙壁，以供文人兴起，提笔挥就诗篇。即使是现在可以查询到的李宴等五人的诗篇，最初也应该是题写在墙上，在两年后的大定七年（1167）年才立石镌刻。

同时李宴诗碑的序，也说明虽然诗文现无存，但是读书人在海会寺活动，应该远早于金大定年间。

大量读书人的暂时停留，直接影响到的寺院配置就是客堂。曾经有大量关于在海会寺中借宿与读书的诗文。虽然由于诗歌这一体裁的特殊性，以及格律等方面的约束，对于建筑的描写大多是一种写意式的状态，但是依然可以看出当时寺院中客堂配置的存在和部分特征。

寺院中可供借宿的客堂类建筑，通常在中轴线的两侧。大定五年（1165 年）何虑以“禅”字为韵的七律尾联有“共借西轩对榻眠”，就记录了在海会寺西侧厢房借宿。梳理海会寺的诗碑中提到的客堂，另有陈廷敬诗中“西轩俯木杪”一句。实际上，“东轩”、“西轩”两个词在格律诗中，出现频率相近，而且“西”、“东”两个字都发平声，也不存在因为格律要求而择“西”字的理由。可见，虽然叙事碑文和相关古籍中，没有找到客堂类建筑的准确描述，但根据这两通石碑推测当时寺院中，以西厢的某一部分为客堂，接待了数代的大量儒生借宿，应该是比较可靠的了。实际上，梁毅先生就提到过山西佛教建筑中存在将客舍放在中轴线西侧的做法。[1]客堂、客舍在佛寺中重要性相对较低，晋东南地区现存佛寺碑刻中对于轴线两侧建筑配置，尤其是客舍的记载较少，但是仍有元后至元六年（1269年）的《金峰灵岩院记》，载有“中以事佛，左僧寮，右宾馆……继修三门、廊庑、庖库”[2]，可见以“西轩”为客舍是晋东南地区佛寺中确有的做法。而依据诗碑中提到的“西轩”，推测早在金代，海会寺最初与儒学发生关系的空间正是两侧建筑中的西厢，应该具有一定的合理性。

[1] 梁毅．山西山地佛寺园林的景观特征及其保护与利用初探［D］．太原：太原理工大学，2015：13.

[2] 常书铭．三晋石刻大全·晋城市高平市卷（上、下）［G］．太原：三晋出版社，2011：125.

在这一个分期中，寺院格局配置上能够看到的儒学或是儒生活动的影响实际上是有限的。除了寺院西厢应该存在具有相对固定的客舍功能的“西轩”，另一个论据只能说可能与儒学文化相关。这就是海会寺现存明弘治七年（1494年）碑刻中所载的“立东西书廊四十间”。如此多间数的建筑东西对立，极有可能是晋东南地区常见的楼院式的两层带前廊的建筑。结合现在的建筑遗存，“东西书廊四十间”极有可能指的就是现在最后一进院落两侧的建筑。本文在第一部分整理历史上的重要修缮时，对比了明成化十五年（1479年）和明弘治七年（1494年）的两篇碑文。虽然分析仅仅证明了在寺院主体轴线的末端可能出现过藏经阁，但是也证明了书廊可能是代指僧人弘法讲经空间这一可能性的存在。实际上，清代咸丰八年（1858年）的碑文中就载有：“大雄殿之两廊，为众僧讲经之所。”即这两廊建筑虽然称为“书廊”，但是究竟与儒学有多大关系，还是存疑的。

另一个重要的方面是，这个时期寺院开始出现对景观园林的重视与营建。这或许也与这一时期文人频来带来的大量活动有关。金代苏瓘撰写的《海会寺重修法堂记》中，就有关于寺院园林兴修的记载，不仅有“茂林”、“修竹”的记述，更重要的是“磨砻坚石甃成曲池”，这大概是对海会寺中，与历代文人活动关系紧密的“流觞曲水”的最初记录。

金元开始出现并流传后世的大量诗文，以及相对固定的具有客舍功能的“西轩”的出现，表明海会寺已经不再是完全围绕僧人活动的寺院了。儒学和儒生开始力度越来越大地渗透入寺院，对于寺院的空间功能与配置都产生了影响。但是，无论是早期的可供题诗的墙壁、可供借宿的“西轩”，或者是发展到明代的东西书廊，在整个寺院建筑群中所占比例都还是非常小的，为依附在轴线上的重要建筑两侧的厢房等次要建筑。儒学文化与思想的浸入，更多的还是停留在儒生和僧人的交流上，对营建活动的影响还是相对较弱的。

3. 兴盛——地方经济繁盛与地方文人的崛起

海会寺中的儒生士人活动，由来已久。往来借宿、游历吟诗，从金代开始就有大量的碑文诗刻留世，可以佐证。但是儒学读书功能空间的逐渐固定，至书院的形成，应该是在明代后期。

明嘉靖四十四年（1565 年）至明隆庆二年（1568 年）海会寺十三级如来塔建成，标志着海会寺新一波寺院格局发展高潮的开始。同时，海会寺也进入了地方商人乡绅主导修缮、营建的时期。

实际上，一直到明代中期，海会寺的修缮经营活动中僧人僧团都是主角，比如第一部分中展开介绍的明代宣德年间到成化年间寺院僧人智林、德净。这个时期的碑记记述，也围绕着僧人。第一部分提到的杨继宗在明弘治七年（1494 年）撰《龙泉寺三僧记》，就围绕着寺院各个时期重要的僧人活动,来记录寺院的兴废变化。甚至于碑文还花了相当的篇幅论述“僧贤则寺兴，僧否则寺圮”的观念。

从王国光在隆庆二年(1568 年)所撰的《龙泉寺重修宝塔佛殿记》开始，寺院叙事类碑文中出现了一个极为明显的转变，地方商人乡绅乃至儒生士人开始大量地出现在碑记中。李思孝便是影响了海会寺格局演变的乡绅商人中最为重要的一位。围绕海会寺明塔建造的碑文不只一篇。《龙泉寺重修宝塔佛殿记》中有：

> 乃于其北，诛茅穴土，既深既阔；伐石垒基，既密既固；树砖甃壁，既广既峻。凡十三级，为如来塔……于塔之北，创佛殿二十间。始于嘉靖乙丑之春，落成于隆庆戊辰之秋。

赵讷撰于隆庆五年（1571 年）的《龙泉寺新建塔记》在记述塔的形状之外，对于塔院的格局也有更详尽的描述：

> 檀越李公思孝，复建一塔，与之并峙。周围几八丈，青石为基，高一丈，深入土者又一丈。石之上继以砖甃，每层俱高一丈有差，共十有三……塔之后，则建佛殿三楹，左右角殿各三楹，东西护法、李公祠、两廊僧舍各五楹。塔之前，建过殿三楹，又前中为门楼，左右为钟鼓楼，皆极其壮丽。

整合各篇碑文中对塔院的描述,会发现塔院虽然偏离寺院中以毗卢阁、正殿等建筑形成的主要轴线，但是在配置、格局上，却符合寺院主要轴线的起始一两进院落的特征：山门左右建有钟鼓楼，中轴线上有山门、过殿、双塔、佛殿，两侧建筑也是僧房、配殿。唯一比较特殊的，应该就是两侧出现的“李公祠”。虽然碑文中记载为“祠”,实际上可以算为诸如伽蓝殿、天王殿、给孤独长者殿的护法空间的一部分。最初的《龙泉寺重修宝塔佛殿记》中，对于供李思孝于塔院，就做出了这样的解释：“寺僧德公，肖像于塔院，以永亿焉，若给孤长者云。”“给孤长者”即为给孤独长者，寺僧感激李思孝，如同供奉给孤独长者一样供奉李公，可见“李公祠”正是寺院起始院落中的护法空间中的一部分。

李思孝，字云楼，是阳城望族白巷里李氏长门第九世，有一个“七品散官”的头衔，《龙泉寺重修宝塔佛殿记》中记有“以赀授品官”，即这是花钱捐来的头衔。根据碑文等资料关于李思孝其人的记载，可以确定李思孝本人应该不是读儒家书考科举的士人，但是海会寺之后儒学兴讲的兴盛，却与他有着千丝万缕的关系。甚至有海会书院就是李思孝所建的说法。[1]不过，在对古籍资料进行爬梳之后，笔者对这种说法存疑。海会寺现在可考的碑文中，并没有出现过“书院”字样。实际上，即使是家谱所载，也仅有李思孝“曾修功德院于海会寺东，内建浮图二”。“功德院”指的自然是海会寺塔院，碑文对塔院的配置格局描述很详尽，可以确定塔院中并没有儒学空间的存在。

这一时期的碑文记载中，并没有明确提出“海会书院”，但是，海会寺中具有书院功能的“别院”的雏形最初却有可能正是在这一次修缮增建的高潮中产生的。碑文对于这个时期寺院主体两侧的跨院没有记载，但是结合明清时期的格局演变，以及方志图考中所绘海会寺，可以推测海会寺东侧存在的跨院不仅仅是张慎言明末所建“貌山方丈”一区。这部分建筑早在李思孝修如来塔之后便承担着一定的书院功能，这种可能性确实存在。但是依照现存的碑文等古籍记载，很难考证。总之，虽然“李思孝在海会寺建书院别院”这个说法值得存疑，但是可以确定的是，李思孝对海会寺的增建修缮，使得寺院在顺懋禅师修缮后形成的格局上有了极大的拓展，同时，寺院开始出现了较为固定的儒学读书空间，而不仅仅只有儒生士人偶尔到访借宿的客舍了。

虽然没有碑文记载证实这个时期有固定的“书院”建筑在寺院中建成，但是从塔院建成之后的明隆庆年间开始，关于在海会寺读书的儒生的记载确实明显增多。笔者爬梳了海会寺现存碑记、诗刻，以及方志艺文卷等相关古籍中明确记载的儒生读书或兴讲活动，内容见表3。

[1] 张俊峰. 北方宗族的世系创修与合族历程——基于山西阳城白巷李氏的考察[J]. 南京社会科学, 2017年(4): 143.

表3 海会寺中进行读书、兴讲等儒学活动的人物列表

年代	儒生士人	碑文引文
明	李思恩（嘉靖十三年进士） 李豸（嘉靖二十年进士） 李可久（嘉靖四十一年进士）	“家君西谷大夫旧游于兹，潜心大业，余少时亦尝读书于中，先后相继登第，发轫于此。”［李可久《重修龙泉寺伽蓝中殿记》（万历十一年）］ “故其（李思孝）弟保轩公（李思恩），侄西谷公（李豸）、侄孙易斋公，皆以科举起家。”［赵讷《龙泉寺新建塔记》（隆庆五年）］
明	王国光（嘉靖二十三年进士）	“兰若读书处，今来喜如故。”［王国光《自昔读书于此，垂老归田，复此游览，感而赋此，兼赠心昂上人》（万历九年）］
明末清初	张慎言（万历三十八年进士） （崇祯三年第二次回乡）	张慎言《海会别院种松铭》（崇祯十一年）“当其（张慎言）逍遥林下之日，于海会院东侧构有精舍一区，题曰‘貌山方丈’。种竹栽松，疏□□池。”（道光二十五年）
明末	白胤谦（崇祯十六年进士）	白胤谦《过龙泉旧读书处》（顺治十三年）
清乾隆年间	延棠（乾隆四十年举人）	延棠《春日读书海会院》
清道光年间	徐璈（道光十五年任阳城知县）	“杰阁厂虚明，精庐资诵读。” （徐璈《早秋偕诸子集海会院貌山方丈，即事述怀》）

注：各代文人儒生往来，留诗在海会寺的很多，这里仅仅是梳理了明确有诸如“昔读书于海会寺”这样的例子。

由表 3 可知，虽然海会寺自金代以来，就有儒生士人频来，但是明确可考的关于“读书寺中”的记载，最早是在李思孝修缮寺院之后的嘉靖年间。仅白巷里李家在嘉靖年间出的三个进士，就都曾经在海会寺读书。白巷里李家在李思孝建塔之后，成为与海会寺关系最为密切的乡绅家族。而现在可考最早的、由士人乡绅主导建成的儒学空间，应该是张慎言在崇祯年间所建的“海会别院”，即“藐山方丈”。

除了表 3 所列碑文中明确指出曾经在海会寺读书发迹的三人，白巷里李家之后数代还曾出过许多进士 [李养蒙(万历二十九年进士)、李春茂(万历三十二年进士)、李蕃（崇祯十三年进士）、李煜（康熙十八年进士）]，虽无直接反映他们曾经在海会寺读书的碑记记载，但是他们或写下与海会寺相关的诗篇，或撰有碑记立石海会寺，如此密切的关系，不排除他们曾在寺中读书的可能。不仅是李家，明末清初的诸多阳城儒生名士，如陈廷敬，都极有可能曾经在海会别院读书。

到了清代，地方乡绅力量、科举文化略有衰落，但是海会寺书院别院却一直存在。一直到了清代中后期，海会寺不再像其最盛时期频出进士大儒，但是仍有儒生往来，甚至留下诗篇。清道光十五年（1835 年）起任阳城县知县的徐璥曾带着一众儒生士人集会于海会寺的“藐山方丈”。徐璥留诗两首，立石于道光二十年（1840 年）[1]，其中“杰阁厂虚明，精庐资诵读”，就写到了“藐山方丈”其时仍为可资“诵读”的书院。

清乾隆本方志“图考”中的海会寺图（图 6）是难得的图像资料，描绘了海会书院与双塔等主要建筑的大体位置关系。根据最靠近塔院的院落

[1] [清] 阳城县志 . 卷之八 . 四 . 同治十三年刻本 .

图 6　方志中所绘的海会寺

（来自乾隆二十年本《阳城县志》图考，笔者整理拼接）

中绘有的松树，以及图上隐约可以看到在窗下读书的人，可以确定东跨院最靠近塔院的一区院落，应该就是张慎言所构的“精舍一区”。绘图将书院、塔院等部分放在了整个构图的中心位置，可见明清时期，塔院、书院等跨院部分建筑在整个寺院中的重要地位。另外，图像所绘寺院东北依山，南临水涧，从地形地势的角度也解释了在修建塔院、书院等跨院时轴线所出现的偏转。

明代中后期，寺院修缮背后的僧团力量变弱，地方商人乡绅的力量与影响变大。海会寺如来塔与塔院正是在这样的背景之下建成。在以李思孝为代表的乡绅的修缮下，海会寺规模扩大，同时出现了大量的儒生在寺内读书的记录。发展到明末，张慎言于崇祯年间主持修建了“藐山方丈”，将海会寺中的儒学活动推向了高潮。到了清代，海会寺中的儒学空间仍然存在，但是发展的速度较明代中后期却放缓了许多。

本部分依据儒学活动与儒学空间在寺院中的发展情况，将寺院演变划分为了三个阶段，即：以宗教僧团力量主导修建的寺院初建期；儒学活动逐渐兴起，对寺院中的两侧等次要建筑使用功能产生影响的发展期；地方儒学、乡绅文化繁荣，寺院中开始出现具有固定的儒学功能院落的兴盛期。

三、海会寺中儒学空间出现的原因分析

1. 经济原因

海会寺的格局演变呈现出以上所述的三个分期，与明清时期阳城县的经济、乡绅文化等的发展特点紧密相关。

阳城县铁矿丰富。《山西通志》物产卷六就有记载：“山西产铁州县达19个，平定、吉、朔、潞、泽州、太原、交城、榆次、繁峙、五台、临汾、洪洞、乡宁、怀仁、孝义、平遥、壶关、高平、阳城等县，皆有冶坑，惟阳城尤广。”[1]

明初晋北频发战事，所以冶铁受到控制，铁器开始依赖晋南供应。[2]加之明初开始实行的开中制，到明中期阳城以冶铁为主的商业更加繁荣。阳城白巷里的大商人李思孝就经营铁器生意。而白巷里李家的兴起，则有力地说明了阳城盐铁商业的繁华与地方商人乡党士绅的发展状态。

明初，白巷里已有李、杨、曹、徐等足迹至豫、青、察、鲁、皖、粤等省的大商户。李思孝于16世纪初继承祖业，发扬光大，在河南开封、周口，安徽亳州、泗州、颍州、寿州，山东曹州等地，均设有商号。[3]

仅就《晋商史料全览》中的资料，就可以看到阳城的乡绅商人在明代尤其中叶开始积累起巨大的财富。如隆庆五年（1571年）赵讷撰写《龙泉寺新建塔记》中，就有李家“家累巨万”的记载。就是在这样的背景下，海会寺才能在嘉靖四十年（1561年）至隆庆六年（1572年）新修塔、佛殿20余间，同时塑金身佛像、印数万卷佛经，花费大笔银两。这是明代

[1] [明]李侃．山西通志．卷六．成化十一年刻本．

[2] 张敏．明代潞泽地区商贸兴起的原因初探——基于区位论视角的分析[D]．太原：山西大学，2010：7.

[3] 山西省政协《晋商史料全览》编辑委员会．晋商史料全览·晋城卷[G]．太原：山西人民出版社，2006：117.

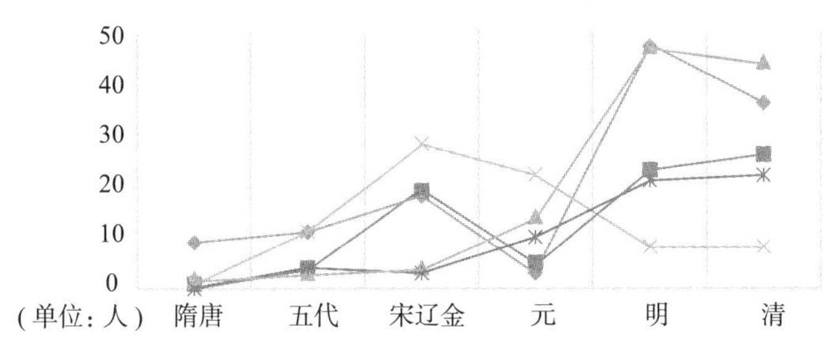

图 7　泽州历代进士人数统计折线图

（自绘，数据来源：王欣欣.《山西历代进士题名录》. 太原：山西教育出版社，2005：9.）

后期海会寺增修高潮的开端。修缮活动开始依赖乡绅力量，正是寺院中儒学空间出现的背景。

冶铁等商业带来的富庶，乡绅商人力量的崛起，带来的另一个影响就是地方儒学文化、科举的繁荣。

笔者绘制了反映泽州历代进士人数变化的折线图（图 7）。泽州各个地区历代考取进士人数的变化趋势可以从一定程度上体现地区儒学文化发展的状况。科举所取人才的统计、各个地区儒学培养出来的士人官宦相关资料显示：明末清初，整个泽州科举兴盛。其中，以阳城为最盛。

明代泽州科举最鼎盛的当属阳城县。阳城县北留镇的郭峪村，从明成化年间到清康熙年间，村中有功名和官职的有九十三人，其中进士出身的就有十五位。清顺治丙戌年（1646 年），阳城县就有“十凤齐鸣”的说法，而在清顺治十六年（1659 年），郭峪一榜曾出过三位进士。[1]

可见，虽然清代较明代最盛时期略有衰颓，但是整个明清时期阳城县科举文化崛起之后，一直保持在一个较为繁荣的状态。这给海会寺中儒学空间的出现和兴盛奠定了基础。

2. 地理优势

海会寺本身也具有儒学空间产生和发展的极好条件。首先是自宋金以来，寺院中儒生士人频来，具有佛教、儒家文化交流与互动的基础。其次，就是海会寺本身所处地理位置的优势。明万历二十四年（1596 年）蔡勋撰写的《海会寺常住创建斋堂并补修墙宇记》中有载：

> （龙泉寺）西去阳城三十里而遥，而接河东陕右路，东通怀卫；北连上党、汾晋。宦辙游客趾踵互触。

地理优势也给这种发展提供了条件。另外，寺院经济本身也很利于书院的产生。寺院与书院自来就颇有渊源，科举制度实行以来，出现了大量寻求习业之所的读书人。寺院正是一个既无经济之忧虑，又远离尘嚣的所在。实际上，严耕望先生对多地文教状况考证后，就提出了“书院制度乃由士人读书山林之风尚演进而来”[2] 的说法。另外还有许倬云先生关于书

[1] 宋奇飞. 明清泽州士商互动关系研究［D］. 太原：山西大学，2016：16.

[2] 王兆贵. 寺院与书院. 香港文汇报：文汇副刊，2014 年 12 月 16 日：A36

院与寺院渊源的解释：

> 唐朝儒生学者有借住寺院读书的风气，一则费用省，二则环境清静。后来儒生自己组织书院，大率沿袭寺院传统，书院的主讲人称为“山长”，即是山林本色。宋人书院甚至有沿用佛寺“方丈”的名词者，更显示佛教寺院的旧惯。[1]

[1] 王兆贵. 寺院与书院. 香港文汇报：文汇副刊，2014年12月16日：A36.

海会寺碑文中也有“内中地亩作为焚修之费”的说法。可见，寺有寺田，对于书院的出现也起到了一定的作用。

地方经济的发展，一定程度上影响了明代中后期阳城文化的爆发和当地一批士人的崛起。商人乡党背后的财力开始主导寺院的增修活动，再加上地方蓬勃发展的儒家文化的影响，寺院的配置、格局发生了变化，最终出现了海会寺明清两代书院别院的兴建。当然，在这些原因之外，海会寺本身“接河东陕右路，东通怀卫，北连上党、汾晋”的地理优势、数代文人与寺僧频繁的互动，也都起到了极为重要的作用。

四、海会书院的建筑空间与格局特点

明末，张慎言于海会寺建“精舍一区”，名为“藐山方丈”，为海会寺中具有儒学功能的完整书院别院。塔院北侧现存有楼院一区，悬有“海会书院”额。通过实地调研和走访，结合现存的明崇祯十一年（1638年）碑一通，基本可以确定这一区楼院是明清时期建筑遗存，即张慎言所创的“藐山方丈”。

海会书院初创于明末，正是儒学文化与地方乡绅力量对寺院营建影响较大的时期。故而书院建筑在空间与格局上较之主寺也有一些不同。

书院建筑属砖木结构。正殿三开间，仅有东侧建有耳房，前廊竖立砖砌柱。东西南三侧建筑二层，且二层回廊相互连通出挑，三面围合，形成楼院。

1. 海会书院的建筑空间与格局

海会书院的建筑空间同海会寺的寺院主体很不同。除了较之主寺规模极小外，同时还有更多的民居化特色与空间片段。

从格局上看，主寺层层院落，强化轴线。书院则不同，紧凑围合的一进院落，虽然保有北侧中间的正殿，轴线与仪式感却相对较弱。

书院也有和主寺及当地其他寺院建筑相似的一点，即书院很好地利用了地势的起伏变化，由南向北，层层抬高（图8，图9）。

空间上，较小的规模和围合的楼院使得中间院落较之主寺更逼仄。同时四围的建筑门窗开洞集中在面向院落的一面，使书院具有更强的内向性和围合感。晋东南地区合院通常布局紧凑，具有当地人称为“四大八小”的配置特点，因此正房两侧耳房前通常会有一个相比中心院落更隐蔽的院落空间。这一点在海会书院也可以看到（图10）。

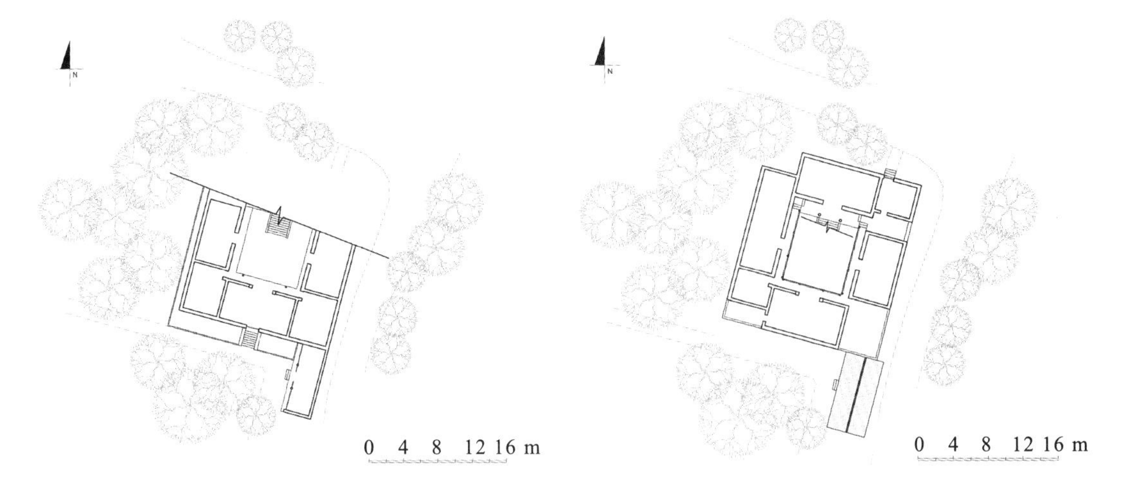

图 8　海会书院一层、二层平面图
（作者自绘）

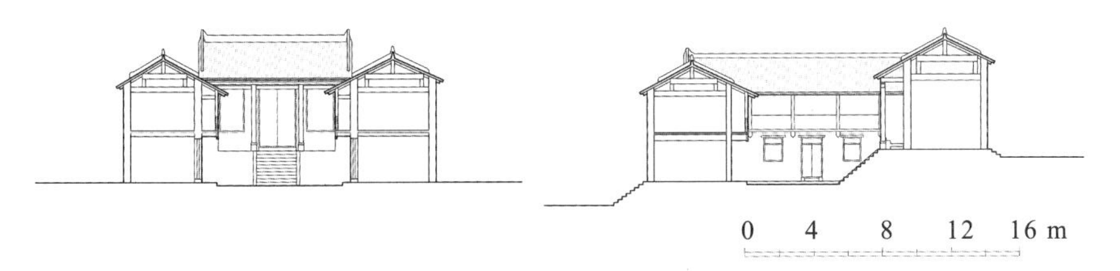

图 9　海会书院东西向、南北向剖面图
（作者自绘）

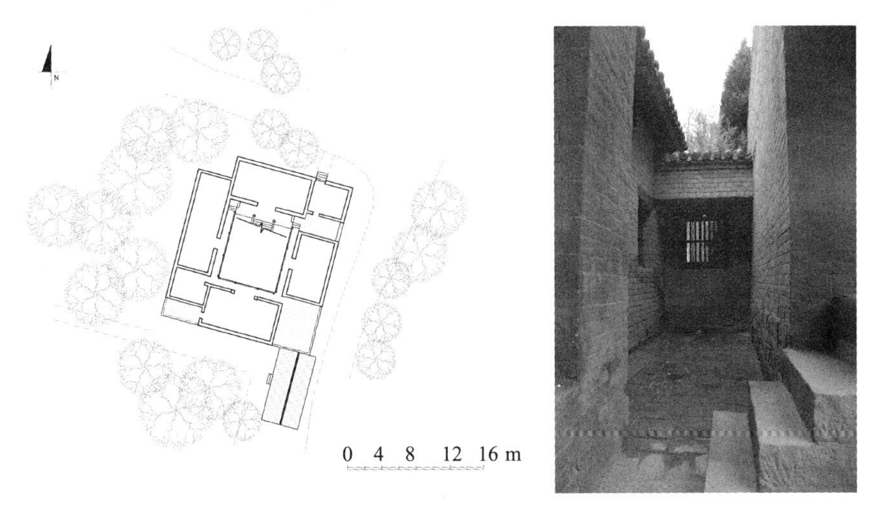

图 10　正殿东侧耳房前的空间
（作者自绘、何文轩　摄）

2. 海会书院与当地佛爷庙的空间格局对比

晋东南地区存有大量的乡间私建佛教建筑，俗称“佛爷庙”。笔者通过对晋东南现存大量“佛爷庙”的调研与整理，发现不同地区、县市的佛爷庙，在建筑配置、格局等方面，都具有不同的特色。而阳城地区的佛爷庙格局与配置的几个典型特征为：一进院落，规模较小；北侧正殿抬高；南侧和两厢建筑连接，形成半个楼院。而楼院建筑，正是阳城地区的一种典型民居形式[1]。大量的佛爷庙呈现出这样的空间格局，正是宗教礼拜建筑与民居建筑形式融合的结果。

[1] 马润花．明清山西民居地理初探［D］．西安：陕西师范大学，2001：28.

海会书院的空间格局也具有同阳城地区佛爷庙相似的特征：小而紧凑的一进院落；抬高的三开间正殿；南侧与两厢的建筑二层回廊相互连通，形成半个楼院。从空间特点上同这个地区的佛爷庙对比，唯一的不同就在于：海会书院的院落更小巧，空间更为封闭内向。这也同两者对应的功能暗合：佛爷庙及其他乡庙中的楼院，通常会作为戏台、看楼使用，自然比书院更疏阔。

仅举阳城卫家凹佛爷庙为例，与海会书院对比，卫家凹佛爷庙现存状况较差，部分木结构已经无存，但是仍然可以看出格局同海会书院相似，即为比官建有名额寺紧凑的一进院落。唯一的区别在于佛爷庙院落纵向更长，中间加有一处抬高，更适应于演戏的功能需求。空间上，正殿抬高，两厢和倒座山门戏台连成三面围合的楼院。同时正殿耳房前也具有相似的较为隐蔽的院落空间。通过图像资料的对比，更能佐证其格局（图 11）和院落空间（图 12，图 13）与海会书院具有极强的相似性。

本文第二部分中已经讨论过海会书院的建成时间与背景。海会书院建于明末乡绅与地方商人极大地影响寺院营建活动的时期，其功能也反映的是地方乡绅与儒生的需求。清楚了这两者对建筑的影响，对于海会书院出现建筑格局与空间特色与西侧的主寺迥异，而更接近有更多世俗特征的民间佛爷庙的现象，也就容易理解了。

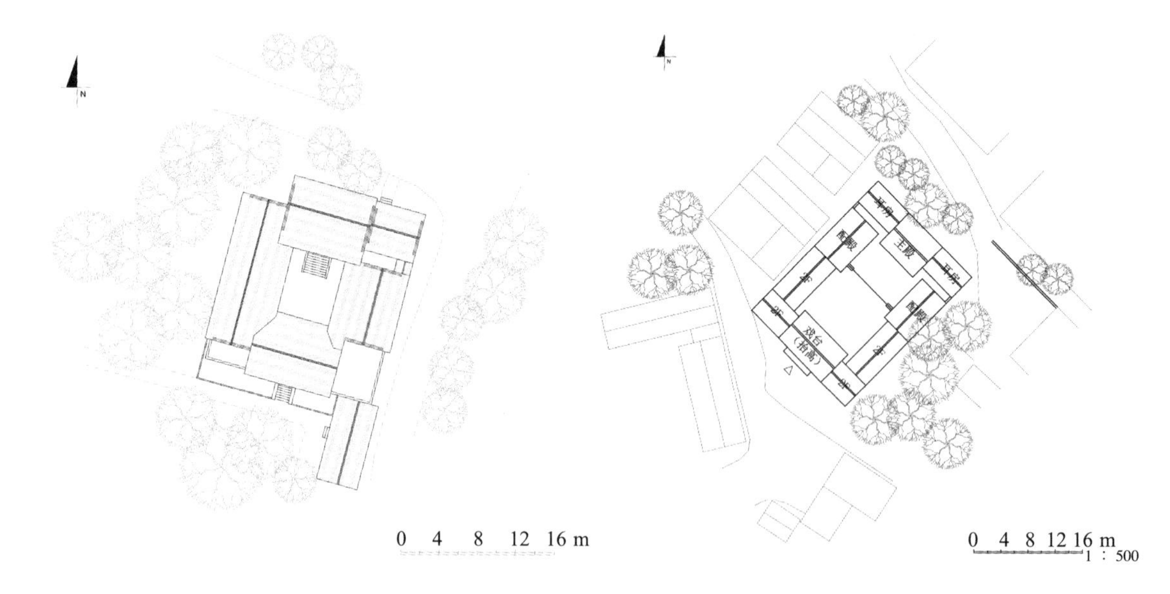

图 11　海会书院平面图（左）、阳城卫家凹佛爷庙平面图（右）
（作者自绘）

图 12　院落空间对比［海会书院院落（左）、阳城卫家凹佛爷庙院落（右）］
（何文轩、赵姝雅　摄）

图 13　院落空间对比［海会书院院落（左）、阳城卫家凹佛爷庙院落（右）］
（何文轩、赵姝雅　摄）

五、晋东南地区寺院与书院案例讨论

书院，或者说儒学空间在寺院中的出现，存在许多不同情形。大抵可以分为三类，即：在书院近旁增建书院、学社；在寺院中，借厢房等次要建筑或者增建跨院别院作为书院；改寺院为书院。本文爬梳了《三晋石刻大全》[1]各个地区分卷中收录的长治、晋城地区的寺院碑文，同时以各个县以清修版本为主的现存方志作为补充，对儒学读书与寺院产生关系的实例进行了整理。有载可考的实例虽不多，但切实地证明了这三种情形的存在，同时也似乎存在着一些地区性的规律特征。《三晋石刻》以及地方县志、《山右石刻》等收录的碑文中提到的儒生文人借寺院内部空间进行儒学活动，并且与僧人频繁互动的实例，晋城地区较之长治地区要多，尤其以海会寺所在的阳城县为最。这也从另一个角度证实了在明清时期商业、文化的影响下，阳城地区寺院中儒学空间的出现和发展确实较其他地区更为明显。

[1] 三晋石刻大全［G］. 太原：三晋出版社.

1. 建书院于寺院旁

高平市三甲镇赤祥村嘉祥寺现存有清乾隆五十六年（1791 年）碑刻《补修嘉祥寺创建西林书院碑记》，记载了乾隆五十六年，“创建寺西一带廊房”，为了乡民教化，“今日建立寺西一带房屋三十余间，莫若续程子乡校之设，俾有志进修者，朝夕吟咏其间”，并题额“西林书院”。[1]

书院与佛教建筑的结合，在村社私建佛庙中也有出现。沁水县嘉峰镇窦庄村佛堂，现存元至元二十五年碑刻《沁水县窦庄村新修佛堂记》就有载：“始建佛堂，就修学社……乃至莲社居人，朔望祝延圣寿，�窗子弟，秋冬时习诗书……自公施地社众兴缘之后，子孙众多，财货日聚。”[2]

乾隆四十四年（1779年）本的《陵川县志》中，录有古贤寺一条，提及：“（县城）西南七十里名古贤谷宋时建，金大定赐额。在九仙台傍，左有袁令真白书院。陈棐有诗。”可惜现在寺与书院都无存。

[1] 常书铭．三晋石刻大全·晋城市高平市卷（上、下）[G]．太原：三晋出版社，2011：429.

[2] 车国梁．三晋石刻大全·晋城市沁水县卷[G]．太原：三晋出版社，2012：17.

2. 寺院中出现书院或者其他儒学空间

阳城海会寺就是寺院中出现了书院等儒学空间的典型例子，在此不复赘述。

本文介绍海会寺由来时，曾经提到另一座有“白兔听经之异”的寺院——阳城龙岩寺。通过实地调研，确定龙岩寺与书院现已无存。仅有县志记载，龙岩寺在县北三十里白岩山，因而亦称白岩寺。[3] 清顺治丙戌科（1646年）阳城的“十凤齐鸣”，就出自这里。县志艺文部分收录有顺治十五年（1858年）诗《课白岩书院》一首[4]：

> 出郭寻秋色，至山□若春。节气讵有异，峻际霜露轻。□□映若碧，皴披褥未匀。钟响忽幽动，客来僧辍耕。兹役为□乐，经始非谬营。敢曰志育材，即事效山灵。匠作不侈巧，□肯称我贫。境偏亦易渝，慎考兴居铭。

从“钟响忽幽动，客来僧辍耕”句便可看出，诗人所访的“白岩书院”，正在寺院之中。

现存另有同治本县志收录有明代杨继宗诗《读书龙岩山》和《龙岩读书处挹水大瓢》两首[5]，可为佐证。

无论是海会寺，还是白岩寺，都曾经明确出现过冠以“书院”名的儒学空间。而阳城开明寺略有不同。或者可以说，开明寺的状况与第二部分所述的处于儒学初涉期的海会寺具有一定的相似性。虽然没有建成的、冠以明确的“书院”之名的别院，却依旧有寺院两厢的建筑，兼有一定的儒学教育功能。康熙二十六年（1687年）、乾隆二十年（1755年）两个版本的县志，就分别对明清时期在开明寺读书的士人有所记载。儒学空间最终并没有在开明寺中进一步发展，形成明确的“书院”，很可能与寺院地处蜘蛛山，较为荒僻有一定的关系。由于地处荒僻，寺院最终吸引到的乡绅士人力量有限，故而没有像海会寺一样，产生完整的、有一定规模的儒学功能院落。

虽然依照许倬云先生等学者的说法，儒生借寺院读书由来已久，且有一定的普遍性，但是方志碑文中有载的，实际上并不算很多。当然有一种

[3] [清]．阳城县志．卷之三．十．乾隆二十年刻本．

[4] [清]．阳城县志．卷之八．四．乾隆二十年刻本．

[5] [清]．阳城县志．卷之十六．七．同治十三年刻本．

可能性是，虽然借寺院读书的情况常有，可是通常只有在儒生士人最终仕途上有所成，才会被方志、碑文记载。不管怎样，晋东南地区现存方志、碑文中明确可考的这一类寺院中的儒学空间，主要就是阳城县的这几例。但即使现在明确可考的实例有限，仍然可以从一定程度上说明明清时期，阳城的儒学文化、士绅力量的强大，以及对寺院、僧团的影响，在晋东南地区都是较为特出的。

3. 书院对寺院的替代

儒学以替代的形式进入寺院，背后往往有更加强大的力量，比如以“庙产兴学”等形式出现的政府力量的介入。将寺院建筑改为学校的做法古已有之，《唐会要》中就有载：贞元三年，右补阙宇文炫就曾经上书，请将京畿诸县乡村的废寺，改为乡学。[1]

光绪二十年（1894 年）本《长治县志》卷之三学校一十八有载：“莲池书院在圣泉寺，原名沁（心）水书院。”现存有清缪彤所撰《上党寻笔・心水书院记》记载了书院的由来。清康熙三年（1664 年）萧来鸾任潞安太守，开始了一系列的修葺和扩建。依据文人笔记和方志中的记载，在这次修葺后，心水书院的配置、格局已经很不像一座佛教寺院了。缪彤对萧太守极力称赞，称其不贪修缮之功，而归功于神，并复书院名为“圣泉寺”。长治心水书院或许曾经是一座佛教寺院，但是在清代，即使还有“圣泉寺”的称法，但是与佛教已经没有什么关系了。

最典型的例子就是清末新政带来的“庙产兴学”。晋城普觉寺就是在清末新政时期，出现了学堂的踪迹。

普觉寺现存清光绪三十三年（1907 年）碑一通，其中有：

> 国朝顺康时，岳马段张牛五进士，先后主盟文坛。寺之书声经四十余年匆衰。乾隆中，文风不振，释教之衰微亦甚。吾党僧寿烟霞。佛跌风雨不腾荒□寂寞之感。道光丙戌，里人段君瑞徵与在社诸公捐资立会，大兴土木。佛殿既觉其光明，学舍亦增夫美。借花木□盛题咏满壁。俨然又一学堂圣境也。同治壬戌先师段君宇古椿设帐于斯，先后二十余年，门徒之取列胶庠，增广食糜者殆无虚试。光绪己丑段君捐馆□曰，此寺不可无学堂。□□□馆旋里马尔。时朋来自远，学舍几不能容。府诚连案以冠军院场。七人而共榜。人皆曰，地之灵，人之杰而不知。佛光普照屡使花神献瑞也夫。佛力之□□如此，而可任殿宇之摧残乎？予心为计之，而力有未逮也。乃邀请学东诸君多方募化。癸巳春重修后院西楼上下十楹。岁在丙午，立学堂，众议□此寺为最善。予乃倡发□诚公请彩会得钱三百余，串加以会中之积蓄，遂将全寺补葺焕然一新。而佛殿学堂，两美毕举矣。

虽然长治、晋城地区的寺院中出现书院或是其他儒学空间的例子颇有几个，但是碑文中这样极力论述“佛堂最利于学堂”、“佛殿学堂，两美毕

[1] [宋]王溥. 唐会要. 卷三五. 清乾隆活字印本.

举”的，却是罕见。碑文不仅着力论证了学堂本该在寺中，同时在简述寺院中学堂空间产生的渊源时，也有一些含混不清。清乾隆四十九年（1784年）刻本的《风台县志》卷十二寺观中，收有普觉寺一条：仅注普觉寺“在城北一四义村，旧志云唐建，无可考，内有金牒”。实际上，仅《三晋石刻》中，就有收录唐天宝元年（742年）碑和金大定三年（1163年）碑两通，前者记载合村敬造佛堂，后一通记载佛堂首次获赐名额“普觉院”，可见唐建其实可考。普觉寺之后历代仍有碑文留世，并没有儒生士人往来的记载。另外，除去前文引的光绪年间碑外，年代最近的是清乾隆四十九年（1784年）的《增修普觉寺碑记》。碑文详述了增修之后寺院的配置格局，梵宇、方丈、禅室等配置完备，还专门提到了寺前有舞楼，却同方志中一样，并没有提及书院或是学堂。结合普觉寺这些资料，基本可以确定，普觉寺光绪三十三年的这篇反映建学堂于寺院的碑文，极有可能是清末“庙产兴学”的产物。

因为当时政策导向等因素的影响而产生书院进入寺院，甚至替代寺院的现象，与以海会寺为代表的儒学逐渐渗入、改变寺院不同，这种空间功能、建筑配置的改变时间周期更短，对寺院更是具有相当大的破坏性。实际上，民国后仍出现过较大规模的“庙产兴学”，对海会寺所处的晋东南地区也有一定的影响。但是这个时期“所兴”的已经主要是新式的学校了，与儒学的关系不大，便不纳入讨论了。

六、结论

本文通过对海会寺古籍资料、建筑遗存等方面进行梳理与研究，确定了阳城海会寺格局的历代演变，并通过分期分析，解读了寺院中儒学空间的发展。同时，本文梳理了晋东南地区现存碑文中涉及的儒学空间与寺院产生关联的实例，并进行了分类分析。

山西阳城海会寺自隋唐初建，建筑营建活动与格局演变可以分三个时期：以宗教僧团力量主导修建的初期；儒生频来，大量的儒生活动对寺院两厢等重要性较低建筑产生影响的发展期；寺院中出现具有固定儒学功能的别院的兴盛期。

由分期可见：阳城海会寺格局演变与海会书院出现的背后，正是宗教僧团力量的式微与明代当地乡绅儒生力量的崛起，故而海会书院在建筑空间与格局上都与其西侧主寺有诸多不同之处。海会书院的院落格局、类似当地民居楼院的建筑空间，与当地的乡庙等更世俗化的建筑反而更为相似。

对于儒学空间在寺院中的发展的讨论，仅仅是世俗文化对佛教建筑影响这一大题目下的一个小分支。历代以来，寺院等佛教建筑在格局、空间等方面的诸多演变发展，还需要更进一步结合地方文化等其他方面深入研究。

附录

1. 论文相关重要碑记列表

序号	立石年代	碑文题目、作者	保存状况
1	后周广顺二年（952 年）	大周泽州阳城县龙泉禅院记——徐纶	现存海会寺塔院前
2	后周显德三年（956 年）	龙泉禅院后记——王献可	现存海会寺塔院前
3	宋太平兴国七年（982 年）	龙泉禅院田土壁记——佚名	现存海会寺塔院前（破损）
4	金大定二十五年（1185 年）	海会寺重修法堂记——苏瓘	佚失，《山右石刻丛编》卷二十一有载
5	明成化十五年（1479 年）	重修龙泉寺记——陈宽	现存海会寺园林区
6	明弘治七年（1494 年）	龙泉寺三僧记——杨继宗	现存海会寺药师殿西
7	明嘉靖十九年（1540 年）	重修海会寺正殿碑记	现存海会寺药师殿东
8	明隆庆二年（1568 年）	龙泉寺重修宝塔佛殿记——王国光	现存海会寺影壁背后
9	明隆庆三年（1569 年）	新修龙泉寺池记——张应宿	现存海会寺毗卢阁西侧碑廊
10	明隆庆五年（1571 年）	龙泉寺新建塔记——赵讷	现存海会寺塔院
11	明万历十年（1582 年）	龙泉寺重修毗卢阁暨十王殿记——窦杰	现存海会寺药师殿东
12	明万历十一年（1583 年）	重修龙泉寺伽蓝中殿记——李可久	现存海会寺大雄殿前
13	明万历二十一年（1593 年）	补修佛殿月台壁记	现存海会寺药师殿东侧碑廊
14	明万历二十四年（1596 年）	海会寺常住创建斋堂并补修墙宇记	现存海会寺药师殿西侧碑廊
15	明万历四十七年（1619 年）	大雄殿东堂重修碑记	现存海会寺毗卢阁西侧碑廊
16	明崇祯四年（1631 年）	新修白衣大悲五印心陀罗尼经咒堂兼施茶普济叙——李春茂	现存海会寺药师殿东侧碑廊
17	明崇祯十一年（1638 年）	海会别院种松铭——张慎言	现存海会寺塔院
18	清顺治十二年（1657 年）	顺治七年重修塔院记	现存海会寺药师殿西侧碑廊
19	清顺治十五年（1658 年）	禁止海会院后开窑碑记——李继白	现存海会寺药师殿西
20	清康熙三十四年（1695 年）	海会禅院蠲免杂派德政碑——陈廷敬	现存海会寺药师殿西
21	清康熙三十七年（1698 年）	本寺僧镜一施地捐金碑	现存海会寺药师殿东侧碑廊
22	清康熙三十八年（1699 年）	重修水陆殿记——田彤	现存海会寺药师殿西侧碑廊
23	清康熙四十一年（1702 年）	海会寺补饰殿阁及举废诸工记——陈谦吉	现存海会寺药师殿东
24	清乾隆四十五年（1780 年）	重修海会寺塔院记——张敦任	现存海会寺塔院
25	清乾隆年间（年份不详）	重建毗卢阁碑记——张敦仁	现存海会寺塔院
26	清嘉庆二十三年（1818 年）	本寺僧湛云助修药师殿捐金碑	现存海会寺药师殿东
27	清道光十一年（1831 年）	补修海会寺塔院并石堰记——王治成	现存海会寺塔院墙壁
28	清道光二十五年（1845 年）	《海会别院种松铭》跋——张域	现存海会寺塔院墙壁
29	清道光二十五年（1845 年）	严禁砍伐告示	现存海会寺塔院
30	清咸丰八年（1858 年）	龙泉寺重塑佛像并油画两廊碑记——张书绅	现存海会寺塔院
31	清光绪六年（1880 年）	恩师理法自志碑记	现存海会寺药师殿东侧碑廊
32	清光绪九年（1883 年）	海会寺重修水陆殿补修毗卢阁东楼西房殿碑记	现存海会寺药师殿西侧碑廊

2. 海会寺诗碑摘要列表

诗句（或序言）摘要	立诗碑年代	诗文题目、作者
纵观壁间诸公诗，有以“竹径通幽处”为韵者	金大定五年（1165 年）（碑不存）	海会宴集并序——李宴
共借西轩对榻眠	金大定五年（1165 年）	得禅字——何虑
赋诗把酒龙泉上	金大定五年（1165 年）	得房字——杨之休
斜桥便脚力	金泰和五年（1205 年）	海会寺诗之“径”字韵——徐守谦
石梯高与路相通、我来借榻松轩宿	金泰和五年（1205 年）	海会寺诗之“通”字韵——徐守谦
于时阳城尹王君士廉率僚佐暨诸文学来候，即寺之方丈，具盛馔延款	明嘉靖三年（1524 年）	李瀚同王士廉游海会寺诗并序——李瀚
水出龙湫绕院流	明嘉靖九年（1530 年）	宿海会龙泉寺，赠悟源上人——李瀚
邃阁玲珑四望宽	明嘉靖九年（1530 年）	登龙泉寺毗卢阁，上东道白孔彰先生——李瀚
林麓开禅境，青山俯碧轩	明嘉靖十九年（1540 年）	再游龙泉寺——李豸
石榻觉来秋烛冷，讽经声满碧山窗	诗碑不存，《泽州府志》、《阳城县志》同治本有载	初宿海会寺——李蓑
兰若读书处	明万历九年（1581 年）	自昔读书于此，垂老归田，复此游览，感而赋此，兼赠心昂上人——王国光
半山开别墅，修竹□垂藤	明万历二十八年（1600 年）	沁水王□□诗碑
过龙泉旧读书处（诗题）	清顺治十三年（1656 年）	过龙泉旧读书处——白胤谦
曲径禅房容易好，高亭还对野塘开	年代不详，《泽州府志》、《阳城县志》同治本有载	过海会院——陈廷敬
稍怜松殿侧，泉眼明微澜 西轩俯木杪，岩径闻哀湍	年代不详，《泽州府志》、《阳城县志》同治本有载	龙泉寺——陈廷敬
池上回廊交翠竹，松边高阁对青山	清康熙二十三年（1684 年）	甲子春暮游海会寺，坐苹山阁——杨素蕴
方丈联床静，禅灯照眼明	年代不详，《阳城县志》同治本有载	夜宿海会院——田潩
海会寺憩松风水月堂（诗题）	年代不详，《泽州府志》、《阳城县志》同治本有载	海会寺憩松风水月堂——朱樟
春日读书海会院（诗题）	年代不详，《阳城县志》同治本有载	春日读书海会院——延棠
拂墙看古篆，披牖入遥岑	年代不详，《阳城县志》同治本有载	游海会寺——吴登歧
僧房水乱鸣	年代不详，《阳城县志》同治本有载	海会龙湫——郭兆麟
藐山方丈自龙泉	年代不详，《阳城县志》同治本有载	过龙泉寺，忆张金铭尚书——王炳照
花龛缭而深，竹房暇以整 茶瓜坐松门，片月浮图顶	年代不详，《阳城县志》同治本有载	雨后由西岭至海会寺——王炳照

续表

诗句（或序言）摘要	立诗碑年代	诗文题目、作者
楼危临涧直，塔迴出林斜	年代不详，《阳城县志》同治本有载	龙泉道中——王炳照
此间可下榻，不费买山钱	年代不详，《阳城县志》同治本有载	过龙泉塔院——李毅
杰阁厂虚明，精庐资诵读 庶植数亩莲，更茂千竿竹	清道光二十年（1840年）	早秋偕诸子集海会院藐山方丈，即事述怀——徐璈
龙泉寺阳邑胜境顷于寺前凿莲池（诗题）	清道光二十年（1840年）	龙泉寺阳邑胜境顷于寺前凿莲池——徐璈
酒债流觞饮，诗谁署壁能 藐山方丈好，钦仰读书曾	清同治七年（1868年）	游海会寺——杨庆云

古代建筑制度研究

翼（叶）形栱名称考
——敦煌吐蕃建筑画研究

孙毅华

（敦煌研究院）

摘要： 敦煌在历史上曾经被吐蕃统治达半个多世纪，因而在敦煌石窟中唐即吐蕃时期的建筑画中保留了早期藏民族建筑的一些典型特征。经过一千多年的演变后，在如今广大的藏民族居住区域内，有些建筑部件或消失，或演变为其他类型，其中在中原地区流行的翼形栱样式与吐蕃壁画中的一种叶状斗栱即叶形栱近似，而对于叶形栱的考证是通过吐蕃文献记载与壁画形象相互印证实现的。中原建筑斗栱上的翼形栱出现时间均晚于吐蕃时期，且“翼”与“叶”读音相近，再加之吐蕃语与汉语的差异原因，导致吐蕃地区树叶形状的叶形栱演变为“翼形栱”。考虑到当时中原与吐蕃的文化交流，两地建筑相互影响也是有可能的。对于建筑研究而言，需要通过大量的图像对比才能作出比较，正是由于图像、文献、实物的互为补充，才使得敦煌壁画中的建筑画成为一种当时社会生活的现实反映。

关键词： 敦煌石窟，吐蕃，建筑画，翼形栱，叶形栱

Abstract: Dunhuang was under Tibetan (Turfan) rule for more than half a century. Some Dunhuang murals from the Tibetan reign (786-848; corresponding to the mid-Tang period) have preserved the characteristics of early Tibetan architecture. Over the past one thousand years, these characteristic elements of construction have disappeared in actual buildings or were replaced by forms popular in Tibetan architecture today. And yet, there exists a wing-shaped bracket (*yixinggong*) in central China that is similar to the leave-shaped bracket (*yexinggong*) depicted in Tibetan Dunhuang murals. The paper examines this kind of leave-shaped bracket by analyzing textual records and architectural depictions of the Tibetan period. We know that the wing-shaped bracket evolved later than the leave-shaped one. Besides, the Chinese characters *yi* and *ye* are pronounced in a similar way, hence *yixinggong* might be a Chinese mispronunciation of *yexinggong*, if taking the difference between Chinese and Tibetan languages into consideration. In the light of the historical cultural interaction between Tibet and China, such a transmission of style is quite possible. Hence, as this paper suggests, the wing-shaped bracket might derive from the leave-shaped bracket that had originated in Tibetan architectural culture. This study of Tibetan architecture is based on the comparative analysis of a large amount of images, and further confirmed by textual records and extant buildings, aims to demonstrate that the Dunhuang murals provide a realistic picture of building at that time.

Keywords: Dunhuang Grottoes, Turfan (Tibetan period), architectural representation, wing-shaped bracket, leave-shaped bracket

一、前言

斗栱是中国古代木构建筑中独特且重要的组成部分，主要由方形的斗和弓形的栱共同组成，因而合称为“斗栱”，是房屋建筑中屋身与屋顶之间的衔接与过渡构件。斗栱将挑出深远的屋顶

重量，通过自身传递到屋身柱子上，起到稳定结构的作用。斗栱在长期的发展中，自身不断发生演变，同时也受周边文化的影响而发生着演变，“翼形栱”就是其中的一例。其演变过程将通过古代文献记载、敦煌石窟壁画中的图像记录和中原古代建筑实物相互印证而得出结论。

二、敦煌壁画中的吐蕃建筑画

在对敦煌石窟进行分期时，将唐代近三百年的历史分为初唐、盛唐、中唐、晚唐四个时期，其中的中唐即为吐蕃统治时期。吐蕃统治敦煌近70年之久，为敦煌石窟增添了大量的艺术信息，也为今天研究吐蕃社会生活的方方面面提供了形象的资料。其中，对于吐蕃建筑画的研究，笔者曾经写过一篇论文进行过初步探讨。[1]吐蕃时期距今的时间跨度有千年之久，如今在广大的藏民族生活区域内，留存的吐蕃时期建筑实物可以说少之又少，且没有一座完整的殿堂，在吐蕃时期开凿的敦煌石窟里却可以看到一些颇具吐蕃特征的建筑画。对于这些建筑画的研究，还有很多问题值得更进一步的发掘。本文所进行的“翼形栱”名称考只是其中一个很小的部分。

根据《敦煌莫高窟内容总录》的统计，在吐蕃统治时期，敦煌共开凿石窟达44座[2]，与初唐86年间开凿的石窟数相当。吐蕃石窟在艺术上与初、盛唐及以后的晚唐时期石窟均有着不可分割的联系，特别是对以后的晚唐、五代、宋、西夏的石窟艺术都产生了深远的影响。

吐蕃统治敦煌初期的十多年间，由于强烈的民族矛盾，多次发生武力反抗，以致吐蕃统治者采取了武力镇压与“歃血寻盟”并重的手段，扶植利用敦煌地方世族,协助其共同治理敦煌。在敦煌地区逐渐恢复社会稳定、经济得到一定发展后，信仰佛教的吐蕃官吏竞相对寺院捐资布施，莫高窟的石窟开凿活动在停止了20多年后又重新兴起。在莫高窟的吐蕃石窟艺术中，前期石窟多延续了盛唐时期的艺术风格，因而壁画中建筑的吐蕃风格还不明显。可能是随着社会的稳定，吐蕃与敦煌地方之间的交流逐渐加强，人员的流动也随之增多，也许是因为这些因素，在敦煌石窟艺术中出现了较多的、完全与中原建筑形式相异而具有吐蕃特殊形式的建筑形象[3]，表现最集中的主要是吐蕃后期的第231、237、361、158窟等。

判定这些石窟中的建筑形象具有吐蕃的特殊形式，最主要的依据是至今仍然在广大藏民族生活区域的建筑中使用的一种建筑构件，它也成为藏民族建筑中最有代表性的构件——柱子栌斗上承托屋檐的“托木”。在《中国藏族建筑》中，对托木的解释是：“托木在柱头栌斗上，如内地的替木，藏语称为‘修’，是‘弓’的意思，故也称‘弓木’。”[4]与现存的藏民族建筑相似的托木形象只出现在第231窟，从该窟明确的碑记得知，石窟的开凿时间为839年，因而壁画上的托木形式也为这一时期所绘。第361窟中出现的托木形式与中原建筑实物上的翼形栱很相似，所以这里也权且将

[1] 为“2010敦煌论坛：吐蕃时期敦煌石窟艺术国际研讨会”提交的论文《莫高窟中唐第231、361窟吐蕃建筑画研究》。参见：樊锦诗，敦煌研究院．敦煌吐蕃统治时期：石窟与藏传佛教艺术研究[M].兰州：甘肃教育出版社，2012：472-485。

[2] 对于吐蕃时期开凿的石窟，通过不同角度的不断研究，产生了许多不同的观点，考古发现的石窟数量也在增加。但由于具有明显吐蕃特色建筑画的石窟数量很少，且与《敦煌莫高窟内容总录》相符，因而本文研究以该书为依据。参见：敦煌文物研究所．敦煌莫高窟内容总录[M].北京：文物出版社，1982：181。

[3] 为“2010敦煌论坛：吐蕃时期敦煌石窟艺术国际研讨会”提交的论文《莫高窟中唐第231、361窟吐蕃建筑画研究》。参见：樊锦诗，敦煌研究院．敦煌吐蕃统治时期：石窟与藏传佛教艺术研究[M].兰州：甘肃教育出版社，2012：472-485。文中就屋顶、屋檐、斗栱、柱子、装饰等建筑各部位都作了大概介绍。

[4] 文献[1].

其称为翼形栱。翼形栱是否起源于藏民族建筑？本文开篇就提到翼形栱是中国传统建筑中斗栱的一种演变，下文将详细论述其演变过程。作为有形象的记录，是从吐蕃时期开始的，它在敦煌壁画中留下了明确的形象，与藏族古文献记载的形式保持着一致，第 361 窟开凿"时代大约在公元九世纪四十年代，下限即在张议潮大中二年（848 年）收复沙州前后"。[1] 此后在中原出现的翼形栱就发生了演变，相异于敦煌吐蕃时期作为结构支撑的构件，不再起直接承托屋檐的托木作用，而是一组斗栱中的一个小构件，成为了完全的装饰构件。

三、翼（叶）形栱在壁画中出现的形式

翼形栱是斗栱在发展演变中出现的一种栱的新形式，对于翼形栱的探析，已经有人做过专门研究，研究中充分探讨了："翼形栱的出现，与横栱、材枋有十分密切的关系。可以说，翼形栱与横栱有着共同的起源，它们都来源于材枋。……因此可以认为，翼形栱、横栱乃至各种与斗相搭配的枋木，都具有'同构'的性质。这类'同构'的构件在使用中可以相互替代、演化、组合，灵活适应技术、功能、美观的需要，而又保持着一种内在的秩序。"[2] 同时也写明了现存实物中其最早出现的时间："翼形栱的现存最早实例似为唐代的五台山佛光寺大殿，其后五代的山西平顺大云寺，以及辽代的许多实例中都出现了翼形栱。"[3] 唐代的五台山佛光寺大殿的建造年代为 857 年，其斗栱中使用了翼形栱。

对比敦煌石窟吐蕃建筑画中的斗栱形式与中原各地晚唐及以后出现的多样的翼形栱，二者有很大差别。中原各地保存的翼形栱多因"美观的需要"而存在，而吐蕃第 361 窟建筑画中出现有三种样式的翼形栱，仍然承担着斗栱的结构作用。这类枋材不同于传统的、简单的弓形栱，而是由卷曲的线条绘出各种叶状图案或云状图案的彩绘栱，在承担结构作用的同时，也满足了"美观的需要"（图 1 ~ 图 3）。其中在第 361 窟北壁西一铺药师经变的中心绘有一座二层覆钵大塔，塔上下两层斗栱，均绘有绿色卷曲的叶状图案（图 3），这样的斗栱形状在此后的五代、宋、西夏壁画中仍然保留着（图 4，图 5），特别是在距离莫高窟约 3000 米的成城湾保留着一座宋代土塔——花塔，塔身上的斗栱为浮塑的叶状斗栱，比绘画更加直观。原来的花塔也是一座彩绘的塔，叶状斗栱彩绘为蓝、绿色（图 6，图 7）。[4]

艺术本身源于生活，这样形式的斗栱在敦煌石窟中延续了几个朝代，有几百年的时间（781—1227 年），应该不是偶尔为之，但它们与中原建筑中的翼形栱又有什么关系？本来它们好似互相没有交集，可是在佛教名山五台山的佛光寺的院落里，于佛光寺大殿前有一座金代修建的文殊殿，其上翼形栱的形状与敦煌石窟吐蕃建筑画中的叶状斗栱可以说完全一样。与壁画不同的是，文殊殿的斗栱组合中，翼形栱不起承重作用，只是将传

[1] 文献 [2].

[2] 文献 [3].

[3] 文献 [3].

[4] 花塔经过千年的风雨侵蚀，表面彩绘逐渐被雨水夹杂的泥土覆盖，成为一座土黄色的土塔。在 2007 年的保护维修工程中，经过对表面泥迹清理，发现了彩绘图案，并以此为依据，绘制成一幅花塔复原图。

图 1　第 361 窟南壁东铺小佛殿斗栱图，吐蕃时期
（敦煌研究院提供）

图 2　第 361 窟南壁西铺塔斗栱图，吐蕃时期
（敦煌研究院提供）

图 3　第 361 窟北壁西铺塔斗栱图，吐蕃时期
（敦煌研究院提供）

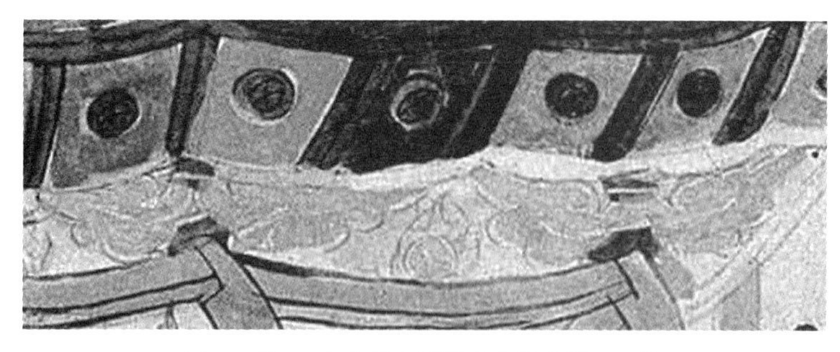

图 4　第 61 窟北壁中铺塔式大殿斗栱，五代
（敦煌研究院提供）

图 5　第 246 窟帐形龛两侧斗栱，西夏
（敦煌研究院提供）

图 6　莫高窟成城湾花塔斗栱，宋
（作者自摄）

图 7　莫高窟成城湾花塔斗栱复原图，宋
（文献 [4].）

图 8　五台山佛光寺金代文殊殿翼形栱
（作者自摄）

统第一跳华栱上的横栱变为装饰性翼形栱（图 8），在翼形栱上再出第二、第三跳为双下昂出跳，因此屋檐的出檐保持了深远的传统形式。这个现象如何解释？从时间上看，中原出现翼形栱的时间都晚于敦煌石窟吐蕃时期，那么翼（叶）形栱起源于吐蕃吗？

图 3 ～图 6、图 8 基本为同一种形式，即树叶形式，壁画中用绿色绘成，更形象地表现了树叶形象与颜色。佛光寺金代文殊殿可能因为多次维修，已经看不到最初的彩绘形式，而以土红色遍涂，通过壁画形象可以说明最初木构上的彩绘也应该为绿色。

四、翼（叶）形栱名称考

敦煌吐蕃石窟中的翼形栱与现存中原建筑实物的吻合，使我们对敦煌石窟中建筑画的来源研究提出了新的问题，它们与吐蕃建筑有什么样的渊源？

通过查阅大量的藏族古代文献，特别是关于吐蕃时期的资料，找到了一些蛛丝马迹。桑耶寺“位于扎囊县雅鲁藏布江北岸哈布山下，是吐蕃前弘期的中心佛寺，该寺自8世纪后半创建以来，屡经废毁、修复，……专记桑耶寺历史的《拔协》，详细叙述了寺的重要建筑物，索南坚赞《西藏王统记》据以摘要。”[1]在《拔协》汉文本中有这样一段记载：“然后筑墙，墙基外留有出水孔，里面安好柱基，基上立柱，柱顶是叶状斗栱，斗栱上是梁，梁上是椽子，再上是木板，板上铺瓦。”[2]《西藏王统记》中也找到相关树叶形柱的记载，摘录如下：“距有树叶柱近处，将金银珍宝，秘密藏之。藏此功德，能令诸边方珍宝，皆摄归至中心地区，悉得终身受用也。”[3]根据书中记载，松赞干布修建了大、小昭寺以后，实行“秘藏伏藏”，伏藏即为：“秘密暗藏的法藏，……后经人发掘出来则称为伏藏法。”[4]除树叶柱之外，伏藏的地点还有：“瓶柱……，蛇头柱……，狮头柱。”[5]不同柱子有不同的功能。敦煌壁画中的树叶柱可能符合“能令诸边方珍宝，皆摄归至中心地区，”这里对于吐蕃中心的拉萨而言就是“边方”了。现存的桑耶寺早已不是创建年代的形式，拉萨保存的大、小昭寺也远不是松赞干布时期的形式，却在有关吐蕃繁盛期的文献中记载了叶状斗栱与树叶柱的形式，足以引起注意。千年之后，在广大藏民族居住的区域内，由于吐蕃时期建筑物存世稀少，不知是否还有这样的树叶柱或叶状斗栱存在，但在远离吐蕃中心千里之外的边方——敦煌，由于吐蕃曾经的统治，开凿于吐蕃时期的第361窟壁画中出现的“叶状斗栱”其安放形式一如《拔协》中的形式，于柱顶安放方形斗和叶状栱，再现了吐蕃时期桑耶寺中的使用方式与形式，而树叶柱也应该是这样的形象。根据两本书的记载可知，是在松赞干布的两位妃子修建大、小昭寺到赤松德赞修建桑耶寺时期，他们于629—797年在位，敦煌壁画最早绘制吐蕃特征建筑画的时间约为839—848年，以后一直延续到西夏。

[1] 文献[4].

[2] 文献[5].

[3] 文献[6].

[4] 文献[6].

[5] 文献[6].

对于它们的名称，资料中记述的“叶状斗栱”及“树叶柱”，应该是译者根据藏文文意对其的定名，体现了斗栱的象形性，通过敦煌壁画彩绘的绿叶形式，更加充分证明吐蕃建筑中“叶状斗栱”和“树叶柱”的真实性，也反证了吐蕃文献记载的可靠性（图9，图10）。

本文是对翼形栱名称的考证，按照简化名称的需要，“叶状斗栱”也可以称其为“叶形栱”，如果将“翼形栱”与“叶形栱”放在一起读，它们的读音“翼”（yì）与“叶”（yè）很相近，再加之少数民族语音与汉语语音的差别，是否可以说明吐蕃时期的“叶形栱”，在传播过程中演变成了“翼形栱”？为了清楚地了解中原建筑上的翼形栱与吐蕃建筑画上的叶形栱，不妨通过线图来做一对比（图11～图17）。

通过线图一对一的比较，可以看出它们之间的相似性，特别是图15与图16、图17的形式几乎一样。在修建年代上，敦煌壁画中叶形栱出现于中唐后期至西夏1226年，时间延续了近四百年。这种栱保留了植物“叶”的形象，是吐蕃时期建筑上的一个重要构件，经过一千多年的传播与演变，至今在吐蕃文献、敦煌石窟、中原建筑实物中均可找到它们的形象。

图 9　第 361 窟北壁西铺塔，吐蕃时期
（敦煌研究院提供）

图 10　第 361 窟南壁西铺塔，吐蕃时期
（敦煌研究院提供）

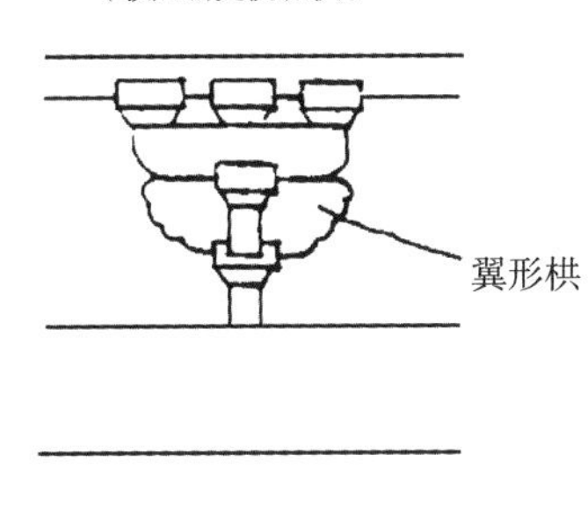

图 11　佛光寺大殿外檐补间铺作，857 年
（文献 [3]）

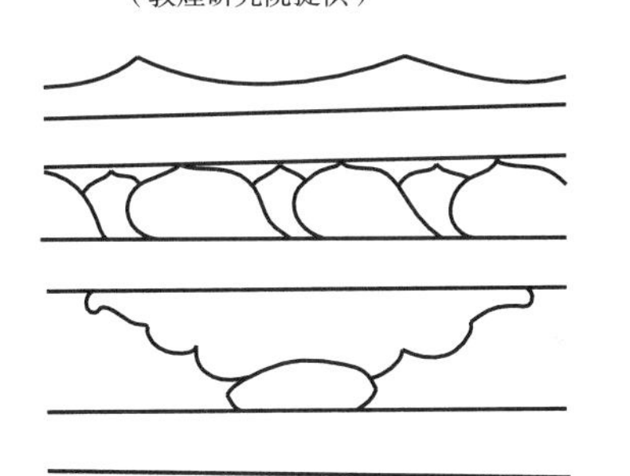

图 12　第 361 窟南壁东铺小佛殿斗栱图，吐蕃时期
（作者自绘）

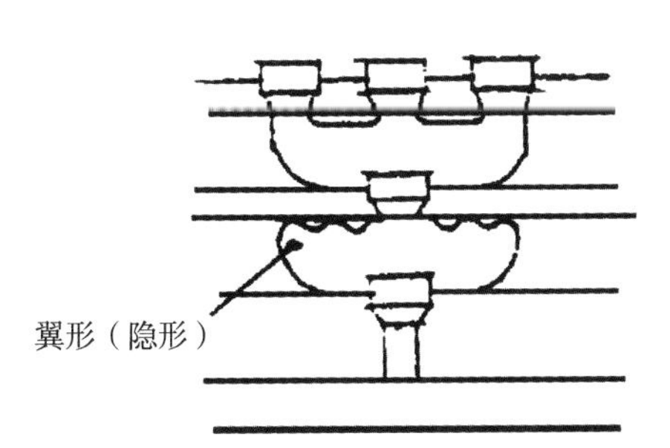

图 13　独乐寺观音阁下檐正面补间，辽
（文献 [3]）

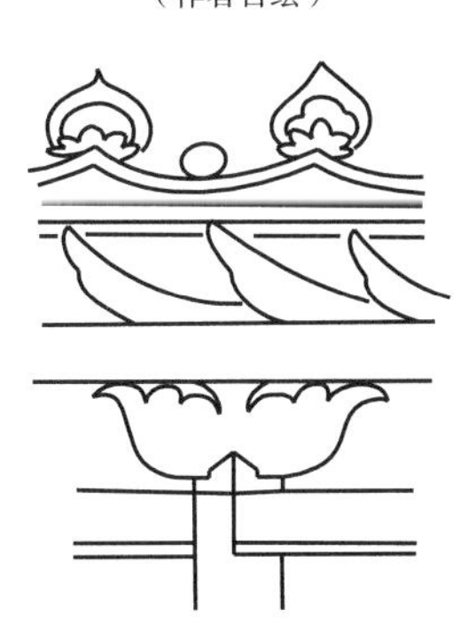

图 14　第 361 窟南壁西铺塔柱头斗栱图，吐蕃时期
（作者自绘）

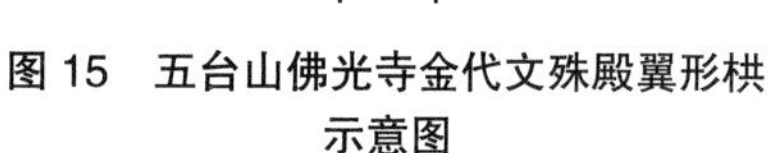

图 15　五台山佛光寺金代文殊殿翼形栱示意图
（作者自绘）

图 16　第 361 窟北壁西铺塔斗栱图，吐蕃时期
（作者自绘）

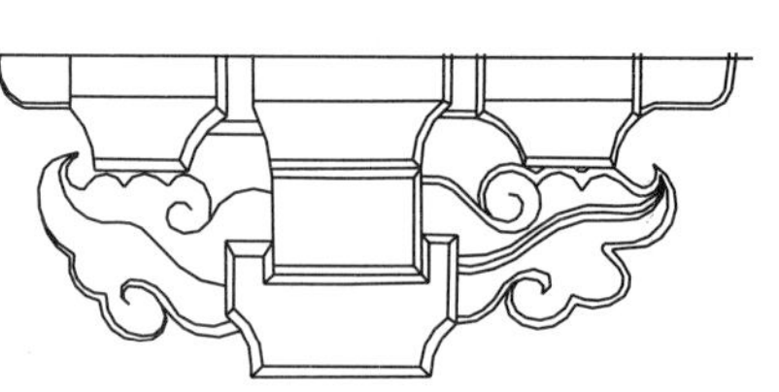

图 17　莫高窟成城湾花塔斗栱，宋
（文献 [7]）

五、结语

上文曾提出一个问题：翼（叶）形栱起源于吐蕃王朝吗？从吐蕃文献－敦煌石窟－中原晚于吐蕃时期的建筑实物的关系来看，好像起源于吐蕃，但是吐蕃建筑又受到很多中原文化的影响，特别是文成公主进藏，带去了大量的工匠，文成公主主持修建的小昭寺最初就保留了现在已不见于中原的屋面铺设琉璃瓦的形式，其在敦煌壁画中有所体现，通过吐蕃文献也可得到印证。[1] 因而对于翼（叶）形栱的起源，在中原没有找到早于吐蕃时期的实物或文献之前，是否可以推断，这是中原木结构传统建筑的发展在唐代接受了吐蕃建筑极富装饰性的影响而发生的演变？

吐蕃时期以后，叶形栱去了哪里？位于现今西藏阿里的古格王朝创建于公元 10 世纪，古格王朝境内的托林寺是西藏后弘期最早兴建的寺院之一，在那里考古发掘出的一些斗栱，看上去时代比较早（图 18），尽管与吐蕃时期的叶形栱有差别，却可以看出是雕刻的卷草形式，卷草是唐代流传很广的一种作为装饰的植物纹样图案，日本将其称为“唐草”。敦煌石窟中从初唐开始出现卷草纹样，经过盛唐的发展，到吐蕃时期装饰纹样以卷草纹为主。托林寺出土的卷草纹托木应该是叶形栱或叶形托木的演化，变得越来越繁复，发展到 15—17 世纪的古格王城里保存的托木形式则更加繁复（图 19），但还是保留了卷草的植物形态。巧合的是这种双重或多重的托木形式在敦煌吐蕃石窟中也同时存在（图 20），它的下层与第 361 窟一座小殿上的云状栱相似（图 1，图 12），上面两重为层层挑出的枋木，枋木上有装饰，下层枋木两头好似有镶嵌，上层枋木两头雕作龙头状，整件托木上都装饰有珠链。通过以上的图片对比，可以看出西藏民族建筑中主要体现民族风格的托木形式早在吐蕃时期已经发展成熟，且被保留在远离吐蕃政治中心千里之外的敦煌。

敦煌石窟中保存的图像再一次表明了石窟建筑画与当时社会建筑形式保持的一致性。

[1] 为“2010 敦煌论坛：吐蕃时期敦煌石窟艺术国际研讨会”提交的论文《莫高窟中唐第 231、361 窟吐蕃建筑画研究》。参见：樊锦诗，敦煌研究院．敦煌吐蕃统治时期：石窟与藏传佛教艺术研究 [M]. 兰州：甘肃教育出版社，2012：472-485。敦煌壁画的建筑画以在屋顶上使用色彩斑斓的琉璃瓦形式表现是从吐蕃开始的，可能这种形式在中原早已使用，但如今不见有实物保存下来，而《西藏王统计》记载的小昭寺为“甲达绕木齐”，译者对“甲达”有两种解释：“有作‘虎纹’理解的，谓寺屋顶作斑斓如虎的原故。有作‘汉建’解的，谓此寺最初是由文成公主招来汉族工匠修建的原故。”对比壁画，作“虎纹”理解，则可以在第 361 窟看到色彩斑斓的彩色屋顶，作为“汉建”理解，则说明唐代中原早已出现多彩的琉璃瓦屋顶形式，而没有实物留存，却在藏族文献和吐蕃建筑画中得到印证。

图 18　西藏阿里札达县托林寺发掘出的托木，约为公元 10 世纪

（作者自摄）

图 19　阿里古格王城大威德殿柱头托木，约为 15—17 世纪

（文献 [8]）

图 20　第 231 窟南壁西铺屋檐下托木，吐蕃时期

（笔者自绘）

参考文献

[1] 陈耀东．中国藏族建筑 [M]. 北京：中国建筑工业出版社，2007：28.

[2] 樊锦诗，赵青兰．吐蕃占领时期莫高窟洞窟分期研究 [J]. 敦煌研究，1994：89.

[3] 肖旻．翼形栱探析 [J]. 古建园林技术，1997：34-37.

[4] 宿白．藏传佛教寺院考古 [M]. 北京：文物出版社，1996：58-59.

[5] 拔塞囊，著．佟锦华，黄布凡，译注．拔协 [M]. 成都：四川民族出版社，1990：36.

[6] 索南坚赞，著．刘立千，译注．西藏王统记 [M]. 北京：民族出版社，2000：97、194.

[7] 2007 年笔者主持修复莫高窟成城湾花塔时的测绘图，由笔者指导，毛嘉民绘图。

[8] 西藏自治区文物管理委员会．古格故城（上册）[M]. 北京：文物出版社，1991：54.

佛光寺东大殿实测数据之再反思

——兼与肖旻先生商榷

刘 畅

（清华大学建筑学院）

摘要：本文回顾了现有关于佛光寺东大殿大木结构尺度的实测和研究，并通过接合木材特点、测绘方法、数据统计方法，审视应当如何更加谨慎地贴近并尝试解读原始设计。本文在与肖旻《佛光寺东大殿尺度规律探讨》一文讨论的同时，提倡多种假说争论的做法，更坚持案例技术研究和文化背景研讨的学术方向。

关键词：佛光寺东大殿，几何设计假说，木作形变特点，测量与分析

Abstract: This paper reviews past surveys and studies on the actual measurements of the timber framework of the East Hall at Foguang Temple, Shanxi province, and explores new ways to interpret the original design more carefully and accurately based on an improved and integrated understanding of wood behavior, surveying and mapping methods, and data statistics. While discussing Xiao Min's article ("*Foguangsi dongdadian chidu guilu tantao*" [Discussion of the scale rules of the East Hall of Foguangsi]), the paper gives credence to various hypotheses and interpretations, but argues in favor of a technical object-centered methodology (case-study research) and cultural object-driven approach (background study).

Keywords: East Hall of Foguang Temple, assumptions of geometric design, wood behavior, measurement and analysis

2017 年是五台山佛光寺东大殿创建 1160 周年暨梁思成先生调研认定其唐代建筑地位之 80 周年。❶ 因此机缘，肖旻的《佛光寺东大殿尺度规律探讨》（以下简称《尺度规律》）❷ 一文特别重新审视了 2011 年发表的《佛光寺东大殿建筑勘察研究报告》（以下简称《报告》）❸ 所公布的实测值，并提出“足材控制说”。归纳而言，此说之核心链条为：现有数据和假说所依赖的均值数据存在一些系统偏差和为追求折中兼顾而做出的妥协——现有数据可以“足材”为基础度量单位解释东大殿整体尺度设计规律——东大殿整体尺度规律存在一个理想模型，实际工程设计为在此基础上的调整——东大殿尺度规律与《营造法式》颁行前匠作设计之间存在内在联系。这是极其有益的尝试和解读。其重要性不但在于针对尺度设计问题提出一种新的解释，以备新成果和其他案例的检验，更在于把纯然静态的木结构几何研究与匠人设计时的考虑及其文化背景联系起来，跳出“器物中心”走向“器物驱动”式的研究。❹ 赞赏“足材控制说”的同时，笔者以为该文章在论述既有实测值分析中均值的“折中兼顾”之“弊”，以及在更为广阔的案

---

❶ 文献 [1].

❷ 文献 [2].

❸ 文献 [3].

❹ 关于 Objet-centered 和 Object-driven 的概念，参见：Bernard L. Herman，The Stolen House（Charlottesville and London：University Press of Virginia，1992），pp. 11，4.

例背景下考察足材是否在尺度设计中具有控制力等问题时尚有商讨的余地——尤其考虑到近年同专题的相关讨论，一些值得反复推敲的问题便更具代表性，或同样适用于中国古代木结构尺度研究的其他案例。特撰此文与肖先生商榷。

一、问题的提出："足材控制说"

1."足材控制说"归纳

对于中国古代木结构建筑比例尺度设计的本来面目，多有学者持不同观点。典型的有傅熹年先生在《中国古代城市规划建筑群布局及建筑设计方法研究》中所提出的材份为主的控制法❶，何建中先生在《唐宋单体建筑之面阔与进深如何确定》提出的丈尺控制建筑平面❷,以及傅先生的《关于唐宋时期建筑物平面尺度用"分"还是用尺来表示的问题》❸、何先生的《浅析〈中国古代城市规划、建筑群布局及建筑设计方法研究〉中的单层建筑设计方法》讨论设计实践中的种种尺度控制单位可能性。❹此外，张十庆先生也曾在论及佛光寺东大殿、奉国寺大雄殿时提出"单材即1尺"的看法，进而以此统一局部与整体设计。❺值得注意的还有，傅熹年先生认为可能存在某种"扩大模数"❻控制建筑尺度规模，以及肖旻所提出的一种基于营造尺长的过渡度量——偏离用材的"基本模数"，并据此构成建筑主体比例关系。❼

至《尺度规律》一文，肖旻则旗帜鲜明地提出了"足材控制说"。此说涵盖猜想主体、理想尺度模型和回归计算三个部分。在此，笔者并不重复罗列肖文回归计算要点，仅就其针对2007年假说的修正及其要义摘要总结为以下五点：

1）东大殿用尺当为294毫米；足材1.5尺，并作为模数使用，即M=1.5尺；

2）此例反映，东大殿仅为一个案，其背后存在以足材为模数的设计，并可能存在相应一整套"规则"，成为"理想模型"；

3）东大殿平面为理想模型之某种"减让"——当心间折减为17尺余，柱高折减为17尺，合11.3M；进深则因与架道关系而分别为10M；

4）东大殿外檐铺作出跳共计4.5M，每跳2.25M，铺作高5.5M；

5）外檐铺作昂制平出2.25M抬高1M。

2. 2007年以来的东大殿研讨

最早发表的东大殿大木结构几何设计研究是2007年的《佛光寺东大殿实测数据解读》（以下简称《数据解读》）❽，而实际现场工作则始于2005年春，内业工作持续进行近两年；在此之后，笔者也曾将核心想法归并整理，于2010年发表《雕虫故事——佛光寺·梁思成·新猜想》❾

❶ 傅熹年. 中国古代城市规划建筑群布局及建筑设计方法研究（上）（下）[M]. 北京：中国建筑工业出版社，2001.

❷ 何建中. 唐宋单体建筑之面阔与进深如何确定[J]. 古建园林技术，2004（1）：3.

❸ 傅熹年. 关于唐宋时期建筑物平面尺度用"分"还是用尺来表示的问题[J]. 古建园林技术，2004（3）：34.

❹ 何建中. 浅析《中国古代城市规划建筑群布局及建筑设计方法研究》中的单层建筑设计方法[M]//贾珺. 建筑史（第21辑）. 北京：清华大学出版社，2005：93.

❺ "遗构佛光寺、奉国寺的材实测值分别为30厘米×20.5厘米与29厘米×20厘米……相信上述二殿材尺度取值皆应为1.0尺×0.7尺"。参见：张十庆. 是比例关系还是模数关系——关于法隆寺建筑尺度规律的再探讨[J]. 建筑师，2005（10）：92-96。

❻ 傅熹年. 中国古代建筑外观设计手法初探[J]. 文物，2001（1）：74.

❼ 肖旻. 唐宋古建筑尺度规律研究[M]. 南京：东南大学出版社，2006.

❽ 文献[4].

❾ 文献[5].

一文；同时进行的还有2005年至2007年成果的整理工作，至2011年出版的《报告》，其中有关尺度研究的部分多据以上成果，并进行了些许的调整和修改。

必须认识到，2005年以佛光寺东大殿的三维激光扫描为基础的测绘工作是国内较早利用该技术开展古建筑研究的尝试，因此无论从设备搭配、采集精度、数据提取与处理，还是从对古建筑现状的认识、数据分析对策等方面而言，该次测绘定然存在一些大可改进之处，其所得成果假说亦必然因之可能存在瑕疵。在这个理解的基础上，2005年测绘团队部分成员一直在寻求机会进行补充或重复测绘，以深化对原始设计和现状形变的理解。

2010年至2012年期间，笔者承担山西平遥镇国寺万佛殿和天王殿精细测绘项目，项目涵盖了针对万佛殿大木结构的比例尺度分析工作。鉴于万佛殿与东大殿外檐铺作的相似性，以及《营造法式》颁行前北方地区具有相近特征的一批七铺作的存在，当时特别对东大殿下昂斜度算法之渊源进行了大胆推测，成为2007年假说的延伸。该成果中关于东大殿外檐铺作下昂昂制的猜想亦见诸2013年的《山西平遥镇国寺万佛殿天王殿精细测绘报告》[1]。

2013年清华大学建筑学院于大殿西立面采样式地补充了三维激光扫描，取得数据6站。尽管限于文物管理、保护工作现场安排等原因，2013年的测量条件受到了很大限制，但是仍然借助既有数据和2013年补测数据开展讨论，并于2016年发表《观察与量取：佛光寺东大殿三维激光扫描信息的两点反思》[2]，再次肯定了2007年《数据解读》提出的假说，并未寻找出对东大殿尺度设计新的解释方法。与这篇文章同时发表的还有陈彤的《〈营造法式〉与晚唐官式栱长制度比较》[3]，从微观的角度考察佛光寺东大殿为代表的大木构造细节几何设计的方法。

肖旻2017年的《尺度规律》一文依据现有公布材料中最为全面的《报告》，是一次集中注意力的深入研读和探讨。在此，忽略此报告之外的次要信息是简化论题的必要之举，然惟跳过数据采集及反思数据工作的既有成果便会掩盖一些更为“一线”的、更为“一手”的根源问题。而此即本文不可不详论之处。

❶ 文献[6].

❷ 文献[7].

❸ 文献[8].

3. “材份控制”、“丈尺控制”和“混合控制”

《尺度规律》一文关注到《报告》中对于东大殿柱网平面的材份、丈尺不同解读，在此特将笔者所了解的此二说之背景情况予以介绍，并补充其他学者的不同看法。

探究东大殿尺度设计的研究过程，不难发现，《数据解读》与《报告》对于东大殿平面设计的解读并不完全相同。这一点集中体现在大殿平面柱网究竟更适合于以材份还是以丈尺表达的问题上。

《数据解读》中，首先提出了两个假设：假设一，“1 尺 =298 毫米，材宽 7 寸；5040 毫米 =16.91 尺，与 17 尺的相关系数达到 99.5%；4400 毫米 =14.77 尺，与 14.8 尺的相关系数达到 99.8%；210 毫米 =7.05 寸，与 7 寸的相关系数达到 99.3%”；假设二，“1 分 °=21 毫米，材宽 7 寸；明间开间 =240 分 °；稍间 – 进深开间 =210 分 °；面阔进深开间与整数尺无关”。最终在肯定昂制与屋架为相似三角形后，认为“每分 °7 分，昂制基本平出 47 分，共计 3.29 尺，前后压槽枋间距算得 3.29 尺 ×18=59.22 尺……通进深 59.22 尺均分成四间，稍间 – 进深开间 14.805 尺，合 14.8 尺”。是为混合控制说。

《报告》则更加注重“明间开间 =240 分 °；稍间 – 进深开间 =210 分 °”，并不在昂制 / 屋架之相似三角形的问题上过于执着。这样的观点一直保持到最近即将发表的《佛光寺东大殿建置沿革研究》[1] 中。是为材份控制说。

近来陈彤的《〈营造法式〉与晚唐官式栱长制度比较》发现了东大殿斗栱设计中的简明几何关系，提出令栱、瓜子栱“心长”为慢栱“心长”之半，且与头跳华栱外跳对应部分相合。[2] 在此基础上，二倍关系理应由简明的整数倍数与之呼应，于是《数据解读》和《报告》中提出的 47 分 ° 之半则显得畸零，于是晚唐时期的佛光寺东大殿几何设计单位更可能是营造尺，而非材份。斗栱部分如此，建筑整体想必也是如此。

通观上述三个解读角度，尚且无法依靠算法和吻合程度等技术指标来简单说服对方。至此需要讨论的是，肖旻《尺度规律》中所提出的“足材控制说”是不是能从新的角度带来更好的阐发，或者树立最具说服力的解读呢？

[1] 张荣，等．佛光寺东大殿建置沿革研究．待刊．

[2] 文献 [8].

二、数据背后：为何“折中兼顾”

《数据解读》中分析数据时的“折中兼顾”本不隐蔽，肖文则是十年以来第一次正式提出的对此的怀疑，笔者于是颇有知音之悦。虽然统计均值并不具备典型的代表性，“折中兼顾”亦非全然不可取，但是若背后全无如何略微偏离均值而实现兼顾的理由，则更似陷入一场数字游戏，使得推论顿然失去原有的光彩。作为《数据解读》中数据分析的参与者和假说的提出者，笔者有幸自始至终参与对“折中兼顾”方法的制定和决策，在此向读者汇报。

1. 均值代表性的局限

在三维激光扫描点云文件中提取测量数据之前，将点云影像进行重叠比较并探究构造面型大体趋势是有绝对必要性的。2013 年，我们有幸获得东大殿前檐 6 站扫描数据，也因此得以将此 6 站中覆盖的 6 朵柱头铺作的扫描影像进行重叠观察，得到图 1。由此不难得出以下近乎规律性的导则。

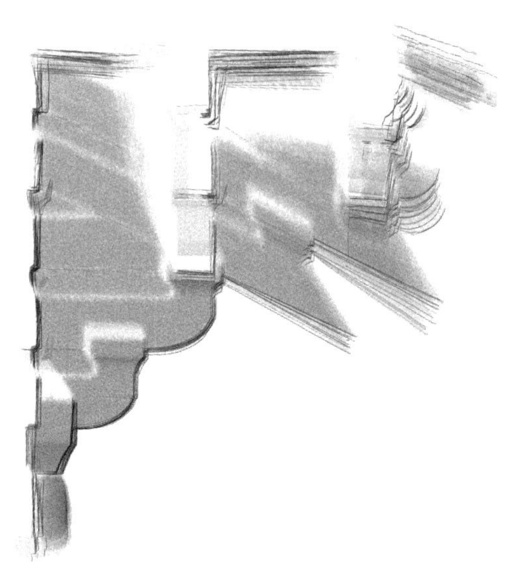

图 1　2013 年佛光寺东大殿前檐外檐铺作三维激光扫描影像重叠图[1]

1）受压木材的蠕变与测量值

由于木材的早晚材差异、心边材差异、含水率不同、纹理方向不同，木材物理性质也不同。进一步而言，木制构件、构造和结构的测量值在不同约束条件下也呈现不同的形变积累方式和相应方式，表现为“蠕变”现象。

在木构造垂直方向受力的情况下，最直接、最具有代表性的常规试验如图 2 所示，并可描述为：

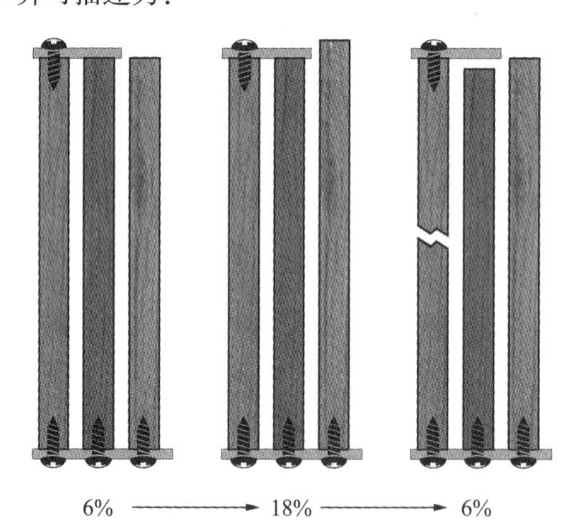

图 2　不同边界条件下木材对湿度循环变化的响应

a. 三个同样材质和尺度的木构件下端固接，上端分别固接、伸展制约和自由无约束；

b. 将木材含水率（Wood Moisture Content）（绝对含水率）从 6% 提高至 18%，再由 18% 降低至 6%；

c. 木构件在这一湿度变化之后的响应不同，分别为收拉破坏、干缩变小和无显著变化。

[1] 本文图片均为作者自绘。

这个简单的常规实验对木结构垂直方向叠压构造测量与分析工作的启发是：测量值定然小于原始设计值（**倾向一**）。这一点适用于足材测量值。换言之，《数据分析》中所称“考虑到木材受压形变的因素，设计足材高应大于均值 20.5 分°……可以认为修整后的足材 21 分°能够反映现有数据的规律性”是合理的。

进而《尺度规律》中采用逆推所得的 441 毫米为计算值也是合理的。

2）华栱出跳形变与测量值

不难理解，二跳华栱位置，两下昂组合的弯折还并不显著，交互斗上瓜子栱下缘基本不存在向内扭转偏移，重栱整体外翻也不显著。然而毕竟两昂、华栱均上缘受拉，存在伸长趋势。因此，可以判断“一、二跳出跳实测值≥设计值”（**倾向二**）。❶

❶ 文献 [7].

具体而言，《报告》中头两跳总出跳均值 989.78 毫米很可能大于原始设计值；至少如果某推算大于这个取值，那么该推算应当唤起警惕，并且应当倾向于不予采信。

3）下昂形变与测量值

作为向下倾斜的出挑构件，下昂弯折现象显著。2016 年《观察与量取：佛光寺东大殿三维激光扫描信息的两点反思》一文对此已经进行了专门讨论：“对于柱头铺作而言，柱心处得到支撑，而橑风槫处集中承受屋檐荷载、屋内部分承受屋架荷载，将使得出挑构件存在向下、向前的折弯和向下的挤压。这个现象清晰地反映在点云文件中……其头层昂在第二跳的位置附近发生了较明显的弯折，二层昂弯折则愈加明显……”，于是“令栱外翻严重，下楞内移，可能造成‘三、四跳出跳实测值≤设计值’”，且“三、四跳斗栱构件左右歪闪幅度≥一、二跳，在投影影像中测量，同样可能造成‘三、四跳出跳实测值≤设计值’”，进而“下昂弯折，上缘存在伸长趋势，测量值貌似大于设计值，但是对比外楞至垂足的量取方式，排除顺木纹微小的伸长值，二跳之外的进一步弯折现象反而会造成‘三、四跳出跳实测值≤设计值’”（**倾向三**）。❷

❷ 文献 [7].

简而言之，在二昂上缘无显著拉伸断裂的情况下，三、四跳出跳实测值≤设计值（图 3）。即，《报告》中三、四跳出跳之均值 980.08 毫米应当小于原始设计值，且应当不予采信小于此取值的推算。

2. 东大殿用材尺度的“兼顾”

中国古代木结构建筑的复杂性和构造单元的重复特点要求今日的研究工作既要避免简单地处理、丧失关键的细节信息，也要避免忽视木材特点、对均值的过度依赖而走向数字游戏的极端。

参照“倾向一”，测量所及各个足材构件——单材构件亦然——在上下叠压处存在垂直方向上的尺度减小，那么与此同时，或者缘于体积惰性，或者缘于细小裂缝的发生，是否会存在构件在厚度上的增加呢？

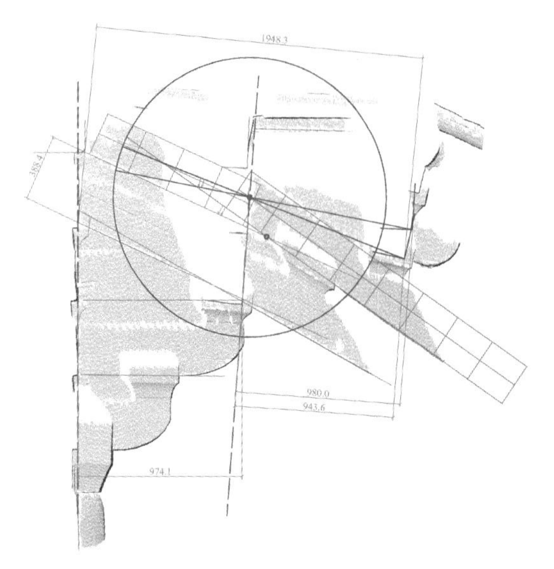

图 3　2013 扫描点云之西面明间柱头铺作右侧影像图所反应的下昂弯折

我们同时注意到，《报告》中提到“现场手工量取了材宽数据 99 组，所测具体位置均在出跳构件的根部，测量对象以第一跳华栱为主”。回顾当时的反思，是认为这个测量位置恰恰极其接近上下方向均受到构造叠压约束的位置，既没有受到栌斗开口的横向制约，同时也没有完全到达下缘开放，最有可能发生厚度上的增加。

诚然，由于经年自然侵蚀，以及人为重新砍挠构件表面绘制彩画，现存案例中也存在大量斗栱材厚减小的现象。无论实施测量之“根部”能够在多大程度上避免这些削减的影响，材厚增加之说也还存在很大的讨论余地。

不过，既然存在增大的可能性，就不妨以实测均值为代表逆推其他尺度规律，而允许其他推算值呈现略微趋小的现象——这也便是《数据解读》和《报告》容忍系统偏移而做出“折中兼顾”的重要原因。

3. 东大殿外檐铺作出跳的“兼顾”

按照“倾向二”和“倾向三”逆推材厚和足材高度，均可落在《数据解读》的推论范围内，然基本不存在营造尺大于 301 毫米或小于推算值 298 毫米的余地。《数据解读》和《报告》均倾向于下限的 298 毫米，以求更好实现其他回归推算的高吻合程度，在此不赘。

4. 东大殿平面丈尺的“兼顾”

至此，从微观的观察与量取出发，可以对东大殿平面实测值进行更实质的讨论。核心问题是，在 2007 年提出的两个现有假说中，哪个具有更高的吻合程度呢?

首先，正如《尺度规律》一文中所指出的，“按明间 5040 毫米折算为 16.91 尺，‘相关系数为 99.5%’，但偏差近 1 寸。则当心五间的累计偏差近半尺……总体来看，份数的折算尚比较理想。”❶这个吻合程度的差异使得“材份控制说”得以延续并贯穿于不同阶段的研究团队集体成果之中——尽管梢间和进深开间的份数极有可能不是整数的 210 分°，而是昂制三角形平出的 4.5 倍即 211.5 分°。

与此同时，我们同样无法轻率地否定 17 尺开间的可能性。因为我们必须看到柱头中心间距的取值在 5012 毫米至 5074 毫米的实测值区间内，看到东大殿建筑并未采取侧脚做法，且确实存在柱头高度阑额局部拔榫变形，也看到 2007 年的数据采集和研究还不成熟，尚未全面补充柱头铺间距尺度以校核柱网平面。

进而，需要简单回顾“混合控制说”中对昂制 / 屋架相似三角形的偏爱。坦率而言，偏爱的前身实在是好奇、踟蹰和对于成果定位的权衡（图 4）。

好奇始于梁思成先生的做法——并无丝毫企图将下昂和屋架的关系放在一起讨论。谈到屋架，先生说“脊槫举高与前后橑檐槫间距之比，约为 1 ：4.77，较法式 1 ：4、1 ：3 等规定均低，举势甚为缓和”；说到斗栱中的下昂，先生讲“下昂两层的后尾，以约略 23° 的斜度向上挑起”。❷深究之，1 ：4.77 的屋架总高形成的大三角形两侧的坡度为 22.75°，非常接近斗栱下昂的 23°；或者，23° 的屋架呈现“1 ：4.71”或“1.01 ：4.77”的比例关系。我们好奇于当年先生的戛然而止，猜想先生一定是认为此斗栱、屋架二者之间绝少必然的构成逻辑联系，或者先生还会认为过度诠释或许误导读者。

❶ 文献 [2].

❷ 文献 [1].

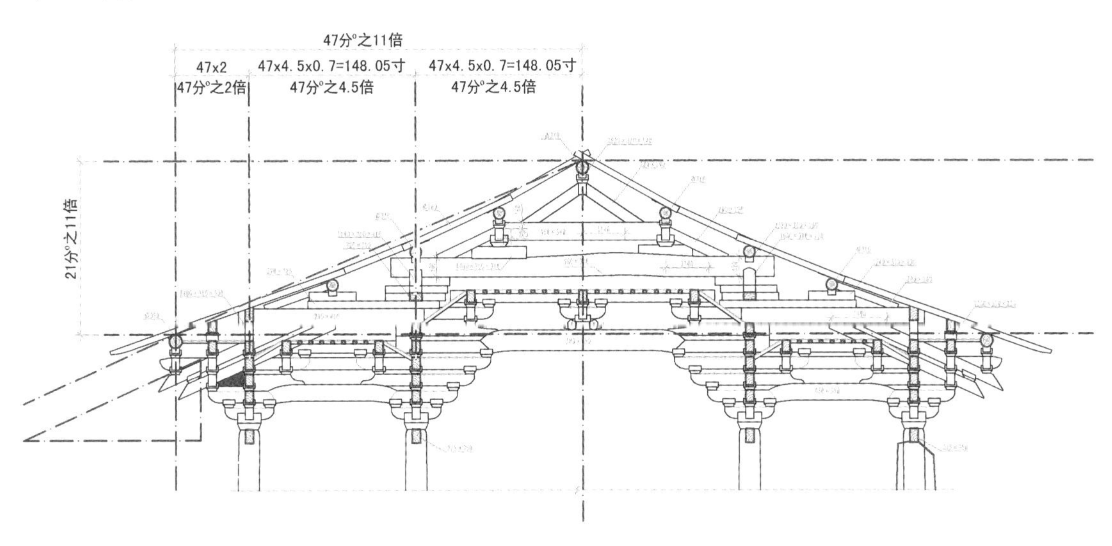

图 4　2007 年提出的“混合控制说”中昂制 / 屋架相似三角形关系示意图

踟蹰的原因有两个：一则下昂与屋架的斜度与1937年测绘成果存在出入，回归足材高度的做法还是令人忐忑；二则下昂与屋架确实形变均比较显著，角度相同的现象难以确凿证实。我们知道，尽管唐代瞿昙氏一家从印度带来了起源自古希腊的360°圆周体系，但是今日统一了世界的角度体系当时还是太过昙花一现，它在中国的推广须等到近900年后的明末，因此角度推算当不切要害，正切比例则当详查。以今日的角度计算，下昂和屋架均比梁先生的测量结果都要大1°余——原因是经过了一定的"折中兼顾"和形变逆推，梁先生的计算显然是最直接地来自原始的测量——如何表述才更理想呢？再有，看看东大殿的现状，看看叠合点云图像的参差，看看屋架榑栿的年久弯折、下沉和腐朽，无论如何是绝难断言相似三角形的必然性的。

那么，是否应当把2007年有趣的思考拿来和大家讨论呢？我们的权衡思考中有两点值得向读者展开介绍。

其一，若相似直角三角形关系存在，则其间关键倾斜角度必然对于晚唐的大木匠而言存在特殊意义，必然不仅仅存在于佛光寺。在努力尝试避免先入为主的基础上，随后的研究表明了这个角度与$\sqrt{5}$的关系（图5），也确实暗示《营造法式》颁行前北方地区六座带有七铺作的建筑中，下昂昂制均可能为"平出47分°抬高21分°"[1]。至于屋架部分，是唐代之后的实践逐步摆脱了这个三角形的制约？还是根本就无从谈起制约——因为屋架设计自成体系？跳出具体的实证，我们的关注在于，一旦存在这个常用角度，那么它仅仅孤单地出现在下昂中的现象反而难以符合人们的期待。

[1] 徐扬．营造法式刊行前北方七铺作实例几何设计探析[D]. 北京：清华大学，2017.

其二，再跳出一步，摆脱对正确性的执着，一种"居然"自洽的算法必然存在它的地位，无论是对它的验证还是对它的颠覆，无论是相似三角形假说还是"足材控制说"。既然梁先生没有明确地陈述"约为1 ：4.77"与"约略23°的斜度"之间的联系，那么放在学术史的链条中看待这个问题，忽略这个细节就如同囫囵吞枣式的阅读，反之，为此加设脚注并略作

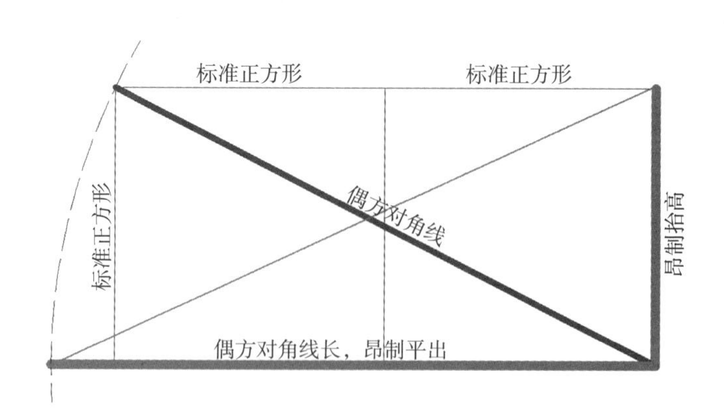

图5　2013年提出的东大殿昂制三角形与$\sqrt{5}$关系示意图

发散联想的努力便有其历史意义。思想成果都会有自己的分量，但当它一旦成为学术成果的时候，则还是最好掂量一下这个分量应当放置在学术天平的哪一侧。

三、算法和做法："足材控制说"的启发与瑕疵

"足材控制说"无疑为今天的解读带来了新思路。理想地讲，对于结构中的大尺度，以足材简单倍数实现；对于细部，以足材的简单等分来度量。

1. "足材控制说"的启发

窃以为，与其说"足材控制说"的启发在于解读东大殿本身的比例与尺度，倒不如说它联系构屋方式以及《营造法式》的努力。

《尺度规律》中提到两点很重要：

一是可能存在某种"理想模型"，足材 M=1.5 尺为最大值，铺作每出一跳 1M，椽架 5M，当心间和柱高均 12M，平面长宽比为 2 ：1，屋架 / 铺作高 / 柱高为 2 ：1 ：2；

二是认为《营造法式》改变了唐代的自发体系，"仅在构件截面上做文章"，"控制木构全局的模数制度反而失落"。

此二点的启发在于并不就事论事的高度。《营造法式》"勒人匠逐一解说"而成，那么当时"人匠"之祖辈心中会有什么样的算计呢？"因材而定分"的做法能够上溯到哪个年代呢？"倍斗而取长"的做法又是从何时起又到何时真正式微的呢？这一类的思考有必要在所有个案摸索之后提及，有必要不时梳理现存个案成果，集腋成裘。

与此同时，《尺度规律》还暗示需要更好地公布和利用原始数据，因为经过消化咀嚼的数据会导致雾里看花，"历来份数模数制之研究难称理想"。

2. "足材控制说"的算法瑕疵

如果实测数据的吻合程度还是应当作为衡量假说的标准的话，肖文中"理想尺度模型"的讨论放在"回归实例"之前则似臆断的意味更重，需要回过头来看看"足材控制说"到底如何体现东大殿自身。

第一个问题在于《尺度规律》认为东大殿外檐铺作出跳共计 4.5M，每跳 2.25M。这里的 1M 为 1.5 尺，每尺 294 毫米。于是，2.25M 即为 3.375 尺，折合 992.25 毫米。回过头来考察实测值的范围，均受到斗栱形变的影响呈现第一、二跳之和略大于第三、四跳之和的现象，经过回归校验的 2013 年成果差异更小。简单归纳之，则有表 1 和表 2。

正是由于"足材控制说"中的 2.25M 合 992.25 毫米大于 2007 年和 2016 年两次测绘所得到的均值 989.78 毫米和 981.0 毫米，落入上文"华

表 1　2007 年公布之佛光寺东大殿第一、二跳之和数据表　　（单位：毫米）

斗栱编号	第一跳	第二跳	第三四跳
2–B	539.3	449.7	989
3–B	549.5	439.7	989.2
4–B	524.2	446.8	971
5–B	542.1	431.9	974
6–B	550.5	432.8	983.3
7–B	552.3	442.3	994.6
8–B	528.5	449.6	978.1
9–B	532.8	466.9	999.7
9–C	547.4	445.7	993.1
9–D	540.2	445.7	985.9
9–E	532.2	445.7	977.9
9–F	530.9	482.8	1013.7
8–F	547.7	467.8	1015.5
7–F	551	427.7	978.7
6–F	552.7	435.1	987.8
5–F	561.2	453.4	1014.6
4–F	544.7	422.4	967.1
3–F	556.9	447.8	1004.7
2–F	577.1	448.3	1025.4
2–E	537.3	450.2	987.5
2–D	530.4	421.7	952.1
2–C	520.2	472	992.2
最大值	577.1	482.8	1025.4
最小值	520.2	421.7	952.1
均值	543.14	446.64	989.78

表 2　2016 年公布之校验后佛光寺东大殿第一、二跳之和数据表　（单位：毫米）

测量位置	头二跳出	
	2013 年测，2016 年公布	2006 年测，2007 年公布
北 C 头 –L	982.1	992.2
西北角 – 西 –L	983.8	989
西 2 头 –R	978.2	989.2
西 2 头 –L	977.3	
西 3 头 –L	986.0	971

续表

测量位置	头二跳出	
	2013 年测，2016 年公布	2006 年测，2007 年公布
西 4 头 –R	973.8	974
西 4 头 –L	987.0	
西 5 头 –R	974.1	983.3
西 5 头 –L	967.6	
西 6 头 –R	998.7	994.6
西 7 头 –R	982.6	978.1
西 7 头 –L	984.8	
西南角 – 西 –R	960.7	999.7
南 C 头 –R	997.7	993.1
均值	981.0	表 1 之部分数据，不计
最大值	998.7	表 1 之部分数据，不计
最小值	960.7	表 1 之部分数据，不计

栱出跳形变与测量值”中建议不予采信的区间——或者说是“陷阱”——并且暂时难以找到具有说服力的解释。

第二个问题则在于“足材控制说”对于平面尺度解释的乏力。《尺度规律》中判断当心间在 18 尺的基础上折减为 17 尺余，柱高则折减为 17 尺，合 11.3M；进深则因与架道关系而分别为 10M，显然承认足材只控制那个“理想尺度模型”，到了具体案例，大木匠还要回归到丈尺，以及某种进一步把足材细分的方法。

即便“17 尺余”、“11.3M”属于“场合做法”，尚可以接受，即便细分足材的方法并非材份制度，亦非尺寸关系，那么“理想尺度模型”光芒之下的角落里，此匠人在此案例到底是怎么算计的呢？尤其，当假说中同时需要求助于“足材 1.5 尺，材厚 7 寸”的时候，又如何简单落实到单维度度量足材之上呢？难道不是回到尺寸或是材份等更小单位的立场上更为容易找到高吻合程度的猜想吗？

3 “足材控制说”的实操困境

“足材控制说”的困境还在于实施过程中。虽然在“理想尺度模型”的基础上“减让”的假说并不荒唐，但是它确实小觑了匠人的智慧——这里的智慧，并非泛泛意义上的聪明才智，而是具体体现在匠人谋生和追求理想的双重目的性之上，它至少应当涵盖物料掌握、工程组织和形式理想三个方面。超乎物料掌握，则忽视了主人的条件和匠人的生存；无视工程组织，则既缺少了对匠人生计的关照，又缺少了对不同层级的匠人工作关系的梳理；至于形式理想，当仅存在于顶层匠作工作之中，依赖于匠人所受到的教育，于是亦当因匠作流派而异，甚至因人而异。只把“理想尺度模型”作为“形式理想”充当唯一指针，便显得狭隘了。

先展开谈一下物料掌握的问题。大匠回应主人的需求权衡物料，度屋之广狭深远的本领，必然是其基本功。木料有源头，加荒有常规，本无琐碎计量的需要，但是一旦关乎佛殿之内造像度量、仪轨需求，则建筑容器的尺度便一下子接到了具体的指令。对于东大殿规模的殿宇而言，若没有发现佛坛与造像对特殊尺度的需求，“17尺余”、“11.3M”等畸零尺寸的判断便有釜底抽薪般的尴尬，切实地需要更深入的研讨。

至于工程组织过程，其核心在于信息传递——大匠如何把心中的结构、构造、构件的尺度规格和交接关系准确地传递给从事一线施工的匠人——正如刘宗仁笔下的梓人和工匠的关系。术语媒介[1]是共有的知识背景，丈杆或真尺可能就是实际操作时的主要工具。关键在于结合二者，术语传递形式信息，算术/几何限定规格制度。比较具象的场景是，东大殿之梓人在向众匠布置工程的时候，如果所有尺度、构造都是“减让”或是调整的结果，即肖文所称之“理想尺度模型”——那个合乎足材控制的模型——便根本不会在此过程中使用；同时，梓人需要准备另一套更加复杂和精细的、关乎数字和几何关系的算法。那么这个并非“理想”的实用模型到底又该是什么样呢？莫非《数据解读》和《尺度规律》根本上讨论的不是一件事？或者说，如果确实存在的话，那个“理想尺度模型”应当以什么样的方式存在呢？

形式理想的问题显得颇为玄妙。遥远的古罗马可能的确存在公用的算术几何模型[2]；东方帝国的大匠们在“正德”、“适形、便生”之外[3]，在以“大壮”为美，在以象数吉凶为虑之外，会有对某些特别的比例关系、几何关系情有独钟吗？从这个角度上说，一方面，足材控制下的“理想尺度模型”不失为一种可能性——因为这个模型相对简明、直白、通俗；另一方面，对照曼陀罗、“古罗马帝国广场平面设计算术－几何模型”等一类更为抽象高深的概念图示，又似缺乏某种“神圣复杂性”所具有的特殊引力。鉴于足材控制下的理想模型假说提出不久，还缺乏文化意义上的解读，笔者在此不做再多评骘。

归纳以上三个层次，笔者尚没有能力站在《尺度规律》一文的角度上回答上述疑问，并倾向于将这些难以厘清、甚至可能无法厘清的关乎古代匠作实际运转的问题称为“足材控制说”的“实操困境”。

四、解读的余地和平台

最后，还是需要跳出对错，跳出具体案例，做以下三点宏观思考。

第一点是对“解读”的再强调。说到解读古代设计，便需要和传统的解释并置在一起来看。解释的意味更加带有权威的色彩，更堪以对错衡量；

[1] 秦佑国，周榕．建筑信息中介系统与设计范式的演变．建筑学报[J]，2001（6）：28-31.

[2] Wightman，Greg. *The Imperial Fora of Rome* in JSAH[J]，March 1997（56-1）：64-88.

[3] 王贵祥．中国古代建筑审美刍议[M]//贾珺．建筑史（第26辑）．北京：清华大学出版社，2010：1-13.

解读则更加平易、平等，更加属于个人，因此为他人留有余地。

尤其对于人文学科来说，也许我们没有足够的洞察力保证对于研究假说潜力的呵护，但是至少我们可以保有敬意。木材是“软”的，施工是有误差的，千百年的风雨侵蚀和地质变化是不可抗拒的，因此，偶然误差和系统误差掺杂在一起，使得“应当”具有绝对发言权的数据也需要研究者反复咀嚼。本文特别指出“足材控制说”的瑕疵，但是绝对不是简单地否定这个假说。例如该假说在讨论到“理想尺度模型”时，昂制和屋架出2抬1，为后世所称之“五举”，并曾经很可能出现在宁波保国寺大殿、少林寺初祖庵、榆次雨花宫等早期建筑之中[1]；其后具体至回归计算的时候，提出了昂制为足材2.25倍。这是一个落在实测均值适宜范围之外的假说，但定然不是不可能成立的假说，更不是一个没有价值的假说——笔者曾经根据清代样式房文档中两条关于正五边形的算法口诀[2]逆推求得当时匠人也将$\sqrt{5}$约简为2.25。[3]一边是晚唐的东大殿，另一边是晚明中西方科学的融合，是纯粹的偶然还是跨越时空的心有灵犀？抑或是某种精度不同算法的必然的殊途同归？

第二点，有必要再借助一些西方“物质文化学”的思考——尤其是在将研究对象放在关联网络中考察的方法和框架。从这样的思想角度来看，把对于东大殿设计的假说和普遍设计规则直接联系起来的尝试多少显得有些“写意”。更有说服力的研究理应尝试横向连缀相关案例，纵向连缀设计者和建造者以及他们背后的社会情况，再反观这些网络关联之下的研究对象。

在形成系统研究之前，至少可以做出以下提问：

如何界定佛光寺东大殿的姊妹案例？

如何获得更加全面准确的实测数据？

如何认识东大殿、其姊妹案例设计者及其时空分布、异同及联系？

晚唐至辽宋时期匠作大匠的经济生活、社会地位如何？

晚唐至辽宋时期匠作普通工匠的经济生活、社会地位如何？

晚唐至辽宋时期物料价值如何？

第三点，还希望补充一下关于测绘佛光寺东大殿之初衷和对于测绘模式的反思。2005年测绘勘察之初，本来的工作目标非常简单：绘制一套完全自洽的测绘图，如同匠人头脑中的设计。实践证明，这实在是一项无法企及的目标。其难度不仅仅在于揣度设计，而且在于揣度那些简直无法揣度的妥协、权宜和宽容。

说到宽容，一个代表性的例子是生起的影响。佛光寺东大殿存在生起，额枋也因之呈现略微倾斜的姿态。于是带来了素方姿态的倾斜，也带来了补间铺作姿态的难以捉摸：其中心线垂直于地面乎？平行于生起斜线乎？这真是一个两难的境地。极尽精确地忽略材料本身的性质，则若垂直地面布置补间铺作，便不得不处理倾斜的素方与横栱之间的交接关系，要么就

[1] 参见：刘畅，孙闯．保国寺大殿大木结构测量数据解读[M]// 王贵祥．中国建筑史论汇刊·第壹辑．北京：清华大学出版社，2009：27-64；刘畅，孙闯．少林寺初祖庵实测数据解读[M]// 王贵祥．中国建筑史论汇刊·第贰辑．北京：清华大学出版社，2009：129-158；刘畅，徐扬．也谈榆次永寿寺雨花宫大木结构尺度设计[M]// 贾珺．建筑史（第30辑）．北京：清华大学出版社，2012：11-23。

[2] 中国国家图书馆样式雷图文档案364包168号。

[3] “口诀的精确程度是欠缺的——与正八边形建筑平面施工精度比起来更凸现了五边形的算法精度不足。口诀多数比率前起第三位数字——甚至有的第二位上便已发生了错误。从八五三五[($\sqrt{10-2\sqrt{5}}$) /2之倒数]和一六二五[($\sqrt{5}+1$) /2]二则比率来看，当时的计算精度是取$\sqrt{5}$为2.25。”参见：刘畅．宁寿宫花园碧螺亭：从毕达哥拉斯到中国的梅花[M]// 贾珺．建筑史（第28辑）．北京：清华大学出版社，2012：93-103。

不得不把横栱或散斗做成特殊的形状；设若补间铺作随额而斜，便不仅要接受立面的微妙不谐，更要回答与这种扭转相对应的所有内槽构件的空间姿态——东大殿中尚且可为，至于北宋时期那些发达的补间铺作，下昂上彻屋内，并非正交的长短对位、交接咬合便成了大问题。好在木材不是钢铁，大木结构的宽容度也不似家具一样“紧配”。相比古代大木匠当初发明生起做法的时候，便应当已经料到一切，并容忍了细微的扭转。

如果完全精确表达原始设计是不可能的，今天的研究者该如何从事测绘工作呢？这篇短文显然没有能力正面回答这个问题，但是希望能够呼吁一个开放系统的建立——不仅是思想方法上的，同样也直接落实在技术手段上。

参考文献

[1] 梁思成．记五台山佛光寺建筑．中国营造学社汇刊．七卷 1 期．1944：13-44；中国营造学社汇刊．七卷 2 期．1945：附图 45-61。

[2] 肖旻．佛光寺东大殿尺度规律探讨 [J]. 建筑学报，2017（6）：37-42.

[3] 吕舟，张荣，刘畅．佛光寺东大殿建筑勘察研究报告 [M]. 北京：文物出版社，2011.

[4] 张荣，刘畅，臧春雨．佛光寺东大殿实测数据解读 [J]. 故宫博物院院刊，2007（2）：28-51.

[5] 刘畅．雕虫故事——佛光寺・梁思成・新猜想 [J]. 紫禁城，2010（8）：8-13.

[6] 刘畅，廖慧农，李树盛．山西平遥镇国寺万佛殿天王殿精细测绘报告 [M]. 北京：清华大学出版社，2013.

[7] 刘畅，徐扬．观察与量取：佛光寺东大殿三维激光扫描数据分析的两点反思 [M]// 王贵祥，贺从容，李菁．中国建筑史论汇刊・第壹拾叁辑．北京：清华大学出版社，2016：46-64.

[8] 陈彤．《营造法式》与晚唐官式栱长制度比较 [M]// 王贵祥，贺从容，李菁．中国建筑史论汇刊・第壹拾叁辑．北京：清华大学出版社，2016：81-91.

清代“洋青”背景下匠作使用普鲁士蓝情况浅析[1]

刘　畅　刘梦雨
（清华大学建筑学院）

摘要：在清代以来中西方物质文化交流的背景之下，中国营造业匠作领域的材料、工艺也发生了潜移默化，并屡屡受到材料价格和特性不同的影响而此消彼长。本文简要梳理这个历史时期中国和西方世界中蓝色颜料及其贸易和变化的蛛丝马迹，试图映衬出西方发明的“洋青”和普鲁士蓝颜料在中国清代中晚期使用情况的初步端倪。

关键词：中西物质交流，洋青，普鲁士蓝，清代营造业匠作

Abstract: Under the influence of Western material culture the world of arts and crafts in Qing China gradually changed, reacting to changing fashion trends and market situations caused by different prices and characteristics of the material. This paper briefly investigates the invention and trade of blue pigments commonly known as “oversea blue” and explores the use of “oversea blue” and Prussian blue which were both invented in the West but appeared in China during the mid and late Qing dynasty.

Keywords: Material exchange between China and the West, “oversea blue”, Prussian blue, craft application in the Qing dynasty

从山西乡村小庙脚手架上彩画匠的大小容器，到广东外销画画匠的工坊，从精通“工巧明”的僧侣的寮舍，到紫禁城内务府造办处活计各作的案头，中国古代营造业匠作所使用的颜料——包括天然矿物颜料与人工制备颜料，同样也包括各类天然染料——在稳定地延续了千年之后，在清代中期之后悄然发生着影响深远的变化，而变化的原动力则是西方 18 世纪以来接踵而至的新颜料的发明。以典型案例、案例汇集及其时空分布等问题为着眼点考察典型颜料的使用情况，正如观察水中的墨滴，生动地表现着中国古代社会政治、经济结构运行过程中的接纳与排斥、缓急与规模、延续与停滞，映衬出古代交通路径、经济规模、文化特色等相关情况，是解读物质文化历史的重要角度。本文选择中国从海外进口的蓝色颜料为讨论对象，进而留意普鲁士蓝这一较为特殊的蓝色颜料——它发明于 1704—1707 年，兼用作染料，盛行于 18 世纪中叶至 19 世纪，并领先于下一个重要蓝颜料发明约一个世纪。[2] 就研究方法而言，本文尝试结合现有历史文献和实验室素材展开初步分析、引发讨论。

一、问题的提出

蓝色，古人往往以“青”字称谓，是中国古建筑装饰色彩中难以或缺的一员。值得玩味的

---

[1] 本研究得到了美国 ARIAH（Association of Research Institutes in Art History）2016 年项目的资助，以及美国温特瑟尔博物馆（Winterthur Museum，Garden and Library）与特拉华大学的协助，并受到国家自然科学基金资助，项目号 51678325。

[2] 文献 [1]：71.

是在一些现存建筑彩画中青色缺失并代之以灰黑，而在另一些建筑中青色则毫不吝惜地大面积敷设。无论上述现象中的哪一种，现存案例均不鲜见。对比之下，外来西方蓝色颜料对于中国传统艺术题材和色彩搭配效果的影响也便成为值得注意的课题。对于这一研究缘起，本文先选择三则研究者曾专文论述的案例略作展开讨论，讨论的目的则在于引发新材料的发明与传播对装饰艺术效果影响之话题。

1. 瞿昙寺中的灰黑代青彩画

“灰黑代青”比较早的案例首推青海乐都瞿昙寺。现有研究表明，瞿昙寺现存建筑彩画总体上可以分为早晚二期：早期彩画为明代初期创建寺庙时所成；晚期彩画为清代重绘。[1]早期彩画中，以大钟楼、大鼓楼为例，“整个彩画的画面用色以黑、绿为主，叠两道晕，构图元素或相邻构件黑、绿相间，或相互串色。可以看出，此处与北京地区所发现的明代彩画的最大不同在于用色上，这里以黑色取代青色的地位，而其他方面并无太大区别。”[2]（图 1）

与此同时，瞿昙寺隆国殿中，不仅采用黑绿色彩搭配，“构图、设色、叠晕和组合的方式与大钟鼓楼大致相同”，而且“在画心的如意头或石榴头以及岔角的画心等局部用黄色，虽未贴金，但类似‘点金’的效果”。

上述两个现象共同暗示出瞿昙寺建寺之初物料之匮乏、经济之拮据。不过应当补充说明的是，明代匠作惯用的青色颜料石青，确实是价格不菲的。如山西高平资圣寺后殿明间西立柱上部题记“重塑金妆正位大/佛四尊香花菩萨四位护善神二位并油门窗格子香炉供桌七□后墙揭�既正脊五间舍财施主李志成施银二十两李登仕施银十两常国兴施银十两（下略）黄□艳施银五两孙宪施银三两李自成施银二两李□□施银二两东宅赵士□施石青五钱（简写）油匠王朝相施银五钱纠首孙□秋同男孙继善

图 1　青海乐都瞿昙寺钟鼓楼内檐灰黑色调彩画局部
（作者自摄）

[1] 文献 [2].

[2] 文献 [2]：34.

孙孙小营仝立 / 丹青王□宾王□□王□仁 / 崇祯三年岁次庚午（1630年）”。文中捐赠石青的赵氏，次序排在捐赠白银二两和五钱之间，或所捐赠“值银五钱”，反映当地石青是一种昂贵的颜料——参考万历年间《工部厂库须知》的记载，青色颜料价格总体上比绿色高一个数量级，捐助石青者或即因此得以题名如斯。❶

此外，当时可能替代石青的材料——钴蓝玻璃颜料（Smalt，为区别于其他人造钴蓝颜料❷，下文中统一称为“钴玻璃粉”）等，同样相当稀缺并存在与油脂等混合使用后易于老化褪色等种种问题。❸

最为重要的是，瞿昙寺大钟楼西北梢间内檐额枋之上，留存有游人题记，记年“……大明嘉靖年岁次甲申（1524年）六月初一日”❹。这个时间距离宣德二年（1427年）创建该建筑的年代已经过去了一个世纪，距今近500年。然而考虑到建筑彩画并无重叠绘制的痕迹，学者认定此即始建彩画面貌。这个判断至少可以把青海地区建筑彩画中青色颜料昂贵稀缺的历史推至15世纪早期。

2. 镇国寺天王殿中的灰黑代青绿彩画

山西平遥镇国寺天王殿中的灰黑色调彩画最多地保留在室内部分，可大致定义为“墨线小点金旋子彩画”。明间东缝前乳栿下皮保存有题记“（正向）扶梁功德主曾祖闫贵兵 祖富登、斗 父国玉、定、然、文、武 己身光旺、智、达、福、禄、卿、利、仲 男文炳、威、魁、宰、鼎、汉、都 世公、成、忠 孙子唐、虞、英、富、尧、太、贵、禹、龙、□ 子章、宁、财、荣、金、豹、谦、川、达、壬、则（反向）施银壹拾伍两 大清乾隆二十九年十月吉”。考察现存彩画和保护屋架题记及其叠压关系，可以判断绘制时间为乾隆二十九年（1764年），与“扶梁”工程同期（图2）。相同类型的彩画比较完整地存在于寺内的观音殿、地藏殿内檐，局部保留于三佛楼驼

图2 山西平遥镇国寺天王殿内檐灰黑色调彩画局部
（作者自摄）

❶ 文献[3]，第371页：“营缮司……内官监成造修理皇极等殿、乾清等宫，一应上用什物家伙。……召买天大青……每斤银二两；……石大青……每斤银七钱；……天大绿……每斤银一钱二分；……石大绿……每斤银七分；……”

❷ 故宫建福宫中发现的钴玻璃粉与颗粒大小相近的石青混用。参见：雷勇，等. 钴蓝颜料（Smalt）在故宫建福宫彩画中的发现[J]. 文博，2009（6）：276-279。

❸ 文献[12]：351.

❹ 文献[2]：50.

峰、神台侧面，以及万佛主尊神台侧面。[1]

这个案例将“灰黑代青”的做法拓展为“灰黑代青绿”，并在此基础上拉白、点黄；同时更具深远意味的是，“乾隆二十九年”的题记可以确凿证明山西中部蓝色颜料匮乏的情况一直延续到清代中期。

3. 镇国寺三佛殿的青地栱眼壁

同在平遥镇国寺之中，观音殿外檐栱眼壁彩画的青色地色熠熠生辉，形成与其内檐大面积“灰黑代青绿”做法的强烈反差（图3）。现存的三篇碑记则可以大致解释上述反差的原因。

第一篇碑记是乾隆十七年（1752年）的《郝同村镇国寺重建东廊碑记》，言及补修观音殿殿宇、重妆神像等工[2]，其中“不逾年而殿宇辉煌，宝象如故”等语说明当时的工程涉及油饰彩画和彩塑。配合天王殿乾隆二十九年的彩画工程，殿内大量“灰黑代青绿”的做法或即这次工程所成。

第二篇碑记是嘉庆二十一年（1816年）《重修镇国寺第二碑》[3]。碑记中说到“而复令设色之工施以藻绘，事既成而犹有余力，乃分葺其东西廊……自丙辰岁始，凡经营二十余载，而后所谓‘镇国寺’者至此而焕然一新。”作为参考，与观音殿东西相对的地藏殿中，地藏殿内明间后平槫串底附板上保留一处乾隆四十五年（1780年）“扶梁”工程的题记，此外更有“嘉庆二十一年后施银叁两谨志”题记，印证了嘉庆末年的彩画工程。于是可以理解为，36年前的内檐彩画得以保留和稍加粉饰，仅在四架梁朝向明间一侧覆盖了青绿旋子彩画。

第三篇碑记是光绪三十年（1904年）的《补修镇国寺并九间庙碑记》[4]。文中有“虽然经营数载，土木之工虽具，绘画之事未完，本欲次第兴作，告厥成功，无如饥馑荐臻，起派维艰，为之停工者数年。今幸而岁值大有，四外募化亦源源而来，因而续成前功，缺者补之，旧者新之，丹者金碧，东西掩映，焕然改观”等语，可以对应观音殿外檐栱眼壁上的蓝色颜料——

图3　山西平遥镇国寺观音殿外檐栱眼壁彩画局部
（作者自摄）

[1] 文献[4]：216-218，250-251.

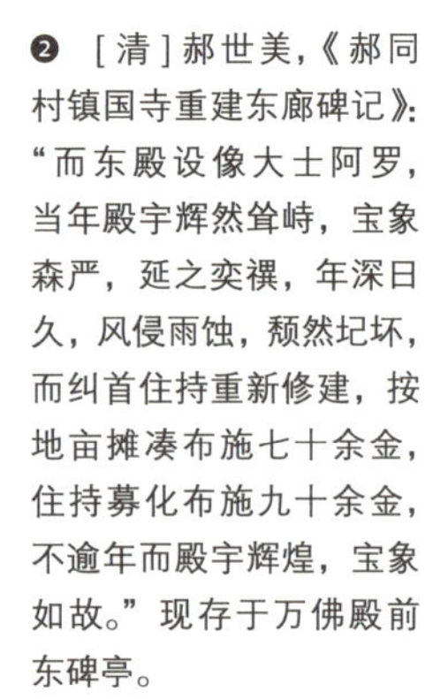
[2] [清]郝世美，《郝同村镇国寺重建东廊碑记》：“而东殿设像大士阿罗，当年殿宇辉然耸峙，宝象森严，延之奕禩，年深日久，风侵雨蚀，颓然圮坏，而纠首住持重新修建，按地亩摊凑布施七十余金，住持募化布施九十余金，不逾年而殿宇辉煌，宝象如故。”现存于万佛殿前东碑亭。

[3] [清]苏捷卿，《重修镇国寺第二碑》，清嘉庆二十一年。现存于镇国寺万佛殿东碑亭。

[4] [清]田耕蓝，《补修镇国寺并九间庙碑记》，清光绪三十年。现存于镇国寺东碑亭。

最早发明与应用时代为1826年至1827年的人造群青[1]，外檐彩画则借助廉价的新材料重新大大装饰了一番。

[1] 文献[1]：58.

二、清代匠作则例中的洋青

中国古代传统蓝色颜料拮据的历史或因地域和贸易而有所不同，也有刻意追求无法取代的高档青料的情况，但是真正带来重大变化的还要属舶来的、继而价格逐步下降的新材料。[2]遗憾的是，中国古人名物之法并不求确一，如明代以来烧造业常见“苏麻离青”、“苏渤泥青”、“回回青”等进口钴料的称谓，至今尚难完全凿实。营造行当，清代西方蓝色颜料输入情况更趋于复杂，屡见于历史文献中的“洋青”一语指代亦或非一。以下文献整理，无法厘清“洋青”实质，但求勾勒清代中晚期行业所用西方、本土蓝色颜料之大貌。

[2] 纪娟，张家峰．中国古代几种蓝色颜料的起源及发展历史[J]. 敦煌研究，2011（6）：109-113.

1. 则例中洋青的出现

清代档案文献编纂之中，“则例”的编纂关系到制度执行层面的诸多细节，是“律例”编纂之重要补充、辅助和变通[3]，不可不慎；而具体到匠作则例则为营造业及相关领域中的各类活计用工、用料和样式做法提供了规范和标准。[4]虽然仍然可能存在一名多义的现象，然而作为行业规范出现的匠作则例之中，各种称谓和术语当非日用俗语，而是业已确定、指代明确的。

追溯至明万历年间所成《工部厂库须知》，以此为起点[5]，清代匠作则例编纂或亦多有参详。书中所提到的“天青”和“石青”价格近乎3 ：1，推测分别为青金石（Lapis Lazuli）和石青（Azurite）。罗列细目如表1。

书中还说明，上述颜料价格涉及乾清宫等皇家工程的“召买价”，暗合《两宫鼎建记》中贺盛瑞的经营之道，包括其中颜料招商买办，不再向云南、南京、广东摊派的做法[6]——尽管其间亦或有“手把文书口称敕”威风。考诸万历年间白银的购买力，米/粮每石的价格在8钱至4钱5分之间[7]，青料之贵可见一斑。

[3] 参见：郑秦．康熙现行则例考——律例之外的条例[J]. 历史档案，2000(3)：87-92；李永贞．清朝则例编纂研究[J]. 档案学通讯，2011（1）：46-49。

[4] 宋建昃．关于清代匠作则例[J]. 古建园林技术，2001（3）：40-45.

[5] 文献[3]：371.

[6] [明]贺仲轼．两宫鼎建记[M]. 北京：中华书局，1985.

[7] 文献[7]：57-58.

表1 《工部厂库须知》中的蓝色颜料

蓝色颜料种类	单位	价格（银）
石大青	每斤	7钱
石二青	每斤	4钱
石三青	每斤	2钱8分
天大青	每斤	2两
天二青	每斤	1两4钱
天三青	每斤	7钱

顺治抄用明律。康熙朝对顺治年律例的补充，有大法一类的《刑部则例》，也有要务一类的《盐法则例》，然而无法顾及细如匠作则例等一般事务；尔后，有研究者注意到了雍正元年（1723年）的《划定物料价值题本》——或者即为物料价值类则例的先声，所憾题本之中未见颜料及其价格的记载。[1]

目前笔者所知第一次涉及颜料及其价格的官方记载出现在雍正六年（1728年）《户部会同九卿议定则例》之中。虽然这份则例尚未发现单行抄本或刊本，但在后世传抄的物料价值类则例中屡有引述。如晚清算房高家所藏《工部现行物料价值则例》，"颜料"项下更有《户部颜料例》，段末则有"以上五十五项系照雍正六年户部会同九卿议定"等语。这五十五项中，蓝色颜料及其价格归纳如表2。

表2 雍正六年《户部会同九卿议定物料价值则例》中的蓝色颜料

蓝色颜料种类	单位	价格（银）
天大青	每斤	1两4钱
天二青	每斤	3两5钱
石三青	每斤	4钱5分
梅花青	每斤	3两2钱

此份材料中缺少一些不同粒径/饱和度的天青和石青，多了梅花青。梅花青的确切物质认定是需要未来展开讨论的问题。

随后的几年里，雍正八年（1730年）《内庭工程做法》之后，果亲王允礼领衔之下，编纂雍正九年（1731年）《内庭大木石瓦搭土油裱画作现行则例》[2]作为《工程做法》之先声，至雍正十二年（1734年）颁行的《工程做法》成为集大成者[3]，其间相去不过三四年，编纂人员、信息储备当具有延续性。值得注意的是，《工程做法》也针对之前的物料及其价值做出了修订调整，如"再查雍正六年分，因旧例物料价值富多，曾经奏明照例核减一成准给，今已酌定平价，嗣后无庸声名核减……"，此外更增加了"洋青"、"青粉"等之前没有的材料。[4]

详考雍正十二年《工程做法》各条款，"洋青"一下子比较集中地出现在一些彩画类型中，"刷洋青地仗"的做法似乎成了一种新成规，苏式彩画则几乎离不开"洋青"。整理《工程做法》中洋青出现的情况如表3。[5]

《工程做法》之后两年，乾隆元年（1723年）复有《九卿议定物料价值则例》颁行，属于归纳前朝之作。

2. 出现在各省物料价值则例中的洋青

乾隆一朝，工程鼎盛，内庭、圆明园、万寿山、热河各处工程做法则

[1] 方裕谨．雍正元年划定物料价值题本[J]．历史档案，1986（4）：28-31.

[2] 收藏于清华大学图书馆藏善本库，其卷首有奏折："管理工部事务和硕果亲王臣允礼等谨题为详定条例以重工程以慎钱粮事……至于物价偶有低昂原非一定若因一时涌贵便为加增既恐开厚昌之端若概为核减又滋赔累之弊尤当细访平价量为增减庶可遵行以垂永远……谨题请旨雍正九年三月十五日题本月十七日奉旨依议钦此钦遵。"

[3] 文献[6].

[4] 鉴于青粉价格极其低廉，当非颜料。考诸文献[7]之《圆明园、万寿山、内庭会同则例》，记载每斤2厘8毫，尚不足水胶之十一。

[5] 文献[6]：293，302-303.

表 3　雍正十二年《工程做法》彩画作中出现的洋青

彩画名目	使用洋青部位 / 可能部位[1]	洋青用量
“流云仙鹤五彩”洋青地仗	地仗	每折一尺长一丈用，洋青三两
“百蝶梅”洋青地仗	地仗	每折宽一尺长一丈用，洋青三两四钱
“聚锦”苏式彩画	玉做夔龙?	每宽二尺长一丈用，洋青一两二钱
“花锦方心”苏式彩画	香色地仗垛鲜花卉?	每宽二尺长一丈用，洋青四钱
“博古”苏式彩画	坊子刷洋青地仗	每宽二尺长一丈用，洋青二两八钱
“云秋木”苏式彩画	垛青绿寿字夔龙团?	每宽二尺长一丈用，洋青五钱
“寿山福海”苏式彩画	香色地仗洋青夔龙团	每宽二尺长一丈用，洋青一两
“五福庆寿”苏式彩画	香色地仗垛白粉染古色螭虎?	每宽二尺长一丈用，洋青三钱
“福如东海”苏式彩画	米色地仗做福如东海?	每宽二尺长一丈用，洋青五钱
“锦上添花”苏式彩画	桁条找头刷洋青地仗	每宽二尺长一丈用，洋青七钱
“年年如意”苏式彩画	杏红色地仗安团子?	每宽二尺长一丈用，洋青五钱二分
“福缘善庆”苏式彩画	水红地仗灵芝寿字团? 香色地仗夔龙团?	每宽二尺长一丈用，洋青六钱
“群仙捧寿”苏式彩画	搭袱子? 找头垛硬色茶花团?	每宽二尺长一丈用，洋青九钱
“花草方心”苏式彩画	香色地仗垛洋青寿字团	每宽二尺长一丈用，洋青八钱

[1] 表格中带“？”句段为本文作者的初步猜测，尚无研究证实。

例，以及涉及户部、工部工程和造办类则例层出不穷、屡有更新[2]，洋青的身影也出现其中。然而最能表现当时洋青之价格及其在全国范围内分布情况的，却不是集中建设、规格至高的皇家工程，而是一套由陈宏谋、福隆安等人于乾隆三十三年（1769 年）十二月领衔编辑完成的各省《物料价值则例》，所谓“所有各省府厅州县物料成规，共计一千五百五十七处，其所开木植、石料、砖瓦、灰斤、土方、杂料、颜料、匠夫价值并运送物料脚价，各按款逐细考核，详悉订定，计二百二十卷”[3]。

此番规模庞大的物料价值则例汇总工作涉及的省份，直隶居首，从盛京到云南，从甘肃到广东，覆盖广泛。鉴于目前系统整理研究的工作尚未完竣，在此列举代表性的地区“洋青”价值如表 4。需要注意的是，清代

[2] 文献 [7].

[3] 文献 [8]，卷首奏折 .

表 4　各省物料价值则例中的部分洋青价格统计

地理分布	单位	洋青价格（银）
直隶 / 顺天府 / 良乡	每斤	8 钱
直隶 / 大名府	每斤	2 两
山西 / 太原府 / 兴县	每斤	1 两 9 钱 2 分
山西 / 平阳府 / 洪洞县	每斤	1 两
甘肃 / 安西府 / 玉门县	每斤	1 两 1 钱
甘肃 / 兰州府 / 靖远县	每斤	4 钱
湖南 / 直隶郴州	每斤	4 钱
云南 / 顺宁府 / 云州县	每斤	8 钱 1 分

中期白银购买力与明代存在显著差异[1]，不能简单地将表 4 数据与表 1 进行对比。

[1] 文献 [5]：1–27.

通观乾隆之后各个版本则例中蓝色颜料的种类，相比绿色颜料情况简单很多，大致涉及“天青”、“石青”、“梅花青”、“洋青”四类——其中“大青”一词语焉不详。在此四种称谓中，除了指代清晰的“洋青”，“梅花青”也有可能和进口青料有关。鉴于各省则例中颜料名称的稳定出现和价格的地区性浮动，可以判断至少在此之前和之后一定的历史时期内，这些称谓所指代的物质是保持稳定的。

3. 则例记载的“惰性”

嘉庆朝及至清末的情况颇令人感到困惑。如果尝试在乾隆之后至清代末年的各种则例和工程档案中跟踪确认不同蓝色颜料的身份，研究者会明显地察觉，后代传抄和利用前代则例的过程中存在囫囵吞枣、张冠李戴的现象，甚至存在李代桃僵以谋私利的蛛丝马迹。按照称谓和术语的线索追踪颜料的使用情况几乎成为奢望。典型的案例可列举宣统元年（1909 年）兴工、民国四年（1915 年）竣工的崇陵工程。

崇陵工程档案中[2]，卷五十五之“隆恩殿一座漆饰油画裱糊”，涉及的颜料有片红土、银朱、胭脂、油黄、藤黄、彩黄、定粉、大绿、净大绿、锅巴绿、二绿、石三绿、广靛花、南梅花青、天大青、天二青、南烟子等。卷末，还有上述材料的采买清单。对比雍正十二年的《工程做法》大殿彩画用料，二者用料之间并无本质差别，价格亦近有浮动而已，无显著变化。如此账目，颇令人生疑。在另一些从户部等处仓库“行取”物料的工程项目中，虽不排除“领贵用贱”的做法，但至少还存在匠人延续传统做法的可能；但是在按“例价”采买的工程中，在进口颜料盛行的清末，有哪家厂商会保证延续雍正朝所列的材料呢？

[2] 文献 [9].

我们通过科学分析手段认识到的清代晚期彩画颜料使用情况与清代中期是大相径庭的。例如，在皇家祭祀用请神位龙亭的彩画颜料研究中，传统青绿矿物颜料居然根本不见踪迹，取而代之的均为人工合成颜料。笔者曾经做过专门论述，所采用的技术手段主要有偏光显微分析（PLM）和扫描电子显微镜－高能能谱分析（SEM-EDS）。[1]

上述情况反映出则例编纂的停滞以及与实际应用的脱节。这也是则例类制度在材料技术日新月异的年代难以避免的问题。可以推想，清代末年颜料名称是相当混乱的。“此洋青”是否即为“彼洋青”的问题，利益相关者或不愿深究，而匠作人员则无力澄清以文。

[1] 参见：王丹青，刘畅．故宫藏请神位龙亭油饰彩画营造史初探[M]// 贾珺．建筑史（第40辑）．北京：中国建筑工业出版社，2017。

三、18至19世纪西方蓝颜料的发明与生产

于非闇先生在《中国画颜色的研究》一书中说：“鸦片战争以后，外国化学颜料渐渐大量地进口，到了咸丰初年（1851年以后），洋蓝（德国制）、洋绿（鸡牌商标，德国制）、洋红（这洋红有日本制的，英国、德国制的，种类很多）普遍使用在染织、建筑彩画和民间画工的绘画上，原因是价钱低，效果好，使用方便。”[2] 那么，广义上的“洋青”在西方是怎样渐次发明的呢？

[2] 于非闇．中国画颜色的研究[M]. 北京：世界图书出版公司，2013：44.

1. 18世纪之前的大背景

西方学术界对于中世纪至当代之艺术材料使用的研究非常丰富，其历史大貌也比较清晰。

公元1500年之前的中世纪关乎艺术技法之古籍超过450部，其中之代表可举《多种艺术法之书》（Liber Diversarum Arcium）[3]。该著作的撰写始于1300年，持续百年，最终抄录于1430年，其中提到颜料青金石、人工制备铜青（copper blue）和染料靛蓝的使用。[4]

[3] 文献[10]：9.

[4] 文献[10]：100.

在针对1600—1835年英文文献所反映的艺术家颜料使用的研究中，哈利（R.D. Harley）汇集了青金石、石青、人造铜青、钴玻璃粉、普鲁士蓝、钴蓝、人造群青、哈勒姆群青等无机和有机青料。[5] 其中，青金石、石青、人造铜青、钴玻璃粉四种，在18世纪前久有使用。

[5] 文献[1]：43-75.

与纯文献研究形成呼应的是，近现代以来学术界综合利用科技手段对现存历史作品中颜料进行了鉴定和验证。在此基础上进行比较系统梳理的既有研究中标志性成果主要有《绘画材料简明全书》（Painting Materials: A Brief Encyclopedia）[6] 和《颜料纲要》（Pigment Compendium）[7] 两部著作。经过近百年的学术积累，可以明确认定青金石、石青、钴玻璃粉的长期使用历史及其材料稳定性。兹简要译介如下：

[6] 文献[11].

[7] 文献[12].

（1）青金石，最古老的艳丽蓝色矿物，用作颜料；阿富汗科克察山谷是最著名的青金石产地之一，也被认为是欧洲和中国的青金石主要来源地；研究认为，尽管青金石在东方的使用可以追溯到上古时期，但是作为颜料，其使用年代则大致要到公元之后，如6—7世纪阿富汗巴米扬洞窟中的墙壁装饰用色[8]；

[8] 文献[11]：165-167；文献[12]：381.

（2）天然石青，古老的矿物颜料；可以证实的使用分布非常广泛，古埃及、中国、日本、欧洲均有大量发现；在欧洲，15 世纪至 17 世纪中叶使用尤多，目前发现它在这个时期欧洲绘画中的应用超过青金石[1]；

（3）钴玻璃粉，人造而成，发明情况不详；它在古埃及、古希腊、古罗马和美索不达米亚的使用尚存争论，在中世纪后其欧洲制备工艺的中心所在及其流传也存在不同研究观点；然而钴玻璃粉作为颜料的广泛使用则是毋庸置疑的——由于适中的价格，钴玻璃粉在装饰和低端水彩画上的使用一直延续到普鲁士蓝和人造群青发明并取代它之前的 18 世纪至 19 世纪[2]；

（4）至于人造铜青，在英西文中为"copper blue"，常以 blue bice 或 blue verditer 指代——其中 blue bice 在某些时代的英文文献中又专指石青。由于人造铜青产品色泽、成分、产量不甚稳定，这种蓝色颜料更多地存在于文献记述中，甚至被一些使用者归入绿色系列。[3]

[1] 文献 [11]：85-96；文献 [12]：39-40.

[2] 文献 [11]：157-159；文献 [12]：350-352.

[3] 文献 [11]：98；文献 [12]：51；文献 [1]：49-53.

2. 18—19 世纪西方蓝色颜料的发明与生产

西方的近现代化学在 1650 年至 1775 年经历了孕育时期，继而迅速步入定量化学时代。以此为背景，欧洲在蓝色颜料的发明与生产上有了巨大和快速的进步。在 18—19 世纪里，重要的、影响延续至今的新发明蓝色颜料可列入表 5。

表 5　西方 18—19 世纪蓝色颜料的重要发明汇总

颜料名称	英文名称	西方发明使用之始
普鲁士蓝	Prussian blue	1704—1707 年发明，德国[4]；生产年代尚待确认
钴蓝	Cobalt blue	1775 年现代方法制备，奥地利[5] 1802 年生产，法国[6]
湖蓝	Cerulean blue	1789 年最早发明，德国；19 世纪 50—60 年代重新发现并生产，德国、英国[7]
人造群青	Synthetic ultramarine	研究成果发布于 1824 年，法国；1826—1827 年研制成果，1828 年投产，法国、德国[8]

[4] 文献 [1]：71.

[5] 文献 [12]：119.

[6] Bomford D., Kerby J., Leighton J. and Roy A., *Art in the Making: Impressionism*, Washington DC: National Gallery, 1990: 66.

[7] 文献 [12]：96.

[8] 文献 [1]：58；文献 [12]：381.

3. 英国东印度公司对华贸易中的蓝色颜料

在清代，欧洲和中国的贸易史料见于双方的档案和笔记，同时存在大量的实物见证，两个方面都还有待于更加全面深入的研究。就现有资料来看，英国东印度公司相关史料扮演着重要角色，而对比中文译本[9]深究原文[10]信息和相关西人研究，可以发现其中诸多关乎"洋青"的线索。

第一条重要线索是 1764 年东印度公司的货物记录。这份记录中记载了外国商船运抵广东的货物中，有四艘法国商船装载了"蓝色"（原文即为"Blue"[11]），重量为 37.62 担[12]。虽然我们已经无法得知这个"蓝色"

[9] 文献 [13].

[10] 文献 [14].

[11] 文献 [14].Volume V：120.

[12] 同上。

到底指代何物，但是对照西方蓝色颜料生产的大背景可以推测，最有可能的选项是钴玻璃粉和普鲁士蓝。

第二条重要线索涉及英国东印度公司史料中的 1774 年、1792 年等年份，直接明确提到了钴玻璃粉（表 6）。

表 6　英国东印度公司出口中国钴玻璃粉情况统计

年份 / 出处	钴玻璃粉等级	价格	重量
1774 年 “广州流动货物价格表”	“大青”（Smalt）❶一级	100 两 / 担	不涉及
	“大青”（Smalt）❷二级	24 两 / 担	不涉及
1792 年 “进口中国货物清单”	“大青”（Smalts）❸	11 两 / 担 *	133 担

* 鉴于原文总额 2228 两，计算有误，疑应为 17 两 / 担。

在表 6 中，货币单位的原文是“Tael”，为银两之“两”，与英镑和西班牙元的比价分别为 3 ∶ 1 和 0.72 ∶ 1；而重量单位的原文分别是和“Picul”、“Catty”和“Tael”，依次为担、斤和两，进制为 1 担 =100 斤，1 斤 =16 两。❹于是 1774 年一级和二级钴玻璃粉的价格分别折合 1 两 / 斤和 0.24 两 / 斤；1792 年钴玻璃粉的价格跌至 0.11 两 / 斤或 0.17 两 / 斤。在此价格之中，1774 年一级、二级品单价恰与表 4 中各省《物料价值则例》中“洋青”物价高、中、低不同的现象对应；如果考虑到实际市场价格中一级品加运脚、一二级品均加运脚、二级品加运脚等不同可能性，两份史料中价格的对应则显得颇为完美。莫非雍乾时期的“洋青”就是钴玻璃粉？这个看法也可能从清代中期具体工程做法档案中找到线索，结合科技分析手段形成证据。

第三条线索是近年来英国学者的成果，揭示英国对华私人贸易中普鲁士蓝的角色。研究中使用了大量笔记❺、档案资料。兹按照时间顺序择要译介如下：

（1）自 1775 年的档案中已经出现英国东印度公司从英国出口普鲁士蓝到中国广州❻的记录；

（2）1815 年至 1816 年间，据广州洋行日记记载 11 艘装载普鲁士蓝的商船抵达广州，并且这种贸易活动一直持续到 1823/1824 年度；至 1825 年，普鲁士蓝价格参差，浮动在每担 100 至 150 西班牙元之间❼——这个价格相当于银价 0.72—1.08 两 / 斤，数倍于 1792 年钴玻璃粉的价格，浮动上限甚至略高于 1774 年一级钴玻璃粉的价格，略低于山西太原府忻州定襄县静乐县在乾隆三十三年（1768 年）底前后记载的石绿的价钱 1 两 4 钱 4 分❽，堪称昂贵；

（3）随后的档案和笔记中反映，大约到了 1827/1828 年度，英国出口货物清单上普鲁士蓝一下子销声匿迹了。究其原因，英国人认为是由于一

❶ 文献 [13] 中作“大青”，卷五，233 页；文献 [14] 中原文为“Smalt”，Vol V：195。

❷ 同上。

❸ 文献 [13] 中作“大青”，卷二，230 页；文献 [14] 中原文为“Smalt”，Vol II：202。

❹ 文献 [14]，Vol Y，Conventional Equivalents.

❺ 文献 [15].

❻ 文献 [15]，转引自：Pritchard，E.H. *Private Trade between England and China in the Eighteenth Century*（*1680—1833*）. Journal of the Economic and Social History of the Orient[J]，1957（1）：108-137，Table I。

❼ 文献 [15]，转引自：Milburn，J. Oriental Commerce or the East India Trader's Complete Guide[M]. London：Kingsbury，Parbury，and Allen，1825：459；每担重约 50.8 公斤。

❽ 文献 [8]，山西省物料价值则例。其中石绿当为传统矿物颜料，并非同省则例中价格仅为数钱 / 斤之“大石绿”、“大绿”等。

位中国水手扮演了“间谍”的角色，他在学习了制备技术之后，回国开办了大小工厂，完全满足国内市场需求，取代了海外进口。[1]

❶ 文献 [15]：118-119.

四、洋人笔下的普鲁士蓝管窥

1. 普鲁士蓝之基本情况

与此后人造群青的发明受到世人瞩目的情况不同，普鲁士蓝制备方法的发现既存在偶然因素，又带有传奇色彩，而且堪称第一种发明时间和历史都存在明确证据的人造颜料。从使用效果上看，毋庸置疑，普鲁士蓝的问世一下子使得蓝色颜料的选择面得以拓展，而价格则惊人地降低了——虽然这种情况在对华贸易中不会立即得到体现。

普鲁士蓝在欧洲的生产情况，有几个重要信息需要重申：

（1）其真正的发明时间——1704 年至 1707 年间，发明于德国[2]；

（2）1730 年是一个标志性年份，在此前不久，普鲁士蓝的制备方法不再是秘密，于是普鲁士蓝得到了广泛生产；

（3）普鲁士蓝的生产地分散在欧洲各处，包括柏林、巴黎、伦敦等重要城市，生产工艺、主要成分、杂质也会因之存在差异；这一点可以从普鲁士蓝的别名略见一斑——“柏林蓝”一定程度上透露了它的起源；“巴黎蓝”的名字把它与法国联系在一起；英国伦敦郊区生产的“威尔金森蓝”一度也曾经成为普鲁士蓝的常用名；

（4）如上文所述，与中国直接有关的节点是——普鲁士蓝大致于 1775 年出口至中国，于 1827 年前后在中国完成国产化。

❷ 文献 [1]：71.

2. 日本绘画作品中的普鲁士蓝

西方研究者已经揭示，日本的普鲁士蓝颜料最早是通过中国的中介于 1782 年进入日本的，接下来来自荷兰的进口货则始于 1789 年。[3] 进一步的研究则更结合日本文献和长崎港贸易记录，推算普鲁士蓝经长崎传入的六个阶段[4]：

（1）1782—1797 年，来自中国的零星低价进口；

（2）1798—1809 年，由荷兰人引入的高价进口；

（3）1810—1816 年，无进口；

（4）1817—1823 年，由荷兰进口，初仍高价，价格逐渐下降；

（5）1824—1828 年，中国进口重新进入，质量逐步提高，价格日趋下降——结合上文所引中国“间谍”偷学制备工艺的故事，从这段时间开始，进口日本的普鲁士蓝可能已经是中国制造了；

（6）1829 年—19 世纪 40 年代中期，中国人完全控制进口，价格低廉。

进而，美国华盛顿的弗利尔艺术馆分析检测其 500 件纸本和绢本的日本浮世绘绘画收藏，判定其中共有 46 件作品使用了普鲁士蓝，而最早的、

❸ 文献 [16]，转引自：Screec，T.，*The Shogun's painted culture: Fear and creativity in the Japanese states, 1760—1829*. Envisioning Asia，edited by Homi Bhabha，Norman Bryson and Wu Hung. London：Beation Books，2000：203-204.

❹ 文献 [16]，转引自：Smith，H.，Ukiyoe ni okeru “burǔ kakumei” (The “blue revolution” in ukiyoe). Ukiyoe Geijutsu 128：3-26.

有可靠纪年证据的案例完成于 1817 年。[1]

3. 染茶往事

把陈旧的茶叶染色贩卖，固然不是值得吹嘘的技术，但是用来染茶的颜料则为我们带来颜料史的有趣见证和启发。对比前后所用材料之不同，约略映衬出当时颜料的市场和价格情况。

1757 年，就是乾隆二十二年，粤海关总揽大清对外贸易的那一年，英国人 Jonas Hanway 把他给两位女士的 32 封信件汇集成为一本小册子，题名为《茶之杂记》(An Essay on Tea)。其中各有一段文字提到了为绿茶和红茶染色的做法。"美化"绿茶所用的颜料是铜绿。他分别写道：

> 有人肯定了这样的说法,即中国人采用一些手段增加绿茶的色泽；并且通过使用一定量的铜绿来达到这个效果。我不能说我相信这个说法，但是一旦这个说法得到证实我们也不必诧异。当我们知道现代欧洲烹饪，不仅在最高级的酱汁中，而且在日常的色彩上佳的腌菜中，都会加上"一点有毒物质"，我们会说"毒不死人的"。我经常觉得我在绿茶中品出了铜的味道，而且我肯定我曾经摄入过有害物质。前者可能是我的想象。但是可以肯定，无论哪里有铜，哪里就会有些铜绿铜锈，正如我们能够看到，即使在铜金的合金中，也有放置日久受潮的情形。
>
> (Some entertain a notion, that the Chinese use art to heighten the color of green tea; and that a degree of verdigrises is employed for this purpose. I cannot say I believe it, yet we must not be surprized if this should be ever proved, when we consider that modern European cookery has introduced "a little poison, which," we say, "does not kill; " not only in most high sauces, but even in common pickles which are of the finest color. I have often thought I tasted copper in green tea; and, I am sure I have received a noxious aliment. The former might be the effect of imagination; but wherever there is copper, we may be well assured there is also some degree of verdigrises; for we see it even in the alloy of gold, when it is lain-by, after being moist.)[2]
>
> 您可能还听说过，您的女仆有时会将您（用过）的茶叶晾干并贩卖。这些"勤劳的仙女"亲躬于此可能获得 1 先令或 1 磅的酬劳。这些茶叶会在"日本土"溶液中浸染，如在那些联合省中所为——有云中国亦如是，然而此法自然将绿茶转变为红茶，或使之用于他途，与此无关；此法还会带来（原茶）从不会有的涩味口感，略有甜味，及棕色色泽；此外还会增加（原茶）重量的百分之二十五。
>
> (You have also heard, that your maids sometimes dry your tea leaves and sell them: the industrious nymph who is bent on gain may get a shilling

[1] 文献 [16]：1，57.

[2] Hanway J. *An Essay on Tea*. London: H. Woodfall and C, Henderson, 1757: 7-8.

a pound for such tea. These leaves are dyed in a solution of Japan earth, as is practised in the united provinces; and some say in China also, but it certainly converts green tea into bohea; or makes that pass for tea, which is some thing else: it also gives an astringency in the mouth, with a sweet taste, and a brown colour to that which had neither colour or taste before: and moreover, it adds twenty-five per cent to the weight.)[1]

在此后过去了不到半个世纪的1801年，一位美国罗得岛商人沙利文·多尔（Sullivan Dorr）到广州买茶和其他的中国货物。在他保存至今的笔记中，明确提到了染茶之事——此时所用颜料已经不再是铜绿，而是普鲁士蓝。笔记原文是这样的[2]：

除了松萝茶外，上述茶都是同一种树上所生，并且是浸泡于温水使茶叶软化的。随后去除干枝，并用手把茶叶卷成卷，接下来再在明火或灶火上的铁板上进行烘干，直至色泽上佳，呈现怡人绿色。油饰或许将普鲁士蓝吹入或撒入绿茶，为其上色。此为晚近所为，旨在欺瞒，多用于陈旧绿茶。

（The above teas are all from one tree except Singlo and is put into warm water to make the leaf soft, the stack is then out off and the leaf roll'd by hand, after which it is dried on sheets of Iron over a fire or a stove till it becomes of a good colour, say fine green; sometimes Prussian blue is blown or dusted into green teas to give them a colour, it is of late they do it with the view of cheating, particularly, in old green teas.）

沙利文·多尔之后，出现了更多使用普鲁士蓝染茶的记载——如1836年菲利普斯（Phipps）在《中国和东方贸易实用专论》（A Practical Treatise on the China and Eastern Trade）[3]之中所写，而1801年则是其中最早的记录。

染茶的材料从铜绿换作普鲁士蓝，应当是来源便捷与否、操作便利与否和价格便宜与否综合影响的结果。非常凑巧的是，对照西方文献中中国开始和结束进口普鲁士蓝的1775年和1827年，1801年正好在这个时间段的中点。如上文所述，与铜绿并不是廉价的颜料一样，当时每斤约略1两白银的普鲁士蓝绝非廉价之物。是否由于普鲁士蓝颜料、染料兼具的属性才使之成为染茶者的新宠呢？当时营造业的工匠们是否也已经注意到这一点了呢？在匠作行当中这是否意味着新工艺、新效果正在浮出水面呢？

五、几则清代匠作使用普鲁士蓝的案例勾连

普鲁士蓝在中国艺术和工艺美术创作中的应用史并未引起学术界的足够重视，如纪娟、张家峰在《中国古代几种蓝色颜料的起源及发展历史》（2011年）一文中甚至没有提及。联系现有欧洲、日本普鲁士蓝生产、贸易、

[1] Hanway J. *An Essay on Tea*. London: H. Woodfall and C, Henderson, 1757: 76.

[2] "Canton, China, May 2 1801," Dorr's 1801 Canton, China Memo. Book in Sullivan Dorr Papers, 1799—1852, Microfilm, Call No. HF3128. D7, Rhode Island Historical Society.

[3] 文献[15].

使用情况的研究成果，中国课题存在巨大的研究潜力。

1. 广东外销画《镇海楼》

对应着清代匠作则例中“洋青”出现在雍正一朝的时间节点，在可能的进口路线图上，闽海关、浙海关、江海关、粤海关等都应该成为关注对象；其中尤其值得注意的，无疑是乾隆二十二年（1757 年）后长期总揽清帝国进出口贸易的广州粤海关。正是在这个背景下，西方绘画艺术、技法和材料对中国本土艺术家和画匠的影响具体反映在广东外销画的创作和制作上。

从创作动机、流程、绘制手法、师承模式、市场情况等方面考察，广东外销画的创作理应归入匠作之列；其使用颜料的情况也更能够反映广东的地理位置、最新技法和材料价格的综合情况。因此，将广东外销画中普鲁士蓝的使用与其他地方、其他匠作门类的发现勾连在一起，便能够更加完整地描述普鲁士蓝在中国版图上早期流布的面貌。

已有研究中，英国学者孔佩特（Patrick Conner）基于对 18 至 19 世纪广东外销画的创作背景、内容、技法、材料等的大量调查，梳理了来粤外商和广东行商的历史。[1] 孔氏认为：18 世纪 40 年代或更早，以外销为目的的玻璃画出现在广州，绘画需要使用西方油彩[2]；18 世纪末，一部分广州画家开始使用油彩作画；19 世纪早期，油彩成为他们常规使用的材料。[3] 另一位英国学者克雷格·科鲁纳斯（Craig Clunas）在他针对广东外销水彩画的研究中提到，利用 X 射线荧光技术（XRF）分析水彩画中的青绿色彩，发现所使用的为有机染料。[4]

至今尚未发布专门针对早期广东外销油画中蓝色颜料的分析检测成果，但是在对清代晚期外销画《镇海楼》（图 4）的研究中，普鲁士蓝作为蓝色颜料不但得到了认定，而且还发现它还与雄黄一起被用来调配绿色。这个研究借助了 XRF 和傅立叶变换红外光谱（FTIR）等技术手段[5]，其

[1] 文献 [17]，文献 [18].

[2] 文献 [17]：47.

[3] 文献 [17]：11.

[4] 文献 [19]：76.

[5] 文献 [20].

图 4　清代晚期外销油画《镇海楼》

（文献 [20]）

结果具有很高的可信度。

尽管研究者并未明确判定《镇海楼》的具体绘制年代，但是这个案例在现阶段依然具有突出的代表性。其核心在于绘画中不仅使用了西方油画技法，也采用了西方发明的颜料，是国际贸易、前沿艺术创作和匠作领域对于舶来事物的态度、倾向及其对生存方式影响的综合反映。

2. 紫禁城中来自江南的槅扇

如果说由于广东的特殊地位——国际贸易的咽喉、海员“偷师”归来最可能的落脚点，普鲁士蓝现身在广东外销画中是顺理成章的，那么北京紫禁城中的建筑装饰作品中出现普鲁士蓝则反映出这种颜料的传布范围。进一步的问题在于官方或主流营造业对于普鲁士蓝的态度：当时这个外来品是否得到了正式的认可，并形成了输送入京的快速渠道？还是只是通过某种偶然渠道的非正式亮相？

目前为止，紫禁城内最早使用普鲁士蓝的案例是宁寿宫花园萃赏楼内落地罩蓝色髹漆绦环板和裙板（图5）。此处髹漆工艺精制细腻，蓝色地色之上，绘有深蓝色暗纹卷草，绦环心和裙板心更装饰描金纹样。与朱漆、黑漆工艺相比，蓝色髹漆做法已不常见，如此细腻成熟的设计和制作更显出成熟稳定的气质。配合采用光学显微分析和FTIR图谱与参考已知样本的对比分析（图6），可以基本判断蓝色显色物质为普鲁士蓝。

那么，这件作品出自何人之手呢？

考诸清代宫廷档案，有《乾隆朝汉文录府奏折》数则能够反映委托造办、寄送设计图样、汇报施工进度等历史情况，其中一则原文如下：

> [两淮盐政] 李质颖奏请陛见并交卸盐政印务事 乾隆三十八年十月六日：李质颖恭请陛见，奏，奴才李质颖谨奏，为仰恳圣恩事。伏查六七等月接奉内务府大臣寄信，奉旨交办景福宫、符望阁、萃赏楼、

图5 北京故宫宁寿宫花园萃赏楼下层西梢间落地罩腿蓝色髹漆绦环板和裙板
（Susan Buck 摄）

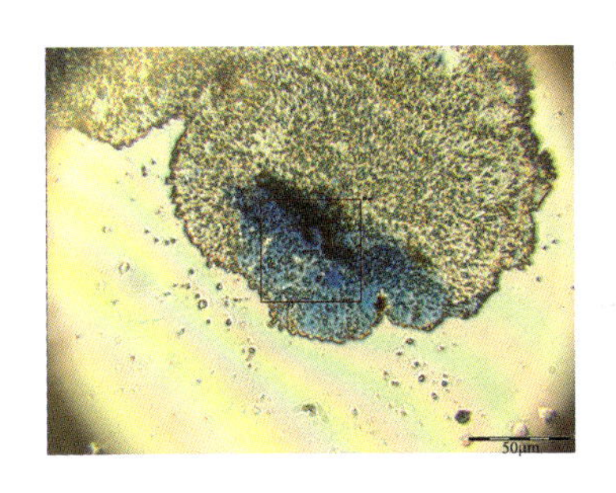

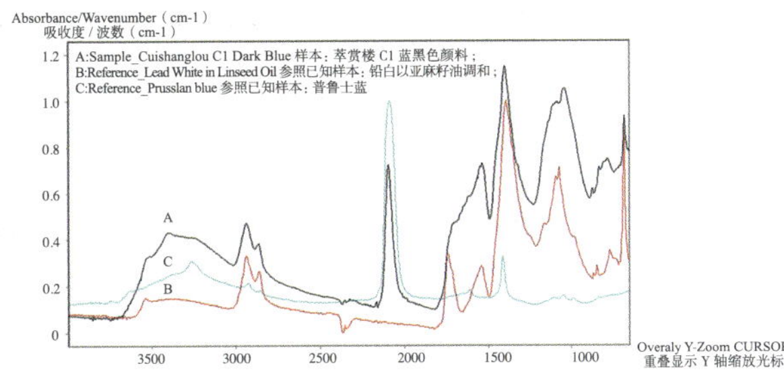

图 6　萃赏楼蓝色髹漆显色物质显微样貌与 FTIR 对比图谱

（包媛迪　制图）

延趣楼、倦勤斋等五处装修。奴才已将镶嵌式样雕镂花纹，悉筹酌分别预备杂料，加工选定，晓事商人，遵照发来尺寸详慎监造。今已办有六七成，约计明岁三四月可以告竣。[1]

可见萃赏楼中的精美装修作品经两淮盐政的牵线，由南方“商人”承办，最终出自南方工匠之手。在乾隆三十八、三十九年（1773—1774 年）的时候，南方匠作水平要远远领先于内务府造办处一般匠作，更是普通旗匠的手艺无法比拟的[2]；由于地理上更加接近粤海关，地处商品贸易更加繁盛的江南，南方工匠也同样可能更早地掌握并使用新颜料和新工艺。在普鲁士蓝国产化之前，它在南匠作品中的出现或许正代表了一种创新和引领的做法。

愈发深有意味的是，此案例中的普鲁士蓝并不是经由一条“进口材料高速公路”送达紫禁城的。保守、猎奇心理兼具的清宫大内，或许不会屈尊关注即将推动“色彩运动”的新生颜料；匠作手头补充了新色调且便于施作的舶来品，或许也长期无法进入官方则例编纂的视野；暗自庆幸的应该是下层的工匠吧——在不降低质量的前提下，便宜的价格无疑具有强大的诱惑力，而如果新的工艺、新的艺术效果也能由此诞生的话，这又会是多么令人激动呢！

3. 平遥镇国寺天王殿的檩子

平遥镇国寺天王殿彩画遍布装饰纹样，今天仍然可以通过保存痕迹分析发现大量的、不同历史时期的、经过系统设计的纹样组合。从内容和保存状况来看，天王殿内檐和外檐油饰彩画存在明显差异，并能够进一步反映历史上不同时代的彩画工程。

此案例中，天王殿外檐挑檐檩彩画仅有南面明间保留比较完整，绘凤纹，地子贴金，其上有青绿色纹样，是等级较高的做法（图 7）；而此彩画纹样位于表层，说明绘制时代相对晚近。

考诸天王殿在清末所经历的一系列装饰工程，嘉庆元年至二十一年（1796—1816 年）陆续完成大修工程之时尚未涉及天王殿最表层的外檐彩画；而碑文中还反映，约略百年之后的光绪二十一年至光绪三十年间（1895—1904 年），镇国寺再度得到维修。此次工程主要内容有三[3]：

[1] 中国第一历史档案馆藏．乾隆朝汉文录府奏折．档号 0133—091，缩微号 009—1937—1938.

[2] 由于手艺水平的差异，南匠与旗匠的待遇是存在非常显著的差别的。旗匠一月食一二两钱粮银，其中优者补给披甲钱粮，总额在数两银的水平。而南匠等外来匠役则待遇要优厚得多。在内务府总管大臣海望的一则奏折（海望具奏西藏来京匠役钱粮．内务府全宗．奏销档 .83 卷．乾隆九年九月十九日）中，有外来匠役工食钱粮银二两至十二两不等的记载。除此之外，南匠尚有春秋二季衣服银、本地安家银、公费银等名目，有的还能得到“分房”居住。参见：吴兆清．清内务府活计档 [C]// 明清档案与历史研究论文选（上）．北京：国际文化出版社，1994：438。

[3] ［清］田耕蓝．补修镇国寺并九间庙碑记．清光绪三十年．现存于镇国寺东碑亭。

图 7　山西平遥镇国寺天王殿南立面明间挑檐槫彩画

（作者自摄）

（1）"土木交作，诸处仍旧葺补"；

（2）"三灵侯、福财神庙"，"分移于大寺东西碑亭之北"；

（3）"绘画之事"，"缺者补之，旧者新之，丹者金碧，东西掩映，焕然改观"。

在这里面"绘画之事"、"丹者金碧"二语极好地吻合天王殿的最外层彩画特点，更加符合明间挑檐槫的装饰特征。

现有研究指出，通过 PLM、SEM-EDS 等分析采自此构件上的样本 TWD-Lz-01，推测普鲁士蓝的存在，且同一彩画局部中还使用巴黎绿铁黄颜料。[1]其中"巴黎绿"为俗名，又名"翡翠绿"，成分为醋酸和亚砷酸铜，为人工由亚砷酸钠、醋酸和硫酸铜制备而成。在西方开始应用的时间为 1814 年[2]，也有研究者认为 19 世纪 50 年代才应用于中国的水彩画和卷轴画。[3]

需要特别指出的是，鉴于显微镜下普鲁士蓝与靛青样貌的相似性，采用偏光显微方法并无法确认普鲁士蓝的存在；同时考虑到铁元素在自然界中的广泛存在，SEM-EDS 方法也不能提供足够的说服力，综合采用 FTIR 才是有效鉴定的技术手段。因此，本案例中的样本需要经过进一步实验室确认，目前公布的结果还暂时停留在假说阶段，指示出普鲁士蓝在清末平遥彩画工程中得到使用的可能性。

❶ 文献 [4]：255-256.

❷ Bomford D., Kerby J., Leighton J. and Roy A., *Art in the Making: Impressionism*, National Gallery 1990, p.58.

❸ Feian Y., *Chinese Painting Colors: Studies of Their Preparation and Application in Traditional and Modern Times*, Washington: University of Washington Press, 1988.

六、初步结论与讨论

通观上文浏览梳理的中外历史素材，对于“洋青”和普鲁士蓝的理解可以形成如下基本认识：

（1）“洋青”至少在雍正末年已经正式为清代官方认定并使用；鉴于西方生产钴玻璃粉的悠久历史和普鲁士蓝发明与生产的时间，鉴于雍正《工程做法》中记载的使用“洋青”的苏式彩画定型年代必然显著早于《工程做法》成书的基本判断，鉴于从雍正末年到乾隆年间“洋青”所指代物质应保持稳定的基本判断，基于乾隆三十三年（1769年）十二月《物料价值则例》中“洋青”价格和英国东印度公司所载1774年钴玻璃粉价格之间相互呼应的现象，本文认为，虽然广义的洋青在清代中晚期可能指代不同蓝色颜料，但是清中期匠作则例中的“洋青”即为钴玻璃粉；

（2）或许由于清代匠作则例编纂相对滞后，至今未见普鲁士蓝在清代官方文献中的反映；虽然故宫萃赏楼中的普鲁士蓝案例略早于西方研究者的推断，但是西方文献和研究成果中所反映的中国进口、国产化普鲁士蓝的历程、日本先后从欧洲和中国进口普鲁士蓝的史料、已发现中国匠作使用普鲁士蓝案例三者之间依然能够形成良好呼应，可以作为今后研究普鲁士蓝在中国艺术作品和建筑装饰上应用的基本背景；

（3）光绪二十一年至光绪三十年间（1895—1904年），山西平遥镇国寺天王殿工程中使用普鲁士蓝的可能性虽然尚无法作为定论，但是能够帮助我们更好地理解匠作使用颜料情况的复杂性，理解“洋青”与“国产青”共存、转化的复杂性；同时启发我们的是，对于表面看来艺术价值不甚突出的历史遗存而言，其科学价值——其样本之科学价值——无疑是不容忽视的，是勾勒历史面貌的基础。

在上述初步结论之外，关于“洋青”问题以及这个背景之下的普鲁士蓝问题依然存在诸多疑问等待科学证据的说明；进而拓展至更为广阔的研究视野，一些社会经济、人文传统问题则可以促进归纳、演绎方法双向互动启发的研究模式，打破建筑历史专业与其他专业之间的沟壑。具体而言，有以下三个课题方向值得特别强调：

（1）通过更加广泛深入的文献研究，寻找和确认发明于西方并在中国各地使用的普鲁士蓝、钴蓝、人造群青等颜料的本地称谓；进一步通过科技手段的判定——尤其是更加合理地综合运用各种检测技术，将帮助逐步澄清它们在中国版图上的传播与分布；

（2）循着进口颜料从海关入境，经由闽、浙、淮、晋各路商帮输送各地的线索，从颜料这一类的小宗特殊货物的角度呈现社会经济组织结构及其运行方式。对于这个研究方向，交易人员、民间契约、账目档册等历史文献无疑是最为基础、散布广泛、亟待抢救的核心素材；

（3）依托近代以来保存下来并得到较好记录的清朝末年至民国初年的匠作传统，结合本专题的研究，可以深化对于匠作组织结构及其面对着新材料、新技术、新风格时的响应机理的认识，从而更加完整地认识中国古代营造业不同历史时代的创作模式、运行模式、传承模式、更新模式。

相对于中国古代使用过的多种蓝色颜料，洋青和普鲁士蓝只是其中的一小部分；相对于绿、朱、黄、紫、白等诸色，蓝色颜料的情况也仅仅占据了一小部分；相对于颜料史背后的匠作问题、社会经济问题，颜料的史料认定和科技认定更是其中的一小部分。希望本文综述史料、拣选案例的工作能够为系统研究弼力锱铢。

本文特别感谢美国维克森林大学（Wake Forest University）访问助理教授杜丹女士提供的尤纳斯·汉威（Jonas Hanway）和沙利文·多尔（Sullivan Dorr）笔记中关于中国染茶的史料，同时感谢美国威廉斯堡显微分析专家苏珊·巴克（Suan Buck）女士、北京国文琰文化遗产保护中心有限公司工程师包媛迪女士、美国特拉华大学艺术保护专业（WDPAC Program，University of Delaware）硕士研究生徐扬先生在实验室分析工作方面所提供的诸多协助。

参考文献

[1] Harley R.D. Artists' Pigments c.1600—1835：A Study in English Documentary Sources[M]，2nd ed.，London：Butterworth Scientific，1982.

[2] 青海省文化厅 . 瞿昙寺 [M]. 成都：四川科学技术出版社，新疆科技卫生出版社，2000.

[3] ［明］何士晋 . 工部厂库须知 [M]. 卷三（北京图书馆古籍珍本丛刊）. 北京：书目文献出版社，1998.

[4] 刘畅，等 . 山西平遥镇国寺万佛殿天王殿精细测绘报告 [M]. 北京：清华大学出版社，2012.

[5] 黄冕堂 . 中国历代物价问题考述 [M]. 济南：齐鲁书社，2008.

[6] 王璞子 . 工程做法注释 [M]. 北京：中国建筑工业出版社，1995.

[7] 王世襄 . 清代匠作则例（壹至陆）. 郑州：大象出版社，2000-2009.

[8] ［清］陈宏谋，福隆安，等 .（各省）物料价值则例 . 乾隆三十三年（1769 年）十二月 . 收藏情况参见文献 [7] 序。

[9] 崇陵工程做法册 . 清华大学图书馆藏 . 编号戊 642.77 7285.

[10] Mark Clark. *Medieval Painters' Materials and Techniques：The Montpellier Liber diversarum arcium*[M]. London：Archetype Publications Ltd.，2011.

[11] Gettens R.J.，Stout G.L. *Painting Materials，A Short Encyclopedia*[M]，New York：Dover Publications，1966.

[12] Eastaugh N., Walsh V., Chaplin T., Siddal R, *Pigment Compendium: A Dictionary and Optical Microscopy of Pigments*[M]. New York: Routledge, 2013.

[13] [美] 马士 . 东印度公司对华贸易编年史（1635—1834）[M]. 区宗华，译 . 广州：广州人民出版社，2016.

[14] Morse H.B. *The Chronicles of the East Asia Company Trading to China, 1635—1834*. London: Oxford University Press, 1926.

[15] Bailey K. *A note on Prussian blue in nineteenth-century Canton*. Studies in Conservation[J], 2012（2）: 116–121.

[16] FitzHugh E.W., Leona M., Winter J. *Studies Using Scientific Methods: Pigments in Later Japanese Paintings*[C]. Washington DC: Smithsonian Institution, 2003.

[17] 孔佩特 . 广州十三行：中国外销画中的外伤 1700—1900[M]. 北京：商务印书馆，2014.

[18] Conner P. *The Hongs of Canton: Western merchants in south China, 1700—1900, as seen in Chinese export paintings*[M]. London: English Art Boods, 2009.

[19] Clunas C. *Chinese Export Watercolours*[M]. London: Victoria and Albert Museum, 1984.

[20] 王斌，等 . 清代外销油画《镇海楼》颜料的分析鉴别 [J]. 文物保护与考古科学 . 2017（2）: 82–88.

台湾地区馆藏两部宋《营造法式》抄本概览[1]

成　丽　李梦思

（华侨大学建筑学院）

摘要： 宋《营造法式》是编修于北宋年间的一部有关建筑营造技术的法规性典籍，现存传世版本十余部，台湾地区馆藏两部。本文从行款格式、序跋、印章等几个方面介绍了这两部抄本的情况，并取“陶本”、“故宫本”、“文渊阁本”等较为精良的传世版本与之相校，对文字和图样等主体内容做出分析考辨，以期为今后《营造法式》版本的相关研究提供参考。

关键词： 台湾地区，宋《营造法式》，传世抄本，版本校勘，版本研究

Abstract: *Yingzao fashi* is a classical Chinese text that records the building standards of the Northern Song dynasty. More than ten versions of the text exist today, and two of them are preserved in Taiwan. This paper introduces their format, preface and postscript, and content of all the seals, and compares their text and images with the Tao Edition, Gugong Edition, and Wenyuange Edition that have survived in Mainland China, with the aim to provide a reference base for researching the different *Yingzao fashi* editions in the future.

Keywords: Taiwan, Song-dynasty *Yingzao fashi*, handed-down (manuscript) versions, manuscript collation, manuscript research

一、引言

宋《营造法式》（以下除引文外，均简称“《法式》”）于北宋崇宁年间首次镂版海行，南宋绍兴和绍定间各重刻一次[2]。此后几百年间，经官方和民间多次传抄流转，现存传世版本约十余部。上海图书馆的陈先行先生曾指出：

> 此本（指上海图书馆所藏“张蓉镜本”——笔者注）一出，便有多部传抄本产生，除结一庐本外，今藏南京图书馆与台湾“中央图书馆”的抄本亦皆从此本而来。[3]

[1] 国家自然科学基金资助项目（项目批准号：51508207）教育部人文社会科学研究青年基金项目资助（项目批准号：13YJCZH020）。

[2] 学界将北宋崇宁二年（1103年）申请镂版海行的《法式》简称为“崇宁本”，因其编修于绍圣四年（1097年）至元符三年（1100年）间，南宋初年也称之为“绍圣本”；南宋绍兴十五年（1145年），王晪曾在平江府（今苏州）校勘“崇宁本”《法式》并重刊，学界简称“绍兴本”或“平江本”；“绍定本”重刻一事史籍未载，1920年于清内阁大库残档中发现宋版《法式》残页，1956年发现同书残本三卷半，刻工名字又见南宋绍定间（1228—1233年）平江其他刻书，推知为绍定间平江第二次重刻本，世称“绍定本”。因“崇宁本”和“绍兴本”皆佚，“绍定本”是目前仅存的《法式》宋刻本。参见：陈仲篪.《营造法式》初探[J].文物，1962（2）：16-17；傅熹年.新印陶湘仿宋刻本《营造法式》介绍[M]//营造法式（新印陶湘仿宋刻本）.北京：中国建筑工业出版社，2007。

[3] “张蓉镜本”为道光元年（1821年）张蓉镜据张金吾藏“影写述古本”《法式》工楷精钞而成，当时号称善本。横开散页未成本，后有张金吾等人的题跋。傅熹年先生指出“张蓉镜本”仍是辗转源出“绍定本”，但改变了版式。参见：傅熹年.介绍故宫博物院藏钞本《营造法式》[M]//傅熹年.傅熹年建筑史论文选.天津：百花文艺出版社，2009：494。此本后归翁同龢，再后上海图书馆从翁家购得，现藏馆内。参见：陈先行.清张氏小琅嬛福地抄本《营造法式》[M]//打开金匮石室之门：古籍善本.上海：上海文艺出版社，2003：250-252。

由此获知台湾地区也收藏有《法式》抄本[1]。笔者于2015年特地赴台查询，得知共有两部抄本，均收藏于台湾地区的“国家图书馆”[2]。两部抄本馆藏信息分别为“影宋朱丝栏钞本”、“清嘉道间（1795—1850年）琴川张氏小琅嬛福地精钞本”。因版本信息有待考订，故本文为指代清晰起见，暂根据其图书馆索书号“04882”及“04883”，简称为“台湾4882本”及“台湾4883本”。

本文在已有的《法式》版本研究的基础上，从行款格式、序跋、印章等方面对台湾地区馆藏两部抄本展开探讨，并取“陶本”及“故宫本”、“文渊阁本”等较为精良的传世版本与之相校，对大木作部分的文字和图样等内容作出分析考辨。

❶ 抄本是据底本抄写的书本。参见：马文熙，等. 古汉语知识词典[M]. 北京：中华书局，2004：769。

❷ 台湾地区的“国家图书馆”即为陈先行先生文中所说的“中央图书馆”，1933年筹设于南京，后因战乱迁至台北，1996年改名为“国家图书馆”。

二、版本概况[3]

❸ 两部抄本均藏于台湾地区的“国家图书馆”善本书室，馆内规定不可借阅古籍原件，仅提供微缩胶片的借阅与复印，故暂时无法获知其封面和装帧情况。

1. 台湾4882本

台湾地区的《“国家图书馆”善本书志初稿》（以下除引文外，均简称《初稿》）对该本概况记录如下：

> 《营造法式三十四卷十六册》，影宋朱丝栏钞本，04882。宋李诫撰。诫，字明仲，郑州管城人，南公次子。官通直郎，元祐七年（1092）试将作监主簿，转丞，迁将作监，积官至中散大夫知虢州，以疾不起，于大观二年（1108）卒。

（1）行款格式

《初稿》对该本行款格式记录如下（图1）：

> 版匡高23.7公分，宽18.6公分。左右双边，每半叶十行，行二十二字，注文小字双行，字数同。版心白口，双鱼尾（鱼尾相向），上鱼尾下方刻《营造法式》，下记卷次，下鱼尾上方记叶次。

经仔细核查，发现其中九卷版心仅记有“营造法式”，并无卷次及页次。

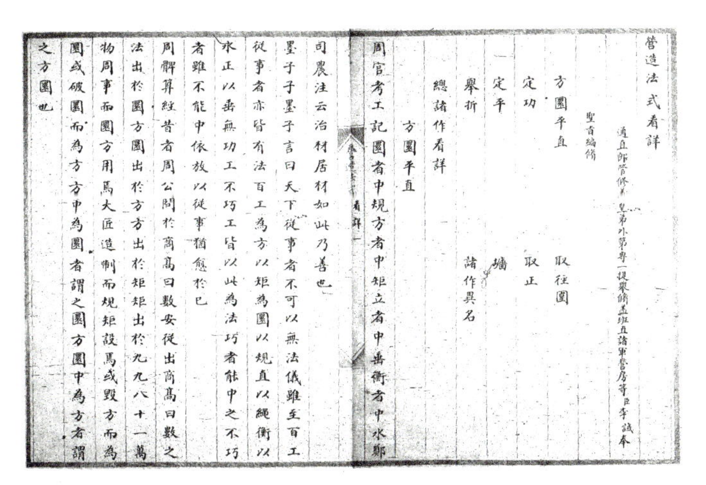
營造法式看詳
通直郎管修蓋皇弟外第專一提舉修蓋班直諸軍營房等臣李誡奉
聖旨編修
方圜平直　取徑圍
定功　取正
定平　墙
舉折　諸作異名
總諸作看詳
方圜平直
周官考工記圜者中規方者中矩立者中垂衡者中水鄭
司農注云治材居材如此乃善也
墨子子墨子言曰天下從事者不可以無法儀雖至百工
從事者亦皆有法百工為方以矩為圜以規直以繩衡以
水正以垂無功工不巧工皆以此為法巧者能中之不巧
者雖不能中依放以從事猶愈於已
周髀算經昔者周公問於商高曰數安從出商高曰數之
法出於圓方圓出於方方出於矩矩出於九九八十一萬
物周事而圜方用焉大匠造制而規矩設焉或毀方而為
圜或破圜而為方方中為圜者謂之圜方圜中為方者謂
之方圜也

图1 “台湾4882本”书影[4]

❹ 本文中的“台湾4882本”及“台湾4883本”书影均来自台湾地区的“国家图书馆”典藏；“陶本”书影均来自参考文献[1]；“文渊阁本”书影均来自参考文献[2]；“故宫本”书影均来自参考文献[3]。

（2）序跋

《初稿》未提及该抄本的序跋情况，经查阅，此部《法式》仅有跋语一篇，为钱曾[1]所写，内容与《读书敏求记》[2]中所记相同。此跋语后还附《宋故中散大夫知虢州军州管句学事兼管内劝农使赐紫金鱼袋李公墓志铭》一文。

（3）印章

《初稿》记该抄本钤有“希古右文”朱文方印、“爱日精庐藏书”朱文方印、“国立中央图书馆考藏”朱文方印、“曾藏张月霄处”朱文长方印、“不薄今人爱古人”白文长方印共五种（印章基本情况详见表 1）。

表 1　“台湾 4882 本”印章概况

序号	1	2	3	4	5
名称 / 所属人	希古右文 / 台湾地区“国家图书馆”[3]	爱日精庐藏书 / 张金吾[4]	国立中央图书馆考藏 / 台湾地区“国家图书馆”	曾藏张月霄处 / 张金吾	不薄今人爱古人 / 台湾地区“国家图书馆”
所在位置	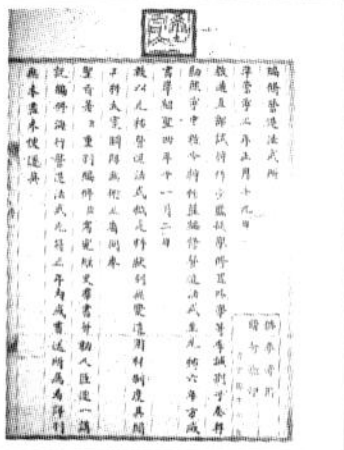	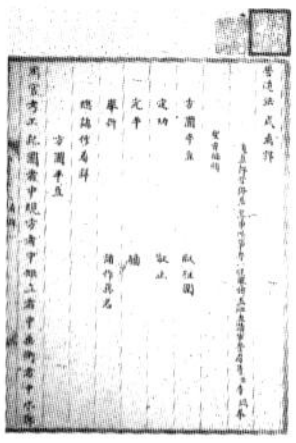	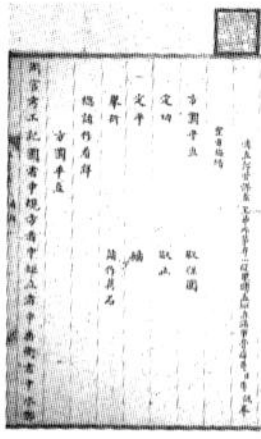	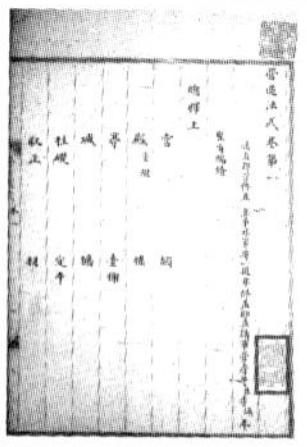	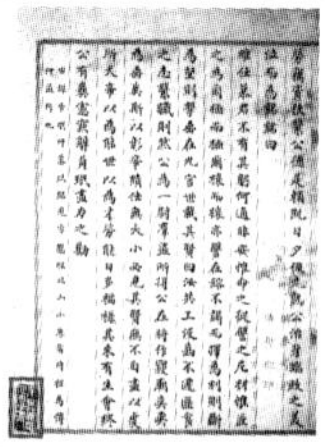
	卷首上部空白处	“看详”首页	“看详”首页、第二至十六册首页[5]	卷一首行	墓志铭末页
印章图像					

（4）其他

笔者在翻阅“台湾 4882 本”时发现，第十九至二十六卷、第三十三卷共计九卷的字迹与其他各卷不同，结合上文提及的该九卷版心仅写有“营造法式”四字，并无卷次、页次等情况，

[1] 钱曾（1629—1701 年），清初藏书家、目录学家、版本学家，字遵王，号也是翁，别号贯花道人，江苏常熟人。参见：李玉安，陈传艺．中国藏书家辞典 [M]. 武汉：湖北教育出版社，1989：172。

[2] 钱曾．读书敏求记 [M]. 北京：书目文献出版社，1984：38.

[3] 1940 年，经与中央图书馆馆长蒋复璁商量后，郑振铎、张寿镛、何炳松、张元济、张凤举等人在上海成立“文献保存同志会”，对当时江南珍贵古籍开展抢救性收购活动。《文献保存同志会第 3 号工作报告书》记：“为避免引人注意，每书之首页，均盖朱文‘希古右文’四字章，末页则盖白文‘不薄今人爱古人’一章”。1949 年初，同志会所抢救的大部分图书被运往台湾，现藏于台湾地区的“国家图书馆”。参见：陈福康．郑振铎等人致旧中央图书馆的秘密报告 [J]. 出版史料，2001（1）：87-100。

[4] 张金吾（1787—1829 年），清藏书家，字慎旃，一字月霄，昭文（今江苏常熟）人。参见：李玉安，陈传艺．中国藏书家辞典 [M]. 武汉：湖北教育出版社，1989：250。

[5] “国立中央图书馆考藏”印章分别在“看详”、卷一、卷三、卷六、卷九、卷十二、卷十五、卷十七、卷十九、卷二十一、卷二十四、卷二十七、卷二十九、卷三十一、卷三十三及卷三十四首页。据藏本微缩资料判断，“台湾 4882 本”共十六册，除“看详”首页印章外，其他十五处印章分别位于第二册至第十六册首页。

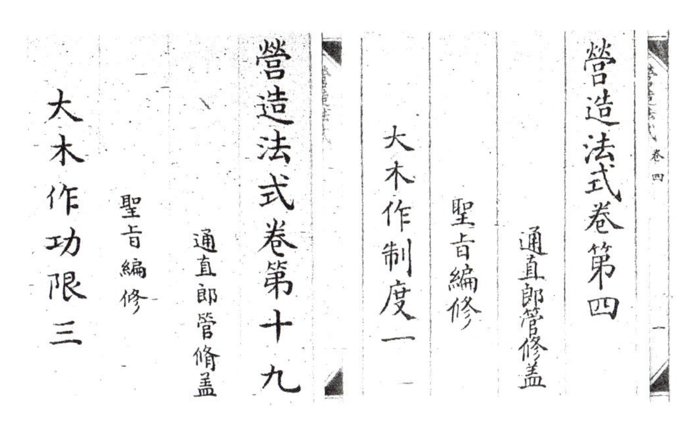
營造法式卷第十九
通直郎管脩蓋
聖旨編修
大木作功限三

營造法式卷第四
通直郎管修蓋
聖旨編修
大木作制度一

图 2 “台湾 4882 本”卷十九首页（左）及卷四首页（右）书影

故推测此部分内容或为后期补抄（图 2）。

2. 台湾 4883 本

《初稿》对该本概况记录如下：

《营造法式三十四卷附看详一卷目录一卷八册》，清嘉道间琴川张氏小琅嬛福地朱丝栏精钞本，04883。宋李诫撰。

（1）行款格式

《初稿》对该本行款格式记录如下：

版匡高 24 公分，宽 18.5 公分。四周双边，每半叶十行，行二十三字，注文小字双行，字数同。版心花口，双鱼尾（鱼尾相向），中间记书名、卷第（如“《营造法式》卷一”），下方记叶次。首卷首行顶格题“《营造法式》卷第一”，第二、三行小字低数格题“通直郎管修盖皇弟外第专一提举修盖班直诸军营房等臣李诫奉圣旨编修”，卷末有尾题。

经翻阅比对，该本为每半页十行，除极个别行多一两字外均为行二十二字，与上述所记“行二十三字”相异，《初稿》的其他记述与抄本情况基本相符（图 3）。

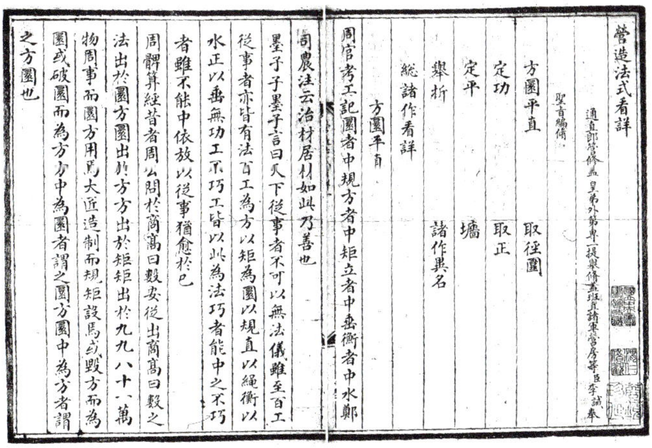

營造法式看詳
通直郎管修蓋皇弟外第專一提舉修蓋班直諸軍營房等臣李誡奉
聖旨編修
方圜平直　取徑圍
定功　取正
定平　墻
舉折　諸作異名
總諸作看詳
方圜平直
周官考工記圜者中規方者中矩立者中垂衡者中水鄭
司農注云治材居材如此乃善也
墨子子墨子言曰天下從事者不可以無法儀雖至百工
從事者亦皆有法百工為方以矩為圜以規直以繩衡以
水正以垂無功工不巧工皆以此為法巧者能中之不巧
者雖不能中依放以從事猶愈於已
周髀算經昔者周公問於商高曰數安從出商高曰數之
法出於圜方圜出於方方出於矩矩出於九九八十一萬
物周事而圜方用焉大匠造制而規矩設焉或毁方而為
圜或破圜而為方方中為圜者謂之圜方圜中為方者謂
之方圜也

图 3 “台湾 4883 本”书影

（2）序跋

据《初稿》记，该《法式》抄本“卷首有清道光九年（1829）张蓉镜、道光戊子（八年，1828）褚逢椿二篇手书题记。卷末亦有孙原湘、张金吾、黄丕烈、郑德懋、邵渊耀、陈銮、钱泳手书题记，又王婉兰手书孙鋆题记”。经查阅全书，该抄本前后共有十篇序跋（表2），除“王婉兰手书孙鋆题记”外，其余九篇已收录于“陶本”《法式》附录。

表2 “台湾4883本”序跋概况（按书中出现的先后顺序）

序号	作者	写作时间	主要内容
1	张蓉镜 [1]	道光九年（1829年）夏六月	简述“张蓉镜本”源流，对《法式》的卷数进行探讨
2	褚逢椿 [2]	道光戊子（1828年）季冬	简述宋代编修《法式》的缘由及“张蓉镜本”的源流概况
3	邵渊耀 [3]	道光八年（1828年）春分后一日	简述“张蓉镜本”的来源，对其作出高度评价
4	孙鋆 [4]（王婉兰手书）	道光戊子（1828年）春日	称赞张蓉镜藏书之丰富，感叹其所藏《法式》的细致精美
5	张金吾	道光七年（1827年）八月	简述张蓉镜藏本由来，并称已超越自己所藏《法式》
6	陈銮 [5]	道光庚寅（1830年）花朝	简述张蓉镜藏本的由来及编修《法式》的朝代背景，认为此书应不单以工匠的视角来看，也反映了当时的官场状况
7	黄丕烈 [6]	道光元年（1821年）正月十有二日	对张蓉镜及其所藏《法式》作出高度评价
8	孙原湘 [7]	嘉庆二十五年（1820年）七月	简述《法式》编修原因及源流，高度评价张蓉镜及其所藏《法式》
9	郑德懋 [8]	道光丙戌（1826年）重阳后三日	详述《法式》“看详”中所记内容，对其作出高度评价
10	钱泳 [9]	文中未记	简述张蓉镜所藏《法式》概况

❶ 张蓉镜（生卒年月不详），清藏书家，字芙川，江苏常熟人。参见：李玉安，陈传艺．中国藏书家辞典[M]．武汉：湖北教育出版社，1989：257。

❷ 褚逢椿（生卒年月不详），清乾隆年间江苏长洲人，号仙根。参见：梁披云．中国书法大辞典[M]．广州：广州人民出版社，1984：924。

❸ 邵渊耀（1788—1858年），清嘉庆间江苏常熟人，字充有，号环林。参见：瞿冕良．中国古籍版刻辞典[M]．苏州：苏州大学出版社，2009：504。

❹ 孙鋆（生卒年月不详），清道光间常熟人，字秋山，为张蓉镜舅。参见：瞿冕良．中国古籍版刻辞典[M]．苏州：苏州大学出版社，2009：284。

❺ 陈銮（1786—1839年），湖北江夏人，字仲和，号芝楣。参见：李国钧．中华书法篆刻大辞典[M]．长沙：湖南教育出版社，1990：372。

❻ 黄丕烈（1763—1825年），清藏书家、目录学家、校勘家，字绍武，一字承之，号荛圃，又号复翁、佞宋主人、秋清居士、知非子、抱守主人、求古居士等，长洲（今江苏苏州）人。参见：李玉安，陈传艺．中国藏书家辞典[M]．武汉：湖北教育出版社，1989：233。

❼ 孙原湘（1760—1829年），清臣、诗人，字子潇，号心青，昭文（江苏常熟）人。参见：许焕玉，等．中国历史人物大辞典[M]．济南：黄河出版社，1992：590。

❽ 郑德懋（1767—1852年），原名希乔，又名桐生，字应云，号枚和，又号闻筝道人，晚自称荥阳悔道人。邵文东，张市人，诸生，后移居城东辛巷。参见：戈炳根．常熟国家历史文化名城词典[M]．上海：上海辞书出版社，2003：437。

❾ 钱泳（1759—1844年），清金匮（今属无锡）人，原名鹤，字立群，号台仙，一号梅溪。参见：廖盖隆，等．中国人名大词典 历史人物卷[M]．上海：上海辞书出版社，1990：498。

（3）印章

据《初稿》记，该抄本钤有“国立中央图书馆收藏”朱文长方印、“莛圃收藏”朱文长方印、“张蓉镜”朱白文方印、“芙川氏”朱白文方印、“渭任借观”朱文方印、“蓉镜珍藏”朱文方印、“郁印松年”白文方印、“泰峯”朱文方印共八种。除上述八种印章外，另有刻“张蓉镜印”四字的白文方印附于卷首张蓉镜之手书题记末尾。此外，根据书中印章判断，上述“渭任借观”朱文方印中的“任”字应为“仁”[1]，或为《初稿》记录有误（印章基本情况详见表3）。

表3 “台湾4883本”印章概况

序号	1	2	3	4	5
名称／所属人	“国立中央图书馆收藏”／台湾地区“国家图书馆”	“张蓉镜印”／张蓉镜	“莛圃收藏”／张乃熊[2]	“张蓉镜”／张蓉镜	“芙川氏”／双芙阁[3]
所在位置					
	《劄子》、《序》、“看详”首行及各册首页[4]	卷首张蓉镜跋语	《劄子》首行、卷三十四末页尾行	《序》首行、卷一首行	《序》首行、卷一首行
印章图像					

[1] 徐渭仁（？—1853年），清金石学家、书画家、藏书家。字文台，号紫珊，晚号随轩，上海人。参见：李玉安，陈传艺．中国藏书家辞典[M]．武汉：湖北教育出版社，1989：263。据其生卒年及籍贯推断，该印章应属于徐渭仁，故印章应为“渭仁借观”。

[2] 张乃熊（约1890—1960年），字芹伯，一字芹圃，浙江吴兴人。参见：申畅，等．中国目录学家辞典[M]．郑州：河南人民出版社，1988：392。

[3] “双芙阁”为张蓉镜（字芙川）与其夫人姚畹真（号芙初女史）藏书之所，其藏书印有“芙初女史”、“张氏图籍”、“虞山张蓉镜鉴藏”、“芙川书画记”、“小琅嬛福地缮钞珍藏”、“芙川氏”、“观文”、“姚印畹真”、“虞山张蓉镜芙川信印”、“芙川张蓉镜心赏”、“倚青阁”等。详见：李玉安，黄正雨．中国藏书家通典[M]．香港：中国国际文化出版社，2005：578。姚畹真（1801年—？），清藏书家，号芙初女史，又号琴川女士，别号畹芳女士，张蓉镜妻，江苏常熟人。参见：李玉安，陈传艺．中国藏书家辞典[M]．武汉：湖北教育出版社，1989：258。

[4] “国立中央图书馆收藏”印章分别在卷首张蓉镜跋语、《劄子》首行、《序》首行、“看详”首行、卷四首行、卷九首行、卷十四首行、卷十八首行、卷二十四首行、卷二十九首行、卷三十三首页，据藏本微缩资料判断，“台湾4883本”共八册，除《劄子》、《序》、“看详”首行三处印章外，其他八处印章分别位于各册首页。

续表

序号	6	7	8	9
名称 / 所属人	渭仁借观 / 徐渭仁	蓉镜珍藏 / 张蓉镜	郁印松年 / 郁松年[1]	泰峯 / 郁松年
所在位置				
	“看详”首行	“看详”首行、卷二十九首行、卷三十四正文结束处	卷三十四末页尾行	卷三十四末页尾行
印章图像				

三、主体内容

台湾地区所藏两部抄本均为全本，首为《劄子》一篇，其次为李诫《进新修〈营造法式〉序》一篇、“看详”一卷、“目录”一卷以及正文三十四卷，其中“台湾 4882 本”钱曾跋语后附《宋故中散大夫知虢州军州管句学事兼管内劝农使赐紫金鱼袋李公墓志铭》一文，“台湾 4883 本”三十四卷后附绍兴十五年平江府重刊题记。

本文暂以《法式》中较为重要的大木作部分为例，将两部抄本与现通行广泛的“陶本”及其他较为精良的传世版本相校，以获取这两部抄本的基本情况，其他各作有待今后继续深入考究。

1. 文字部分

台湾地区两部藏本经多次传抄，相比汇校而成的“陶本”《法式》，存在大量的异体字[2]。如“窗”字，在“台湾 4882 本”中有“窗”、“牕”、“牎”、“窻”四种写法[3]，而“台湾 4883 本”中则有“窗”、“牕”、“牎”、“窓”、“窻”、“窻”六种（表 4）。

表 4 “陶本”、“台湾 4882 本”、“台湾 4883 本”中“窗”字写法

版本	陶本	台湾 4882 本				台湾 4883 本					
文中截图	窗	窗	牕	牎	窻	窗	牕	牎	窓	窻	窻

[1] 郁松年（生卒年月不详），清藏书家、商人，字万枝，号泰丰，一作泰峰，上海人。参见：李玉安，陈传艺．中国藏书家辞典 [M]. 武汉：湖北教育出版社，1989：269。

[2] 异体字就是彼此音义相同而外形不同的字。严格地说，只有用法完全相同的字，也就是一字的异体，才能称为异体字。但是一般所说的异体字往往包括只有部分用法相同的字。严格意义上的异体可以称为狭义异体字，部分用法相同的字可以称为部分异体字，二者合在一起就是广义的异体字。参见：裘锡圭．文字学摘要 [M]. 北京：商务印书馆，2013：198。

[3] 为表达真实、清晰起见，本文所列《法式》古本文字仍按原貌以繁体字形式出现。

表 5 “台湾 4882 本”中出现的避讳字

陶本	桓		構
台湾 4882 本	墉院音犯淵聖御名	說文淵聖御名亭郵表也	傅子犯御名大廈者

表 6 “台湾 4883 本”中出现的避讳字

陶本	桓		構	講	溝
台湾 4883 本	墉院音犯淵聖御名	說文淵聖御名亭郵表也	傅子犯御名大廈者	詳悉講究規矩	匠人為溝洫

此外，两部抄本中均有少量避讳字[1]，以避宋钦宗赵桓、宋高宗赵构（繁体为“構”）的讳。两本中均将“桓”改写为“犯淵聖御名”或“淵聖御名”，将“構”改写为“犯御名”，另“台湾 4883 本”中还将“構”字的兼讳字“講”、“溝”中的“冉”以缺“丨”笔进行避讳（表 5，表 6）。

除异体字和避讳字外，在传抄的过程中，常因抄手的主观修改和疏忽，或是原文不明等原因而产生传抄讹误，校勘学中将其分为讹文、脱文、衍文、乱文共四种类型。[2] 从与“陶本”相校的结果来看，两本中均存在大量的传抄讹误，“台湾 4882 本”中出现讹文约 433 次，脱文约 67 次，衍文约 31 次，乱文约 29 次，“台湾 4883 本”中出现讹文约 365 次，脱文约 74 次，衍文约 23 次，乱文约 7 次（仅大木作部分）。

此外，在传抄过程中还会产生版本格式的差异，如个别行二十三字，多于原本的行二十二字（图 4）。究其原因，大致由于“陶本”为雕版印刷，字体大小均等，需严格遵循行二十二字的标准，即使剩余一个字也要另起一行刻印。但台湾地区两部藏本均为手抄本，较为灵活，故将最后一个“分”字并入前一行。[3] 此外，这两部抄本中还出现了将两个条目合并为一行书写的情况（图 5）。

从文字部分的比较结果来看，台湾两部抄本均存在较多的传抄讹误。其中“台湾 4882 本”第十九、二十六卷内容与“陶本”几乎完全相同，且前文已述该两卷字迹与其他各卷不同，另外，其他各卷中也有几处批注文字与“陶本”相同（图 6），因此笔者推测“台湾 4882 本”中字迹不同的九卷内容据“陶本”补抄而来。

2. 图样部分

古籍文献中的图样在传抄过程中较易走形或出现偏差。笔者取“文渊阁本”、“故宫本”、“陶本”等较为精良的《法式》版本与台湾藏本进行比对，发现这两部抄本的草架侧样图均为轴对称绘制，

❶ 避讳字是古人在语言表达中遇到可能触犯忌讳的人、事，常用更改古书文字的办法回避。一般取同义、同音字代替，或省缺字的笔画。参见：宋子然 . 训诂学（第四版）[M]. 成都：电子科技大学出版社，2012：32。

❷ 张涌泉，傅杰 . 校勘学概论 [M]. 南京：江苏教育出版社，2007：26.

❸ 例如，“故宫本”由于同样是手抄本，其中也存在两字占用一字位置的情况。

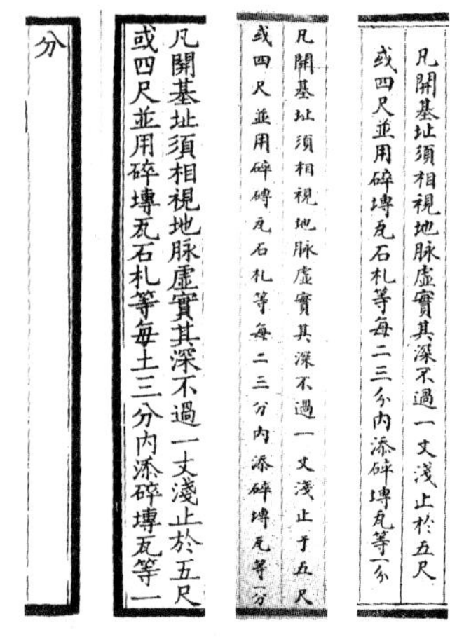

分
凡開基址須相視地脉虚實其深不過一丈淺止於五尺
或四尺並用碎塼瓦石札等每土三分内添碎塼瓦等一
凡開基址須相視地脉虚實其深不過一丈淺止于五尺
或四尺並用碎塼瓦石札等每二三分内添碎塼瓦等一分
凡開基址須相視地脉虚實其深不過一丈淺止於五尺
或四尺並用碎塼瓦石札等每二三分内添碎塼瓦等一分

图 4　格式差异之一

（左：陶本，行二十二字；中：台湾 4882 本，左行二十三字；右：台湾 4883 本，左行二十三字）

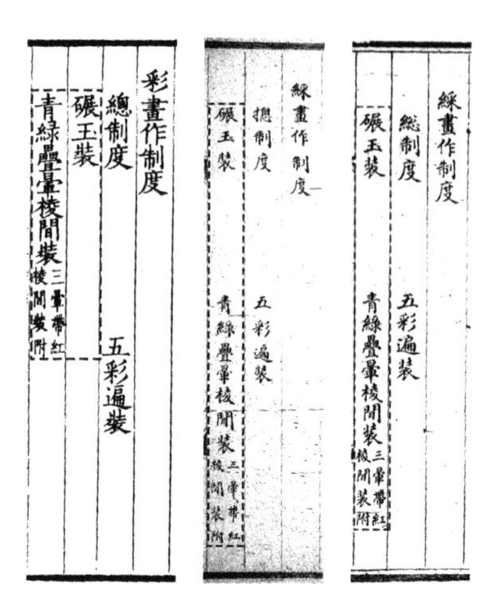

彩畫作制度
總制度　五彩遍裝
碾玉裝
青綠疊暈稜間裝 三暈帶紅棱間裝附
綵畫作制度
總制度　五彩遍裝
碾玉裝
青綠疊暈稜間裝 三暈帶紅棱間裝附
綵畫作制度
總制度　五彩遍裝
碾玉裝
青綠疊暈稜間裝 三暈帶紅棱間裝附

图 5　格式差异之二

（左：陶本，中：台湾 4882 本，右：台湾 4883 本）

加造作功二倍
一枚卷兩頭 殺
五寸二分厚 五 厘

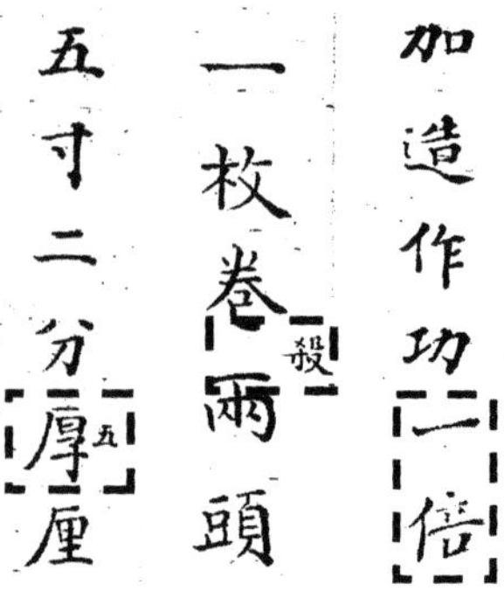

图 6　“台湾 4882 本”中或参照“陶本”批注的文字

即图纸的左半部完全参照右侧对称绘制，由此导致部分图样与图名不符。如“六架椽屋乳栿对四椽栿用三柱”图样中（图 7），“台湾 4882 本”因对称绘制，“三柱”绘为“四柱”，多画了一根内柱，“台湾 4883 本”同样产生了差错，但在图名中“三”字旁加注“四”字，疑为影钞人或后来读者对该图名与图样不符所提出的质疑，“陶本”与台湾两本中的图样同为对称绘制，而“文渊阁本”、“故宫本”中图样则为非轴对称，与图名所表达的内容一致，也更为准确。

六架椽屋乳栿對四椽栿用三柱
台湾 4882 本
六架椽屋乳栿對四椽栿用三柱 四
台湾 4883 本
文渊阁本
故宫本
陶本

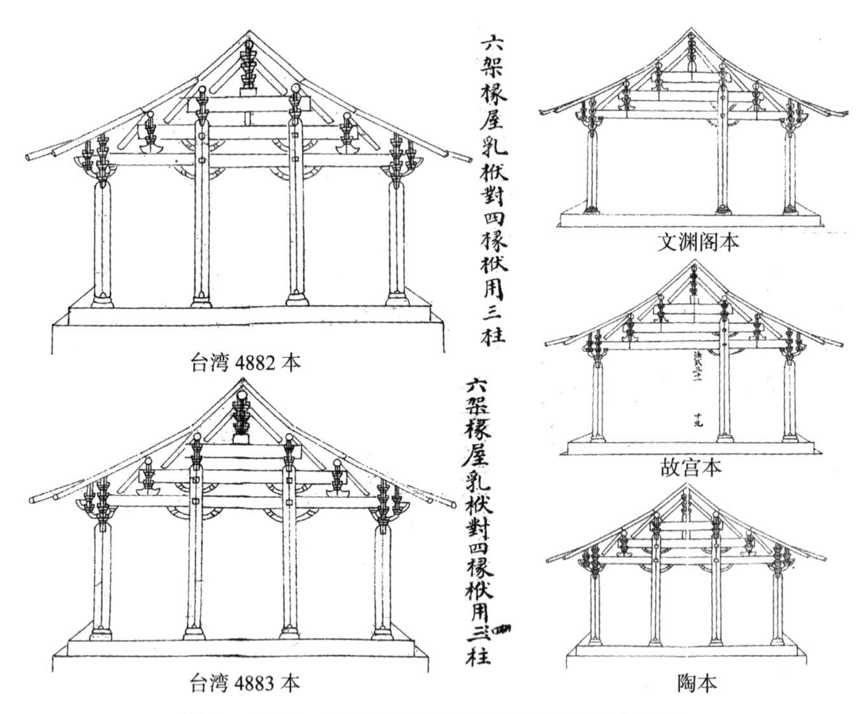

图 7　各版本“六架椽屋乳栿对四椽栿用三柱”图样

不仅图样整体存在较大差异，图样中的细节在两部抄本中亦不相同。如“八架椽屋分心乳栿用五柱”一图中（图 8，本文所列图片为截取原图放大），“台湾 4882 本”及“台湾 4883 本”绘有两个“L”形构件，“陶本”与之相同，而“文渊阁本”、“故宫本”则只有一个“L”形构件。此外，“台湾 4882 本”的构件绘制较为随意，对交接关系的表达也不够精准。

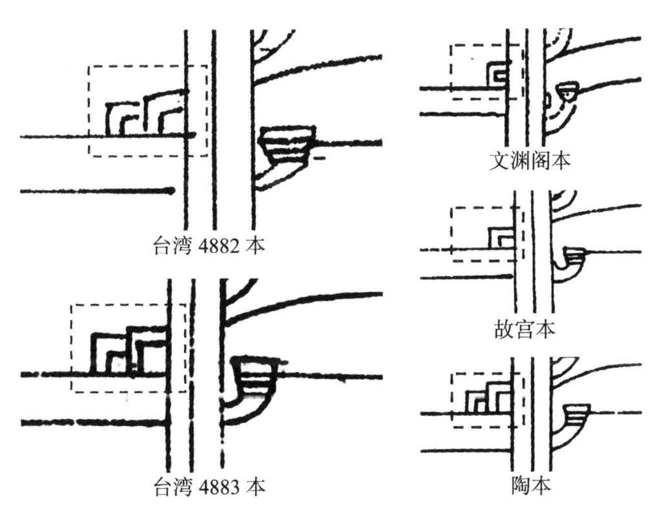

图 8 各版本“八架椽屋分心乳栿用五柱”图样局部

从图样部分的比较结果来看，两部抄本中均存在一些错漏。除大木作部分图样的比较外，笔者还将“台湾 4882 本”字迹不同的九卷中仅有的图样即第三十三卷图样与“陶本”进行比较，两者几近相同，基本可以证实这一卷是后期依照“陶本”补绘而来（图 9）。

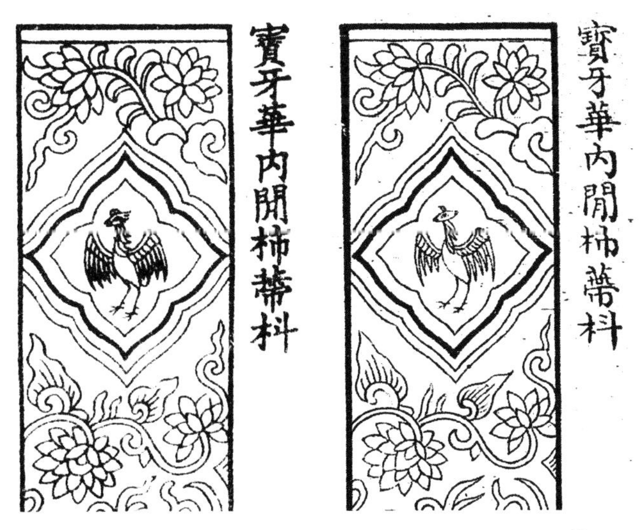

图 9 “陶本”（左）“台湾 4882 本”（右）卷三十三图样截取

四、结语

经初步的比对分析，可看出台湾两部抄本均存在较多的讹误内容。其中，从“台湾 4883 本”序跋所述内容及印章来看，与上海图书馆所藏抄本存在很大关联，因此推断前文陈先生所指台湾地区“中央图书馆”所藏抄本应是“台湾 4883 本”，但此本是谁人所抄，仍不能获知，其与上海图书馆藏本的传承关系还需进一步的考证和辨析；“台湾 4882 本”序跋篇幅记载较少，也无流传记录，根据现有的信息，暂无法清晰梳理其版本源流，且文字和图样的讹误较多，有九卷内容疑似后期据“陶本”补抄，其学术价值在现有传世版本中相对较低。此外，从文字和图样两个方面来看，该本与“台湾 4883 本”也存在一定的传抄关系，但孰先孰后，目前仍无法判断。

本文对大陆学界记载较少的台湾地区的两部抄本《法式》进行了初步的考略，还有众多疑问尚无法完全解答，仅将所获取的抄本现状尽可能展示出来，以就教于方家。今后如能获取台湾地区馆藏的抄本原件，结合上海图书馆所藏抄本一并展开更为深入的版本校勘和探讨，相信可以为《法式》的版本源流和相关研究提供更为客观的资料基础。

参考文献

[1] [宋] 李诫 . 营造法式（新印陶湘仿宋刻本）[M]. 北京：中国建筑工业出版社，2006.

[2] [宋] 李诫 . 营造法式（故宫藏钞本）[M]. 北京：紫禁城出版社，2009.

[3] [清] 乾隆御修 . 景印文渊阁四库全书 [M]. 台北：台湾商务印书馆，1986.

[4] 梁思成 . 梁思成全集第七卷 [M]. 北京：中国建筑工业出版社，2001.

[5] 陈先行 . 清张氏小琅嬛福地抄本《营造法式》[M]// 打开金匮石室之门：古籍善本 . 上海：上海文艺出版社，2003.

[6] “国家图书馆”特藏组 . “国家图书馆”善本书志初稿 · 史部 [M]. 台北：“国家图书馆”，1997.

[7] 马文熙，等 . 古汉语知识词典 [M]. 北京：中华书局，2004.

[8] 李玉安，黄正雨 . 中国藏书家通典 [M]. 香港：中国国际文化出版社，2005.

[9] 裘锡圭 . 文字学摘要 [M]. 北京：商务印书馆，2013.

[10] 宋子然 . 训诂学（第四版）[M]. 成都：电子科技大学出版社，2012.

[11] 钱曾 . 读书敏求记 [M]. 北京：书目文献出版社，1984.

[12] 陈福康 . 郑振铎等人致旧中央图书馆的秘密报告 [J]. 出版史料，2001(1)：87-100.

[13] 李玉安，陈传艺 . 中国藏书家辞典 [M]. 武汉：湖北教育出版社，1989.

[14] 梁披云．中国书法大辞典 [M]. 广州：广州人民出版社，1984.

[15] 瞿冕良．中国古籍版刻辞典 [M]. 苏州：苏州大学出版社，2009.

[16] 李国钧．中华书法篆刻大辞典 [M]. 长沙：湖南教育出版社，1990.

[17] 许焕玉，等．中国历史人物大辞典 [M]. 济南：黄河出版社，1992.

[18] 戈炳根．常熟国家历史文化名城词典 [M]. 上海：上海辞书出版社，2003.

[19] 廖盖隆，等．中国人名大词典 历史人物卷 [M]. 上海：上海辞书出版社，1990.

[20] 申畅，等．中国目录学家辞典 [M]. 郑州：河南人民出版社，1988.

[21] 张涌泉，傅杰．校勘学概论 [M]. 南京：江苏教育出版社，2007.

[22] 陈仲篪．《营造法式》初探 [J]. 文物，1962（2）：12-17.

[23] 傅熹年．介绍故宫博物院藏钞本《营造法式》[M]// 傅熹年．傅熹年建筑史论文选．天津：百花文艺出版社，2009.

附录　台湾地区馆藏两部宋《营造法式》抄本序跋

一、台湾 4882 本

钱曾

《营造法式》三十四卷，“目录”、“看详”二卷。牧翁得之天水长公，图样界画最为难事。己丑春，予以四十千从牧翁购归。牧翁又藏梁溪故家镂本，庚寅冬，不戒于火，缥囊缃帙，尽为六丁取去，独此本留传人间，真希世之宝也。诫字明仲，所著书有《续山海经十卷》、《古篆说文十卷》、《续同姓名录二卷》、《琵琶录三卷》、《马经三卷》、《六博经二卷》今俱失传。附识此，以示藏书家互搜讨之。钱后人钱曾记。

二、台湾 4883 本

1. 张蓉镜

《营造法式》自宋椠既轶，世间传本绝稀。相传吾邑钱氏述古堂有影宋钞本，先祖观察公求之二十年，卒未得见。庚辰岁，家月霄先生得影写述古本于郡城陶氏五柳居，重价购归，出以见示，以先祖想慕未见之书，一旦获此眼福，欣喜过望，假归手自影写，图像界画则毕仲恺高弟王君某任其事焉。自来政书考工之属，能罗括众说，博洽详明，深悉大饬材辨器之义者，无踰此书，陈振孙《直斋书录解题》，以为超越乎喻皓《木经》者也。谨按：四库全书本系浙江范懋柱天一阁所进，内缺三十一卷木作制度图样，赖有永乐大典所载，以补其缺，则是书之罕观，益可征焉。至“看详”内称书凡三十六卷，而此本仅三十四卷，余所藏宋本《续谈助》，亦载是书，卷数与是本同，盖自宋时已合并矣。吾邑藏书家自明五川杨氏以来，递有继起，至汲古述古为极盛，百余年来其风寖微，今得月霄之爱素好古，搜访秘笈不遗余力，储蓄之富，几与钱、毛两家抗衡，以蓉有同好，每得奇籍，必以相示，或假传钞，略无吝色，其嘉惠同志之雅，尤世俗所难，录竣因书数语，以识欣感，而又以伤，先祖之终不获见也。道光九年辛巳夏六月，琴川张蓉镜识于小琅嬛福地，时年20岁。

2. 褚逢椿

右琴川张君芙川所藏影宋椠李明仲《营造法式》三十四卷“目录”、“看详”二卷，缮写工正，界画细密，盖倩名手从月霄先生借钞。月霄邃于经学，爱日精庐藏书万卷，皆手自校勘，经其鉴定必为善本，而自谓此更精妙出其上，洵希世之珍矣。是书刊于绍兴年，明仲绍圣中以通直郎奉勅编修，徽宗朝官至中散大夫，于时艮岳台榭之观，侈靡日甚，戎马北来，铜驼荆棘，南渡偏安，临安土木增饰崇丽，再度宏规，洪忠宣谓无意中原，不亦信乎。读是书者，当与孟元老梦华离黍，有同慨也！若芙川之好学嗜古，善承先志，则尤足钦仰者。道光戊子季冬，长洲褚逢椿题跋。

3. 邵渊耀

宋李明仲《营造法式》一书，考古证今，经营惨淡，允推绝作。宋椠本不可得矣，其影宋传录者在前代已极珍贵，张君芙川善承祖志，不惜重赀，勒成是编，缮写摹缋，一一精妙，诚艺林盛事也。顾君心尚有嗛者，谓向在都门，见明人抄本十卷至二十四卷，佹得之矣。以议贾不谐而罢。至今犹劳梦想。予独以为君之所见，虽属旧钞，而图样全阙，未审其工拙若何。即如此书，从爱日精庐传写，而工致转居其上，夫安知今之不逾于昔耶。书之可贵者无过宋本，亦以校订之善，雕造之精耳，岂专尚其时代乎。以是解于君，其或非赘言也。道光八年春分后一日隅山邵渊耀跋。

4. 孙鋆

畴若予工勤帝咨，宋明仲即虞廷垂，嘉乃营造若绘画，诏编法式付劂剞，别构匠巧妙丽尽，悉本古制规矩之，乃知艺能虽小道，平生博洽见设施，芙川公子有书癖，搜讨欲究宛委奇，琅嬛秘笈富充栋，一朝触眼惊未窥，谓此传本久罕覯，当年余祖劳梦思，缮写愿分邺架宝，感慨恍如范砚遗，嗜古忝同磁引铁。遗憾忽偿喜溢悲，急求善书更善画，挥毫吮墨交腕疲，饬材鳞萃细笺注，渥饰翚采斑陆离，刻雕物类出崖窍，界画绳墨争毫厘，工成字画诧两绝，缣酬精妙费不赀，书卅四卷图样备，载阅寒暑甫装池。嗟予陋目偏有福，捧观炫若古鼎彝，绛云书目载六册，遵王氏本流传斯，喻皓木经未足拟，考工逸记堪补兹，君今绩学若营室，矻矻披绎下董帷，沉酣缃素得矩矱，心无近事人岂知。物以罕珍聚所好，善成先志良难期。小琅嬛主人以影宋本李明仲《营造法式》见示，时在道光戊子春日，秋山孙鋆题者香女士王婉兰书。

5. 张金吾

《营造法式》图画界画，工细致密，非良工不易措手，故流传绝少，同里家子和先生购访二十年不获，文孙芙川见金吾藏本，惊为得未曾有，假归手自缮录，画绘之事王君某任之。既竣事，出以见示，精楷远出金吾藏本上。语云：莫为之先，虽美弗彰；莫为之后，虽盛弗传，子和先生于是乎有孙矣。夫祖宗之手泽，子孙或不知世守，况能以先人之好为好乎。且嗜好之不同如其面焉，祖父所好者在是，孙子所好者或不在是，不能强而同也，孝子贤孙慎守先泽，一物之微，罔敢失坠，如是者盖已不数观矣，而必责以仰承先志，搜罗未备，其亦尝一察其所好何如，而强之以素未究心者哉。虽然，旷百世而相感者，同气之求也；越千里而相通者，同声之应也，况一体相承，曾无间隔，家学渊源，渐染有素，而必谓继志述事，不能必之子若孙者，非通论也。芙川好学嗜古，吾邑中盖不多见，而金吾所心折者，尤在善承成先志哉。时在道光七年八月上澣，张金吾书。

6. 陈銮

张君芙川持示其所藏影钞宋李诫《营造法式》三十四卷，是书宋椠久亡，旧钞亦鲜传本，好古之士一见为幸。芙川令祖子和观察尝购之不获，芙川借得而手钞之，摹观察像于卷首，于此见芙川不惟善读书，且善继志也。自昔共工命于虞，考工记于周，后世设官，工居六部之一，营造之事，君子所当用心。按诫生平，恒领将作，前后晋十六阶，咸以营造叙勋，其以吏部年格迁者，七官而已，当时太庙、辟雍、龙德、九成、尚书省、京兆廨，国家大役事，皆出其手，故度材程功，详审精密，非文人纸上谈可比。今读其经进《劄子》，有仁俭生知，睿明天纵，渊静而百姓定，纲举而众目张，官得其人，事为之制，丹楹刻桷，淫巧既除，菲食卑宫，淳风斯复。殆亦有见于徽庙之侈心，而意存规讽乎。诫殁于大观四年，自后神霄艮岳之役起，童贯领局制，朱勔运花石，宋亦由是南度，是书之存，足以考鉴得失，乌得以都料匠视之哉。道光庚寅花朝，鄂州陈銮跋于琴川之石梅仙馆。

7. 黄丕烈

余同年张子和，有嗜书癖，故与余订交尤相得，犹忆乾隆癸丑间，在京师琉璃厂耽读玩市，一时有两书淫之目，既子和成进士，由翰林改部曹，出为观察，偶相聚首，必以搜访书籍为分内事，余亦因子和之有同嗜也，乘其乞假及奉讳之归里时，辄呼舟过访，信宿磐桓，盖我两人之作合由科名，而订交则实由书籍也。子和有二丈夫子，皆能继其家声，所谓能读父书者。今其冢孙伯元，以手钞《营造法式》见示，属为跋尾，余谓此书世鲜传本，而今得此精钞之本，自娱固为美事，然人所难得者，最在世守一语。语云：莫为之前，虽美弗彰；莫为之后，虽盛弗传。今伯元少年勤学，不但世守楹书，而又能搜罗缮写，以广先人所未备，得不谓之有后乎。余年已及耆，嗜好渐淡，所有不能自保，安问子孙。兹读伯元所藏之书，并其题识，知其精进不已，于古书源流及藏弆诸家之始末，明辨以晢，子和为有文孙矣。他日当续泛琴川之棹，以冀博观清秘，其乐可何如邪。道光元年正月十有二日，宋廛一翁。

8. 孙原湘

从来制器尚象，圣人之道寓焉，规矩准绳之用，所以示人以法天象地、邪正曲直之辨，故作为宫室台榭，使居其中者，寓目无非准则，而匪僻淫荡之心以遏，匪直为示巧适观而已，宋李明仲《营造法式》，绍圣中奉敕重修，内四十九篇原本经传，讲求成法，深合古人饬材庀事之义，其三百八篇亦皆自来工作相传，经久可用之法。明仲固博洽之士，故所述虽艺事而不诡于道如此。顾宋槧既不可得，四库全书本亦范氏天一阁所进影抄宋本，内缺三十一卷木作制度图样，从永乐大典中补入。至人间传本绝少，向闻钱遵王家有影宋完本，渊如观察兄尝寓书子和及余，属为购求，徧访不得，事阅二十余稔矣。今年秋，子和孙伯元以此本见示，云假之张月霄，月霄盖新得之郡城陶氏书肆者，伯元手自抄录，并倩名手，王生为之图样界画，从此人间秘笈，顿有两分，为之欢喜庆幸，惜渊如、子和之不得见也。述古书目称赵元度得《营造法式》，中缺十余卷，先后搜访借抄，竭二十余年之力，始为完书，图样界画，费钱五万，命长安良工，始能措手，前人一书之艰得如此。今伯元年正少，爱素好古，每得奇籍，辄自抄写，即此书之图样界画，费已不赀，故精妙迥出月霄本上，以余与子和积愿未见之书，伯元能以勇猛精进之心成此善举，子和为有孙矣。为识于卷尾，以告后之读是书者。嘉庆二十五年七月望后，心青居士孙原湘跋。

9. 郑德懋

右李诫《营造法式》三十四卷，“看详”一卷“录”一卷，小琅嬛福地影宋写本，小琅嬛主人之所藏也。周官考工遗意具见于此，其中援引典籍至为赅博，颇足以资考订，即如“看详”卷内，引通俗文云：“屋上平曰陠，必孤切。”按臧镛堂刊辑本通俗文，止举御览所引“屋加椽曰橑”一条、广韵所引“屋平曰屠苏”一条，今当以“屋上平曰陠”一条增入；又“看详”卷内，引《尚书大传》注云：“贲，大也，言大墙正道直也。”今本《尚书大传》注云：“贲，大也；廧谓之廧，大廧，正直之廧。”其文微异，当两存之；又“看详”卷内，引《周髀算经》云：“矩出于九九八十一，万物周事而圜方用焉，大匠造制而规矩设焉，或毁方而为圜，或破圜而为方，方中为圜者谓之圜方，圜中为方者谓之方圜也。”今本《周髀算经》“矩出于九九八十一”之下，无“万物周事”至“谓之方圜也”四十九字，是则可补今本周髀之脱佚者矣。以上数端，若无李诫斯编，安所据以证明之？宜小琅嬛主人之珍秘之也。道光丙戌重阳后三日，闻筝道人识后。

10. 钱泳

右影抄宋槧李明仲《营造法式》三十四卷“目录”“看详”二卷，吾乡张上舍芙川所藏也。余尝论图书金石诸物，虽聚于所好，而其间废兴得失，亦有关乎世运，世运昌则万宝毕呈，不仅文籍也。此书海内稀见，尚愿芙川付之剞劂氏，以传不朽，不亦大快事耶！梅华溪居士钱泳记。

重庆丰都名山天子殿后殿调查与分析

何知一

（重庆朗森建筑设计顾问有限公司）

摘要：重庆丰都名山以种种神话传说造就的独特“鬼文化”闻名于世。名山古建筑群现为重庆市文物保护单位，核心建筑为天子殿，后殿又是核心建筑中的重点。其始建年代已不可考，但据文献记载，最早当在东汉末年，最迟当在五代或唐初间。历代均有修缮或重建，现存为康熙三年（1664 年）重修、民国十一年（1922 年）维修后的建筑。通过对后殿建筑式样与大木构架的调查、分析，笔者认为后殿是一座典型的南方殿堂式歇山建筑，其建筑式样、大木构架、屋面“走水”、柱间斗栱采用“计心重栱造”、柱头和转角斗栱采用“插栱造”做法、缝内采用“扶壁栱”等做法等均具有宋时遗风，且与宋《营造法式》的一些做法较为接近，而非现在人们普遍认为的具有清代川东建筑特色。

关键词：丰都，天子殿，后殿，调查，分析

Abstract: Ming(Famous) Mountain in Fengdu county, Chongqing municipality, is famous for its unique “ghost culture”. Its ancient buildings are protected at (Chongqing) city level. The core building is Tianzi (Son of Heaven) Complex (literally Hall), and the architectural center of this complex is the back hall. The date of construction of the back hall in unclear, but according to historical records, it was built sometime between the late Eastern Han and the Five Dynasties (or early Tang). Rebuilt or reconstructed on several occasions, the building in its current condition dates to the third year of emperor Kangxi’s reign (1664), although it underwent maintenance in the eleventh year of the Republican era. Through the investigation and analysis of the architectural style and timber frame construction, the paper suggests that the back hall is a typical southern palatial-(*diantang*)-type building with hip-gable roof (*xieshan*). Its form and construction recall the style of the Song dynasty, for example, its raising of the roof (*zhoushui*) and use of “filled-heart”(*jixin*)-style bracket sets with *chonggong* (double-tier brackets parallel to the wall plane), bracket-arms inserted into corner and eaves column shafts (*chagong*), and at the bay boundary lines, bracket-arms and joists piled up within the wall plane (*fubigong*). These methods are close to those regulated in the Song building standards (*Yingzao fashi*), but differ from the architectural tradition of eastern Sichuan in the Qing dynasty (as has been previously wrongly assumed) .

Keywords: Fengdu, Tianzi (Son of Heaven) Complex, back hall, investigation, analysis

丰都县位于重庆市中部，三峡库区腹地，下川东区域中心。自武王封其宗室子爵于巴，酆都（现丰都）为巴子别都。历经 2000 多年沧海桑田，以种种神话传说造就的独特“鬼文化”闻名于世。丰都名山遗存有大量的宗教文化遗产、文化遗址和古建筑。名山古建筑群现为重庆市文物保护单位。由于历经战乱和近代政治运动，名山古建筑群遭受了毁灭性破坏，绝大部分建筑为 20 世纪 80 年代修建。唯一残存的天子殿为清代遗物，已成为研究丰都名山古建筑不可多得的实体孤本。2010 年笔者参与了中国文化遗产研究院组织的名山天子殿测绘与修缮设计工作，收集了大量的资料。现将其后殿的建筑式样与木构架形式等相关资料进行梳理、分析，试图还原它的真实面目。

一、历史沿革

天子殿位于丰都名山山顶，始建年代已不确考。从清光绪十九年（1893年）编纂的县志中发现其称呼时有变化。该志载："丰都观，在平都山[1]顶，唐曰：仙都观，宋改景德，亦称白鹤观。"[2]清初重建时更名"阎君殿"，后称"耀灵殿"，俗名"天子殿"。现山门外牌坊上匾额仍为"天子殿"。[3]

天子殿始建"最早当在东汉末年，最迟当在五代或唐初间。丰都传说，唐初名将尉迟恭曾在此监修庙宇"。[4]最早确切记载天子殿修缮情况的文献为唐太和七年正月五日（833年）左仆射段文昌捐资重修时所撰的《修仙都观记》，其记载："太和庚戌岁（830年），自淮南移镇荆门。有客由峡中来者，皆言当时题记文字犹在。观宇岁久，台殿荒毁，不出数年必尽摧没于岩壑矣。乃捐一月秩俸俾令修葺，子来同力，浃旬报就。"[5]

宋、元时期的修缮情况，因无碑刻、文献记载，无从考究。

明永乐二十二年（1424年）蒋夔撰《重修平都山景德观记》，较为详细地介绍了当时名山殿宇的修缮情况："平都山，在今四川重庆府忠州丰都县之东北。山有观，额曰：景德。[6]……成都府道纪司都纪何悟幽，当明永乐元年（1403年）癸未繇钦差道士李进道启奏蜀献王，令旨住持是山，领焚修事。……于是广募擅施，命鸠工入山抡材，滨水陶甓，经画营缮，几经数寒，乃克落成，黝垩丹雘，金碧辉煌，……"。[7]这是文献记载的第二次修缮。

明末岁贡生林明俊撰《重修丰都山记》载："（天子殿）前不及考，历汉唐宋元明以迄于今，不知几兴废存毁，甲申一变[8]，咸阳烈炬，山中一无存者，独五云楼岿然屹于灵光。……康熙元年（1662年），汤双来令兹土，……汲汲不欲听其废，励意修举。……越二年而完阎君殿，……"[9]据考证，此次重修形成了天子殿现在的格局。

民国十一年（1922年）天子殿经过一次大修，但未对建筑总体布局和结构进行调整。[10]

1985年名山管委会对天子殿进行过一次维修，今天看到的天子殿就是此次维修后的状态[11]，此次维修对天子殿建筑扰乱较大。

二、总体布局与后殿的地位

天子殿占地约2400平方米，建筑面积1055平方米。坐南面北，建筑布局依山势呈阶梯状。牌坊、山门，前、中、后三大殿依次排列在中轴线上，钟楼、鼓楼、东西厢房和东西狱殿左右对称排列。牌坊北部为五云楼。牌坊左侧为钟馗殿，右侧为望乡台。后殿南为二仙楼（图1）。

天子殿前殿、中殿、后殿前后檐相连而建，合称"三大殿"，为天子殿主体建筑（图2）。前、中殿面阔为尺寸相同的三开间，明间正贴[12]为

[1] 平都山，又称名山。

[2] 文献[1].

[3] 文献[2].

[4] 文献[3]：13.

[5] 文献[4].

[6] 山有观，额曰：景德。指景德观，即天子殿。

[7] 文献[5].

[8] 指明崇祯十七年（1644年）李自成攻克北京。

[9] 文献[6].

[10] 文献[7].

[11] 文献[7].

[12] 贴：即横剖面部分，由柱、蜀柱（童柱）、梁、穿、方、檩组成的木构架。明间正贴，即明间横剖面。参见：姚承祖，原著．张至刚，增编．刘敦桢，校阅．营造法原[M].北京：中国建筑工业出版社，1986。第二章平房楼房大木头总例。

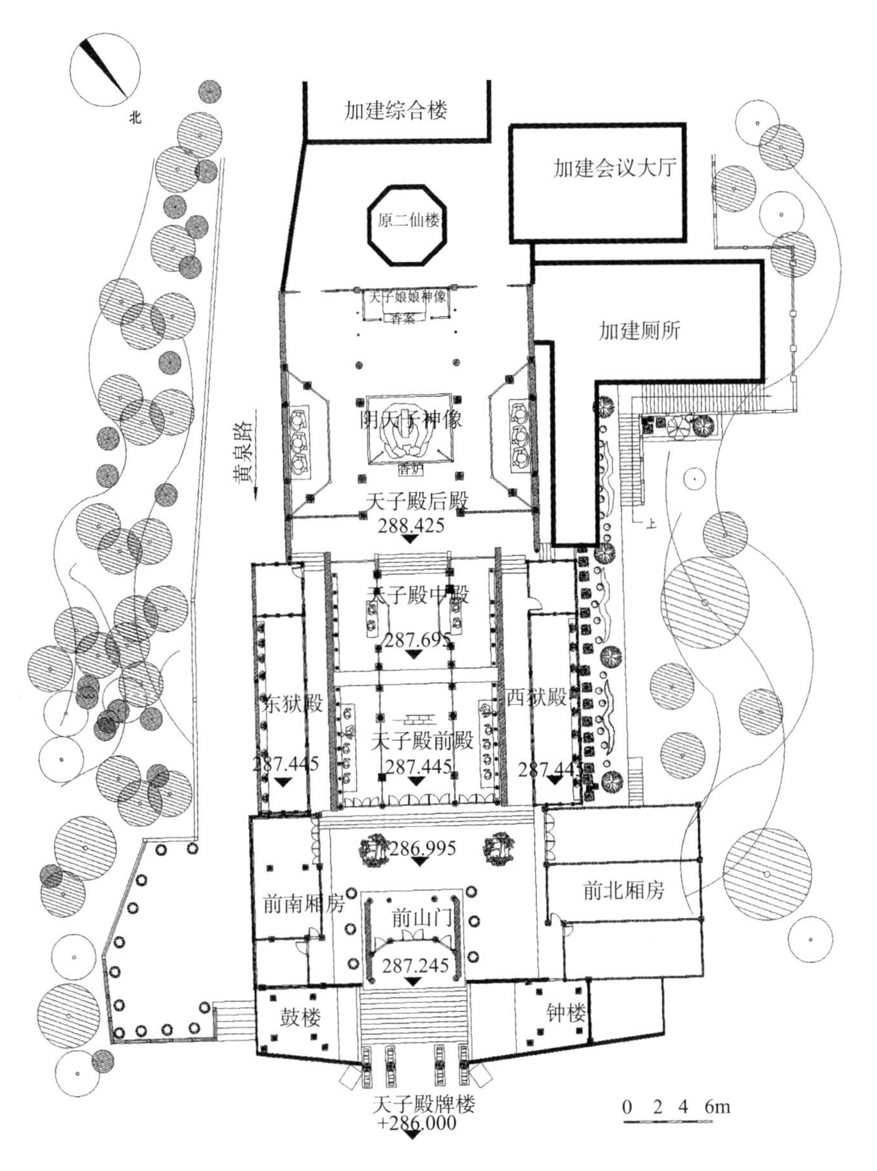

图 1　天子殿总平面图
（作者自绘）

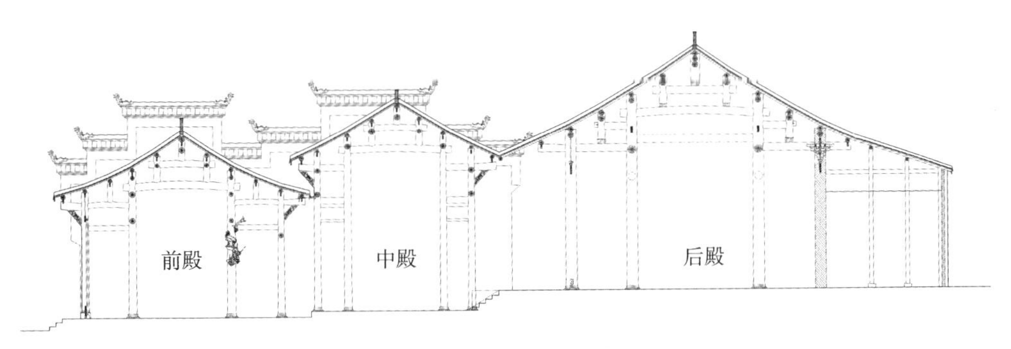

图 2　“三大殿”现状剖面图
（作者自绘）

抬梁式与穿斗式相结合木构架，两山[1]边贴为穿斗式木构架。青瓦硬山屋顶，两殿封火墙直接相接。后殿为抬梁式与穿斗式相结合木构架，青瓦歇山屋顶，有斗栱。后殿建筑形式在天子殿建筑群中属于最高等级。

[1] 建筑物的两端。

后殿明间心间筑有高 1.5 米、长 5.73 米、宽 4.5 米的神台。神台上安放三门五楼式神龛，供奉高约 6 米的阴天子神像，两侧配祀“六值功曹”。与后殿处于同一空间内的前、中殿两侧分别配祀“十大阴帅”和“四大判官”。“三大殿”山墙外两侧的东、西狱殿内塑有“十八层地狱”中多种酷刑塑像，以示此为“阴曹地府”。“三大殿”为天子殿建筑群的核心建筑，又以后殿为重心，前殿、中殿以及其他建筑均处于从属地位。

三、后殿现状

后殿居于中殿之后，从中殿后檐柱处起步，上五级台阶即为后殿前檐台基。前檐柱距中殿后檐柱仅 2.75 米[2]，后殿前檐屋面檐口与中殿后檐屋面檐口相接形成天沟，将屋面雨水排向两山之外。后期修缮时沿后檐屋面坡向后延伸 4.92 米，形成一低矮“厦间”，供奉阴天子娘娘。

[2] 轴线距离。

1. 平面

后殿面阔三间，进深一间，带周围廊。中轴线与前、中殿同轴，两山面比前中殿向两侧各宽出 2.56 米。宽于中殿部分为通往东、西狱殿的台阶。

后殿总面阔 16.64 米，其中明间面阔 6.56 米，次间面阔 3.54 米，左右廊面阔各 1.5 米。总进深 14.73 米，其中心间进深 7.41 米，前后檐进深 1.2 米，加建“厦间”进深 4.92 米。明间正贴前后步柱和两山檐柱向内移动了 1.2 米，使室内明间祭祀空间相对增大，人流交通更加通畅。既解决了前、后檐廊进深较浅、祭祀空间狭小的问题，又缩短了前后步柱间的跨度。同时，减去了两次间边贴前后檐柱，从视觉上看似无左右廊，形成面阔三间的效果（图 3）。

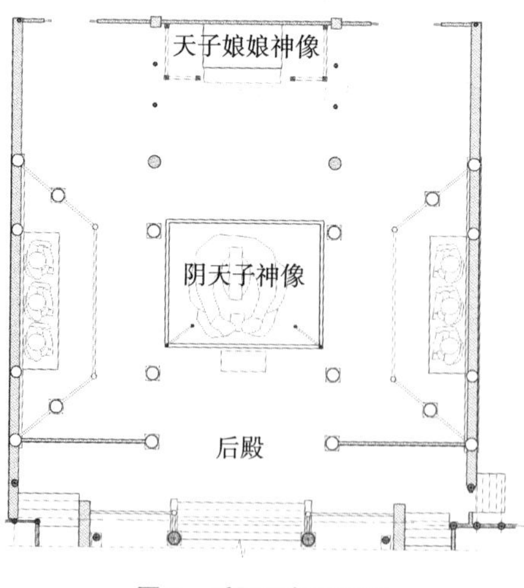

图 3　后殿现状平面图
（作者自绘）

2. 梁、柱

现存梁柱为九檩歇山，穿斗式与抬梁式相结合的木构架。[3]明间正贴为内四界对前后双步廊。结构形式虽然近似于《营造法原》“七界正贴”，但又有所不同。其区别在于《营造法原》“七界正贴”前檐为单步廊，而后殿前檐为双步廊。这种做法

[3] 后期加建的“厦间”不作为后殿建筑讨论的范围，下同。

既增加了前檐的祭祀空间，又使前后檐廊保持了对称。次间边贴[1]与明间正贴在结构上的不同之处在于增加了收山结构（图 2）。

1）柱

明间正贴四柱落地，前后檐对称分布。前檐柱高 6.24 米[2]，后檐柱高 6.21 米。前、后檐步柱高均为 7.55 米。脊檩上皮距地面 9.1 米。柱径[3]为 0.34~0.5 米。前檐柱径均为 0.43 米，两山和后檐柱径为 0.34~0.42 米。次间边贴步柱和明间正贴步柱柱径较大，特别是明间正贴步柱，最大的达 0.5 米。[4]两山边贴八根檐柱无柱础石，柱子直接立在高 0.15 米的磉石[5]之上，其余各柱均有石质覆盆式柱础石。各柱采用自然圆木，有较大收分。

2）梁、穿、方[6]

前后檐柱与步柱之间穿直径 0.3 米圆形双步穿，并穿过前后檐柱由圆形转变为 0.3 米 ×0.15 米矩形挑檐方承托挑檐檩。双步穿上立下步蜀柱[7]承托下步檩。下步蜀柱与步柱间穿直径 0.28 米圆形单步穿，并向下步蜀柱出榫加梢子固定。前后步柱间穿直径 0.3 米大梁，并向前后步柱出榫。梁下 0.7 米处在前后步柱上遗留有随梁方卯口[8]（图 4）。大梁上立直径 0.3 米金蜀柱承托金檩。在前后金蜀柱间穿直径 0.3 米山界梁[9]，并向金蜀柱出榫。山界梁正中立直径 0.27 米脊蜀柱承托脊檩。

明间正贴前后步柱与山面廊柱距地 6 米处穿 0.24 米 ×0.09 米矩形横方连接。在其下距地 5.2 米有直径 0.32 米圆形“横方”连接明间正贴步柱与山面廊柱；在此“横方”下距地 4.18 米处遗留有连接步柱与侧廊檐柱的“横方”卯口[10]（图 5）。

明间正贴步柱与左右廊步柱间距地面 5.2 米处的圆形“横方”上立直径 0.28 米次间边贴步蜀柱承接步檩。并在距地 6.3 米处蜀柱上向山面外飞出一“圆檩”[11]，承接山面歇山屋面桷子[12]端头（图 6）。

图 4　后殿明间正贴步柱上遗留的随梁方卯口
（作者自摄）

图 5　后殿明间正贴步柱上遗留的“横方”断头、卯口
（作者自摄）

图 6　山面收山结构现状
（作者自摄）

---

[1] 次间横剖面。
[2] 柱高以地坪起，算至檩上皮，下同。
[3] 除特别说明者外，柱径均指柱底直径，下同。
[4] 后檐明间正贴两根檐柱遗失，后期修缮时用砖柱替代。
[5] 柱下承重之石。
[6] 穿、方：即枋，川渝地区对枋的俗称。垂直于开间方向连按两柱（含蜀柱）间的枋称穿。平行于开间方向连接两柱间的枋称“方”。
[7] 蜀柱，即童柱，立在梁、穿（枋）上的矮柱，是川渝地区对童柱的俗称。
[8] 后期维修扰乱所致。
[9] 即平梁。
[10] 后期维修扰乱所致。
[11] 相当于清《工程做法则例》的踩步金。
[12] 桷子，即矩椽子，屋面瓦下的承重构件。

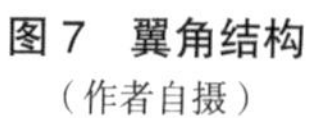

图7　翼角结构
（作者自摄）

图8　角梁结构
（作者自摄）

次间边贴步柱与角柱之间穿 0.24 米 ×0.09 米矩形斜穿，斜穿之下穿直径 0.3 米圆形夹底。老角梁直接置于角柱和次间边贴步柱柱头之上，通过角柱置于正面与山面挑檐檩交头上（图 7）。角梁做法较为特殊，除有老角梁和仔角梁外，在仔角梁上还有一根仔角梁，形成双层仔角梁结构（图 8）。

整个屋架几乎没有任何雕饰，只用圆木扁方相互穿接，上深色油饰。感观整体感较强，构架结构朴质大方。

3. 檩

前后挑檐檩径为 0.18 米，其余各檩径均在 0.2 米左右。前后檐檩下有 0.15 米 ×0.07 米随檩方。下步檩、步檩、金檩和脊檩下虽无矩形随檩方，但有直径 0.23 米圆形“附檩”。且脊檩和下步檩下有双层“附檩”,即在“附檩”之下还有一“檩”，形成“三檩”相叠。明间上槛与檐檩随檩方之间为竹编草筋刀麻灰墙面。

4. 斗栱[1]

梁架上现遗留有残缺不全的斗栱 17 架，分布于建筑物的右檐廊和后檐两次间檐下。[2]从形制上分析似有宋代遗风，采用了诸多较为典型的宋代斗栱形制，如插栱造、计心重栱造、扶壁三重栱等。但与《营造法式》所列斗栱式样比较，又不尽相同。一是尺寸没有宋式斗栱硕大，却有清式斗栱小巧清秀之感；二是在形制上有着特别之处，里外三路出跳，也属奇特。

[1] 为了表述方便，斗栱构件以下均以《营造法式》的名称称之。

[2] 后殿右檐廊墙外为“黄泉路”，是由“鬼门关”通向天子殿的必经之路，后檐外为二仙楼后空地，可直接观察檐下结构。因此，将遗存斗栱安装在这两个部位疑为后期修缮时将原残存斗栱人为安装于此，供观瞻。而前檐与中殿相连接，左檐山墙外为悬岩，无行人通过，无法观察其檐下结构，故未安装斗栱（图 1）。

图 9　柱间外檐斗栱（左）、内檐斗栱（右）
（作者自摄）

图 10　柱头外檐斗栱卯口（左）、内檐斗栱（右）
（作者自摄）

1）柱间斗栱

柱间斗栱均以华栱出跳，无下昂。出跳形式与宋《营造法式》和清《工程做法则例》规定有所不同，除在中心线上以华栱方式出跳外，在中心线两侧也各有一组华栱出跳，且与瓜子栱呈 90° 角相连接。现存斗栱残缺不齐，部分构件已经遗失（图 9）。

2）柱头斗栱

柱头斗栱遗留有壁内栱三跳。外檐挑檐方下的柱身上遗留有竖向排列的三个卯口，疑为出跳华栱的卯口。内檐既无斗栱构件，也无卯口遗存。这应当是典型的插栱造和扶壁三重栱做法（图 10）。

3）转角斗栱

转角斗栱仅剩壁内栱三跳。外檐角柱上，在垂直于墙体、与墙体呈

图 11　转角斗栱卯眼
（作者自摄）

45° 角和沿翼角方向各遗留有竖向排列的三个卯口，应为出跳列栱和斜栱的卯口，也是典型的插栱造和扶壁三重栱做法（图 11）。

5. 屋顶

青瓦歇山屋顶，屋面微微向上起翘，形成弧面。整个屋面走水比前、中殿略为陡峭。正脊、戗脊和垂脊为灰布筒子脊。无脊刹、吻兽，屋面装饰极为简陋。

6. 装饰

室内为彻上露明造，无任何天花装饰。前檐明间开敞，无地槛与隔扇门。明间上槛与檐檩随檩方之间为竹编草筋刀麻灰墙。两次间砖砌矮墙抹刀麻灰粉蓝色涂料，矮墙墙上安装隔扇窗。后檐与加建的“厦间”之间用竹编墙分隔，现已大部毁损。后檐柱上遗留有隔扇门窗卯口。两山用 3 米高、0.36 米厚砖砌墙体将檐柱包裹，墙面抹刀麻灰粉蓝色涂料。砖墙以上为竹编墙筋抹白灰。现室内地面后期改建为混凝土仿青石地面。

四、形制分析

关于天子殿建筑形态，清及清以前的文献都没有记载。仅民国二十四年（1935 年）原四川乡村建设学院卫惠林教授在其撰写的《丰都宗教习俗调查》一文中，对天子殿建筑有过这样的描述：“天子殿为山上最大的建筑物，殿高五丈，深阔约四丈许，光线不易射入，致殿内黑暗如漆，寒气逼人。殿前有一宽大之祭坛。天子殿之屋顶为四倾斜屋顶。登五云楼俯看，似为广伞。屋顶无任何装饰，瓦形亦普通，据住持僧人说，土瓦下层铺有一层锡瓦。但现在留存甚少。当系累次重修，累次荒废的结果。”[1]

利用文献资料记载对天子殿后殿建筑形制与结构进行研究几无可能。

[1] 文献 [3]：7.

因此，只有充分利用现在的遗存，试对后殿建筑平面布局、大木构架、斗栱和屋顶四个方面进行分析，探索其建筑形制与结构特征。

1. 平面

1）现状分析

由于受地形的限制，后殿开间较窄、进深较浅。高达 6 米的阎罗天子（当地人称“阴天子”）塑像占据了整个后殿明间的中心空间，留给前后廊的祭祀空间非常窄小（前后廊进深仅 1.2 米左右）。因此，匠师们便将明间正贴前后步柱向内移动了 1.2 米，加大了前檐的祭祀空间和后檐的疏散空间。同时，为了使后殿外观宏伟，加大开门，减去了前后檐次间边贴檐柱，从感观上形成三开间而无左右廊间的错觉。

后殿平面的布置方式上，最大的不解之处是前后廊进深为 1.2 米，而左右廊开间宽度为 1.5 米。在四角形成矩形“廊间”，角梁不能与纵、横轴线成 45° 夹角，造成山面屋面与前后檐屋面在角梁处不能够完全吻合衔接。不但不能满足歇山或庑殿屋面对平面尺度的要求，[1] 而且与中国传统建筑做法相悖。因此，推测有可能是在某次修缮中，为了加宽通向东西狱殿的通道，将左右廊开间尺寸由 1.2 米加宽到 1.5 米。[2]

2）结论

根据上述分析，后殿建筑的平面布置应为：面阔三间、进深一间带周围廊。采用移柱法将明间正贴和左右廊檐柱向内移动 1.2 米，并减去了次间边贴檐柱。从外观上看，隐去了左右廊，使外立面看似三开间而无左右廊。内部空间因隐去了前后廊而加大了室内空间。后殿平面尺寸为总面阔 16.04 米，其中明间 6.56 米，次间 3.54 米[3]；通进深 9.81 米，其中心间 7.41 米，前后廊各 1.2 米。前后檐明间安装隔扇门，两次间在矮墙上安装隔扇窗（图 12）。

[1] 从现存木构架结构分析，后殿可以排除悬山或硬山屋顶的做法。

[2] 加宽尺度约为 1 尺。

[3] 含左右廊深 1.2 米。

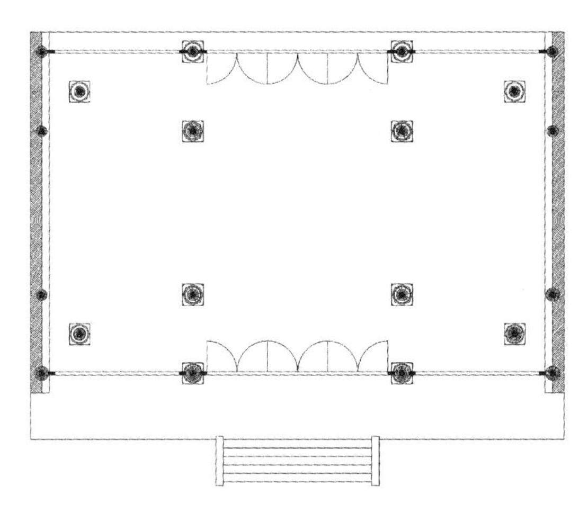

图 12 天子殿后殿平面图
（作者自绘）

2. 大木构架

1）现状分析

后殿大木构架为抬梁式与穿斗式相结合的形式。抬梁式大木构架形成的大跨度，能够充分满足祭祀对室内空间的需要。同时又采用了部分穿斗结构，利用穿斗式木构架稳定性强的特点，加强建筑的刚度和抗风能力。就其结构形式而言，既受移民文化的影响，流露出北方官式建筑和江南建筑的影子；又有川东建筑的做法，保留有穿斗结构的特征。

一方面，明间正贴大木结构近似于《营造法原》所列“七界正贴”做法。但又有所区别。“七界正贴”前廊为单步廊，后廊为双步廊。且前檐柱高于后檐柱。而后殿前后廊均为双步廊，且前后檐柱等高。从而既增加了前檐内的祭祀空间，又保持了前后廊对称。此种做法在保持江南建筑构架特征的基础上，对江南建筑进行了改进和优化。

另一方面，后殿所采用的抬梁式木构架又近似于清《工程做法则例》的“小式做法”和宋《营造法式》的“八架椽屋前后乳栿用四柱”。但又有所区别。具体表现在：

（1）承重构件不同。清《工程做法则例》中，小式做法的抬梁式木构架是柱上架梁、梁上又抬梁，以此类推。梁的两端承檩。宋《营造法式》做法是柱头上置栌斗承梁，梁穿过栌斗上的令栱，令栱上架替木，替木承檩。而后殿则是用柱头直接承檩。

（2）梁与柱的搭接方式不同。清《工程做法则例》中，梁与柱的搭接方式是梁头置于柱头之上。宋《营造法式》中，梁[1]头置于柱头上的栌斗之上，梁上无蜀柱承托山界梁，而是用斗栱承托。后殿则是梁头插入柱身的卯口内，并穿过柱身出头。梁上再立蜀柱，向上层层叠加。梁在结构中的作用既有穿斗结构中穿方连接两柱的作用，又有抬梁木构架中梁承载上层结构的作用。

（3）梁的形态和尺度不同。清《工程做法则例》中，梁的断面形态为矩形，个别特殊的为方形。而后殿梁的断面形态为椭圆形或圆形。断面尺度也比清《工程做法则例》规定的矩形或方形梁要小，而且使用自然圆木，不经加工、去弯取直。在布置梁时，梁中高而两端略低，形成一定的向上弧形，类似江南建筑中的月梁和宋《营造法式》规定的椽栿和平梁，以抵抗梁的部分挠度。这种做法首先考虑的应该是建筑结构问题，另外经济状况也可能是原因之一。而不是江南建筑中，从美观角度考虑，将梁人为加工成弧形。

2）结论

综上所述，后殿梁架结构可以认为是抬梁结构与穿斗结构的一种混合性演化。把穿斗式木构架中两柱之间的穿方用这种特殊形态的梁代替，再通过减柱或移柱的方法减少部分落地柱，使地面空间更加空旷、更加方便

[1] 即四椽栿。

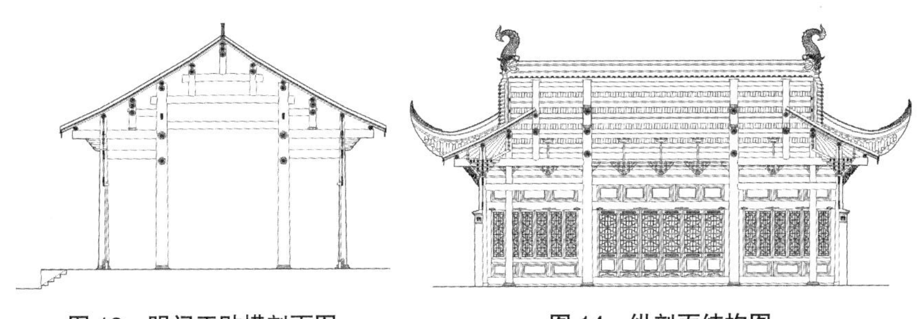

图 13　明间正贴横剖面图
（作者自绘）

图 14　纵剖面结构图
（作者自绘）

使用。其优点在于吸收了穿斗式木构架的优点，利用梁的两端连接两柱，增加纵向刚度，起到了稳定木构架、增加木构架抵抗外力的作用。次间山面檐柱与步柱间穿“横方”，“横方”上立蜀柱，前后蜀柱上再穿梁承接山面椨板端头而形成收山结构（图 13，图 14）。

3. 斗栱

斗栱式样与做法能够反映出该建筑的历史与渊源，是鉴定古建筑年代或制式的关键构件之一。现遗存于后殿上的斗栱式样与做法明显具有宋时遗风。但由于缺乏文献记载，现仅能从遗留的斗栱构件及木构架上的卯口等实物的特征来进行分析推测。

1）四个显著特征

（1）柱头斗栱和转角斗栱采用“插栱造”，无栌斗，栱身直接插入柱身内（图 10，图 11）。

（2）柱头斗栱采用扶壁三重栱。

（3）柱间斗栱采用计心重栱造，且其出跳方式较为特殊（图 9 ~ 图 11）。柱间斗栱普遍沿垂直于檩条的栌斗中心线出跳，华栱上再架慢栱，慢栱上又架华栱，层层向上叠加。但后殿柱间斗栱除按上述做法出跳外，还在平行于华栱中心线两侧各有一组“华栱”出跳。类似于西南地区特有的“如意斗栱”，但与“如意斗栱”又有区别：第一，中心线两侧出跳的“华栱”是垂直于檩条的，而“如意斗栱”出跳则是与檩条成 45° 夹角。第二，每架斗栱是独立的，而“如意斗栱”在斗栱层是连成一个整体的。

（4）斗、栱构件不分瓣卷杀，呈一条优美、光滑的弧线（图 9 ~ 图 11）。

丰都天子殿最后一次重修于康熙三年（1664 年），但从现在遗存的斗栱构件分析，此次重修仍然保留有明永乐年二十二年（1424 年）重修时的风格。据《丰都县志》记载，永乐重修时领焚修事的何悟凼在对天子殿的修事中坚持“修古制，恢拓前业”。[1] 建筑式样未作改变。我国元代建筑基本沿袭宋制，变化不是很大。

[1] 文献 [5].

综上所述，后殿斗栱在一定程度上具有宋《营造法式》斗栱的典型特征。因此可以认为，虽然天子殿后殿历史上经历了多次修缮，但仍然保留了大量的宋代建筑遗风。

2）结论

如前所述，后殿斗栱应当具有宋时做法特征，柱头斗栱和转角斗栱为“插栱造”和“扶壁三重栱”，柱间斗栱为“计心重栱造”。斗与栱等构件不分瓣卷杀，呈一条优美、光滑的弧线。斗栱布置应该没有现有遗存密集。参照有宋一代的斗栱布置方式，后殿斗栱应为34架。具体为：转角斗栱4架，柱头斗栱8架，柱间斗栱22架。其中前后檐明间柱间斗栱各3架，前后檐左右次间柱间斗栱各2架，两山面心间柱间斗栱各2架，次间柱间斗栱各1架（图15）。

（1）柱间斗栱。柱间斗栱向檐外出四跳后用令栱承托橑檐方。向檐内出跳分两种情况：一是后尾无柱的柱间斗栱向檐内出三跳，第三跳承托耍头[1]，耍头上插入挑斡，挑斡后尾用令栱，令栱上置替木，替木承托下步槫附槫（图16）。二是紧靠转角斗栱处后尾有步柱的柱间斗栱，向檐内出

[1] 向檐外出跳的第四跳华栱后尾在檐内转化为耍头。

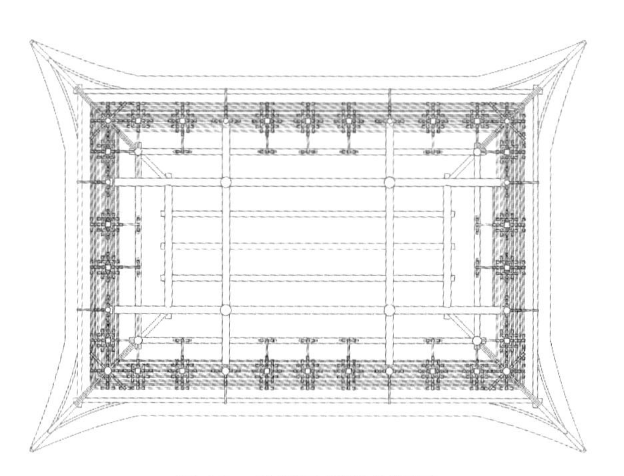

图15 斗栱及梁架仰视图
（作者自绘）

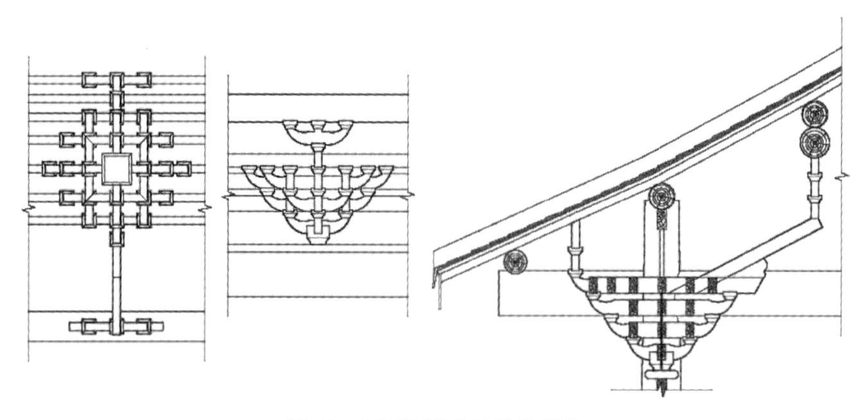

图16 后尾无柱的柱间斗栱图
（作者自绘）

二跳，第二跳承托单步穿。而檐外的第三、第四跳栱后尾向檐内插入单步穿内[1]（图 17）。

（2）柱头斗栱。柱头斗栱采用缝内“扶壁三重栱”做法。在柱身左右两旁分别有与柱间斗栱相同高度的壁内栱三跳[2]，栱身插入柱内，第三跳壁内慢栱承托柱头方。向檐外出跳的华栱现已遗失，柱身上留有卯口三个。无大斗，起跳位置低于柱间第一跳华栱，据此可以肯定柱头斗栱为“插栱造”做法。壁内按现在遗存做法向左右出壁内泥道栱一跳、壁内慢栱两跳。向外出华栱三跳，第三跳承托挑檐方。起跳位置低于壁内栱一跳，斗栱后尾均直接插入柱身内，柱头斗栱向檐内不出跳（图 18）。

（3）转角斗栱。转角斗栱仍然为“插栱造”做法。檐外五组出跳，即山面、正面（背面）各有一组垂直于墙体的列栱出跳，两组与墙体成 45° 夹角的斜栱出跳，一组沿翼角方向的斜栱出跳。列栱和与墙体成 45° 夹角的斜栱均出四跳，第四跳用令栱承托橑檐方。沿翼角方向的斜栱出二跳，第二跳承托翼角挑檐方。壁内栱与柱头斗栱做法一致。檐内

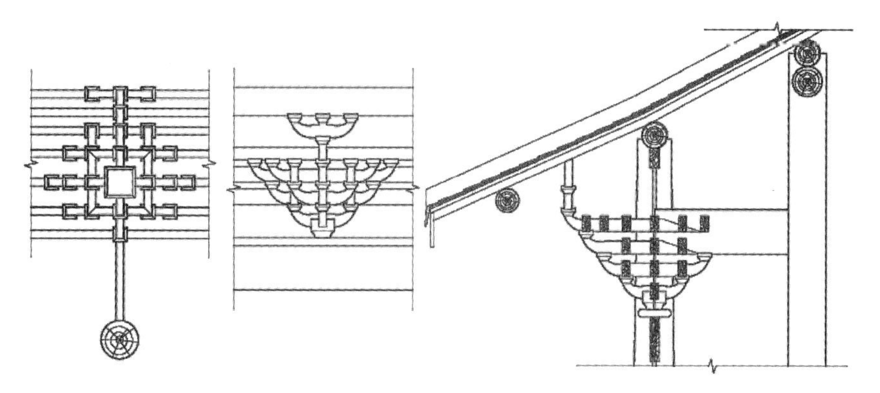

图 17　后尾有柱的柱间斗栱图

（作者自绘）

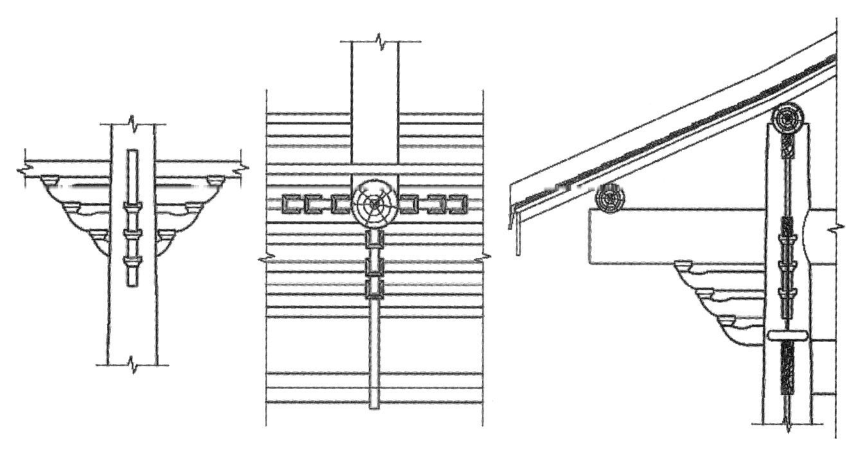

图 18　柱头斗栱图

（作者自绘）

[1] 类似广西容县真武阁中层檐斗栱做法。参见：梁思成.广西容县真武阁的“杠杆结构”[M]// 梁思成全集·第五卷.北京：中国建筑工业出版社，2001。

[2] 泥道栱一跳，壁内慢栱二跳。

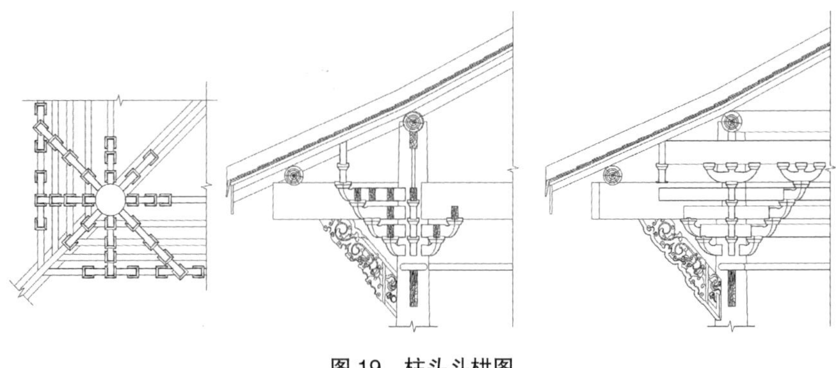

图 19　柱头斗栱图

（作者自绘）

沿翼角方向出二跳，第二跳承托斜步穿。转角斗栱各栱后尾均插入角柱柱身内（图 19）。

（4）撑弓。撑弓是南方建筑特有的承重构件，在宋《营造法式》和清《工程做法则例》中是没有的。从作用上讲，类似《营造法原》中蒲鞋头的功能。后殿撑弓现已全部遗失，但从遗留于翼角挑檐方下的卯口分析，在翼角挑檐方下应有翼角撑弓。斗栱与撑弓在同一组构件中同时使用为后殿木结构的一大特色，就是在使用撑弓较多的西南建筑中也属罕见（图 19）。

4. 屋顶

1）形式分析

目前所掌握的文献资料中，基本没有对后殿屋顶形式的记载。仅有民国二十四年（1935 年）卫惠林教授在《丰都宗教民俗调查》中简单地将天子殿屋顶描述为："四倾斜面屋顶。登五云楼俯看，似为广伞。"[1] 根据中国建筑屋顶特征分析，能够满足卫教授所描述的屋顶形式只有庑殿、歇山两种形式。由于现存梁架上未发现有庑殿屋顶结构的痕迹，基本可以否定庑殿屋顶。现遗存的歇山收山结构甚为简单：一是在前后步柱上飞出一檩，搁置山面桷子端头；二是后退步架尺寸较短，山面屋檐过于短促。这种做法疑为后期维修时任意为之。

[1] 文献 [3]:6.

2）走水分析

走水是屋檐至屋脊的垂直高度和屋面折曲特点的总称。宋《营造法式》称之为"举折"；清《工程做法则例》称之为"举架"；《营造法原》则称之为"提栈"。而川东地区则称之为"走水"。顾名思义，屋面是用来排泄雨水的。后殿现存屋面坡度均较为平缓，装饰也很简单。屋顶木结构均采用柱或蜀柱直接承托檩子，檩子上钉桷子板，桷子板上无望板，直接铺青瓦。

表 1 列出了檐檩至脊檩为直线的倾斜角度与宋《营造法式》、清《工程做法则例》和《营造法原》相类似建筑的比较情况。表 2 列出了各步架走水情况。

表1　屋面总倾斜角度与宋《营造法式》、清《工程做法则例》和《营造法原》对比表

屋面	实际	则例（九檩大木）	法式（九檩八架椽屋）	法原（七界正贴）
前檐屋面	30.31°	34.99°	29.65°	29.36°
后檐屋面	30.28°			

（注：表中数据为作者整理）

表2　后殿各步架走水统计表

挑檐	檐步	下金步	上金步	脊步	总走水
0.44	0.53	0.57	0.56	0.68	0.56

（注：表中数据为作者整理）

从表中可以看出后殿屋面的走水特征为：

（1）屋面坡度较小。从表1所列数据可以看出，后殿屋面总的倾斜角度与清《工程做法则例》相比较为平缓，而与宋《营造法式》和《营造法原》相接近。

（2）走水非整数比。从表2可以看出后殿屋面各步架走水值没有半数或整数值。因此，可以说匠师们在营造时对屋面走水取值有一定的随意性，而非宋《营造法式》、清《工程做法则例》和《营造法原》所述那样取半数或整数值。

（3）屋面曲线折屋较缓平。后殿屋面虽然也有一定的曲线折屋，但与清《工程做法则例》相差相大，而与宋《营造法式》、《营造法原》较为接近。

综上所述，从屋面走水分析中得到印证，后殿受宋制及江南建筑的影响较大。

3）结论

后殿屋顶为歇山屋顶，按照传统做法为收山结构，走水保持现状，正脊、垂脊和戗脊均为清水脊。正脊两端塑鳌鱼，翼角塑回纹与卷草。正脊、垂脊、戗脊和翼角均做成川东常见的“鱼鳅背”，表面镶贴青瓷片（图14，图20）。

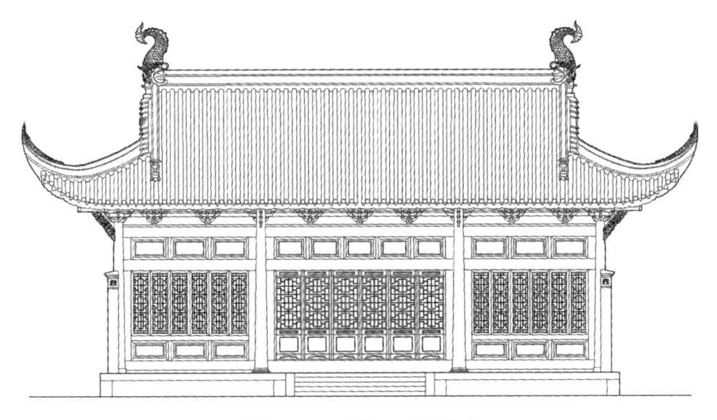

图20　后殿正立面图

（作者自绘）

5. 装饰

开间四柱三间，建筑总高度为10.59米。歇山屋顶，屋面缓坦、出檐深远。前后檐明间六扇隔扇门，两次间做矮墙，墙上装六扇隔扇窗。上槛至檐方之间为木装板墙壁，檐方以上为斗栱，斗栱上为柱头方，柱头方与檐檩随檩方之间为木装板墙壁。两山上槛以下为360毫米厚砖砌空心墙体，面罩刀麻灰粉蓝色涂料。上槛以上与前后檐做法一致。室内仍为彻上露明造，地面为本地产青石板墁地（图20）。

五、结语

通过对后殿大木构架的调查、分析，可以认为，天子殿后殿虽然在大木结构上吸收了北方抬梁式构架的某些特征，但仍然是一座典型的南方殿堂式歇山建筑，其建筑式样、做法特征主要表现在：

1. 梁断面近于圆形。

2. 方椽（桷子）、椽头用遮椽板。

3. 斗栱做法具有较明显的宋代遗风，柱间斗栱采用“计心重栱造”。柱头斗栱和转角斗栱自柱身挑出丁头栱，采用“插栱造”做法；缝内采用“扶壁栱”做法。

4. 室内全部为彻上露明造，不用平棊或平闇。

5. 上下梁间用蜀柱垫托。

参考文献

[1] 蒋履泰，等 . 丰都县志 [M]. 光绪十九年刻本 . 卷三祠庙志 .

[2] 李门，姚玉枢 .“鬼城”游考 [M]. 成都：四川人民出版社，1986.

[3] 卫惠林 . 丰都宗教习俗调查 [M]. 四川乡村建设学院研究实验部，1935.

[4] 段文昌 . 修仙都观记 [M]// 蒋履泰，等 . 丰都县志 . 光绪十九年刻本 . 卷四艺文志 .

[5] 蒋夔 . 重修平都山景德观记 [M]// 蒋履泰，等 . 丰都县志 . 光绪十九年刻本 . 卷四艺文志 .

[6] 林明俊 . 重修平都山记 [M]// 蒋履泰，等 . 丰都县志 . 光绪十九年刻本 . 卷四艺文志 .

[7] 中国文化遗产研究院 . 重庆丰都名山景区天子殿勘测报告 . 未刊稿 .2010.

建筑文化研究

北京旧城历史文化价值新探

王 军

（故宫博物院故宫学研究所）

摘要： 中国是世界上最早产生种植农业的地区之一，观象授时对农业文明之发生具有决定性意义，由此衍生的时空观对中国古代城市规划产生了深刻影响，北京旧城子午卯酉时空格局即为其典型代表；中华文化在统一多民族国家形成与发展过程中显示了高度的包容性与适应性，天圆地方宇宙观及其衍生的设计手法贯穿五千年文明史，这在北京旧城空间营造中留下厚重印记。深入挖掘北京旧城历史文化价值，切实加大文化遗产保护力度，具有重大意义。

关键词： 北京旧城，时空格局，文明史，遗产保护

Abstract: The land of China was home to one of the earliest agricultural civilizations to develop in the world. The way in which ancient people viewed time was a key factor in the development of a civilization like China that relied heavily on grain-based agriculture and planting crops according to the seasons. This is also reflected in urban planning, and can be demonstrated in the spatial and temporal layout of Old Beijing. Chinese culture has shown a high degree of inclusiveness and adaptability in the process of state formation and development towards a unified, multi-ethnic nation. Throughout the five thousand-year-long history of Chinese civilization, the cosmological concept of a round heaven and a square earth has been the basis for design, and also a major influence on the construction of urban space in Old Beijing. Today it is significant to uphold the historical and cultural values of traditional urban planning and strengthen the protection of Old Beijing's cultural heritage.

Keywords: Old Beijing, space-time pattern, civilization history, heritage protection

关于北京历史文化名城的价值，近代以来，中外学者多有论述。

1943年，梁思成在《中国建筑史》一书中指出："明之北京，在基本原则上实遵循隋唐长安之规划，清代因之，以至于今，为世界现存中古时代都市之最伟大者。"[1]

1949年3月，梁思成组织编制完成《全国重要建筑文物简目》，提出的第一项文物，即"北平城全部"。《简目》在说明中称明清北京城为"世界现存最完整最伟大之中古都市；全部为一整个设计，对称均齐，气魄之大举世无匹"。[2]

1951年，梁思成在《北京——都市计划的无比杰作》一文中称赞：

北京是在全盘的处理上才完整的表现出伟大的中华民族建筑的传统手法和在都市计划方面的智慧与气魄。这整个的体形环境增强了我们对于伟大的祖先的景仰，对于中华民族文化的骄傲，对于祖国的热爱。北京对我们证明了我们的民族在适应自然，控制自然，改

---

[1] 梁思成．中国建筑史（油印本）．中华人民共和国高等教育部教材编审处，1955：147. 这部书稿的完成时间，见1968年11月梁思成"文革"交代材料，林洙提供。内称"1943年编写了《中国建筑史》"，"……中国建筑史，于1943年写成。1955年，作为'高教部交流讲义'油印出版"。

[2] 梁思成．梁思成全集・第四卷 [M]. 北京：中国建筑工业出版社，2001：321.

变自然的实践中有着多么光辉的成就。这样一个城市是一个举世无匹的杰作。[1]

1967年,埃德蒙·培根(Edmund N. Bacon)在《城市设计》一书中评论:

人类在地球表面上最伟大的个体工程也许就是北京了。这个中国的城市,被设计为帝王之家,并试图成为宇宙中心的标志。这个城市深深地沉浸在礼仪规范和宗教意识之中,这些现在与我们无关了。然而,它在设计上如此杰出,为我们今天的城市提供了丰富的思想宝藏。[2]

1994年,吴良镛在《北京旧城与菊儿胡同》一书中指出:

元大都是第一次有意识地把我国古代历史上《考工记》中描述国都"理想城"的形制,结合北京的具体地理条件,以最近似最集中的规划布局手法,创造性地加以体现的城市。……北京是古代"中国都城发展的最后结晶",是中国封建时代城市建设的最高成就。……自800年至1800年间,中国都城人口之众,如长安、开封等一直为世界大城市中之佼佼者,其中尤以北京最为突出。自1450年到1800年间,除君士坦丁堡(今伊斯坦布尔)在1650年至1700年间一度领先外,北京一直是"世界之最"。北京当之无愧为世界上同时代城市规模最大,延续时间最长,布局最完整,建设最集中的封建都城。因此,北京也是世界同时期城市建设的最高成就。[3]

1997年,侯仁之在《试论元大都的规划设计》一文中指出:

元大都城以湖泊为核心的城市规划,在我国历代国都建设中实属创举。……使太液池和积水潭的广阔水域,在整个城市中占有如此重要的地位,这和最初见于《周礼·考工记》"匠人营国"的理想设计相比较,可以说是一次重大的发展,俨然是体现了一种回归自然的思想,也就是道家所宣扬的"人法地,地法天,天法道,道法自然"的一种具体说明。这样就形成了自然山水与城市规划的相互结合。[4]

前辈学者在对北京历史文化名城所具有的历史、艺术、科学价值予以高度评价之时,皆指出北京古代城市空间营造与天地自然环境存在深刻联系,这为进一步发掘北京历史文化价值指出了方向。

今天,我们已能清楚地看到:北京所代表的以天地自然环境为本体、整体生成的规划方法,是迥异于西方城市规划、最具东方文明特色的城市营造模式;北京古代城市规划体现了支撑人类在东亚地区独立起源的农业文化－文明持续不间断发展的最具基础性的知识体系与哲学观念;北京历史文化名城所体现的中华文明惊人的连续性与天人合一的中华智慧,对于克服工业革命之后人类面临的种种危机,修复天人关系,具有巨大的启迪价值。

[1] 梁思成. 北京——都市计划的无比杰作[J]. 新观察,1951.2(7):12.

[2] Edmund N. Bacon. Design of Cities[M]. New York: The Viking Press, 1967: 232.

[3] 吴良镛. 北京旧城与菊儿胡同[M]. 北京:中国建筑工业出版社,1994:5.

[4] 侯仁之. 试论元大都城的规划设计[J]. 城市规划,1997(3):10-12.

一、子午卯酉时空格局

不同于蔓长型西方城市发展模式，北京所代表的以天地自然环境为本体、整体生成的东方城市营造模式，导源于中华先人固有之宇宙观，与中国古代农业文明息息相关。

农业文明之发生，意味着人类不但驯化了作物和动物，还准确掌握了时间，后者则以“辨方正位”（《周礼》语）、“历象日月星辰”（《尚书》语）为基本方法。

所谓“辨方正位”，即通过立表测影，以知东西南北，进而测定二至二分（夏至、冬至、春分、秋分），得知一个回归年的时间长度。此乃最古老的正位定时方法（图1~图3）。人类学家发现，今东南亚马来群岛中部的婆罗洲原始部落，还在使用表杆和土圭这两种仪器测量日影长度（图4）。[1]

图1　河南登封告成镇“周公测景台”石表[2]

（作者自摄）

图2　登封“观星台”[3]

（作者自摄）

图3　清光绪三十一年（1905年）《钦定书经图说》刊印《夏至致日图》[4]

（[清]孙家鼐. 钦定书经图说[M]. 天津：天津古籍出版社，1997.）

图4　婆罗洲某部落的两个人在夏至日使用表杆和土圭这两种仪器测量日影长度

[（英）李约瑟. 中国科学技术史•第四卷 天学•第一分册[M]. 北京：科学出版社，1975.]

[1]（英）李约瑟. 中国科学技术史・第四卷・天学第一分册[M]. 北京：科学出版社，1975：265.

[2] 相传3000多年前，周公在此用土圭测度日影，以求地中。现存纪念石表一座，为唐开元十一年（723年）由太史监南宫说刻立，表南面刻“周公测景台”五字，高度约为唐小尺8尺。

[3] 所谓“观星台”（明清两代之名），实为高台式圭表。天文学家郭守敬在元初对古代圭表进行改革，新创比传统“八尺之表”高出五倍的高表。“观星台”台体北侧砖砌凹槽直壁上置横梁，是为高表；凹槽向北平铺之石圭，又称“量天尺”，其上加置据针孔成像原理制成的景符，用以寻找表端横梁投入之影，当梁影平分日象时，即可度量日影长度。此为郭守敬所创高表制度仅存之实物。

[4] 此图显示羲叔（《尚书・尧典》所记主南方之官）在夏至日用表杆和土圭测度日影。

❶ 县，同“悬”，后文同。

❷ 景，同“影”，后文同。

❸ 周礼注疏．卷四十一．匠人 [M]// 十三经注疏．清嘉庆刊本．第 2 册．北京：中华书局，2009：2005.

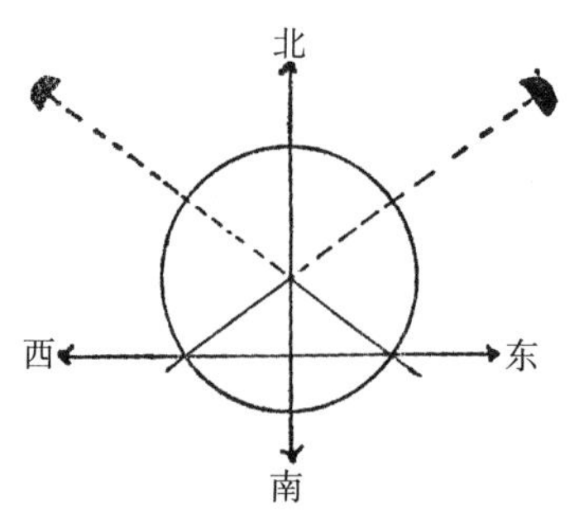

图 5 《周礼·考工记》“以正朝夕”示意图

（中国天文学史整理研究小组．中国天文学史 [M]. 北京：科学出版社，1981.）

《周礼·考工记》记载了立表测影之法：“匠人建国。水地以县[1]，置槷以县，眡以景[2]。为规，识日出之景与日入之景。昼参诸日中之景，夜考之极星，以正朝夕。”[3] 其中的槷，即观测日影用的表杆；规，即以表杆基点为中心在地上画出的圆。太阳东升时，表杆之影与圆有一个交点；太阳西落时，表杆之影与圆又有一个交点；将两点连接，即得正东正西之线；将此线中心点与表杆基点连接，即得正南正北之线。夜里，再通过望筒观察北极星，测定北极枢，可进一步核准方位（图 5，图 6）。

在这套观测体系中，“槷”与“规”共同组成了“中”字之形，这正是汉语“中”字所象之形（图 7），这对中国建筑乃至城市以中轴对称的“中”字形布局产生了决定性影响。

萧良琼在《卜辞中的“立中”与商代的圭表测景》一文中综合诸家解释指出，“中”字的结构是象征着一根插入地下的杆子（杆上或带斿），一端垂直在四四方方的一块地面当中。从它的空间位置来说，从上到下，垂直立着，处于地上和地下之间，所以又有从上到下的顺序里上、中、下的“中”的含义。同时，它又立在一块四方或圆形的地面的等距离的中心点上。萧良琼进而论证，“中”是一种最古老最原始的天文仪器——测影之表；

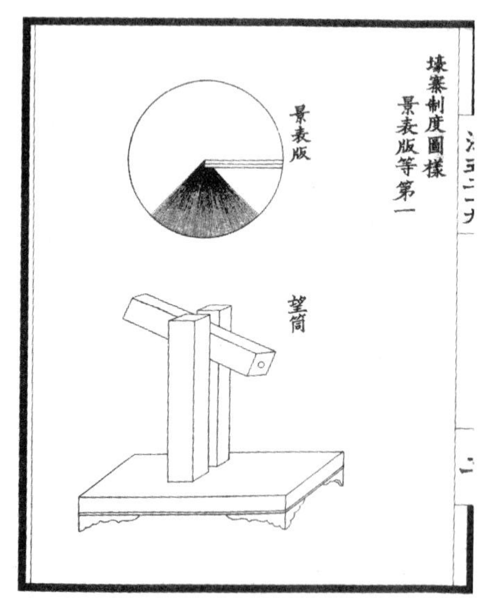

图 6 ［宋］李诫著《营造法式》刊印之景表版、望筒[4]

（［宋］李诫．营造法式．第五卷 [M]. 北京：中国建筑工业出版社，2006.）

图 7 甲骨文的“中”字

（王本兴．甲骨文字典（修订版）[M]. 北京：北京工艺美术出版社，2014.）

❹ 景表版为中立槷表之圆版，望筒为测定北极枢的仪器，其使用遵从《周礼·考工记》“匠人建国”之法。

杆上所附带状物，在无风的晴天，可测察杆子是否垂直（《周礼·考工记》贾公彦疏："欲须柱正，当以绳县而垂之于柱之四角四中。以八绳县之，其绳皆附柱，则其柱正矣。"），再以杆子为中心坐标点，作圆形或作一个方形，使它的每一边表示一个方向。这些都是圭表测景法最简单而形象的反映。[1]

冯时在《中国古代的天文与人文》一书中对表杆附带状物的字形进行考证，指出此乃古人立表必与建旗共行的古老做法的客观反映，古聚众必表、旗共建，建旗聚众则需立表计时，立表与建旗密不可分，表上饰斿的做法暗寓了古人用事必表、旗并设的事实。[2]

南北子午线，在正位定时活动中，是最为重要的观测轴，中华先人正是通过在这条子午线上，立表观测正午时分日影消长之变化，得知一个回归年的准确时间，并掌握夏至、冬至、春分、秋分四个重要时间节点，进而确立一年二十四节气以指导农业生产。

通过立表测影，可以发现，夏至正午日影最短，靠南；冬至正午日影最长，靠北；春分太阳正东而起，正西而落，秋分亦然。这时，子午线南北两端正可表示夏至、冬至；卯酉线东西两端，正可表示春分、秋分。[3]

初昏时，北斗斗柄的不同指向，也向人们提示着春、夏、秋、冬四时之更迭。成书于战国时期的《鹖冠子·环流》载："斗柄东指，天下皆春；斗柄南指，天下皆夏；斗柄西指，天下皆秋；斗柄北指，天下皆冬。"[4]成书于西汉的《淮南子·天文训》记载了初昏时观测斗柄指向以确定二十四节气之法，其中包括斗柄指子则冬至，指卯则春分，指午则夏至，指酉则秋分。[5]在北斗建时观测体系中，子午卯酉亦对应二至二分。子午线与卯酉线这两条重要的观测轴即"二绳"[6]（图8~图12）。

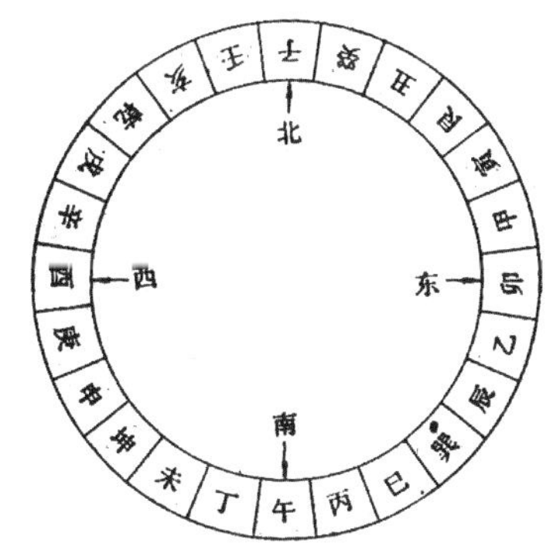

图8　二十四山地平方位图[7]
（中国天文学史整理研究小组．中国天文学史[M]. 北京：科学出版社，1981.）

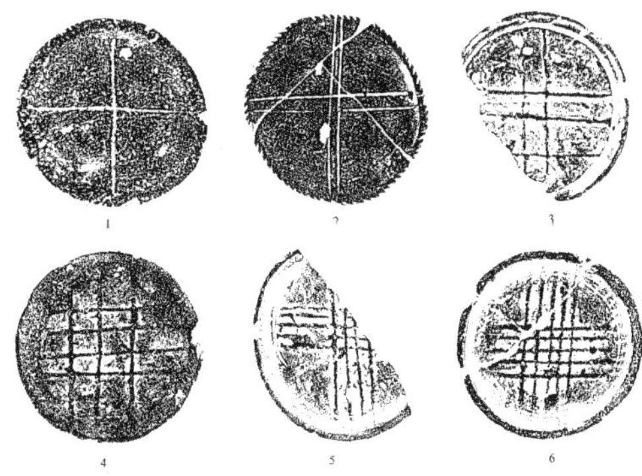

图9　新石器时代之"二绳"刻符及积绳渐成的"亞"形图像（安徽蚌埠双墩出土，距今七千年）[8]
（冯时．中国古代物质文化史·天文历法[M]. 北京：开明出版社，2013.）

[1] 萧良琼．卜辞中的"立中"与商代的圭表测景[G]// 科技史文集．第10辑．上海：上海科学技术出版社，1983：27-44.；周礼注疏．卷四十一．匠人[M]// 十三经注疏．清嘉庆刊本．第2册．北京：中华书局．2009：2005.

[2] 冯时．中国古代的天文与人文（修订版）[M]. 北京：中国社会科学出版社，2006：22-25.

[3] 冯时．中国古代的天文与人文（修订版）[M]. 北京：中国社会科学出版社，2006：39.

[4] 鹖冠子．卷上[M]// 影印文渊阁四库全书．第848册．台北：台湾商务印书馆，1986：209.

[5] 淮南鸿烈解．卷三[M]// 影印文渊阁四库全书．第848册．台北：台湾商务印书馆，1986：534-535.

[6] 淮南鸿烈解．卷三[M]// 影印文渊阁四库全书．第848册．台北：台湾商务印书馆，1986：533.

[7] 由八天干、十二地支、八卦四维表示二十四个方位，形成北斗指示二十四节气之"刻度"。

[8] 1号图为"二绳"图像，2~6号图为积绳而成"亞"形图像。

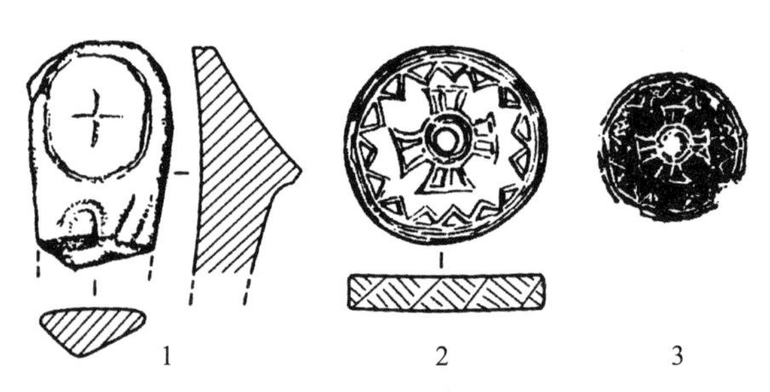

图 10　河姆渡文化（约公元前 5000 年—前 3300 年）陶器上的十字纹[1]
（冯时 . 中国古代的天文与人文（修订版）[M]. 北京：中国社会科学出版社，2006.）

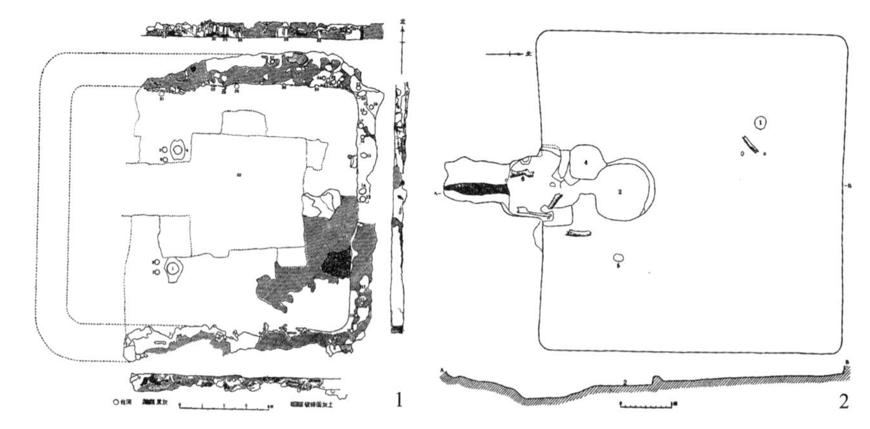

图 11　西安半坡遗址（距今六千多年）出现正南正北朝向的房屋基址[2]
（中国科学院考古研究所 . 西安半坡 [M]. 北京：文物出版社，1963.）

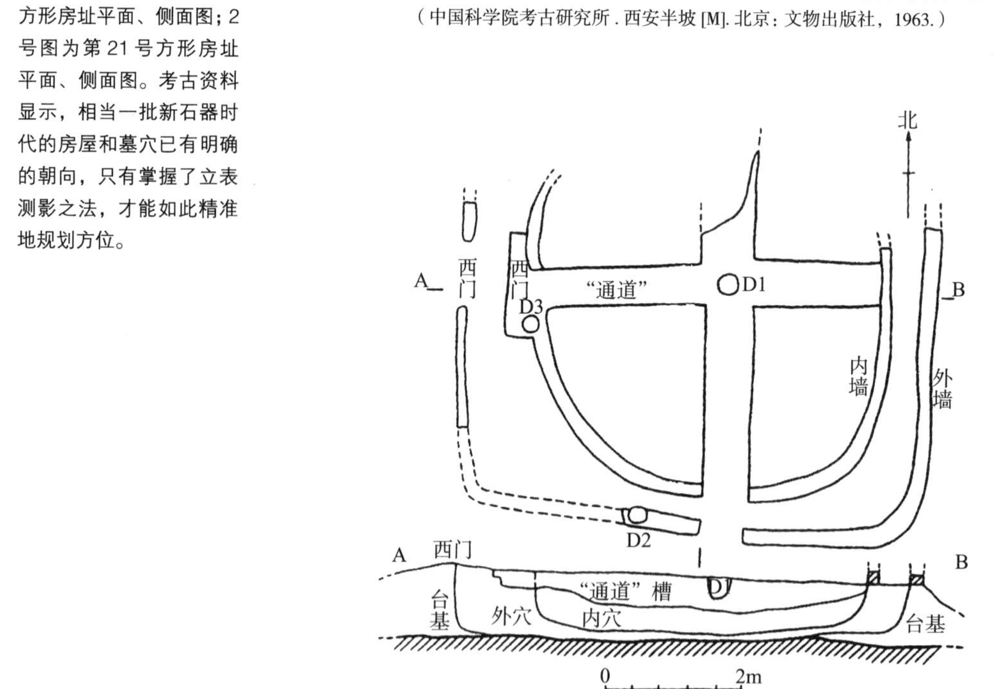

图 12　河南杞县鹿台岗礼制建筑十字遗迹（公元前第二千纪龙山文化时代）
（冯时 . 中国古代的天文与人文（修订版）[M]. 北京：中国社会科学出版社，2006.）

❶ 1 号图为鼎足，2~3 号图为纺轮。

❷ 1 号图为第 1 号大长方形房址平面、侧面图；2 号图为第 21 号方形房址平面、侧面图。考古资料显示，相当一批新石器时代的房屋和墓穴已有明确的朝向，只有掌握了立表测影之法，才能如此精准地规划方位。

通过平面分析可知，北京明清旧城之卯酉线，即日坛与月坛连接线，正与春分、秋分对应——明清两朝，春分行日坛之祭，迎日于东；秋分行月坛之祭，迎月于西。北京明清旧城永定门至钟鼓楼子午线（即城市南北中轴线）两端左近，是冬至祭天以迎长日之至的天坛，夏至祭地以祈年谷顺成的地坛。[1] 子午线与卯酉线交会于紫禁城三大殿区域[2]，象征该区域乃立表之位，正与太和殿“建极绥猷”匾、中和殿“允执厥中”匾、保和殿“皇建有极”匾（皆乾隆御笔）之真义一致（图 13~ 图 16）。[3]

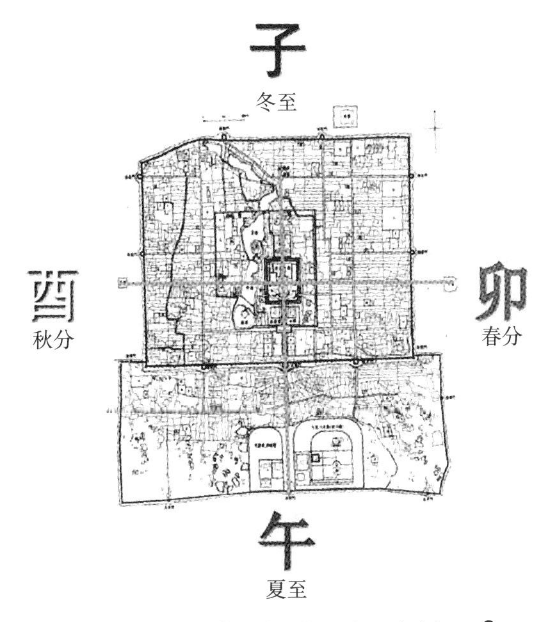

图 13　北京明清旧城子午、卯酉线分析图[4]

（作者遵五行之色而绘。底图来源：刘敦桢 . 中国古代建筑史 [M]. 北京：中国建筑工业出版社，1980.）

图 14　太和殿“建极绥猷”匾

（作者自摄）

图 15　中和殿“允执厥中”匾

（作者自摄）

图 16　保和殿“皇建有极”匾

（作者自摄）

---

❶ ［唐］贾公彦《周礼》疏云：“礼天神必于冬至、礼地祇必于夏至之日者，以天是阳、地是阴，冬至一阳生、夏至一阴生，是以还于阳生、阴生之日祭之也。”参见：周礼注疏 . 卷二十二 . 大司乐 [M]// 十三经注疏 . 清嘉庆刊本 . 第 2 册 . 北京：中华书局，2009：1706。

❷ 在百度卫星图上，将日坛平面中心与月坛平面中心连线显示，该连接线与城市南北中轴线交会于太和殿前广场。

❸ 现悬三匾为复制品。

❹ 此种空间布局，如东汉班固《两都赋》所言“其宫室也，体象乎天地，经纬乎阴阳”，是中国古代因天文而人文之世界观的经典体现，其所提示的观象授时体系，直通农业文明原点。参见：［南朝宋］范晔 . 后汉书 . 卷四十上 . 班彪列传第三十上 [M]. 北京：中华书局，1965：1340。

“建极”即《尚书·洪范》所言“建用皇极”，可以被解释为建立最高原则；“允执厥中”语出伪《古文尚书·大禹谟》“人心惟危，道心惟微，惟精惟一，允执厥中”，可以被解释为忠实地执行正确原则；“皇建有极”语出《尚书·洪范》“皇极：皇建其有极”，可以被解释为天子应当建立至高无上的原则。

而究其本源，“建用皇极”、“允执厥中”、“皇建有极”，皆立表正位定时之意。

关于“建用皇极”，伪孔《传》曰：“皇，大；极，中也。凡立事，当用大中之道”[1]；关于“皇建其有极”，伪孔《传》曰：“大中之道，大立其有中，谓行九畴之义”[2]。显然，“建用皇极”、“皇建有极”即“立中”。甲骨文卜辞常见“立中”之语，意即立表正位定时。[3]

这样，就能准确理解“允执厥中”了。忠实地掌握“中”这个立表测影之法，才是建立最高原则的根本，如不能正位定时，则无农耕可言。

北京现存天、地、日、月坛格局，形成于明嘉靖九年（1530 年）。太和殿明初称奉天殿，明嘉靖四十一年（1562 年）重建更名为皇极殿，它与同年重建并更名之中极殿（明初称华盖殿，清初改称中和殿）、建极殿（明初称谨身殿，清初改称保和殿），更直白地标示了其在子午与卯酉“二绳”交午之中心“建用皇极”之意。

“绥猷”语出伪《古文尚书·汤诰》“克绥厥猷惟后”，伪孔《传》曰：“能安立其道教，则惟为君之道。”[4]意即惟天子推行教化之治。“建极绥猷”道明了天子沟通天人之职。对农业时间的掌握关系社稷安危，谁能够告诉人民时间，提供此种生死攸关的公共服务，谁就能够获得权力，推行教化之治。

对农业时间更为直观和精细的掌握，则需通过“历象日月星辰”，即星象观测来实现。浩渺太空群星灿烂，其中的北极、北斗和位于太阳视运动轨迹（黄道）及天球赤道一带的 28 个星座，即二十八宿，为先人观测天文、确定农业时间，提供了理想坐标。

中国大部分国土位于北半球中纬度地区，仰望星空，人们会发现以北极为轴，天旋地转。为便于观测，先人以春季初昏时的天象为依据，将二十八宿分成四份，称四宫、四象或四陆，按地平方位名之为“东宫苍龙”、“西宫白虎”、“南宫朱雀”、“北宫玄武”，它们与北斗“拴系”，再与北极对应，因地球的自转和公转，周天运行，成为观象授时的坐标体系。在日落或日出之时，观测二十八宿及北斗的运行位置，便可获得重要的时间节点，以为农业生产服务（图 17，图 18）。

二十八宿绕北极，北斗健行其间，银河从中穿越，春夏秋冬、阴阳五行与之相应，这是古人所理解的天道；敬天信仰由是而生，对中国建筑与城市布局产生深刻影响，风水理论所谓左青龙、右白虎、前朱雀、后玄武[5]，实为敬天信仰之投影；法天象地，与自然环境整体生成的营造观

[1] 尚书正义．卷十二．洪范 [M]// 十三经注疏．清嘉庆刊本．第 1 册．北京：中华书局，2009：398.

[2] 尚书正义．卷十二．洪范 [M]// 十三经注疏．清嘉庆刊本．第 1 册．北京：中华书局，2009：402.

[3] 萧良琼．卜辞中的“立中”与商代的圭表测景 [G]// 科技史文集．第 10 辑．上海：上海科学技术出版社，1983：27-38. 冯时．中国古代的天文与人文（修订版）[M]. 北京：中国社会科学出版社，2006：9，245. 冯时．陶寺圭表及相关问题研究 [M]// 中国社会科学院考古研究所．考古学集刊・第 19 卷．北京：科学出版社，2013：27-58.

[4] 尚书正义．卷八．汤诰 [M]// 十三经注疏．清嘉庆刊本．第 1 册．北京：中华书局，2009：342.

[5] “风水”二字始见晋郭璞《葬书》，氏著有言：“夫葬以左为青龙，右为白虎，前为朱雀，后为玄武。”参见：四库术数类丛书（六）[M]. 上海：上海古籍出版社，1991：29.

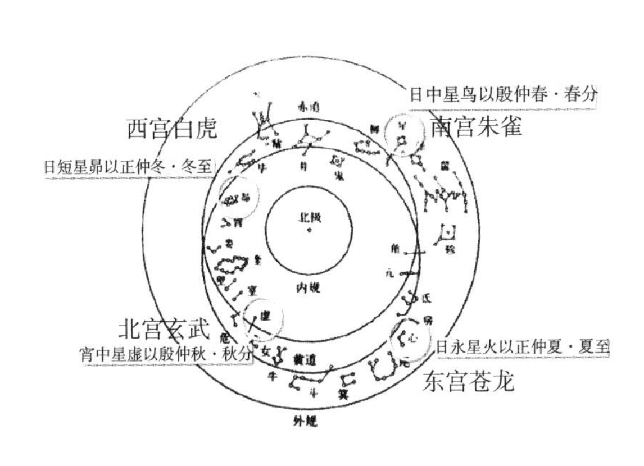

图 17 《尚书·尧典》以昏中天星象测二至二分示意图❶

（底图来源：冯时．中国天文考古学 [M]. 北京：中国社会科学出版社，2010.）

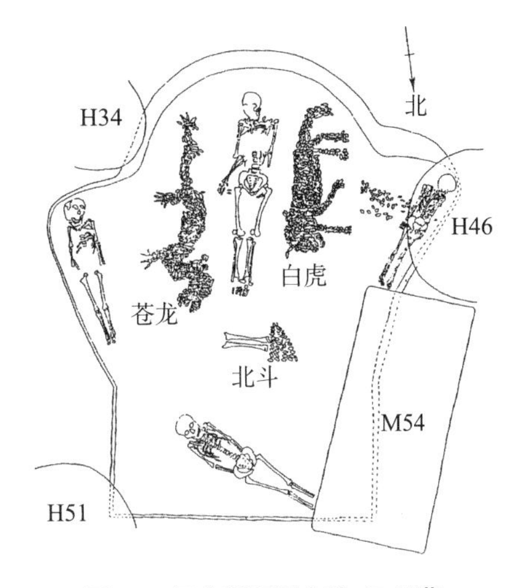

图 18 河南濮阳西水坡 45 号墓平面图❷

（冯时．河南濮阳西水坡 45 号墓的天文学研究 [J]. 文物，1990（3）.）

念由是而生❸，这在北京古代空间环境规划中有着经典体现。

《日下旧闻考》载："北京青龙水为白河，出密云南流至通州城。白虎水为玉河，出玉泉山，经大内，出都城，注通惠河，与白河合。朱雀水为卢沟河，出大同桑乾，入宛平界，出卢沟桥。元武水为湿余、高梁、黄花镇川、榆河，俱绕京师之北，而东与白河合。"❹

元大都将积水潭纳入城中，与太液池、金水河环绕宫城，则是"道高梁而北汇，堰金水而南萦，

---

❶ 据《尚书·尧典》记载，初昏时，南宫朱雀之星宿行至南中天位置，昼夜平分，则是春分；东宫苍龙之心宿（心宿二亦称"大火"星）行至南中天位置，白昼最长，则是夏至；北宫玄武之虚宿行至南中天位置，昼夜平分，则是秋分；西宫白虎之昴宿行至南中天位置，白昼最短，则是冬至。1927 年，竺可桢在《科学》杂志发表《论以岁差定〈尚书·尧典〉四仲中星之年代》，通过推算得出结论："《尧典》四仲中星，盖殷末周初之现象也。"参见：竺可桢．论以岁差定《尚书·尧典》四仲中星之年代 [M]// 竺可桢文集．北京：科学出版社，1979：107。

❷ 1987 年，考古工作者在河南濮阳西水坡，发掘出土了 6500 多年前仰韶文化早期 3 组蚌塑龙虎图案。其中，45 号墓的墓主人东西两侧，各布有蚌壳摆塑的一龙一虎，墓主人北侧布有蚌塑三角形图案，图案东侧横置两根人的胫骨。冯时考证，蚌塑三角图案和两根人胫骨是北斗图像，胫骨为斗杓，会于龙首；蚌塑三角图案为斗魁，枕于西方。全部构图与真实天象完全吻合。45 号墓穴形状与成书于公元前后的《周髀算经》中七衡图的春秋分日道、冬至日道和阳光照射界限相合，向人们说明了古人所理解的天圆地方宇宙模式、昼夜长短的更替、春秋分日的标准天象以及太阳周日和周年视运动轨迹等一整套古老的宇宙理论 。此前，《中国科学技术史》作者李约瑟认为，《周髀算经》七衡图简直是古巴比伦希尔普莱希特三环图泥板的再现，后者约属公元前 14 世纪，它们描述了一种最古老的宇宙学说 。冯时的论证表明，古巴比伦的三环图并不"古老"，西水坡 45 号墓比它早了 3000 多年。二十八宿是否起源于中国，从 19 世纪初便有争论 。西水坡考古发现与冯时的论证，为这场漫长的争论给出答案，也对 20 世纪 20 年代以来的中华文明西来说形成否定。

❸ 风水理论以青龙、白虎、朱雀、玄武之象征物（多取意山水），对建筑或城市形成围合之势，构成摆在大地上的二十八宿绕北极之星图。河南濮阳西水坡 45 号墓是目前已知此类星图之最早实物。今人知其所以，不难将此种空间遗产视为农业文明发祥之"纪念碑"。毋庸讳言，风水理论衍生了诸多被现代科学视为"迷信"之文化现象，但正本清源，其产生及其背后的阴阳哲学，皆与直接服务于农业生产的观象授时相关。《史记·太史公自序》记司马谈论六家要旨："尝窃观阴阳之术，大祥而众忌讳，使人拘而多所畏；然其序四时之大顺，不可失也。"可谓切中肯綮。参阅：[汉] 司马迁．史记．卷一百三十．太史公自序第七十 [M]. 北京：中华书局，1959：3289。

❹ [清] 于敏中，等．日下旧闻考．第 1 册 [M]. 北京：北京古籍出版社，1983：81.

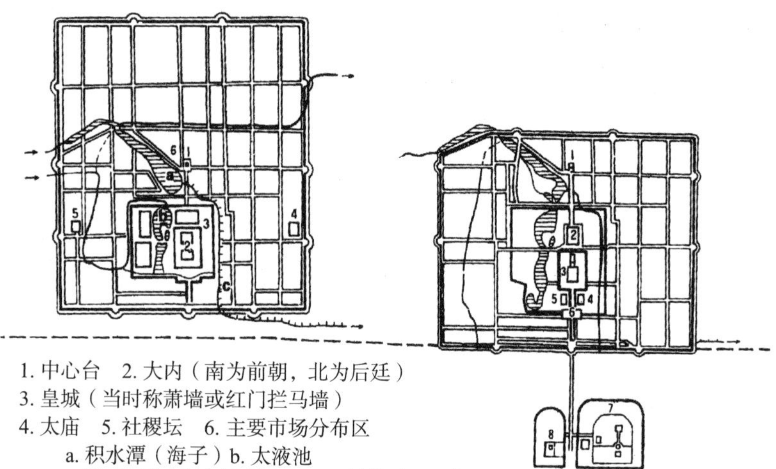

图 19　元大都、明前期北京城水系位置图

（侯仁之 . 侯仁之文集 [M]. 北京：北京大学出版社，1998.）

伻银汉之昭回"[1]，是对银河穿越天际之效法。明初改建元大都，将宫城南移，掘南海，水面一并南移，在城市中轴线东西两侧的外金水河，筑牛郎桥、织女桥，以象"天汉起东方箕尾间"[2]，牛郎星、织女星分列银河两岸，与天象保持一致（图 19）。

在城市整体空间安排上，宫城所居之位，则与中天北极对应，正如孔子所言："为政以德，譬如北辰，居其所而众星共[3]之。"[4]这时，太和殿乾隆御笔之"建极"，又可被解释为建立与北极相对应的最高准则，清楚地表明，"历象日月星辰"与"辨方正位"，同样是"敬授人时"（《尚书》语）的根本方法，太和殿作为最高权力所在，必然是"置槷以县"所在，亦必然是"众星共之"所在。

北京明清旧城子午线（中轴线）与卯酉线于三大殿区域交会，彰显三大殿居中而治。此种空间布局所提示的古代天文观测体系，正是中华先人创立农业文明必须掌握的基础性知识。作为中国"中"字形城市的杰出代表和伟大结晶，北京旧城空间营造之理念，直溯中华文明原点，显示了惊人的文化连续性，这是判定北京历史文化价值之时，必须高度重视的方面。

二、主流文化之包容性与适应性

位于环渤海地区的北京，是农耕文化与北方游牧文化、渔猎文化的结合部，多元文化在这里碰撞交融，不但孕育了中华早期文明，还伴随着夏

[1] ［元］李洧孙 . 大都赋并序 [M]// 日下旧闻考 . 第 1 册 . 北京：北京古籍出版社，1983：89.

[2] 参见：［宋］郑樵 . 通志 . 天文略 [M]. 杭州：浙江古籍出版社，2000：538；《晋书·天文志上》："天汉起东方，经尾箕之间，谓之汉津。"参见：晋书 . 天文志上 [G]// 历代天文律历等志汇编（一）. 北京：中华书局，1975：193。北京所在幽燕之地，在古代星土分野中，与析木之次相配。析木之次位于东宫苍龙之尾、箕二宿，银河穿越其间。

[3] 共，同"拱"。

[4] 论语注疏 . 卷二 . 为政第二 [M]// 十三经注疏 . 清嘉庆刊本 . 第 5 册 . 北京：中华书局，2009：5346.

商周王国、秦汉帝国的建立，推动中国古代文化与文明“从文化多元一体到国家一统多元”的纵深发展。

张忠培在《我认识的环渤海考古》一文中指出，居住在环渤海地区的中华民族的祖先，也如生活在其他中国土地上我们的先辈那样，经历了曲折的历史道路，创造了辉煌灿烂的文化与文明，至秦汉时期，终于融汇于以汉族为主体的中华民族的文化与文明之中，使秦汉帝国成为与西方古罗马并峙的屹立于亚洲东方的另一帝国；环渤海地区自新石器时代到秦汉帝国，经历的是一条“从文化多元一体到国家一统多元”的发展道路，“文化多元一体”指的是考古学的文化多元一体，“国家一统多元”指的是统一国家内的多元考古学文化，它们遵循“传承、吸收、融合、创新”这一文化演进规律向前发展。从文化多元一体的环渤海，到环渤海地区成为周王国及至发展为秦汉帝国之有机组成部分，这既是华夏族或以汉族为主体的中华民族及其国家形成的部分历史，也是这部华夏族或以汉族为主体的中华民族及其国家形成史的一个缩影。[1]

张忠培的论述，为我们从中华文明产生与发展的宏大视野认识北京历史文化价值指出了方向。

侯仁之在《北京城的兴起》一文中论述，远在旧石器时代，从早期的“北京猿人”或简称“北京人”，和中期的“新洞人”，一直到晚期的“山顶洞人”，也就是大约从七十万年前下至一万数千年前，都有古代人类繁衍生息在北京小平原西侧的沿山洞穴里。到了大约一万年前，也就是新石器时代的开始，由于原始农作物的栽培技术逐渐得到发展，人类才从山中下到平原，开始建立起原始的农村聚落。[2]

侯仁之在《论北京建城之始》一文中特别指出，在北京原始聚落上建立的蓟国，其所在位置既是古代直通中原的南北大道的北方终点，又是分道北上以入山后地区的起点，实为南北交通的枢纽。[3] 而北京北部的燕山山脉，正是农耕文化与游牧文化的分水岭。

在过去较长一段时期，中国只有不到四千年文明史的考古学证据。有人以为，中国文明的形成晚于埃及那样的古代文明国家，甚至有些人还认为中国古代文明是西方文明传播的产物，造成不少误解。1983 年，考古工作者在辽宁省建平县牛河梁发现距今五千年的红山文化晚期重要遗迹，包括女神庙遗址和由三重圆坛与三重方坛组成的大型祭祀遗址，说明当时已产生植根于公社又凌驾于公社之上的高一级社会组织。中华五千年文明得一实证。

牛河梁与北京皆位于燕山南北长城地带。苏秉琦在《中国文明起源新探》一书中指出，以燕山南北长城地带为重心的北方，是中国考古学文化六大区系之一，对燕山南北长城一带进行区系类型分析，使我们掌握了解开这一地区古代文化发展脉络谜题的手段，从而找到了联结中国中原与欧亚大陆北部广大草原地区的中间环节，认识到这一地区在中国古文明缔造

[1] 张忠培．我认识的环渤海考古——在中国考古学会第十五次年会上的讲话 [J]. 考古，2013（9）：103.

[2] 侯仁之．北京城的兴起——再论与北京建城有关的历史地理问题 [M]// 侯仁之文集．北京：北京大学出版社，1998：41.

[3] 侯仁之．论北京建城之始 [M]// 侯仁之文集．北京：北京大学出版社，1998：39.

史上的特殊地位和作用。中国统一多民族国家形成的一连串问题，似乎最集中地反映在这里，不仅秦以前如此，就是以后，从南北朝到辽、金、元、明、清，许多“重头戏”都是在这个舞台上演出的。[1]

苏秉琦所言“重头戏”，皆以农耕文化与北方游牧文化、渔猎文化的碰撞交融为主题，北京是这一幕幕历史大戏的中心舞台，主旋律正是“传承、吸收、融合、创新”。有容乃大是中华文化的主流。藏传佛教在元代传入汉地之后，以北京为中枢传播，推动了汉、藏、蒙、满民族的大融合，使“国家一统多元”达到一个新高度。北京古代建筑与城市遗存，为这一宏大历史的持续、纵深发展，提供了宝贵见证。

（一）贯通五千年文明史的天地观念与设计方法

红山文化牛河梁圜丘、方丘与北京明清天坛、地坛，形制上高度一致，代表了贯通古今的天地观念及由此衍生的空间设计方法，高度诠释了五千年不间断的文明史。

冯时在《红山文化三环石坛的天文学研究——兼论中国最早的圜丘与方丘》一文中指出，牛河梁祭祀遗址的圆坛与方坛，是中国已发现的最早的祭天圜丘与祭地方丘，是古代天圆地方宇宙模式的象征，其形制与北京明清两朝的天坛与地坛呼应，是五千年前“规矩”的重现（图 20~图 22）。[2]

冯时在《中国古代的天文与人文》一书中进一步分析指出，正方形外接圆的直径恰是同一正方形内切圆直径（等于正方形边长）的$\sqrt{2}$倍，如果连续使用这种方法，并省略方图，便可得到牛河梁圜丘的三环图形；牛河梁方丘，由内向外三个正方形的原始长度都是 9 的整数倍，是以内方为基本单位逐步扩充的结果，方丘的设计正是利用了古人对勾股定理加以证明的“弦图”的基本图形，也就是九九标准方图。[3]

冯时的论证，极大丰富了人们对牛河梁所代表的五千年前中华先人文明水平的认识。《周髀算经》《营造法式》载有“正方形＋外接圆”天圆地方宇宙图形，其天圆之径与地方之边正形成$\sqrt{2}$比值，与牛河梁圜丘一致，

[1] 苏秉琦．中国文明起源新探 [M]. 北京：人民出版社，2013：35.

[2] 冯时．红山文化三环石坛的天文学研究——兼论中国最早的圜丘与方丘 [J]. 北方文物，1993（1）：9-17.

[3] 冯时．中国古代的天文与人文（修订版）[M]. 北京：中国社会科学出版社，2006：292-336.

图 20　红山文化牛河梁大型祭祀遗址鸟瞰，祭天圜丘、祭地方丘清晰可见

（良渚博物院展示图片）

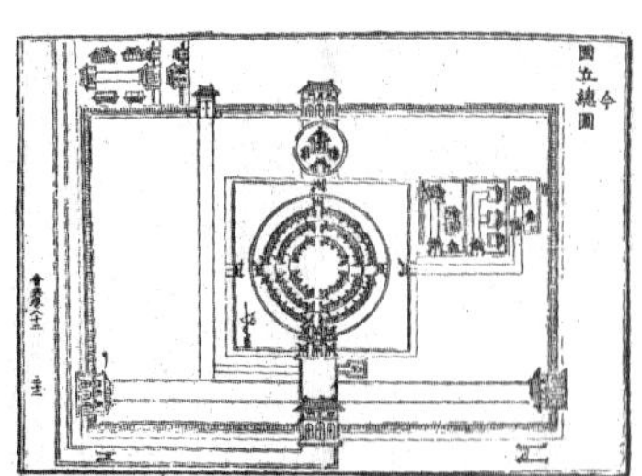

图 21 《大明会典》载北京天坛圜丘图

（[明]李东阳，申时行．大明会典．第三卷 [M]. 台北：新文丰出版公司，1976.）

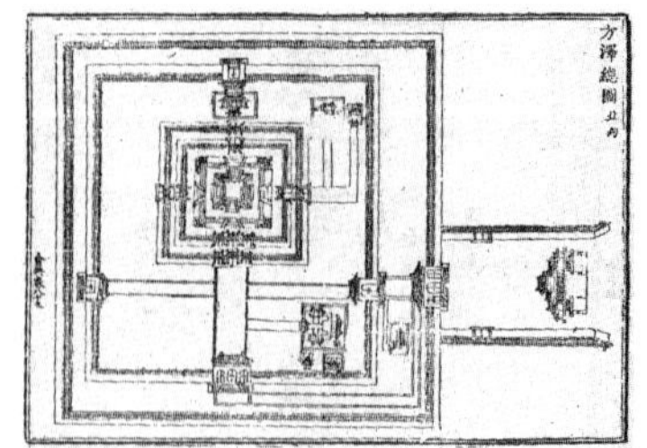

图 22 《大明会典》载北京地坛（方泽）图

（[明]李东阳，申时行．大明会典．第三卷 [M]. 台北：新文丰出版公司，1976.）

此乃中国古代建筑平面与立面构图惯用之经典比例[1]，对此，古代匠人手执规矩便可掌控，天地交泰、阴阳和合的哲学理念尽在其中，五千年一以贯之（图 23~ 图 32）。

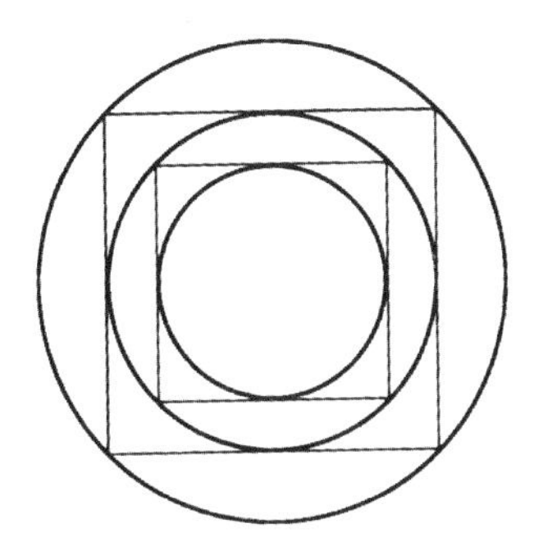

图 23　冯时作红山文化圜丘图形分析

（冯时 . 中国古代的天文与人文（修订版）[M]. 北京：中国社会科学出版社，2006.）

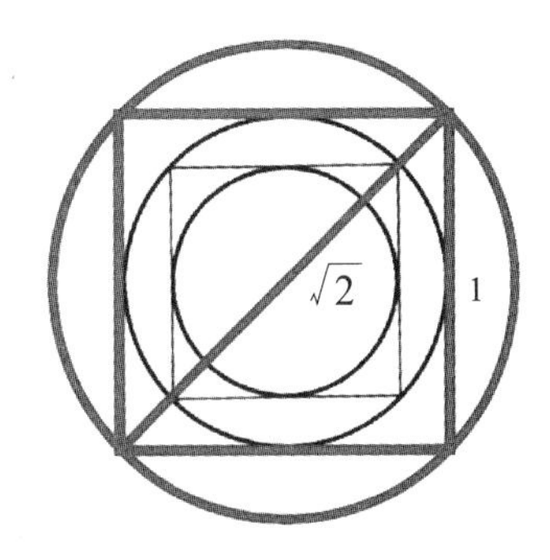

图 24　“天地阴阳合”分析图（$\sqrt{2}$ ：1，堪称“天地之和”比）[2]

（作者据冯时论述增绘）

图 25　山东嘉祥武梁祠画像石中的伏羲、女娲[3]

（巴黎大学北京汉学研究所 . 汉代画像全集（二编）[M]. 上海：上海商务印书馆，1951.）

---

❶ 王贵祥对唐宋建筑在立面与平面设计中存在的$\sqrt{2}$比例关系作了深入揭示，指出方圆关系涉及古代中国人的宇宙观念，具有相当的广延性。详见：王贵祥 . $\sqrt{2}$与唐宋建筑柱檐关系 [G]// 建筑历史与理论（3，4）. 南京：江苏人民出版社，1984：137-144；王贵祥 . 唐宋单檐木构建筑平面与立面比例规律的探讨 [J]. 北京建筑工程学院学报，1989（2）：49-70；王贵祥 . 唐宋单檐木构建筑比例探析 [C]. 第一届中国建筑史学国际研讨会论文选辑 . 1998：226-247。日本学者小野胜年 1964 年在中国科学院考古研究所演讲时介绍，日本飞鸟、奈良时代寺院建筑的平面设计存在$\sqrt{2}$：1 关系，可能受到唐朝的影响。详见：小野胜年 . 日唐关系中的诸问题 [J]. 考古，1964（12）：619-628。清华大学王南博士在近期研究中发现，在单体建筑、建筑群布局、园林、城市规划、器物造型等方面，古代匠人皆通用$\sqrt{2}$：1 之法，其相关研究成果即将发表。

❷ 方圆相涵之图堪称“天地阴阳合图”。在中国古代文化语境中，方为地，圆为天，分属阴阳；方圆合即天地合、阴阳合，“阴阳和合而万物生”。在天圆地方图式中，天圆之径与地方之边形成的$\sqrt{2}$：1，堪称“天地之和”比。

❸ 汉代流行人首蛇身交尾之伏羲、女娲像，常见伏羲、女娲各执“图画天地”之规矩（“规”即圆规，“矩”即直角曲尺），表现阴阳交合。阴阳哲学是中华先人对万物生养之总解释，乃中华文化之根柢。匠人手执规矩，亦如伏羲、女娲，秉持天地阴阳之道。在中国古代文化语境中，规画圆，圆为天，天属阳；矩画方，方为地，地属阴；“规矩→方圆→天地→阴阳”遂成一大系，由表及里地定义了中国古代建筑空间的形态与意义。小野胜年 1964 年在中国科学院考古研究所介绍日本飞鸟、奈良时代寺院建筑平面设计存在$\sqrt{2}$：1 关系时说，日本木匠所用的曲尺（即矩尺，日本称里尺），其刻度和普通尺的刻度有$\sqrt{2}$：1 关系，“有关曲尺的图，在汉的画像石里也可以看到，因此我相信中国也有过这种尺的分划法”，在日本寺院建筑平面设计中发现 $\sqrt{2}$：1 关系，“可以首先想到是受唐朝的影响”。查《鲁班经匠家镜》载“鲁般（即鲁班，后文同）尺乃有曲尺一尺四寸四分”，即普通曲尺与匠人所用鲁般尺（亦称鲁般真尺）刻度之比为 1.44 ：1，约$\sqrt{2}$：1。小野胜年推断无误。“图画天地”见东汉王延寿《鲁灵光殿赋》：“图画天地，品类群生；杂物奇怪，山神海灵；写载其状，讬之丹青；千变万化，事各缪形；随色象类，曲得其情；上纪开辟，遂古之初；五龙比翼，人皇九头；伏羲鳞身，女娲蛇躯”。伏羲女娲手执规矩，表现方圆天地阴阳，正是“图画天地，品类群生”。参见：（东汉）王延寿 . 鲁灵光殿赋 [M] //（梁）萧统 . 文选 . 卷十一 . 北京：中华书局，1977：171；小野胜年 . 日唐关系中的诸问题 [J]. 考古，1964（12）：619-628；（明）午荣 . 新镌京版工师雕斫正式鲁班经匠家镜 [M]. 海口：海南出版社，2003：39 。

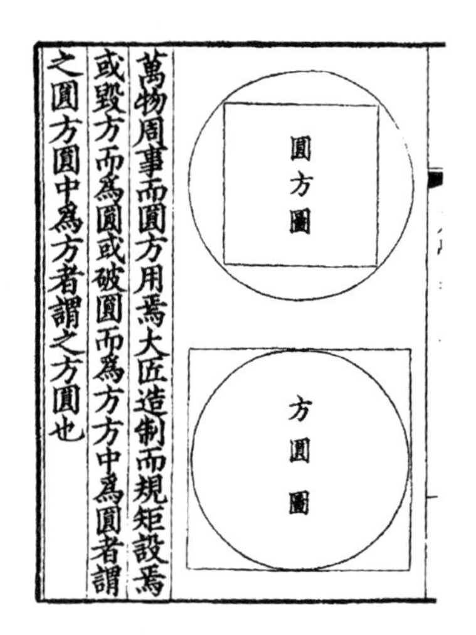

图 26 宋嘉定六年本《周髀算经》所载圆方图、方圆图，为天圆地方之两种图式[1]

（周髀算经（宋嘉定六年本）[M]. 北京：文物出版社，1980.）

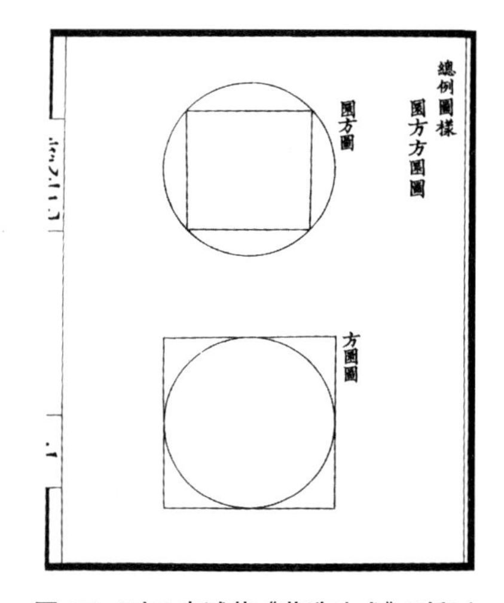

图 27 [宋]李诫著《营造法式》刊印之第一图"圜方方圜图"[2]

（[宋]李诫 . 营造法式，第五卷 [M]. 北京：中国建筑工业出版社，2006.）

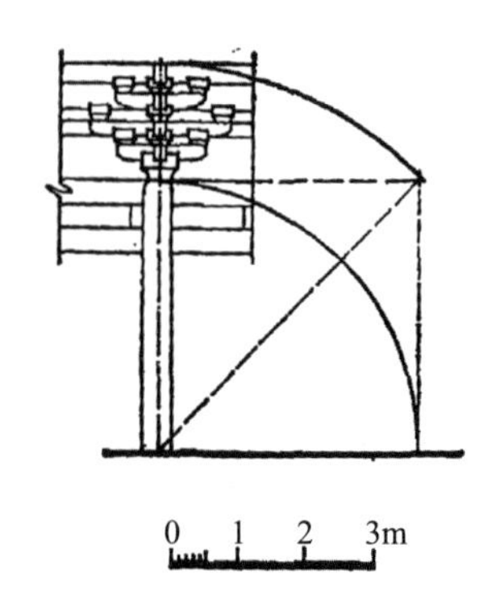

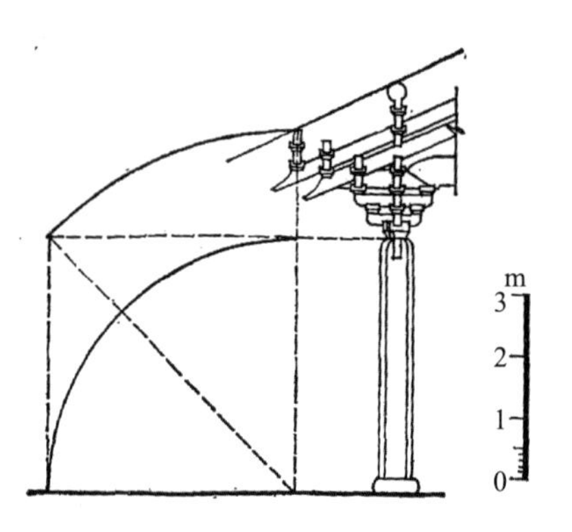

图 28 王贵祥作五台唐代南禅寺大殿（左）、宁波宋代保国寺大殿（右）檐柱比例图（显示檐高与柱高之比为$\sqrt{2}$ ：1）

（王贵祥 . $\sqrt{2}$与唐宋建筑柱檐关系 [G]// 建筑历史与理论（3，4）. 南京：江苏人民出版社，1984.）

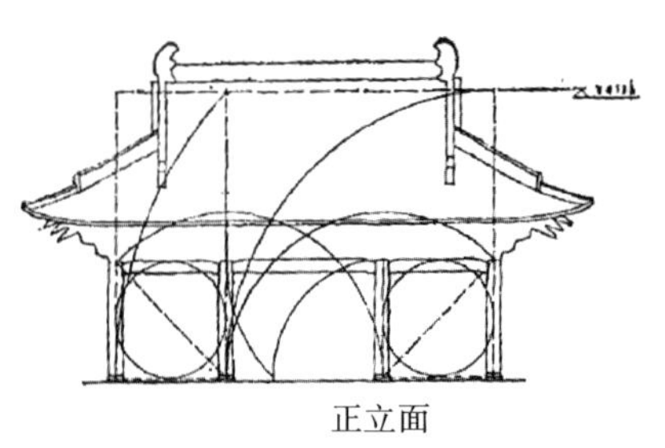

正立面

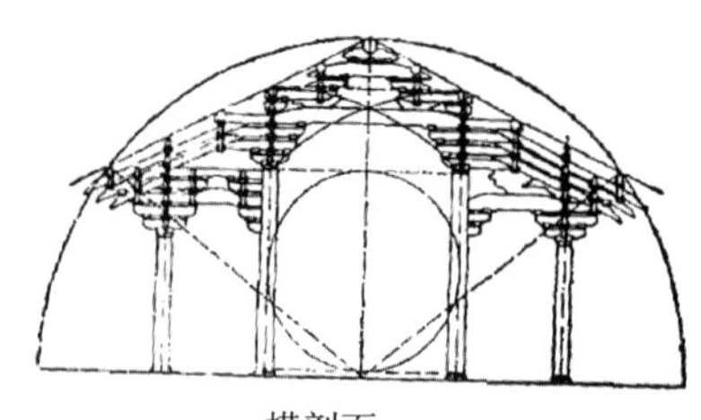

横剖面

比例说明：柱高 / 次间广 =1
心间广 / 次间广 =$\sqrt{2}$
心间广 / 柱高 =$\sqrt{2}$
通间广 /（心间广 + 次间广）=$\sqrt{2}$
（心间广 + 次间广 = 脊檩下皮高）（由柱础顶围计）

比例说明：内柱高 / 内柱离距 =1
中平檩上皮高 / 内柱高 =$\sqrt{2}$
脊檩上皮标高 / 地面中点至前后撩檐方上皮距离

图 29 王贵祥作福州五代华林寺大殿比例分析图（显示$\sqrt{2}$ ：1 为建筑正立面、横剖面构图之基本比例）

（王贵祥 . 唐宋单檐木构建筑平面与立面比例规律的探讨 [J]. 北京建筑工程学院学报，1989.）

[1] 古代匠人以规画圆，以矩画方，"规天矩地，授时顺乡"，天地阴阳之道存焉。此乃《周髀算经》"万物周事而圆方用焉，大匠造制而规矩设焉"之真义。及至清光绪十九年（1893 年），末代"样式雷"雷廷昌有言："样式房之差，五行八作之首，案（同'按'）规矩、例制之法绘图、烫样。"足见规矩之法通贯古代营造，乃断度寻尺之本，匠人奉为圭臬，恪守不渝。参见：[东汉]张衡 . 东京赋 [M]//[梁]萧统 . 文选 . 卷三 . 北京：中华书局，1977：56；故宫博物院 . 营造之道——紫禁城建筑艺术展，2015。

[2] 此乃《礼记・礼运》所记"故圣人作则，必以天地为本，以阴阳为端"之明证。中国古代建筑根植于天地阴阳之道，盖无疑也。与牛河梁祭天圜丘一脉相承，天圆地方之两种图式为建筑设计提供了最基本的比例关系。在圜方图中，圆之径（等于方之对角线长，即方之斜长）与方之边呈$\sqrt{2}$ ：1 关系；在方圜图中，方之斜（对角线）与圆之径（等于方之边长）亦呈$\sqrt{2}$ ：1 关系。李诫称旧例以"方五斜七"名此比例，疏略颇多（7/5=1.4，近似$\sqrt{2}$/1 ≈ 1.414，不够精确），遂按《九章算经》及约斜长等密率，定为"方一百，其斜一百四十有一"（141/100=1.41）或"圆径内取方，一百中得七十有一"（100/71 ≈ 1.408），是为更精确的$\sqrt{2}$与 1 之比。参见：礼记正义 . 卷二十二 . 礼运 [M]// 十三经注疏 . 清嘉庆刊本 . 第 3 册 . 北京：中华书局，2009：3084；[宋]李诫 . 营造法式 . 陶本影印本 [M]. 北京：中国书店，2006：22。

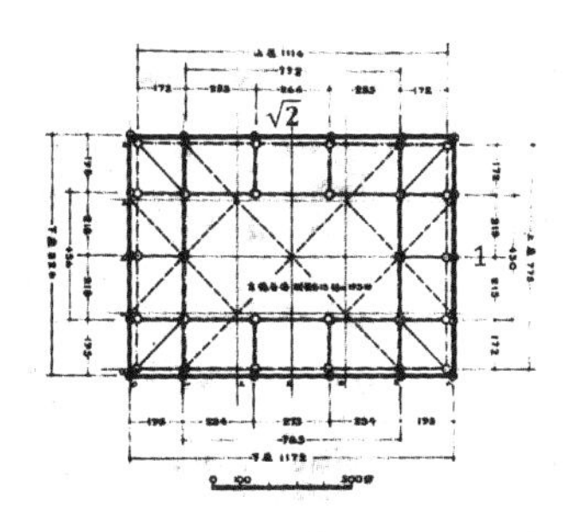

图 30 辽代独乐寺观音阁总面阔与总进深之比约$\sqrt{2}$ ∶ 1
（底图来源：陈明达．独乐寺观音阁、山门的大木作制度（上）[G]// 建筑史论文集．第 15 辑．北京：清华大学出版社，2002.）

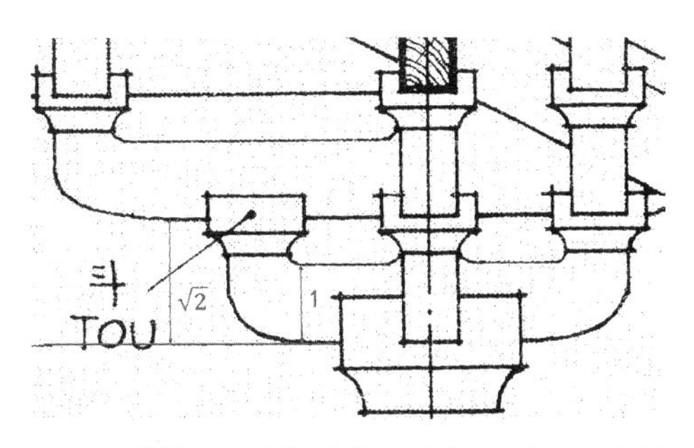

图 31 《营造法式》斗栱足材广 21 分°，单材广 15 分°，呈 7 ∶ 5 关系，此乃“方五斜七”语境下的$\sqrt{2}$ ∶ 1
（底图来源：Liang Ssu-ch'eng. A Pictorial History of Chinese Architecture[M]. Cambridge：The MIT Press，1984.）

图 32 明长陵明楼券门视觉分析❶
（底图来源：作者自摄）

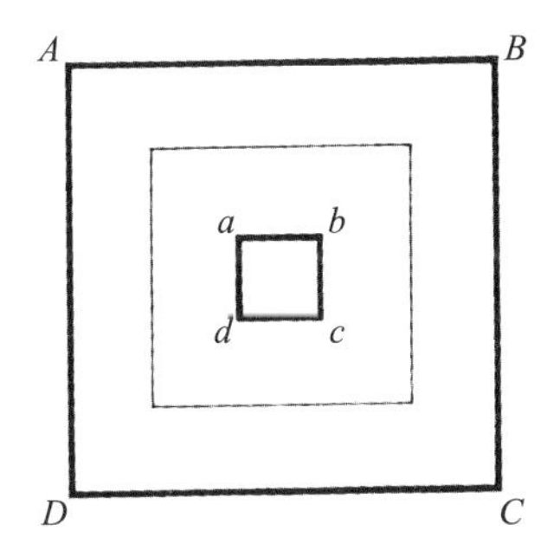

图 33 冯时作红山文化方丘复原图
（冯时．中国古代的天文与人文（修订版）[M]. 北京：中国社会科学出版社，2006.）

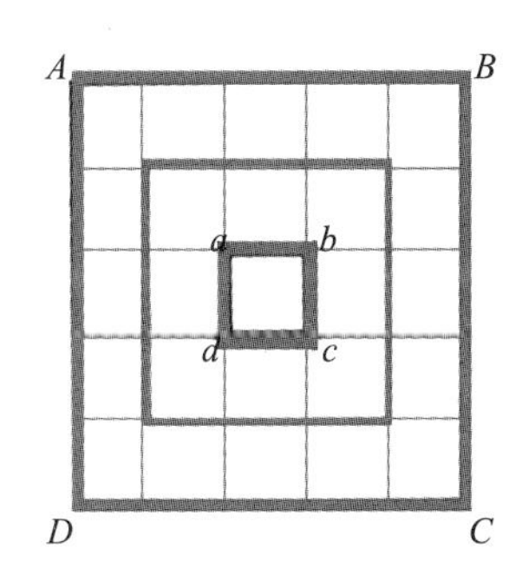

图 34 红山文化方丘以内方为模数示意图
（作者据冯时论述增绘）

冯时向笔者指出，牛河梁方丘显现的以内方为基本模数的构图方法，与中国古代都城营造以宫城为基本模数的设计手法相合。❷ 傅熹年在《中国古代城市规划、建筑群布局与建筑设计方法研究》中发现，元大都大城东西之宽为宫城御苑东西之宽的 9 倍，大城南北之深为宫城御苑南北之深的 5 倍；明北京城东西之宽为紫禁城东西之宽的 9 倍，南北之深为紫禁城南北之深的 5.5 倍，以面积核算，明北京城面积为紫禁城的 49.5 倍，如扣除西北角内斜所缺的部分，可视为 49 倍。❸ 元大都、明北京城各以宫城御苑、紫禁城为平面模数，与牛河梁方丘以内方为平面模数的设计方法一致，五千年一以贯之（图 33~ 图 36）。

此种模数法，亦与《周礼•考工记》所记载之设计法，诸如道涂路门阔度以车乘轨辙为准、堂室应用面积以筵几广幅为度，以及宋《营造法式》所载“以材为祖”之制（以材的截面为模数）、

---

❶ 上圆下方之拱券显有“天尊地卑”“天地阴阳合”之象征意义。王其亨研究发现，明清北方官式建筑的拱券结构普遍采用双心券筒拱，矢高较半圆券增高一成，可减小结构内力尤其是跨中弯矩值，制作、施工便利；仰视时，还能避免圆弧趋于扁平之观感，取得圆形曲线丰满和谐的视觉效果 。参见：王其亨．清代拱券券形的基本形式 [J]. 古建园林技术，1987（2）：53-55；王其亨．双心圆：清代拱券券形的基本形式 [J]. 古建园林技术，2013（1）：3-12。

❷ 冯时访谈录（未刊稿）．王军采访整理．2016.

❸ 傅熹年．中国古代城市规划、建筑群布局与建筑设计方法研究（上）[M]. 北京：中国建筑工业出版社，2001：10-15.

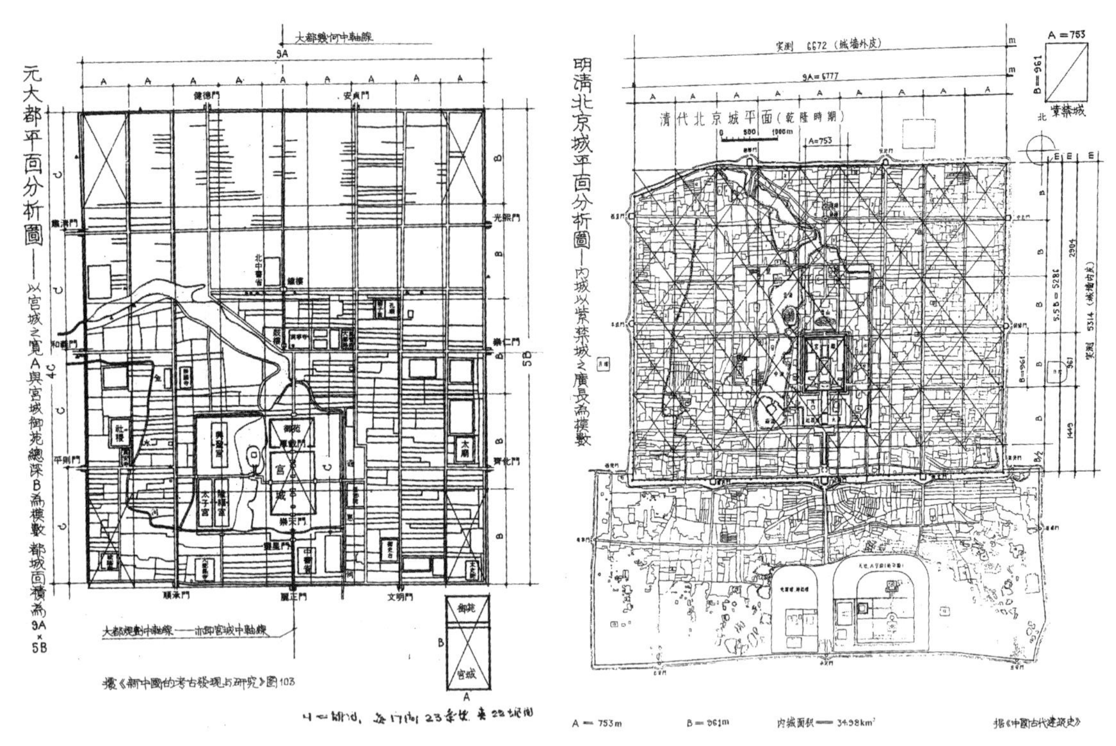

图 35　傅熹年作元大都平面分析图——以宫城之宽 A 与宫城御苑总深 B 为模数（都城面积为 9A×5B）
[傅熹年 . 中国古代城市规划、建筑群布局与建筑设计方法研究（下）[M]. 北京：中国建筑工业出版社，2001.]

图 36　傅熹年作明清北京城平面分析图——内城以紫禁城之广长为模数
[傅熹年 . 中国古代城市规划、建筑群布局与建筑设计方法研究（下）[M]. 北京：中国建筑工业出版社，2001.]

清《工程做法》所载斗栱模数制（有斗栱之建筑以斗口为模数，无斗栱之建筑以明间面阔为模数）相通，为中华先人设计思想精华所在，亦是以模数化设计实现大规模空间生产这一伟大传统的见证。

牛河梁圜丘与北京天坛，祭坛平面皆为圆形，牛河梁方丘与北京地坛，祭坛平面皆为方形，正如《周髀算经》所言“方属地，圆属天，天圆地方”[1]。而沟通天地、敬授民时，正是农耕时代统治者权力的来源（图 37，图 38）。《吕氏春秋》载：“爰有大圜在上，大矩在下，汝能法之，为民父母。”[2] 这是传说中黄帝对颛顼的教诲。大圜即天，大矩即地，能沟通天地才能为民父母，这与太和殿乾隆御笔“建极绥猷”若合符节，清晰表明了农耕时代政治权力的构架基础，五千年一以贯之。

（二）农耕文化与游牧文化融合的见证

元大都平面布局在遵从《周易》《周礼》所代表的主流文化之时，又适应游牧民族逐水草而居的生活习俗，见证了农耕文化与游牧文化的融合。

元代是北方游牧民族入主中原建立的帝国，统治者深信“以马上取天下，不可以马上治”[3]，

---

[1] 周髀算经 . 卷上之一 [M]// 影印文渊阁四库全书 . 第 786 册 . 台北：台湾商务印书馆，1986：12.

[2] 吕氏春秋 . 卷十二 . 序意 [M]// 影印文渊阁四库全书 . 第 848 册 . 台北：台湾商务印书馆，1986：361.

[3] “以马上取天下，不可以马上治”是元大都设计者刘秉忠向元世祖忽必烈所提建议。参见：（明）宋濂，等 . 元史 . 卷一百五十七 [M]. 北京：中华书局，1976：3688。

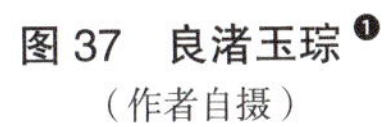

图 37　良渚玉琮[1]
（作者自摄）

图 38　北京故宫神武门[2]
（作者自摄）

遂接受以儒家思想为核心的中华文化，融入了中华民族的历史长河。

元之国号，源出《周易》“大哉乾元，万物资始，乃统天”[3]。《周易》乃中华文化群经之首、万法之源，元大都规划设计以之为指南，以《周易》天地数之中位数五、六之和，辟城门十一，以象征天地之中、居中而治[4]；元大都宫殿、城门之名，多取自《周易》，以《周易》大衍之数五十，设五十坊。[5]

《周易·系辞上》曰：“是故天生神物，圣人则之；天地变化，圣人效之；天垂象，见吉凶，圣人象之；河出图，洛出书，圣人则之。”[6]冯时在《中国天文考古学》一书中考证，河图实为描绘东宫苍龙跃出银河回天运行的星象图，洛书实为“四方五位图”与“八方九宫图”，表现了先人以生成数、阴阳数配方位的思想。[7]这在元大都规划设计中皆有体现：

1）在古代星土分野中，幽燕之地与十二次之析木相配。[8]元大都将积水潭纳入城中，与太液池、金水河环绕宫城，在其东侧，城市中轴线与之相切，与东宫苍龙跃出银河回天运行之星象呼应，与析木之次星象相合，是敬天信仰的经典体现。

---

❶ 良渚遗址是牛河梁遗址之外，中华五千年文明又一实证。良渚玉琮孔贯方圆以通天地，是五千多年前良渚“神王之国”的神权象征。

❷ 北京明清紫禁城大门皆取外方内圆造型，与良渚玉琮相似，[明] 金幼孜《皇都大一统赋》赞之“天地洞开，驰道相连”，其内蕴之政治文化，贯穿中华五千年文明史。参见：[明] 金幼孜 . 皇都大一统赋 [M]//[清] 于敏中，等 . 日下旧闻考 . 第 1 册 . 北京：北京古籍出版社，1983：93。

❸ 周易正义 . 卷一 . 乾 [M]// 十三经注疏 . 清嘉庆刊本 . 第 1 册 . 北京：中华书局，2009：23.

❹ [元] 黄文仲《大都赋》载：“辟门十一，四达憧憧，盖体之而立象，允合乎五六天地之中。”参见：[元] 周南瑞 . 天下同文集 . 卷十六 [M]// 影印文渊阁四库全书 . 第 1366 册 . 台北：台湾商务印书馆，1986：636；侯仁之 . 试论元大都城的规划设计 [J]. 城市规划，1997（3）：10-13；于希贤 .《周易》象数与元大都规划布局 [J]. 故宫博物院院刊，1999（2）：17-25。

❺ 《析津志辑佚》载：“坊名元五十，以大衍之数成之，名皆切近。”参见：[元] 熊梦祥 . 析津志辑佚 [M]. 北京：北京古籍出版社，1983：2。

❻ 周易正义 . 卷七 . 系辞上 [M]// 十三经注疏 . 清嘉庆刊本 . 第 1 册 . 北京：中华书局，2009：170.

❼ 冯时 . 中国天文考古学 [M]. 北京：中国社会科学出版社，2010：481-533. 古人以一二三四五为生数，六七八九十为成数；奇数为阳数，亦称天数；偶数为阴数，亦称地数。

❽ 古人为观测日、月、五星的位置和运行，将天赤道带自西向东分为十二等分，以为坐标，称十二次，分别命名为星纪、玄枵、诹訾、降娄、大梁、实沈、鹑首、鹑火、鹑尾、寿星、大火、析木，并与十二野相配。幽燕所配析木之次，在“东宫苍龙”之尾、箕二宿（居五行木位），其与“北宫玄武”之斗宿（居五行水位）界于银河，“析别水木”而得此名。

2）元大都南设三门、北设两门，取法《周易·说卦》“参天两地而倚数”，并表征天南地北，天地相合。《周易》以奇数配天、偶数配地，因袭于前文字时代古人以数记事而衍生之数术思想。生数一二三四五分别与五相加，得成数六七八九十，十进位制由此演绎。生数中的三个奇数（一三五）即“参天”，其和为九；生数中的两个偶数（二四）即“两地”，其和为六。《周易》乾元用九、坤元用六源出于此，天地之数亦由此建立，即“参天两地而倚数”。[1]

在北半球中纬度地区观测天象，能清楚看到北极明显高出地平线、天球赤道南偏，进而产生天体南倾、天南地北的认识。[2]元大都南开三门以象天、北开两门以象地，乃《周易》之乾元用九参天、坤元用六两地之体现，与天南地北对应，直通上古天文。此种门制，经明初南缩元大都北城后依然如旧，并留存于今天北京街道格局之中。

元大都规划设计，又遵循了儒家经典《周礼·考工记》关于“左祖右社，面朝后市”的设计理念。将积水潭整体纳入城中，是元大都平面设计玄机。侯仁之在《元大都城》一文中分析指出，元大都大城的平面设计，是从中心台向西恰好包括了积水潭在内的一段距离作为半径，来确定大城东西两面城墙的位置，只是东墙位置向内稍加收缩。大都城的宫城虽然建立在全城的中轴线上，却又偏在大城的南部。这在我国历代都城的设计中，别具一格，其主要原因，就是为了充分利用当地的湖泊与河流。这也说明了对于城市水源的重视。[3]

在《北京历代城市建设中的河湖水系及其利用》一文中，侯仁之更为具体地指出，根据已复原的大都城平面图进行分析，十分明显的是大城西墙的位置，刚好在积水潭西岸以外，其间仅容一条顺城街的宽度。紧傍积水潭的东岸，又已确定为全城的南北中轴线。这说明，积水潭东西两岸之间的宽度稍加延长，便是全城宽度的一半，也就是说东城墙也应该建筑在这同一宽度的地址上，只是由于当时现场可能有沼泽洼地或其他不利因素，其位置不得不稍向内移，但是这点差距如果不细加测量，也是不容易被觉察的（图 39）。[4]

以积水潭定大城东西之宽、宫城偏南以充分利用积水潭水面这一大胆设计，不但是对银河穿越天际之效法，还与五行方位中水居北相合，是阴阳五行思想在都城营造中的具体应用，同时，与蒙古民族“以畜为本、以草为根、逐水草而居”的生存法则一致，体现了农耕文化与游牧文化的融合。

（三）“国家一统多元”的投影

元明时期中央政府与佛教的密切关系对都城建设的重大工程产生了影响，彰显中央政府通过佛教推动多民族文化融合的意志。

元大都修建时，南城墙工程与大庆寿寺海云、可庵二师塔发生矛盾，

[1] 关于“参天两地而倚数”，历代注家解说不一。[宋]杨甲《六经图》谓“乾元用九参天也，坤元用六两地也，故曰参天两地而倚数。九六者，止用生数也”，可从。参见：[宋]杨甲．六经图 [M]// 影印文渊阁四库全书．第 183 册．台北：台湾商务印书馆，1986：142。

[2] [宋]刑昺《尔雅》疏云：“浑天之体，虽绕于地，地则中央正平，天则北高南下，北极高于地三十六度，南极下于地三十六度。”参见：尔雅注疏．卷六．释天第八 [M]// 十三经注疏．清嘉庆刊本．第 5 册．北京：中华书局，2009：5670。河南濮阳西水坡 45 号墓之平面，南圆北方，与天南地北相合，或为 6500 多年前此种空间观念业已形成之证。参见：冯时．河南濮阳西水坡 45 号墓的天文学研究 [J]. 文物，1990（3）：56。

[3] 侯仁之．元大都城 [M]// 侯仁之文集．北京：北京大学出版社，1998：60.

[4] 侯仁之．北京历代城市建设中的河湖水系及其利用 [M]// 侯仁之文集．北京：北京大学出版社，1998：104-105.

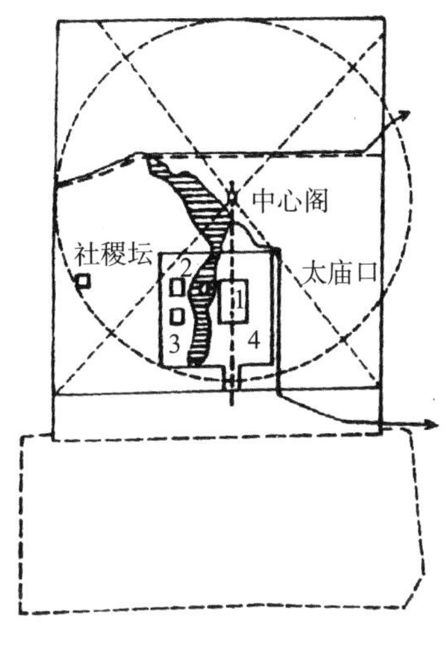

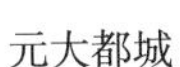

元大都城

1. 大内　　2. 兴圣宫
3. 隆福宫　4. 萧墙（后之皇城）

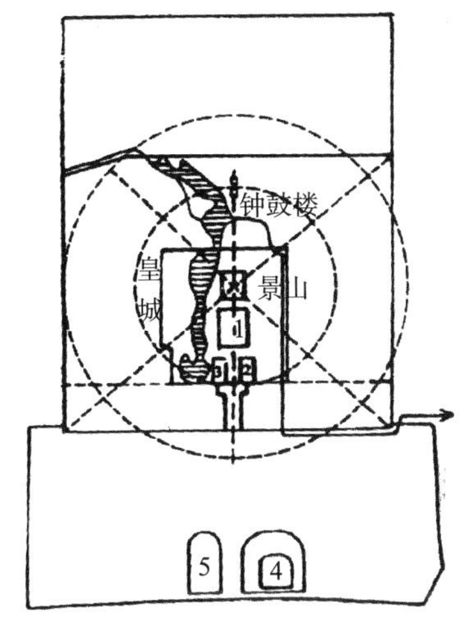

明清北京城

1. 紫禁城　2. 太庙（今劳动人民文化宫）
3. 社稷坛（今中山公园）　4. 天坛
5. 山川坛、先农坛（今体育场）

图 39　北京旧城平面设计演变示意图

（侯仁之 . 侯仁之文集 [M]. 北京：北京大学出版社，1998.）

元世祖忽必烈敕命城墙南绕予以避让。《元一统志》载："至元城京都，有司定基，正直庆寿寺海云、可菴两师塔，敕命远三十步环而筑之。"[1] 又云："至元四年新作大都，二师之塔适当城基，势必迁徙以遂其直，有旨勿迁，俾曲其城以避之。"[2]《析津志辑佚》记："庆寿寺西，有云团师与可菴大师二塔，正当筑城要冲，时相奏世祖。有旨，命圈里入城内，于以见圣德涵融者如是。"[3] 忽必烈此举不但保存了古物，还显示了对佛教的极大敬重，其背后，正是"以儒治国、以佛治心"[4]。今西长安街沿元大都南城墙位置而建，于双塔遗址处（今电报大楼前）略向南曲，是这一段历史的见证。

大庆寿寺位于元大都皇城以南西南隅，明永乐帝朱棣改建元大都，皇城整体南移，又与该寺发生矛盾。孙承泽《天府广记》载："明太宗永乐十四年，车驾巡幸北京，因议营建宫城。初，燕邸因元故宫，即今之西苑，开朝门于前。元人重佛，朝门外有大慈恩寺，即今之射所。东为灰厂，中有夹道，故皇墙西南一角独缺。"[5] 大慈恩寺即大庆寿寺，明皇城缺西南一角，正是避让大庆寿寺的结果。这在今天北京城市平面中清晰可见（图 40）。

忽必烈、朱棣两次在都城建设的重大工程中避让同一所寺庙，显示了佛教在他们心中不同寻常的分量。1247 年"凉州会盟"之后，吐蕃归附蒙古，从此被纳入中国版图。汉、蒙、藏民族语言不通，生活习俗不同，唯佛教信仰相通。佛教的流行，特别是藏传佛教在元代传入汉地之后，极大推动了民族融合，为在更为辽阔的疆域建设统一多民族国家作出巨大贡献。

[1] [元] 孛兰肹，等 . 元一统志（上）[M]. 北京：中华书局，1966：3.

[2] [元] 孛兰肹，等 . 元一统志（上）[M]. 北京：中华书局，1966：22.

[3] [元] 熊梦祥 . 析津志辑佚 [M]. 北京：北京古籍出版社，1983：1-2.

[4] 语出耶律楚材之师万松老人。《湛水亭杂识》载："万松老人，耶律文正之师也，其语文正王曰：以儒治国，以佛治心。王亟称之。"参见：[清] 于敏中，等 . 日下旧闻考 . 第 3 册 [M]. 北京：北京古籍出版社，1983：803。

[5] [清] 孙承泽 . 天府广记 [M]. 北京：北京古籍出版社，1984：51.

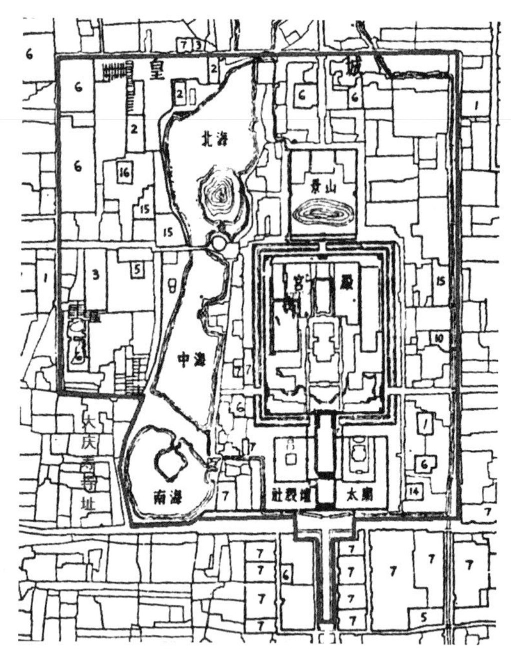

图 40　北京明清皇城平面图，西南角独缺，以避让大庆寿寺

（底图来源：刘敦桢 . 中国古代建筑史 [M]. 北京：中国建筑工业出版社，1980.）

明北京城凸字形城郭，是农耕文化与游牧文化碰撞的产物，也是“国家一统多元”曲折历程的投影。

明永乐帝迁都北京，临长城戍边，数度亲征蒙古部落，逝于征途。明朝中央政府与北方游牧、渔猎民族处于紧张关系之中，一场场拉锯战之后，清兵入关，迎来又一次民族大融合。

明初南缩元大都北城，移北城墙于今北二环一线，后又南移南城墙于今前三门大街一线，形成内城格局。内城以南，有永乐时期建设的天地坛（明嘉靖改为天坛）和山川坛，还与原金中都南城相连，聚集了大量居民。

在明朝政府与蒙古部落的拉锯战中，蒙古骑兵数度南扰，兵临北京城下，城外居民深受其苦，终致明嘉靖帝于嘉靖三十二年（1553 年）在内城以南加筑外城，辟七门，南延中轴线至永定门，形成凸字形城郭。明隆庆五年（1571 年），隆庆帝行怀柔之策，封蒙古俺答汗为顺义王，边境战事停止，重现和平。留存至今的明北京城凸字形平面轮廓，是这一段历史的见证（图 41）。

三、三千年建城史不该留下的空白

对于拥有三千多年建城史、八百多年建都史的北京来说，其古代城址的情况，早于金代之前的，因无科学的考古报告，学术界众说不一。考古工作如不能及时跟进，待众多建设项目掘地三尺之后，城市考古便无从谈起，北京城市史就将留下巨大空白。

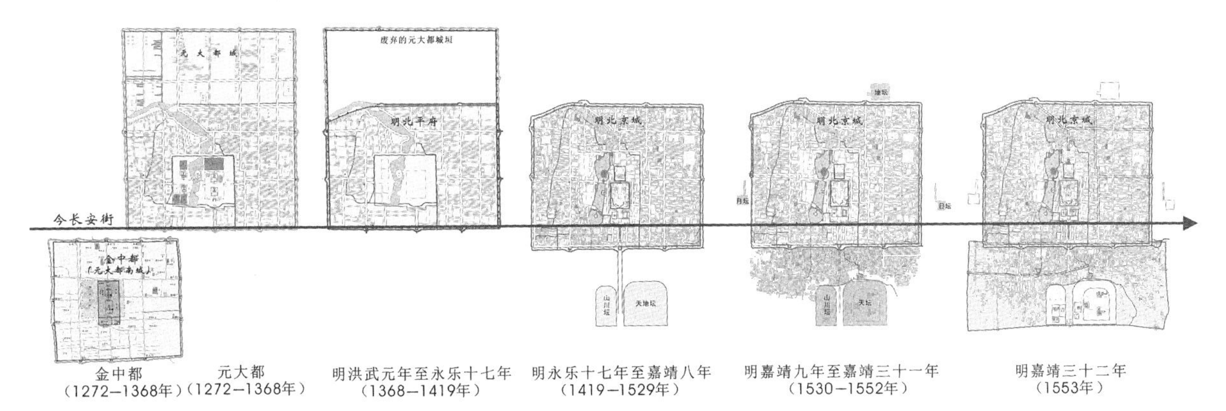

图 41　北京城址变迁图

（岳升阳　绘）

众所周知，蓟为北京建城之始。《礼记·乐记》载，孔子授徒曰："武王克殷反商，未及下车而封黄帝之后于蓟。"[1]《史记·燕召公世家》记："周武王之灭纣，封召公于北燕。"[2]这是北京主城区一带创建城市的重要记录。侯仁之考证，蓟城的中心位置在今广安门内外。这是根据北魏郦道元《水经注》所记"今城内西北隅有蓟丘"，及同书所记蓟城之河湖水系的情况得出的[3]，惜无相应的考古勘探为证。

春秋时期，燕并蓟，移治蓟城。东汉起，蓟城为幽州治所，隋废幽州改置涿郡，唐改涿郡为幽州，称蓟城为幽州城。契丹 936 年占据幽州，938 年改国号为"大辽"，升幽州为陪都，号南京，又称燕京。学术界根据北京古代水系分布情况，以及悯忠寺（今法源寺）、天宁寺在唐幽州、辽南京城内位置的历史记载，确认蓟、幽州、辽南京的核心部位在今西城区宣南一带。但这些城市的城墙边界何在？城内如何部署？由于缺乏科学的考古调查，至今无人说得清楚。

1125 年，金攻陷辽南京；1151 年，金决定迁都南京；1153 年，改南京为中都，这是北京建都之始。金中都以辽南京为基础，向东、南、西三面扩建而成，城内置六十二坊，皇城略居全城中心，街如棋盘。中华人民共和国成立后，考古部门对金中都城垣遗迹作了调查，对历来有争议的中都城周长，通过实地勘测得出较准确的数据。而中都城十二门的具体位置，因只有历史文献及 20 世纪五六十年代的踏察为证，尚停留在"大体可以确定"的阶段（图 42）。

1215 年，蒙古攻陷中都；1267 年，忽必烈在中都东北郊营建大都新城。1964—1974 年，中国科学院考古研究所、北京市文物管理处元大都考古队对元大都城址进行考古调查，先后勘察了元大都的城垣、街道、河湖水系等遗迹，发掘了十余处不同类型的居住遗址和建筑遗迹，形成了《元大都的勘察和发掘》《北京后英房元代居住遗址》《北京西绦胡同和后桃园元代居住遗址》等报告，证实元大都南城墙在今东西长安街稍南、今建国门外南侧的古观象台即元大都东南角楼的旧址、元大都的中轴线与明清北京的中轴线吻合、今天北京内城诸多街道和胡同仍保存着元大都街道布局的旧迹等等。[4]此项工作，填补了元大都研究的空白，为城市考古积累了丰富经验。

[1] 礼记正义．卷三十九．乐记 [M]// 十三经注疏．清嘉庆刊本．第 3 册．北京：中华书局，2009：3344.

[2] [汉] 司马迁．史记．卷三十四．燕召公世家第四 [M]. 北京：中华书局，1959：1549.

[3] 侯仁之．燕都蓟城 城址试探 [M]// 侯仁之文集．北京：北京大学出版社，1998：48.

[4] 中国科学院考古研究所，北京市文物管理处元大都考古队．元大都的勘查和发掘 [J]. 考古，1972（1）：19-28；中国科学院考古研究所，北京市文物管理处元大都考古队．北京后英房元代居住遗址 [J]. 考古，1972（6）：2-11；中国科学院考古研究所，北京市文物管理处元大都考古队．北京西绦胡同和后桃园的元代居住遗址 [J]. 考古，1973（5）：279-285。

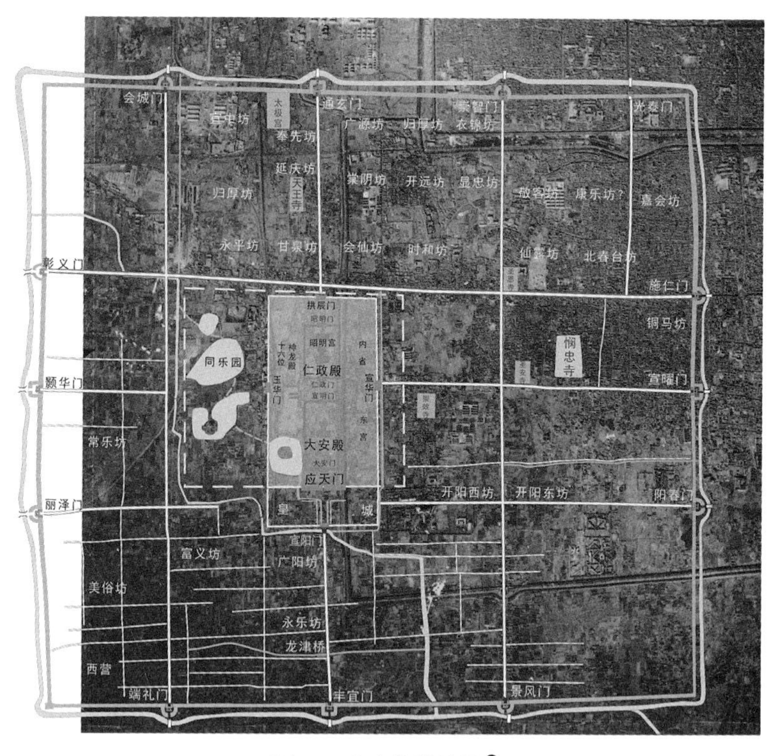

图 42　金中都城址图[1]

（岳升阳　绘）

遗憾的是，这类科学而系统的考古工作未能朝着北京更为久远的历史延伸，以至于对元代之前，特别是金代之前北京城址的状况，至今多停留在文献和推测阶段。这也使得人们多以为北京旧城只是元明清旧城，忽视了唐辽金旧城仍部分存在于宣南这一重要事实。而从古今叠加城市考古学理论分析，宣南一带的部分街道，还可能与北京城的滥觞——蓟，存在着继承关系。

对北京早期城市史研究的缺失，使得对宣南的保护失去应有的学术支撑。在 1990 年和 2000 年北京市两次发起的危旧房改造工程中，宣南被拆除甚剧，如今仅存片断，仍有一批改造项目分布其中。1990 年在北京西厢道路工程中，北京市文物研究所沿今西城区滨河路两侧，对金中都宫殿区进行考古钻探与发掘，探得夯土区 13 处，基本确定了应天门、大安门和大安殿等遗址的具体地点位置。[2] 但在此后的大规模旧城改造中，尽管在宣南不时有一些地下古遗迹在施工中被发现，但它们都不是文物部门主动发掘的结果，往往得不到应有的重视，甚至被施工单位野蛮破坏。

北京市应该把城市考古作为一项重大文化工程来对待，以科学而系统的考古工作把失踪的城市史寻找回来，使北京三千多年建城史得到科学的实证，无愧于世界级历史文化名城的地位。

[1] 为显示金中都真实地存在于现有的城市之中，岳升阳应作者之请，结合近年来的调查资料，在 1951 年的北京航拍图上绘成此图。航拍图由遥感考古联合实验室提供，显示了金中都故城的大部分范围。

[2] 北京市文物研究所．北京西厢道路工程考古发掘简报 [G]// 北京文物与考古，1994（4）：46-51.

四、软实力与区域协调发展的支撑

北京深厚的历史文化资源对于北京及其所在地区、中国乃至世界的可持续和平发展，具有巨大的现实意义与启迪价值。

第一，北京历史文化价值是国家软实力建设及可持续和平发展的巨大思想资源与战略资源。

北京旧城空间营造所包蕴的敬天信仰、法天象地理念，实为中国古代天人合一思想的体现。中华先人所推崇的“天地与我并生，而万物与我为一”[1]，将人作为天地万物之一分子、与自然和谐共生的世界观，对于校正人类在工业革命之后推行增长主义生产生活方式所造成的生态环境恶化等危机，具有极强的现实意义。

重塑可持续的天人关系，就必须在科技创新基础上，向中华先人学习，充分汲取中华文化的养分，更新既有发展模式，将“天地与我并生，万物与我为一”推入更高境界，进而成为人类的普世价值。这是 21 世纪中国之于人类的责任，也是中国人应该作出的贡献。在这个意义上，我们应尽最大努力，为中国，为世界保存伟大的北京旧城。

北京历史建筑与城市空间所见证的“从文化多元一体到国家一统多元”，彰显中华文化有容乃大的开放性与适应性，这是中国以汉族为主体的统一多民族国家不断发展壮大至今的根本，亦明显不同于西方民族国家的发展模式。中国自古以来对不同民族、不同文化、不同宗教信仰的包容式发展，对于今天人类和平事业的建设，具有巨大启示意义。

第二，不可复制的历史文化资源将为北京建设世界城市、推动京津冀协调发展、建立可持续的财政模式，提供巨大机遇。

历史文化资源是北京的吸引力与核心竞争力所在，是北京城市价值的基本保障。可以预计，房地产税（亦称不动产税）开征之后，北京市将从文化遗产保护所提升的不动产价值中获得合理而可观的财政收入，由此产生一系列正面效应：

1）从根本上扭转旧城区政府单纯依靠土地开发获取财政收入的片面倾向。文化遗产保护能够推升不动产价值，如果开征房地产税，就能将这一增值合理返还财政，使旧城区政府专注于包括文化遗产保护在内的公共服务供应。开征房地产税，有利于转变政府职能，促使各级干部真正树立文化遗产保护也是政绩、与经济建设同等重要的观念。

2）使实现北京市各城区及北京所在京津冀地区各城市的水平分工成为可能，区域协调发展获得保障。应该看到，目前区域协调发展机制不健全、多仰仗行政力量推动的局面，与当前税制深刻关联。在分税制条件下，地方税的主体是增值税分成，导致各个城市倾力做大经济规模，形成同构竞争乃至恶性竞争，城市之间无法实现水平分工。在北京市内部，由于市区两级财政分灶吃饭，区级政府之间的竞争也存在类似情况。房地产税改革

[1] 庄子注．卷一．齐物论第二[M]// 影印文渊阁四库全书．第 1056 册．台北：台湾商务印书馆，1986：15.

到位之后，这一情形可望得到根本改变。在“提供公共服务→推升房地产价值→获得更多房地产税收入→提供更好公共服务”的良性机制之下，各级财政主体必然专注于公共服务的供应，不再盲目做大经济规模。从同构竞争走向区域分工协调便可获得财政支撑，京津冀区域健康发展便可获得内生动力，北京市也将从文化遗产保护中获得巨大收益。

3）疏解非首都核心功能、遏制人口膨胀将获得有力保障。包括文化遗产保护在内的公共服务投入，能够确保充足的房地产税收入，这将促使北京市各级政府更加自觉地放弃经济规模的不合理竞争与扩张，更加自觉地致力于疏解非首都核心功能，特别是外迁不适合首都城市性质的产业。经济规模一旦得到合理的控制与调整，人口规模就能得到有效遏制。

五、结语

北京旧城平面布局保存了支撑中国古代农业文明最具基础性的人文信息，彰显惊人的文化连续性，是中华文明源远流长的伟大见证。北京旧城空间格局及其内蕴的营造思想，体现了统一多民族国家形成过程中，中华主流文化海纳百川、一以贯之的高度包容性与适应性。

一万多年前，中国所在东亚地区与两河流域上游的新月沃地独立出现种植农业，人类历史由此开创了新纪元。此后，新月沃地文化因战争与生态环境恶化出现断裂，唯中国所在地区的文化－文明持续发展至今，这是人类历史仅见的现象。北京旧城虽创建于晚期，其体现的宇宙模式与观象授时体系却直通农业文明之滥觞；北京旧城是“中”字形中国古代城市的杰出代表和伟大结晶，虽然遭到较大规模的拆除，其留存面积依然可观，必须尽最大力量加以保护。

由西方开创的近代文明，使人类进入增长主义模式，人人关系得到发展，却在生态环境、自然资源利用等方面存在缺失，天人关系发生恶化。由垃圾场支撑大卖场的增长主义生产生活方式不能实现自我循环，如不予以校正，人类文明将不可持续。我们有理由相信，21世纪将是人人关系和天人关系均得到良性发展的世纪，北京博大精深的历史文化所体现的中华先人天人合一、包容发展的理念，正可为实现人类文明可持续和平发展，提供宝贵的思想资源。这是中国人应该为人类作出的贡献，也是国家软实力的重要支撑。

北京元明清城市考古研究已取得成功经验，应将城市考古工作向更古老的时代延伸，探明蓟、幽州、辽南京、金中都城址状况，改变在旧城保护中对承载了早期历史的宣南地区的忽视，以切实举措停止对宣南的继续拆除，落实《北京城市总体规划（2004年—2020年）》关于实施旧城整体保护的规定。

丰富的历史文化资源将为北京实现与周边省市有区别的发展提供支撑，为区域协调提供保障。房地产税改革将使北京市从文化遗产保护中获得可观的财政收入，推动政府行为转型。此项改革涉及公私利益关系的重大调整，可望解决长期以来包括文物保护在内的公共服务投入带来的巨大社会增值无法正常返还财政的局面，推进国家治理体系和治理能力现代化。北京作为首善之区，应积极投入这项改革，在历史文化名城保护、京津冀区域协调发展方面，取得可示范的经验。

（本文为2016年9月北京城市总体规划专题研究《北京历史文化名城保护与文化价值研究》内容节选，略有修订。）

规矩方圆　浮图万千

——中国古代佛塔构图比例探析[❶]（上）

王　南

（清华大学建筑学院）

摘要：佛塔是中国古建筑中造型最为丰富多样的建筑类型之一，本文旨在探讨中国古代佛塔的构图比例。在前人研究的基础上，本文通过对6大类型（楼阁式塔、密檐式塔、单层塔、覆钵式塔、金刚宝座塔、楼阁与覆钵混合式塔）共计41座佛塔实例进行几何作图与实测数据分析，发现并指出中国历代佛塔的平、立、剖面设计中广泛运用了基于方圆作图的$\sqrt{2}$构图比例；除此之外，佛塔的总高与首层塔身的周长、通面阔（或总宽、直径）、边长之间，通常具备清晰而简洁的比例关系。本文的"附录"则通过对9座日本楼阁式木塔的构图比例分析，试图证明$\sqrt{2}$比例以及佛塔总高与首层通面阔之间的清晰比例关系，不仅是中国古代佛塔的基本构图手法，更影响传播到日本，成为日本楼阁式木塔的普遍构图规律。以上看似简单的构图法则，却最终演化出中国古代佛塔千姿百态的造型，正是"一法得道、变法万千"的生动诠释。而如果将佛塔中大量运用的方圆作图比例与北宋《营造法式》第一幅插图即"圆方方圆图"相互参照，结合距今五千年的辽宁牛河梁红山文化圜丘遗址中已经包含精确的方圆作图比例这一事实，我们将会对中国古代建筑设计中的方圆作图比例及其所反映的中国古人特有的"天圆地方"的宇宙观念以及追求天、地、人和谐的文化理念有进一步的深刻认识。

关键词：佛塔，构图比例，规矩方圆，$\sqrt{2}$，日本楼阁式木塔

Abstract: Buddhist pagodas appear in a myriad of forms throughout traditional Chinese architecture. This paper explores the rules in composition of Chinese Buddhist pagodas based on previous research and the new analysis of the geometric relationships of forty-one measured pagodas classified into six categories: multi-storied (*lougeshi*), densely-placed-eaves (*miyanshi*), single-story (*danceng*), stupa-style (*fuboshi*), vajra-throne (*jingang baozuo*), and mixed (multi-storied stupa-style; *louge yu fuboshi huheshi*). The paper then suggests that the square root of two ($\sqrt{2}$) —the basic proportional rule of all circle and square drawings—was applied in plan, elevation, and section design of Buddhist pagodas during different dynasties. Additionally, clear proportional relationships often existed between the pagoda height and the first-floor circumference, width (or the first-floor pagoda depth, diameter), and side length. The analysis of eleven Japanese multi-storied wooden pagodas in the appendix confirms the ratio of $\sqrt{2}$ and the ratio between the total height and the first-floor width as two effective design measures that became common proportional rules for the construction of multi-storied wooden pagodas in China and the Chinese sphere of influence. But in practice, these simple geometric rules generated thousands of different pagoda profiles and shapes, as described in the traditional saying "once a common method is extracted, there are thousands of ways to put it into practice". Even more fascinating is that the first illustration (*Yuanfang fangyuan tu* [Rounded-square, squared-circle map]) recorded in the Northern Song government manual *Yingzao fahi*, and the remains of the five-thousand-year-old circular mound altar (dating from the neolithic Hongshan

❶　本论文为"《营造法式》研究与注疏"（批准号：17ZDA185）项目支持成果。

culture) in Niuheliang region, Liaoning province, also demonstrate these proportional design rules. This is not a coincidence but rather stems from the ancient Chinese belief in a dome-shaped (round) heaven and a flat, square earth (*tianyuan difang*) and the notion of harmonizing heaven, earth, and man.

Keywords: Buddhist pagoda, ratio, rules of circle and square $\sqrt{2}$, Japanese multi-storied wooden pagoda

一、引言

佛塔是中国古建筑中造型最为丰富多样的建筑类型之一，常常作为中国古代城市、村镇或佛寺的标志性建筑出现。梁思成曾赞誉道："在表现并点缀中国风景的重要建筑中，塔的形象之突出是莫与伦比的……"[1]依外观造型，中国古代佛塔可大致分为楼阁式塔、密檐式塔、单层塔、覆钵式塔（即喇嘛塔）、金刚宝座塔、楼阁与覆钵混合式塔等 6 大类[2]（图 1）。

佛塔除了其最基本的宗教功能之外，同时亦是具有强烈的标志性以及鲜明的象征含义的造型艺术品，对其构图比例的研究因此显得尤为重要。本文在前人研究的基础上，通过对以上所述 6 个类型、41 座佛塔实例（外加 9 例日本楼阁式木塔，见附录）进行构图比例分析，发现并指出普遍存在于中国古代佛塔（包括日本楼阁式木塔）平、立、剖面设计中的基于方圆作图的构图比例——尤其是$\sqrt{2}$比例；除此之外，还总结了佛塔总高与首层塔身周长、通面阔（或总宽、直径）、边长之间常见的清晰而简洁的比例关系。

如果将中国古代佛塔中广泛运用的方圆作图比例与北宋《营造法式》第一幅插图即"圆方方圆图"相互参照，结合距今五千年的辽宁牛河梁红山文化圜丘遗址中已经包含精确的方圆作图比例这一事实，我们将会对中国古代建筑设计中的方圆作图比例及其所反映的中国古人特有的"天圆地方"的宇宙观念以及追求天、地、人和谐的文化理念有进一步的深刻认识。

1. 中国古代佛塔构图比例的主要研究成果

对中国古代佛塔构图比例之研究始于中国营造学社的先辈们，特别是梁思成、刘敦桢、陈明达和龙庆忠等学者。[3]

梁思成在《山西应县佛宫寺辽释迦木塔》（约 1935 年）、《浙江杭县闸口白塔及灵隐寺双石塔》（约 1936 年）等调查报告中，尤为注重测量、计算木构或石仿木构佛塔中各类大木构件尺寸的材、分°[4]值，并且将实测结果与《营造法式》"大木作制度"的相关规定进行比较分析，对研究中国古代木结构建筑的"材分°制"起到了重要的作用；此外，报告中也涉及一些对其他构件的比例

[1] 梁思成．梁思成全集（第八卷）[M]．北京：中国建筑工业出版社，2001：135.

[2] 梁思成在《图像中国建筑史》（1946）中将中国古代佛塔分作单层塔、多层塔、密檐塔和窣堵坡（又细分作瓶形塔和金刚宝座塔）四大类；刘敦桢在《中国之塔》（1945）一文中则分作楼阁式塔、单檐塔、密檐塔、喇嘛塔、金刚宝座式塔五大类。参见：梁思成．梁思成全集（第八卷）[M]．北京：中国建筑工业出版社，2001；刘敦桢．中国之塔 [M]// 刘敦桢．刘敦桢全集（第四卷）．北京：中国建筑工业出版社，2007：79-91。其实上述两种分类只是名称上略有不同，而梁思成的第四类包括刘敦桢的第四、五两类。本文在上述五类佛塔的基础上，增加了楼阁与覆钵混合式塔（包括所谓的"花塔"）一类，共计 6 大类。

[3] 1937 年中国营造学社本拟在《中国营造学社汇刊》出一期"塔"之专刊，下文提到的梁思成的《山西应县佛宫寺辽释迦木塔》、《浙江杭县闸口白塔及灵隐寺双石塔》，刘敦桢的《河北定县开元寺塔》等文皆在其中，后因抗战爆发未及发表，现均已收入《梁思成全集》、《刘敦桢全集》中。

[4] "分"（音份）是《营造法式》的重要概念。为了和长度单位尺、寸、分的"分"相区别，梁思成特地发明了"分°"这个符号来表示之；也有的学者用"份"字来代替之，如陈明达。本文均采用"分°"。

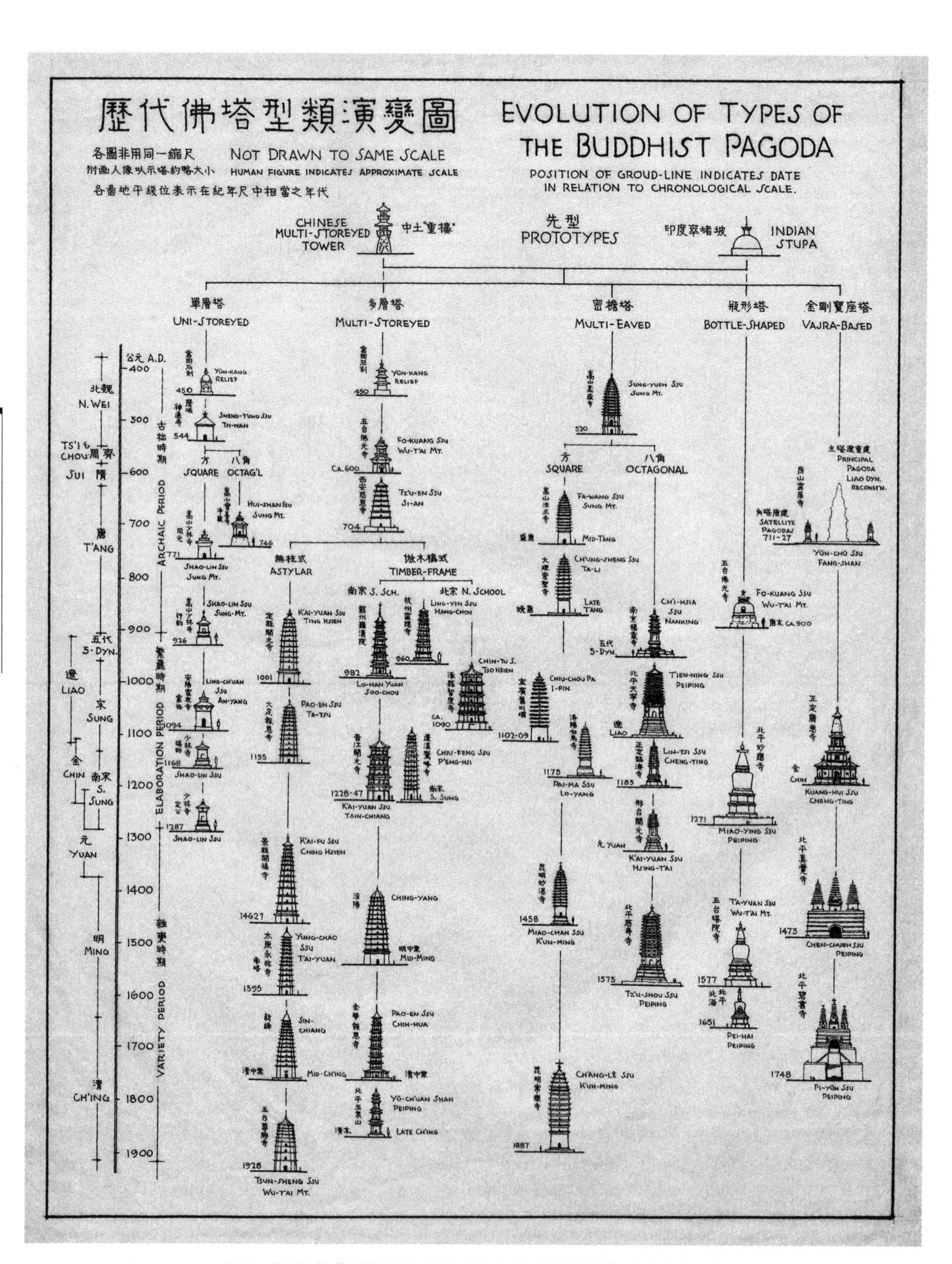

图1 梁思成《图像中国建筑史》中的“历代佛塔型类演变图”

（中国国家图书馆藏）

分析，如柱高与柱径之比，飞子长与椽长之比等。在《图像中国建筑史》（1946 年完稿）一书中，梁思成开始注意密檐式砖石塔的比例问题，并指出密檐式塔的“各层檐总高度常为塔身的两倍”。❶

刘敦桢是中国古代佛塔构图比例研究的重要开拓者之一，尤其是其《河北定县开元寺塔》（约 1936 年）一文，首次援引《营造法原》等文献，讨论塔高与塔围（包括塔台基周长、首层塔身周长）的比例关系。他指出：《营造法原》称“塔盘外阶沿口周围总数，即塔葫芦尖至地高低”，即指塔高等于阶台周长；而河北易县宋千佛塔有明正统十四年《重修舍利塔记》称“塔高一百又十尺，围以称之”，《图书集成》神异典记述山西应县木塔亦称“塔高三十六丈，周围如之”，都是指塔高等于第一层塔身周长。而经过测量，北宋开元寺料敌塔的塔高与第一层塔身周长正好相等，符合文献中塔高等于塔围（第一层塔身周长）的记载。当然，出于严谨考虑，刘敦桢称“不过此塔的宝珠，曾经明嘉靖间一度重修，是否和原来的高度相等，实属疑问。故此问题决非今日根据少数之例所能解决的。”❷ 此文可谓是中国古塔构图比例研究的一篇开创性文献。❸

陈明达在上述研究的基础上，对应县木塔的构图比例进行了从整体到局部、全面而深入的研究，开创了一种中国古代木结构建筑设计方法研究的重要范式。他在《应县木塔》（1966 年）一书中指出，应县木塔第三层每面面阔 8.83 米（后来傅熹年指出正好合辽代 3 丈），为木塔设计的重要模数，全塔许多重要尺寸由此确定；尤其塔之总高（67.31 米）约为 8.83 米这一模数的 7.625 倍，同时也接近第三层平面（边长 8.83 米的八角形）的内切圆周长——这一结果与《营造法原》中提及的塔高与塔围的比例关系接近❹（图 2）。

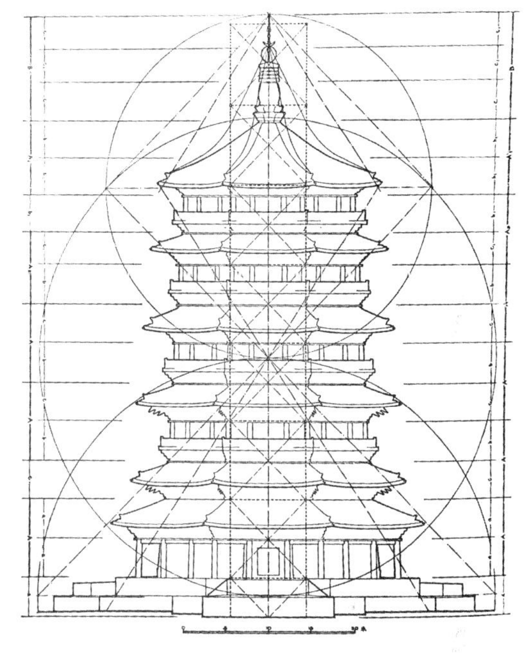

图 2　陈明达的应县木塔立面构图分析

（陈明达 . 应县木塔 [M]. 北京：文物出版社，2001.）

龙庆忠在《中国塔之数理设计手法及建筑理论》（1990 年）❺ 一文中，对一批中、日古代佛塔

---

❶ 梁思成 . 梁思成全集（第八卷）[M]. 北京：中国建筑工业出版社，2001：145.

❷ 刘敦桢 . 刘敦桢全集（第十卷）[M]. 北京：中国建筑工业出版社，2007：114。本文讨论佛塔总高时均包含塔刹在内——古代佛塔能保留初建时塔刹的毕竟十分难得，然而从本文的研究可以发现，就现状而言，大量佛塔包含塔刹在内的总高与佛塔其他尺寸之间通常具有良好的比例关系，因此很可能历代修复或更换塔刹时，其高度大多还是保持了原始设计高度，或者在修复或更换时考虑了佛塔整体比例，而非任意为之。

❸ 此外，刘敦桢《江苏吴县罗汉院双塔》一文又对双塔各层直径与层高之比例进行了比较分析。参见：刘敦桢 . 刘敦桢全集（第十卷）[M]. 北京：中国建筑工业出版社，2007：89-108。

❹ 陈明达甚至在应县木塔立面中找出一组 $\sqrt{2}$ 比例：“自塔阶基八角座底至五层檐口，自五层檐口至刹顶，各作一对角线，则此二线为平行线。且此两线的交点，正在第三层塔身中部。自此交点至阶基下层上皮与自此交点至塔刹之比，恰为 $1:\sqrt{2}$。恐怕都不是偶然的现象。”从下文分析可知，应县木塔立、剖面设计中大量运用 $\sqrt{2}$ 比例，相比之下虽然陈明达指出的这组 $\sqrt{2}$ 比例不能算是构图重点，但毕竟提出应县木塔的立面设计中存在 $\sqrt{2}$ 比例是一个极具启发性的观点。参见：陈明达 . 应县木塔 [M]. 北京：文物出版社，2001：37-40。

❺ 参见：龙庆忠 . 中国建筑与中华民族 [M]. 广州：华南理工大学出版社，1990；龙庆忠 . 龙庆忠文集 . 北京：中国建筑工业出版社，2010。

（包括楼阁式塔 14 例、密檐式塔 9 例）的比例关系进行了详细分析，尤其是根据《营造法原》（第 16 章“杂俎”）记载的“测塔高低：可量外塔盘外阶沿之周围总数，即塔总高数（自葫芦尖至地坪）”，对一系列佛塔的总高与地面周长之比例进行讨论（这一点可以看作对刘敦桢的定县料敌塔、陈明达的应县木塔比例研究的延续），并发现若干方塔总高等于 4 倍底层边长、八角塔总高等于 8 倍底层边长的实例。[1] 龙庆忠还进一步探讨了佛塔比例关系的文化内涵，认为塔高、塔围可与天高、地载相对应，并且进一步象征天圆与地方：“本文首先论塔高与其地面上周长的比例，然后又将塔高换成天高，将塔的地面上的周长换成地载，再后把天之所覆换成天圆，地之所载换成地方。”[2]

我们虽然不能确定古人在进行佛塔设计时，令塔高与塔围成一定比例关系是否真的具有“天圆地方”之寓意，但下文将要揭示的大量佛塔中方圆作图比例的运用，却似乎可与此说相互呼应。

与龙庆忠的分析类似，王寒枫的《泉州东西塔》（1992 年）一书亦指出泉州开元寺东、西塔总高与一层周长实测数据十分接近。[3]

傅熹年在前人研究之上更进一步，在其《中国古代城市规划、建筑群布局及建筑设计方法研究》（2001 年）一书中，对南北朝、唐、宋、辽时期的 15 例楼阁式塔和 9 例密檐式塔进行了模数与比例分析，并绘制了一批佛塔的立、剖面分析图。傅熹年在陈明达应县木塔研究的基础上，进一步指出楼阁式塔设计的基本方法，即以一层柱高和中间层每面面阔为主要模数——“在唐、宋、辽代建塔使用一层柱高（H1）和塔中间一层的一面面阔（A）为模数，从发展上看，在盛唐以前只以 H1 为模数，到中唐时才出现以 A 为模数和 H1 与 A 兼用的情况，并沿用到宋和辽代”；“以塔中间一层每面之宽为塔在高度和宽度上的模数：塔高（底层柱脚至塔顶檐口）为中间一层每面之宽的倍数；塔每层面阔以中间一层为基准，上下各层递减或递加一定尺寸”。傅熹年认为中间层之面宽近于取底层面宽与顶层面宽之中间值，较能正确反映塔身高宽比的真实情况[4]（图 3）。在《日本飞鸟、奈良时期建筑中所反映出的中国南北朝、隋、唐建筑特点》（1992 年）一文中，傅熹年则分析了日本飞鸟、奈良时期木构佛塔中的以材、分° 为模数或分模数，以首层柱高或中间层通面阔为扩大模数等设计手法；并且指出塔高与一层柱高（或副阶柱高）H1 的模数关系，即通常五重塔高 7H1，三重塔高 5H1；并且该文认为以上设计手法渊源于中国南北朝、隋、唐时期的佛塔。需要指出的是，上述研究中对于“塔高”的界定是指台明至顶层檐口的距离（有时至塔刹底部，包含顶层屋顶），尚未

---

[1] 此外，文章还讨论了塔各层高宽比、各层层高之比、各层边长之比、各层层高递减及边长递减等规律，以及密檐式塔层高与檐部砖皮数的比例关系等，对于研究佛塔构图比例颇有示范作用。可惜的是该文中所引佛塔的各项尺寸数据均未能注明出处，且其中相当多的数据与已发表的实测数据不符，导致不少结论不准确，不失为一大遗憾。不过该文的许多研究方法和思路仍然值得借鉴。

[2] 龙庆忠还认为“三代以来的太室、重屋、明堂、高明、台榭、殿堂到佛塔、楼阁，大概都受到以中国天道、地道、人道等哲理来作数理设计的”。参见：龙庆忠．龙庆忠文集 [M]. 北京：中国建筑工业出版社，2010：84；107。

[3] 此外，王世仁的《北京天宁寺塔三题》（1996 年）一文认为天宁寺塔总高为中间层八角形内切圆周长的 1.5 倍。不过该文以辽代建塔碑记中记载的 203 尺为塔总高，并得出塔总高为 67 米的推论——则 1 辽尺 =33 厘米，这一数值已经大大超出现在所知辽尺（29.4 厘米左右）或宋尺（30.5—31 厘米）的范围，甚至大于常见的清尺（32 厘米左右），因而该文基于此总高推测值（67 米）对天宁寺塔进行的一系列构图分析都可能因此产生偏差。参见：王世仁．北京天宁寺塔三题 [M]// 吴焕加，吕舟．建筑史研究论文集．北京：中国建筑工业出版社，1996。马鹏飞、陈伯超的《典型辽塔尺度构成及各部比例关系探究》（2014 年）一文，对若干辽塔的塔高（取地坪至顶层檐口）与塔身周长、基座周长比例关系进行研究，试图找到类似《营造法原》中提及的塔高与塔围的关联，并提出辽代密檐式塔塔高等于塔身八角形内切圆周长的推测。不过与《营造法原》记载或者陈明达的应县木塔研究不同之处是该文中的塔高并非至刹顶。

[4] 傅熹年．中国古代城市规划、建筑群布局及建筑设计方法研究（上册）[M]. 北京：中国建筑工业出版社，2001：176-177，184.

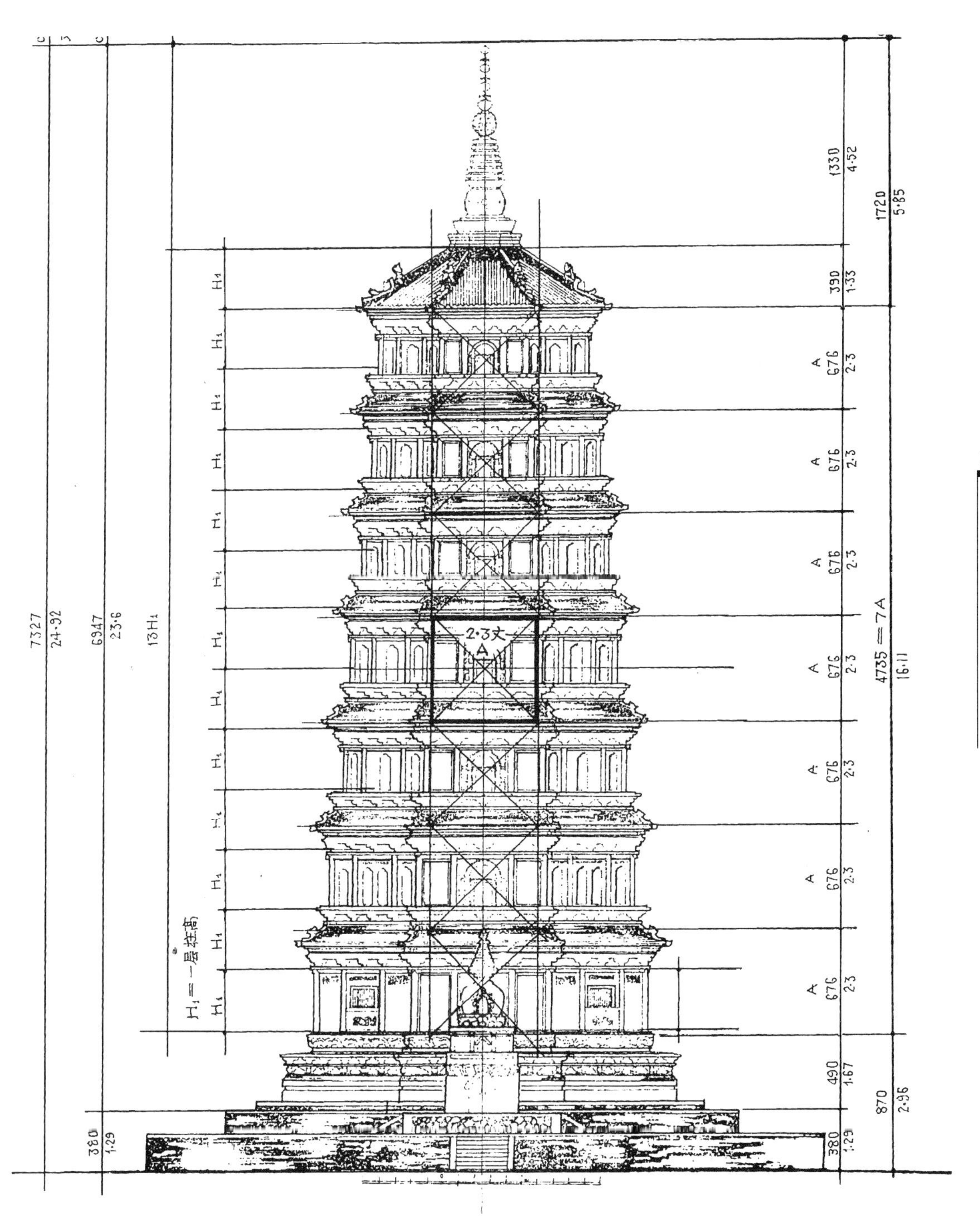

内蒙古 巴林右旗 释迦佛舍利塔（辽庆州白塔）立面图

1尺＝29.4cm

据《文物》1994·12 張碧君：《辽庆州释迦佛舍利塔营造历史及其建筑构制》图二

图3 傅熹年的辽庆州白塔立面构图分析

（文献[10]）

能涉及包含台基、塔刹（或屋顶加塔刹）在内的佛塔整体造型比例关系，而佛塔的整体造型比例正是本文关注的重点。

综上可知，前人的研究已逐步揭示出：中国古代楼阁式塔和密檐式塔皆有着较为成熟的构图方法，尤其是以首层柱高、中间层边长（即每面面阔）为模数控制塔身各主要尺寸；此外，塔高与塔围（首层塔身周长或台基周长）之间很可能有着一些常用的比例关系。

2. 方圆作图比例

在前人大量富于启发性的研究基础上，本文对佛塔构图比例的探析试图再进一步：一方面，将研究对象拓展到几乎所有主要类型的佛塔（包括6个类型、总计41个实例）；更重要的是，尤其关注佛塔总高[1]与首层塔身通面阔（或总宽、直径）、边长之间的比例关系，以及佛塔总高与局部高度之间的比例关系，并且由此发现中国古代佛塔的总高、顶层檐高、首层檐高，首层塔身周长、通面阔（或总宽、直径）与边长，阶基周长、通面阔（或总宽、直径）、边长等尺寸，及其相互之间的比例关系，皆是佛塔设计构图中的重要因素。而在佛塔设计所蕴含的多种构图比例之中，尤以基于方圆作图的比例——$\sqrt{2}$比例，运用最为广泛，几乎遍及各种类型、各个时代的典型实例之中。

$\sqrt{2}$比例是正方形和圆形之间最基本的比例关系之一，也是运用方圆作图可以轻易实现的一种构图比例——正方形的边长与其外接圆直径（即该正方形对角线长）之比即为1 ：$\sqrt{2}$（图4）。$\sqrt{2}$是中国古代都城、建筑群和单体建筑中运用得最为广泛的构图比例之一。根据笔者研究，$\sqrt{2}$比例广泛存在于都城规划与宫殿、坛庙、墓葬、寺庙、民居、祠堂、园林等各类建筑群布局中，以及各类单体建筑设计中，包括殿堂、厅堂、门屋、楼阁、城楼、佛塔、经幢、牌楼、牌坊、棂星门、亭榭、墓祠、墓阙、墓表、祭坛、石窟、无梁殿、铜殿、石碑、华表等，笔者另有专著对其进行深入论述。[2]

需要指出的是，今天只要具备中学数学知识的人即知，$\sqrt{2}$为无理数（即无限不循环小数）。但中国古人并不一定认识“无理数”这一概念，所以在运用这些方圆作图产生的比例时，常常是以整数比近似值取代之——最典型者，即$\sqrt{2}$可以用“方五斜七”或者“方七斜十”这类广为流传的口诀来表示，意思是正方形边长为5，则对角线长为7；边长为7，则对角线长为10。有趣的是，7 ： 5=1.4，10 ： 7≈1.4286，二者的平均值为1.4143，与$\sqrt{2}$（≈1.4142）极为接近——因此，古人实际上是以靠近$\sqrt{2}$上下的两组简单整数比来取而代之的（图5）。

较早提出中国古代建筑设计中所蕴含的$\sqrt{2}$比例的学者是王贵祥，他在《$\sqrt{2}$与唐宋建筑柱檐关系》（1984年）、《唐宋单檐木构建筑平面与立面比例规律的探讨》（1989年）、《唐宋单檐木构建筑比例探析》（1998年）等论文中，探讨了中国唐宋木构建筑中蕴含的$\sqrt{2}$构图比例，包括檐高与

[1] 本文所言佛塔“总高”均指地坪至塔刹顶部之距离；而文中的“总高（台基以上）”则指台明至塔刹顶部之距离。特此说明，下文不再一一解释。

[2] 笔者已完成《规矩方圆 天地之和——中国古代都城、建筑群与单体建筑之构图比例研究》（暂名）一书书稿，即将由中国建筑工业出版社出版。此外，关于方圆作图比例在中国古代单层建筑中的运用，请参见：王南．规矩方圆，佛之居所——五台山佛光寺东大殿构图比例探析[J]. 建筑学报，2017（6）：29-36。

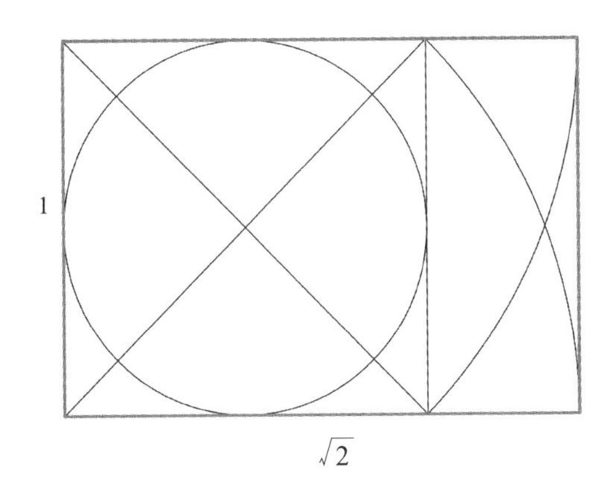

图 4　方圆作图基本比例——$\sqrt{2}$
（作者自绘）

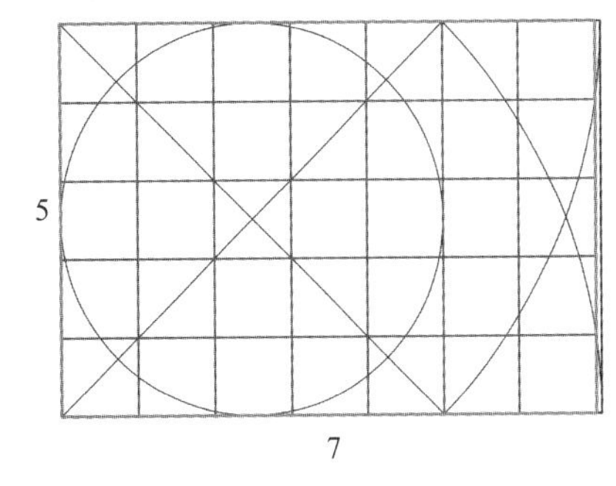

7

10

图 5　方圆作图基本比例$\sqrt{2}$的近似作图——方五斜七与方七斜十
（作者自绘）

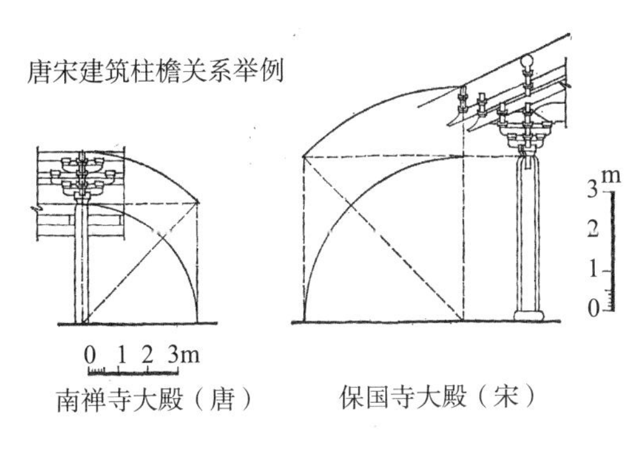

图 6　王贵祥的唐宋建筑檐高与柱高比例分析图
（文献 [15]）

柱高、通面阔与通进深、明间面阔与次间面阔之$\sqrt{2}$比例关系等（图 6）；并且认为这一构图比例有可能广泛运用于唐宋单檐木构建筑以外的更多建筑类型、更长历史时期以及建筑群体关系和庭院尺度之中，有待深入探讨。特别是在《唐宋单檐木构建筑比例探析》一文中，王贵祥更进一步将$\sqrt{2}$比例阐释为正方形边长与其外接圆直径之比，于是与中国古人“天圆地方”的观念联系起来，认为“天圆地方又恰恰浓缩了古代中国人‘天覆地载’的朴质的宇宙观……唐、宋建筑单檐建筑中较多存在的$\sqrt{2}$: 1 的比例关系，很可能就暗含了檐部象征天宇、立柱象征大地的内涵。”[1]

之后，张十庆对北宋《营造法式》的“材分°制”和清工部《工程做法》的“斗口制”中所蕴含的$\sqrt{2}$比例进行了进一步探讨。他指出《营造法式》规定的足材（21 分°）与单材（15 分°）之比为 7 ： 5（图 7），约为$\sqrt{2}$（所谓“方五斜七”）；散斗立面长（14 分°）与高（10 分°）之比为 7 ： 5，约为$\sqrt{2}$；清工部《工程做法》单材高（14 分°）与斗口（10 分°）之比为 7 ： 5，约为$\sqrt{2}$。[2]

通过王贵祥、张十庆等学者的研究，$\sqrt{2}$比例在中国古建筑大木构架

[1] 王贵祥 . 唐宋单檐木构建筑比例探析 [M]// 营造（第一辑：第一届中国建筑史学国际研讨会论文选辑）. 北京：文津出版社，1998：226-247.

[2] 张十庆 .《营造法式》材比例的形式与特点——传统数理背景下的古代建筑技术分析 [M]// 贾珺 . 建筑史（第 31 辑）. 北京：清华大学出版社，2013：9-14.

中得到较为广泛运用的事实已经逐渐被揭示出来。

值得注意的是，王贵祥的研究中援引了日本学者关于$\sqrt{2}$比例的讨论，如小野胜年在1964年与中国文物界学者的交流会中就曾指出："里尺，就是指日本木匠所用的曲尺。这个名字来自它的刻度和普通尺的刻度有$\sqrt{2}$的关系"；"至于（法隆寺）各堂的大小，也有一定的比例的说法。例如，塔的基坛的对角线的长度等于金堂的进深；把金堂的进深或对角线的长度当作讲堂的宽度或进深的长度等。"❶ 张十庆进一步指出日本对"方五斜七"（约为1 ：$\sqrt{2}$）这一惯常比例的运用："同属东亚文化圈的日本，自古以来也注重和习用这一比例关系，并视其为日本的传统比例形式，称之为'大和比'。现代日本学者更有称其为白银比，与西方黄金比并提。"❷ 张十庆还列举了法隆寺中门面阔（34尺）与进深（24尺）之比约为$\sqrt{2}$，法隆寺五重塔底层明间面阔与次间面阔之比为10 ：7，约为$\sqrt{2}$（所谓"方七斜十"）等实例。本文"附录"对9座典型的日本木构佛塔进行了构图比例分析，同样发现大量运用$\sqrt{2}$比例的手法。

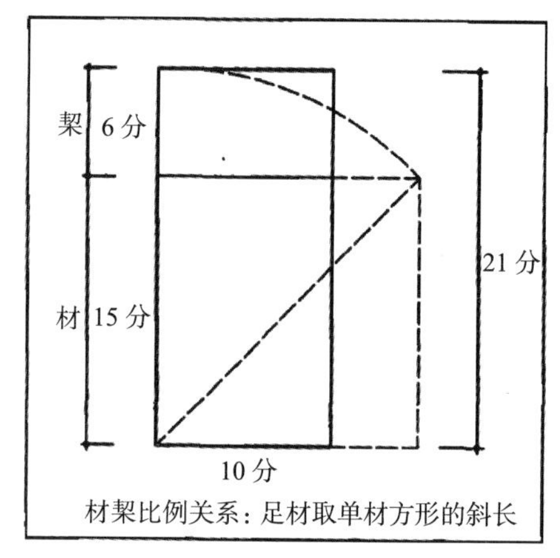

图7　张十庆的《营造法式》足材与单材比例分析图

（文献[19]）

本文对各类佛塔构图比例的研究，采取对实测图进行几何作图与实测数据分析相结合的方法（很大程度上是对陈明达、傅熹年、王贵祥等学者研究方法的延续）。文中选取的案例，绝大部分都同时有实测图与实测数据可供参照，而对实测数据的分析计算，全都标明了与理论值（如$\sqrt{2}$、7 ：5、10 ：7等）的吻合度（百分比），并且本文所收录的实例，实测数据分析结果与理论值的吻合度绝大部分均高于98%，且大部分超过99%——将实测数据分析与几何作图结果互相参照，对于分析所得结论能有既理性又直观的把握。

中国古代佛塔因其外观造型的多样性，构图手法也随之变化多端，即便同样是运用基于方圆作图的$\sqrt{2}$比例，手法亦不拘一格。而除去方圆作图比例之外，还有不少常用的其他构图比例。以下将分门别类进行实例分析，依次为楼阁式塔13例、密檐式塔10例、单层塔4例、覆钵式塔（即喇嘛塔）11例、金刚宝座塔2例、楼阁与覆钵混合式塔1例。

二、楼阁式塔

佛塔之天竺（印度）原型称"窣堵坡"（即梵文"stupa"的音译，为玄

❶ 小野胜年．日唐文化关系中的诸问题[J]. 考古，1964（12）.

❷ 张十庆.《营造法式》材比例的形式与特点——传统数理背景下的古代建筑技术分析[M]// 贾珺．建筑史（第31辑）. 北京：清华大学出版社，2013：11.

奘所译)，为建于台基上的半球形圆坟，因形如一只倒扣的碗，因此中国古代亦称之为“覆钵”，其上有方形宝匣(乃奉藏舍利之所在)，再上树立带数层圆盘状伞盖(亦称相轮)的刹杆，典型实例如桑奇大塔。窣堵坡于汉代随佛教传入中国，逐渐与中国传统建筑融合:《后汉书·陶谦传》中记载的东汉初平年间(190—193年)丹阳人笮融所建之塔“上累金盘，下为重楼”，即将窣堵坡原型缩小，置于方形的多层楼阁之上，遂形成中国特有的楼阁式塔(如果将缩小的窣堵坡置于单层建筑上则形成下文所要讨论的单层塔)。多层楼阁屋顶上方的窣堵坡，演化成为佛塔的塔刹，其中窣堵坡的方台变为须弥座，半球形圆坟变为覆钵，刹杆上的多层圆盘称相轮。

塔刹(天竺原型)与重楼(中国原型)形成全新的楼阁式塔之整体造型，并且在平、立、剖面设计中皆有十分精妙的构图比例。以下分别探讨木构、石仿木构、砖仿木构和砖木混合结构的各类楼阁式塔实例。

(一)木塔

1. 山西应县佛宫寺释迦塔(辽清宁二年，1056年)

山西应县佛宫寺释迦塔，即著名的应县木塔，是中国现存最古老、规模最大的木塔，同时也是全世界最高大的木塔，价值无与伦比。

木塔平面为八角形，每面三开间，高五层，首层带副阶一周，故外观共出檐六重。首层以上，每层皆有平坐、屋身及屋檐，且逐层缩进，顶层覆以八角攒尖屋顶，上立铁刹。全塔立于双重石基之上。平面设内、外柱各一周，外柱24根，内柱八根。木塔外观5层，实际内部每两层之间有一暗层，位于平坐和腰檐之后，故实为9层。

通过对陈明达《应县木塔》一书中实测图与清华大学建筑学院中国营造学社纪念馆藏营造学社实测图进行几何作图，以及实测数据分析，可得如下结论。

(1)正立面、剖面

总高(66.67米):首层通面阔[1](23.36米)=2.854 ≈ 20 : 7(吻合度99.9%); 2.854 ≈ $2\sqrt{2}$(吻合度为99.1%)[2]——由此可知应县木塔正立面(剖面)高宽比约为$2\sqrt{2}$(以“方七斜十”代替$1:\sqrt{2}$)，从下文分析可知这是中国古代佛塔中较常见的构图比例。

总高(66.67米):顶层檐柱柱头以下高(46.83米)=1.424 ≈ 10 : 7(吻合度99.7%); 1.424 ≈ $\sqrt{2}$(吻合度为99.3%)。

顶层檐柱柱头以下高(46.83米):首层通面阔(23.36米)= 2。

综上可知，应县木塔首层通面阔:顶层檐柱柱头以下高:总高 = $1:2:2\sqrt{2}$。

如果以总高的1/20即3.33米为正立面模数网格，则:总高20格。正立面由下而上，副阶檐口高3格，二层平坐柱头高5格，二层檐口高7格(等于首层通面阔)，顶层檐柱柱头高14格(图8)。

[1] 应县木塔一节“首层通面阔”不含副阶，取柱头尺寸；其余各面阔值均取柱头尺寸。

[2] 本文中木塔总高取台基周围地面至塔刹顶距离66.67米，而陈明达《应县木塔》(1966年)一书取南月台南侧地面至塔刹顶部距离67.31米为总高。参见：陈明达．应县木塔[M]．北京：文物出版社，1966.

（2）平面

首层内筒内径（10.25 米）：外筒内径（20.76 米）：下层方形台基边长（平均值 40.65 米）=1 ： 2.03 ： 3.97 ≈ 1 ： 2 ： 4。如果取辽代 1 尺 = 29.4 厘米，三者分别合 3.49 丈，约 3.5 丈（吻合度 99.7%）；7.06 丈，约 7 丈（吻合度 99.2%）；13.83 丈，约 14 丈（98.9%）（图 9）。

上层八角形台基总宽 35.47 米，合 12.06 丈，约 12 丈（吻合度 99.5%），边长合 5 丈；首层通面阔 23.36 米，合 7.95 丈，约 8 丈（吻合度 99.4%）。上层八角形台基总宽（35.47 米）：首层通面阔（23.36 米）= 1.518 ≈ 3 ： 2（吻合度 98.8%）（图 10）。

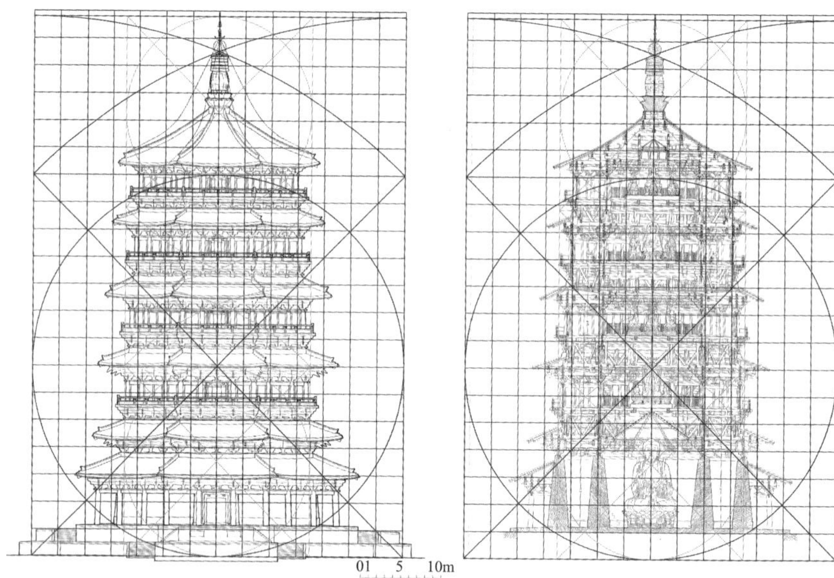

图 8　应县木塔立剖面分析图

（底图来源：陈明达 . 应县木塔[M]. 北京：文物出版社，2001.）

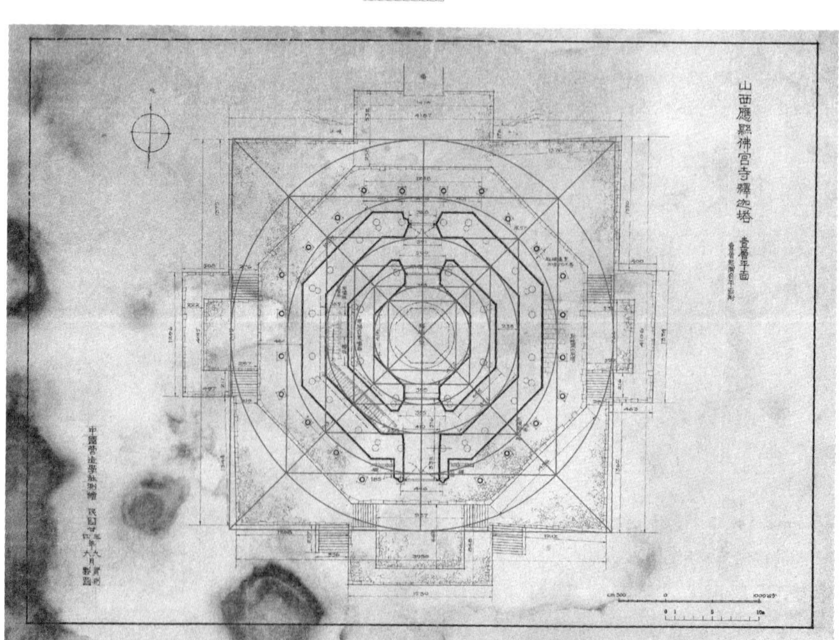

图 9　应县木塔平面分析图（一）

（底图来源：清华大学建筑学院中国营造学社纪念馆藏）

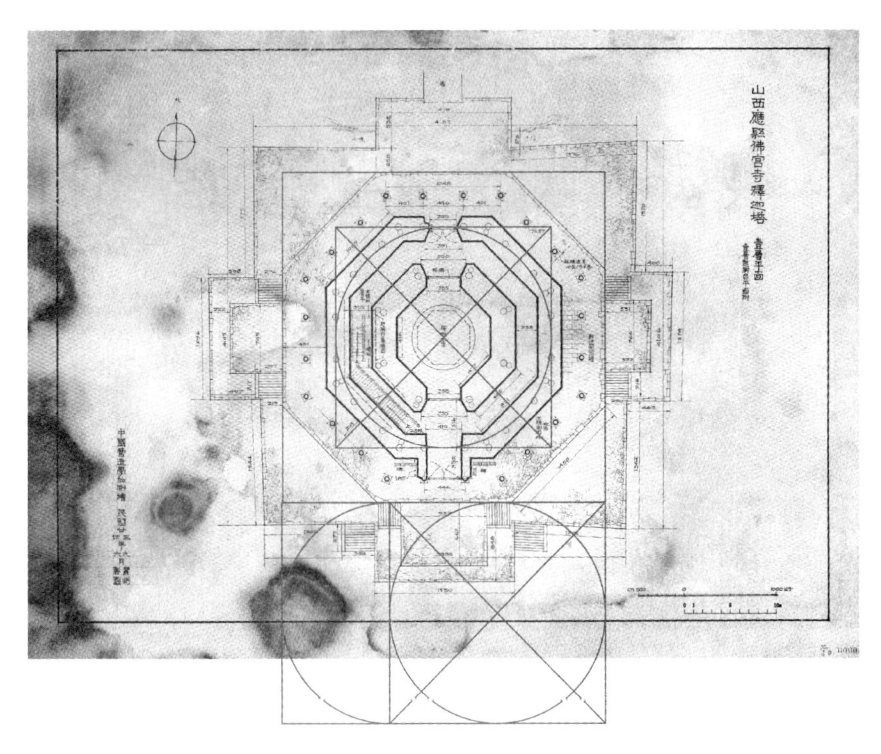

图 10　应县木塔平面分析图（二）
（底图来源：清华大学建筑学院中国营造学社纪念馆藏）

综上可知：木塔首层平面（不含副阶）八角形内径（即通面阔）8 丈，上层八角形台基内径 12 丈（边长 5 丈）；内筒内径 3.5 丈，外筒内径 7 丈，下层方形台基边长 14 丈——首层平面有着十分清晰的比例关系。

（3）首层佛像与木塔剖面

木塔总高（66.67 米）：首层佛像总高（含基座，约等于首层平綦高 11.12 米）=6。

首层佛像净高（不含基座）：首层内槽通面阔（等于佛像基座顶部至二层楼面距离）=1 ：$\sqrt{2}$。

首层佛像净高（不含基座）= 斗八藻井总宽。

首层佛像净高（不含基座）：佛像肩部以下高（约等于佛像总宽）= $\sqrt{2}$（图 11）。

综上可知，木塔首层内槽空间与佛像有着十分精密的比例关系，其内槽通面阔是佛像净高的$\sqrt{2}$倍；而木塔总高则是佛像总高的 6 倍。

（4）首层、二层剖面

首层层高 + 二层层高 =14.65+8.84=23.49 米，首层通面阔 23.36 米，二者基本相等（吻合度 99.4%），皆为 8 丈左右。

内槽通面阔（12.94 米，合 4.4 丈）：外槽通面阔（23.36 米，合 8 丈）= 0.554 ≈ 5 ： 9（吻合度 99.7%）。

内槽通面阔（12.94 米）：二层平坐柱头距台基地面（12.93 米）≈1（吻

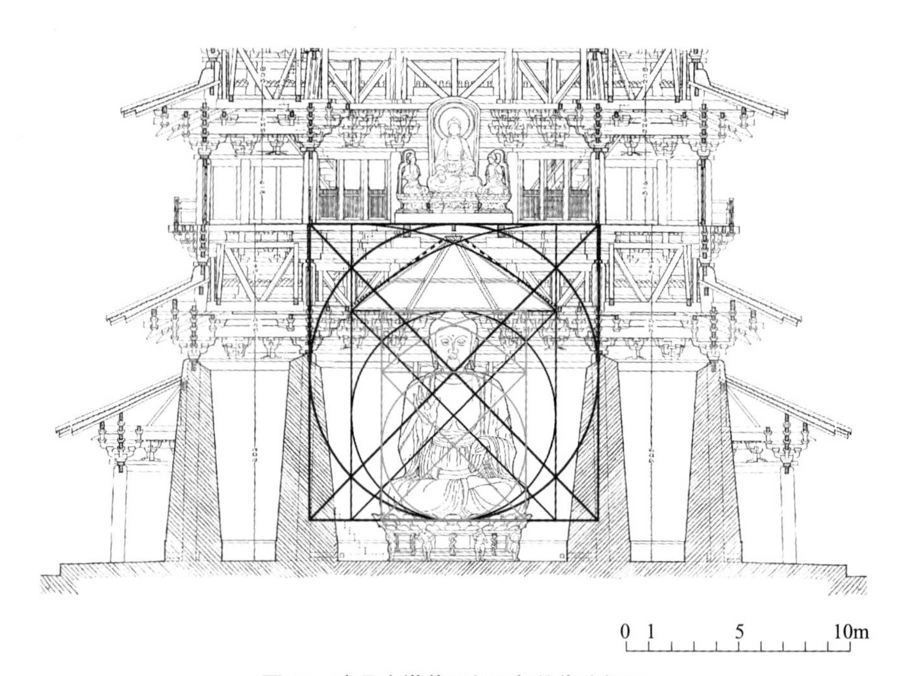

图 11　应县木塔首层剖面与佛像分析图

（底图来源：陈明达 . 应县木塔 [M]. 北京：文物出版社，2001.）

合度接近 100%）。

内槽通面阔（12.94 米）：内柱高（9.05 米）=1.43 ≈ 10 ：7（吻合度 99.9%）；1.43 ≈ $\sqrt{2}$（吻合度 99%）——可知首层佛像净高与内柱高基本相等（图 12）。

（5）三层剖面

木塔三层是除了首层之外比例关系尤为清晰的一层：

外槽边长 8.83 米，合 3 丈；

外槽边长（8.83 米）：层高（8.85 米）=0.998 ≈ 1（吻合度 99.8%）；

外槽通面阔（21.3 米）：内槽通面阔（12.42 米）=1.715 ≈（1+ $\sqrt{2}$）：$\sqrt{2}$（吻合度 99.5%）；

内槽通面阔（12.42 米）：层高（8.85 米）=1.403 ≈ 7 ：5（吻合度 99.8%）；1.403 ≈ $\sqrt{2}$（吻合度 99.2%）（图 13）。

（6）塔刹

塔刹高（11.77 米）：首层通面阔（23.36 米）=0.504 ≈ 1 ：2（吻合度 99.2%）。

（7）全塔各部分高度

基座 4.4 米，合 1.497 丈，约 1.5 丈（吻合度 99.8%）；

首层层高 14.65 米，合 4.98 丈，约 5 丈（吻合度 99.6%）；

二层层高 8.84 米，合 3 丈；

三层层高 8.85 米，合 3.01 丈，约 3 丈（吻合度 99.7%）；

四层层高 7.83 米，合 2.66 丈；

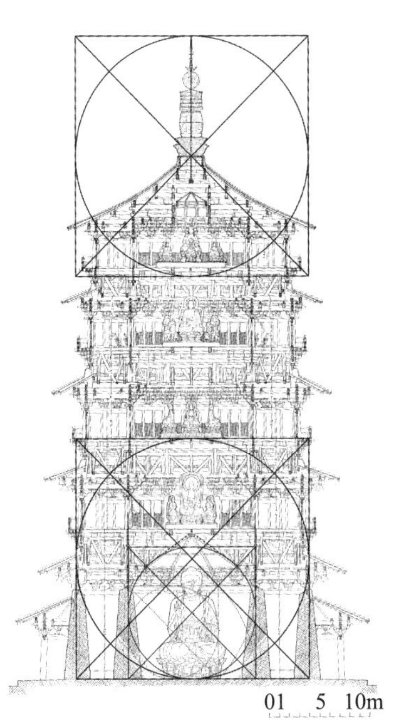

图 12 应县木塔首层、二层剖面分析图
（底图来源：陈明达 . 应县木塔 [M]. 北京：文物出版社，2001.）

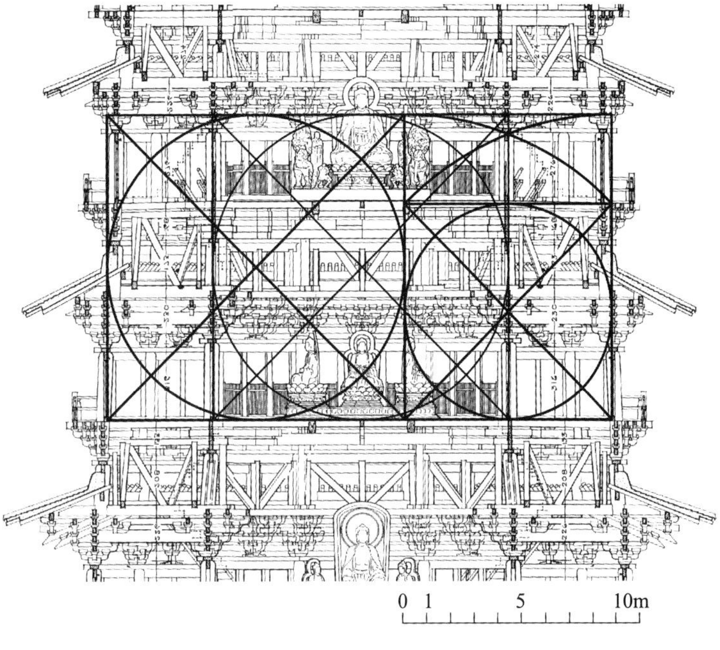

图 13 应县木塔三层剖面分析图
（底图来源：陈明达 . 应县木塔 [M]. 北京：文物出版社，2001.）

五层层高 10.01 米，合 3.4 丈；

塔刹高 11.77 米，合 4 丈。

综合以上（1）~（7）所述：应县木塔是在立面、剖面乃至首层主佛像设计中综合运用$\sqrt{2}$构图比例的杰作。木塔设计的关键是令总高与首层通面阔（不含副阶）之比为 20 ： 7（约 $2\sqrt{2}$）。此外，首层通面阔（8 丈）等于首层地面至三层（即中间层）地面的距离（5 丈 +3 丈）；等于顶层檐柱柱头高（16 丈）的二分之一；塔刹高（4 丈）则等于首层通面阔的一半；上层八角形台基通面阔（12 丈）是首层通面阔（8 丈）的 1.5 倍，且八角形台基边长（5 丈）等于首层层高——以上皆是简洁而完美的构图比例设计。因此，首层通面阔 8 丈为应县木塔设计中一个极为重要的模数——这一规律还将在下文大量其他佛塔中见到。

除了整体高宽比为 $2\sqrt{2}$之外，木塔局部还有大量经典的比例关系：如首层内槽通面阔（等于二层平坐柱头至首层地面距离）与内柱高之比为$\sqrt{2}$；首层外槽通面阔（8 丈）与内槽通面阔（4.4 丈）之比为 9 ： 5；首层平面内筒内径：外筒内径：方形大台基边长为 1 ： 2 ： 4——足见木塔首层的平、剖面设计是全塔设计的关键内容，决定了木塔的很多基本比例关系。

此外，木塔总高为首层主佛像总高（含基座）之 6 倍，佛像尺寸与首层内槽剖面也有着精确的比例关系——可见在中国古代佛塔中，主要塑像与建筑空间的比例关系很可能也是设计中的重要因素[1]（图 14）。

[1] 笔者发现，以山西五台山佛光寺东大殿为代表的一系列中国古代佛殿中，主要塑像与建筑空间也有着清晰的比例关系，证明建筑设计与塑像陈设极有可能是统一考虑的。参见：王南 . 规矩方圆 佛之居所——五台山佛光寺东大殿构图比例探析 [J]. 建筑学报，2017（6）：29-36。

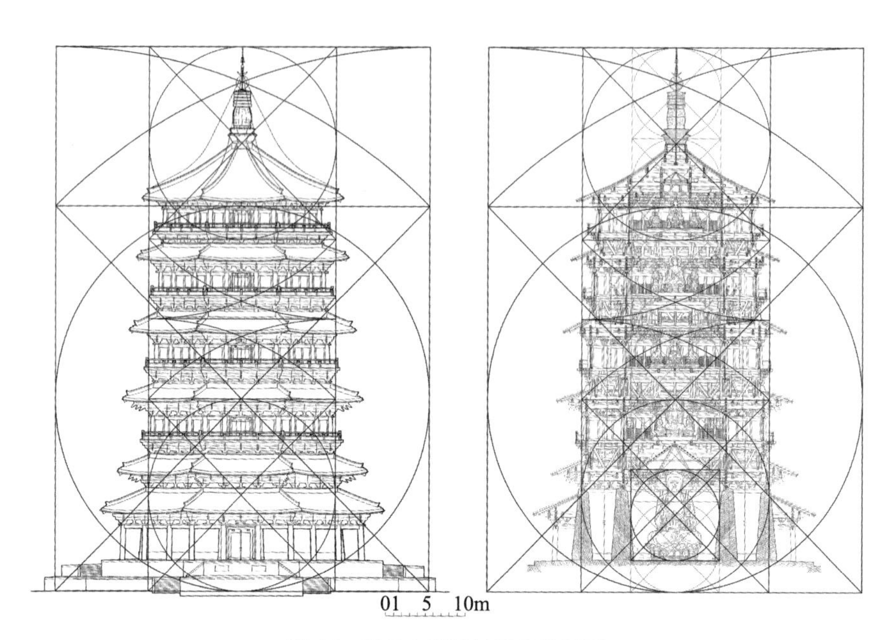

图 14　应县木塔设计理念分析图

（底图来源：陈明达．应县木塔 [M]. 北京：文物出版社，2001.）

值得一提的是，陈明达、傅熹年曾经先后指出应县木塔第三层（即中间层）每面面阔 8.83 米（合 3 丈）是木塔设计的重要模数，并且木塔总高略大于第三层每面面阔的 7.5 倍（约 7.625 倍）或副阶檐柱高的 15 倍。事实上，木塔三层的确设计得非常完美，除了边长及层高均为 3 丈之外，内槽通面阔与层高之比为$\sqrt{2}$，外槽通面阔与内槽通面阔之比为（$\sqrt{2}$ +1）：$\sqrt{2}$。因此，结合上述讨论与二位先生的研究，似乎可以认为，首层与三层都是应县木塔设计中十分重要的因素，而 8 丈与 3 丈也都是木塔设计的重要模数。

不过如果单就总体“高宽比”的控制效果而言：总高为首层通面阔的 20/7（约 2$\sqrt{2}$）倍（即以“总高”与“总宽”相比），似乎要比总高为第三层每面面阔的 7.625 倍（或者等于三层平面内接圆周长）更直观，也更易于达到所要追求的高宽比效果。特别是结合下文分析的一系列佛塔的高宽比及$\sqrt{2}$比例的运用来看，应县木塔高宽比等于 2$\sqrt{2}$的构图似乎更有可能是其造型设计的根本意图。

（二）石塔

1. 山西大同云冈石窟第 21 窟塔心柱（北魏）

云冈第 21 窟塔心柱下为基座，中为石雕仿木结构楼阁式五重塔，各层均方五间，顶层屋檐与窟顶之间雕纹饰。通过对《中国古代建筑史》（第二版，1984 年）一书中实测图进行几何作图，可得如下结论。

（1）总高：首层檐口以上高 =$\sqrt{2}$。

（2）总高：首层通面阔 =3。

图 15　大同云冈石窟第 21 窟塔心柱正立面分析图
（底图来源：文献 [21]）

图 16　大同云冈石窟第 2 窟塔心柱正立面分析图
（底图来源：文献 [21]）

（3）总高自下而上：六分之一在台基顶部；三分之一在二层地面；二分之一略高于三层（即中间层）地面；六分之五在顶层阑额上皮（图 15）。

2. 山西大同云冈石窟第 2 窟塔心柱（北魏）

云冈第 2 窟塔心柱下为基座，中为石雕仿木结构楼阁式三重塔，各层均方三间，周回廊，顶层屋檐与窟顶之间雕方形天盖与须弥山，底层塔身残损较严重。通过对《中国古代建筑史》（第二版，1984 年）一书中实测图进行几何作图，可得如下结论。

（1）总高：方形天盖与须弥山以下高 $=\sqrt{2}$。

（2）总高：首层通面阔（不含副阶）=3。

（3）总高自下而上：三分之一在二层地面；三分之二位于三层檐口（图 16）。

以上二塔虽为石仿木结构塔心柱，但其基本构图手法很可能在一定程度上反映了北魏楼阁式木塔的设计规律（本文附录中略晚于云冈石窟北魏石塔的飞鸟时期日本楼阁式木塔中可以见到类似的构图手法）。

3. 浙江杭州闸口白塔（五代末期）

杭州闸口白塔约建于北宋初建隆至开宝年间（960—975 年），其时杭州尚为吴越国钱氏辖区，故斯塔可视作五代末期建筑。闸口白塔为八角 9 层楼阁式石塔，通体仿木构，细致入微。

通过对梁思成《浙江杭县闸口白塔及灵隐寺双石塔》（载于《梁思成

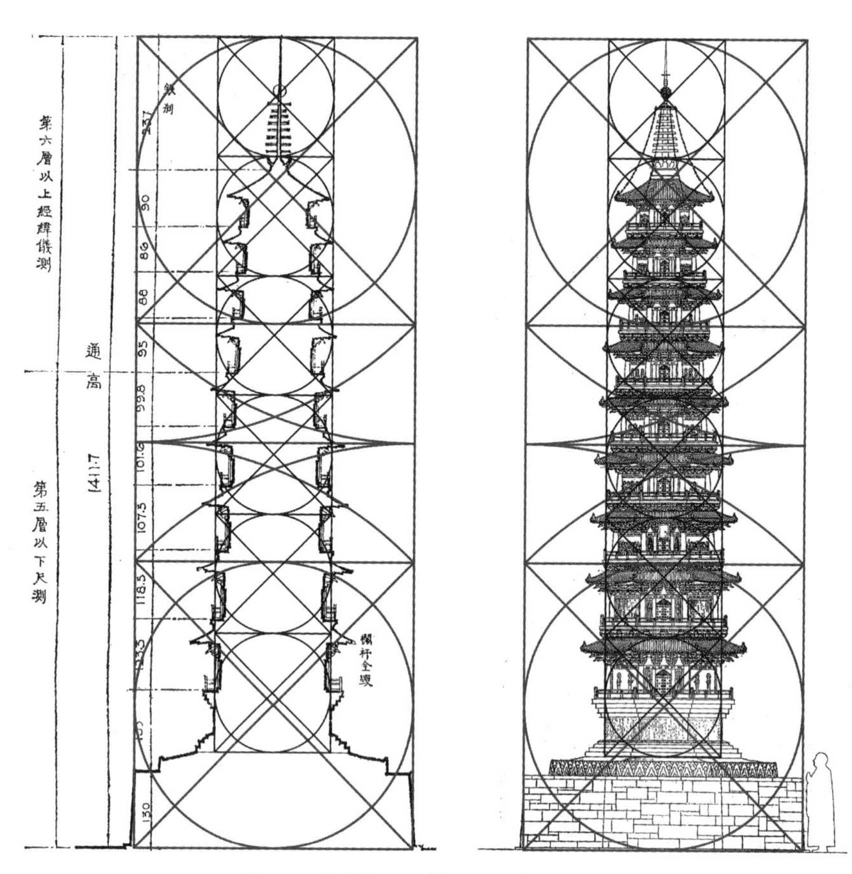

图 17　杭州闸口白塔立面、剖面分析图

（底图来源：梁思成 . 浙江杭县闸口白塔及灵隐寺双石塔 [M]// 梁思成 . 梁思成全集（第三卷）. 北京：中国建筑工业出版社，2001.）

全集》第三卷）中的实测图[1]（刘致平测绘）进行几何作图以及实测数据分析，可得如下结论。

（1）正立面总高与台基总宽

总高 14.117 米，如果取 1 尺 =29.4 厘米，合 4.8 丈；最下层台基总宽 5.007 米，合 1.7 丈。

总高（14.117 米）：最下层台基总宽（5.007 米）=2.819 ≈ $2\sqrt{2}$（吻合度 99.7%）——由此可知，闸口白塔整体高宽比与应县木塔相近，不同的是闸口白塔总宽取台基，而应县木塔总宽取首层通面阔。

总高（14.117 米）：塔刹高（2.37 米）=5.96 ≈ 6（吻合度 99.3%）。

总高的二分之一约位于第五层（即中间层）楼面（图 17）。

（2）正立面净高与首层通面阔

最下层台基高 1.3 米，土衬石加须弥座高 1.35 米，其中须弥座高 1.02 米，故土衬石高 0.33 米，因此塔净高即土衬石以上高 =14.117−1.3−0.33 = 12.487 米。

塔净高（12.487 米，约合 4.2 丈）：首层通面阔（2.065 米，合 0.7 丈）=6.047 ≈ 6（吻合度 99.2%）。

[1] 图中塔刹造型是根据测绘时残状推测的，然由于刹杆尚存，故总高数值相对较为可靠。参见：梁思成 . 梁思成全集（第三卷）[M]. 北京：中国建筑工业出版社，2001：300。

塔净高 6 倍于首层通面阔比之塔总高 $2\sqrt{2}$ 倍于大台基总宽更加能反映闸口白塔的造型特征。

（3）平面

须弥座总宽（取上枋，2.53 米）：最下层台基总宽（5.007 米）=0.505 ≈ 1 ：2（吻合度 99%）。

此外，据傅熹年研究指出，塔身立面（除去塔刹和须弥座）分别以第五层（即中间层）每面面阔 A 与首层柱高 H1 为模数，其中塔刹底部至须弥座顶面为 15A，顶层檐口至须弥座顶面为 15H1。[1]

综上可知：闸口白塔的设计综合考虑了总高与大台基总宽、净高与首层通面阔、塔身与中间层每面面阔和首层柱高的比例关系。由于全塔从整体到局部都高度写仿木塔形制，故其所体现的比例关系应该在较大程度上反映了五代末期楼阁式木塔的设计规律，十分难能可贵。

[1] 傅熹年. 中国古代城市规划、建筑群布局及建筑设计方法研究（上册）[M]. 北京：中国建筑工业出版社，2001：181-182.

4. 福建泉州开元寺仁寿塔（南宋嘉熙元年，1237 年）

泉州开元寺双塔，西塔称仁寿塔，东塔称镇国塔，均为八角 5 层楼阁式石塔，通体仿木结构，是中国现存规模最大的双石塔。

通过对《中国古代建筑史》（第二版，1984 年）一书中的实测图进行几何作图，以及对《泉州东西塔》（1992 年）一书中所载福建省测绘局 1986 年实测数据进行分析，可得如下结论。

（1）正立面

总高（45.06 米）：首层塔身周长（44.48 米）=1.013 ≈ 1（吻合度 98.7%）——类似《营造法原》记载的塔高与塔围关系（不过塔围不取书中所述的阶基周长，而取首层塔身周长）。

首层通面阔 =44.48/8 ×（$1+\sqrt{2}$）=13.422 米。

故总高（45.06 米）：首层通面阔（13.422 米）=3.36 ≈ 10 ：3（吻合度 99.1%）——实际上，所有符合总高等于首层塔身周长的八角形塔，同时也满足总高：首层通面阔 =8 ：（$1+\sqrt{2}$）=3.314 ≈ 10 ：3（吻合度 99.4%）。

顶层檐口高 =8.53+6.65+5.79+5.56+4.9=31.43 米。

总高（45.06 米）：顶层檐口高（31.43 米）=1.43 ≈ 10 ：7（吻合度 99.9%）；1.43 ≈ $\sqrt{2}$（吻合度 98.9%）——可知顶层檐口高与塔总高呈“方七斜十”的比例关系（图 18）。

（2）正立面模数网格

如果取 A= 总高 /100=0.4506 米作为正立面模数网格，则：

塔总高 100A；

一层层高（含台基）8.53 米，合 18.9A ≈ 19A（吻合度 99.5%）；其中台基 3A，一层净高 16A；

二层层高 6.65 米，合 14.8A ≈ 15A（吻合度 98.7%）；

三层层高 5.79 米，合 12.8A ≈ 13 A（吻合度 98.5%）；

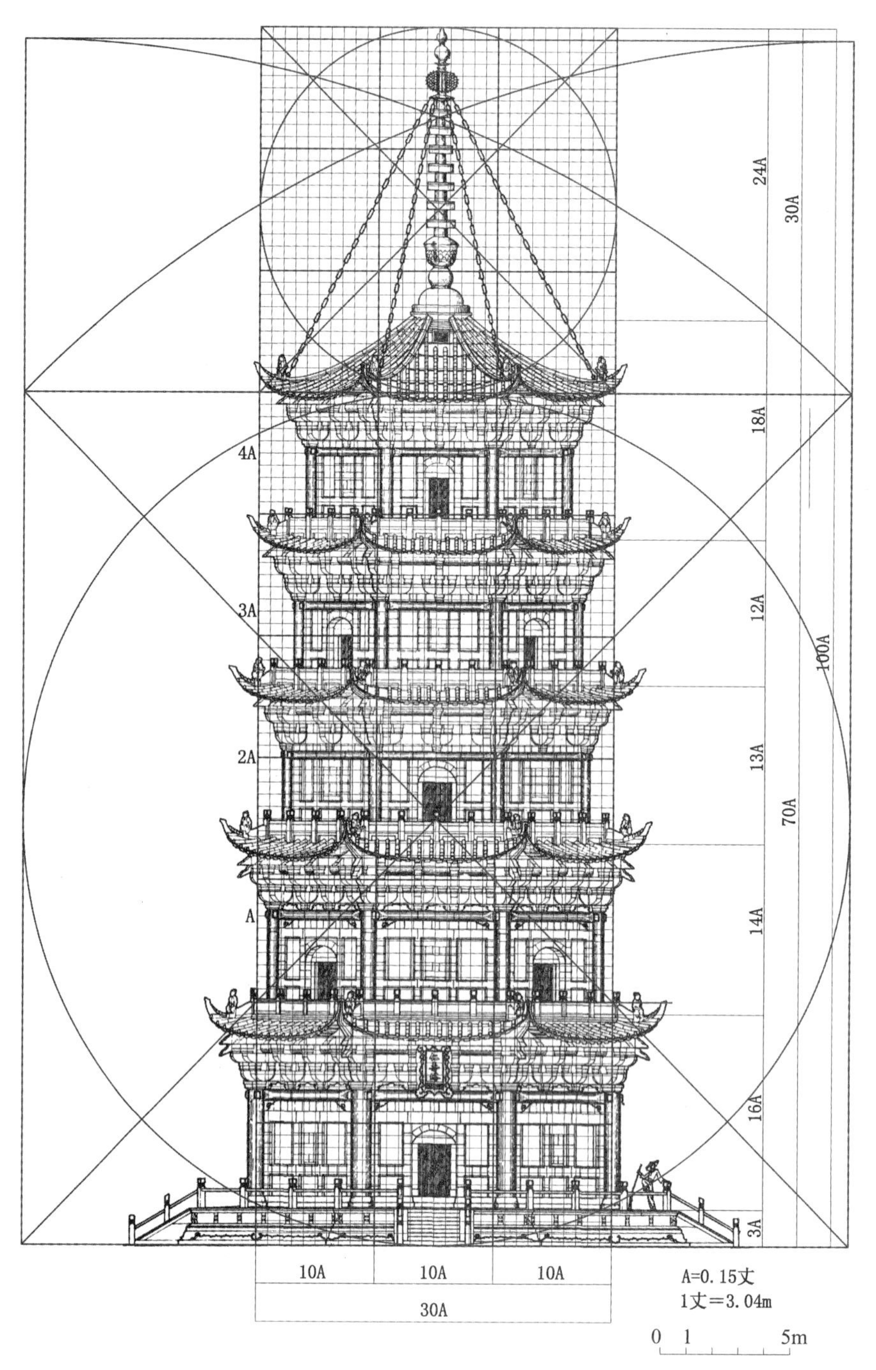

图 18　泉州开元寺仁寿塔正立面分析图

（底图来源：文献 [21]）

四层层高 5.56 米，合 12.3A ≈ 12A（吻合度 97.6%）;

五层层高 4.9 米，合 10.9A ≈ 11A（吻合度 99.1%）;

屋顶加塔刹高 10.65+2.98=13.63 米，合 30.2A ≈ 30A（吻合度 99.3%）;

首层通面阔 13.422 米，合 29.8A ≈ 30A（吻合度 99.3%）;

二层总宽（至柱外侧）28A，三层总宽（至柱外侧）26A，四层总宽（至柱外侧）24A，五层总宽（至柱外侧）22A——故塔身立面从首层至五层每层内径向内收进 2A（即塔高的 1/50）。

（3）平面

台基外接圆直径（取上枋）：外壁内切圆直径 =$\sqrt{2}$；

外壁内切圆直径：内壁外接圆直径 =$\sqrt{2}$；

台基八角形为内壁八角形边长之 2 倍；

内壁内切圆直径：塔心柱外接圆直径 =2。

整个石塔平面呈环环相套的构图，一如应县木塔（图 19）。

此外据傅熹年研究指出，塔身立面（除去塔刹和须弥座）分别以第三层（即中间层）每面面阔与首层柱高为模数，其中塔刹底部至台基顶面为前者的 7 倍，顶层檐口至台基顶面为后者的 7 倍。[1]

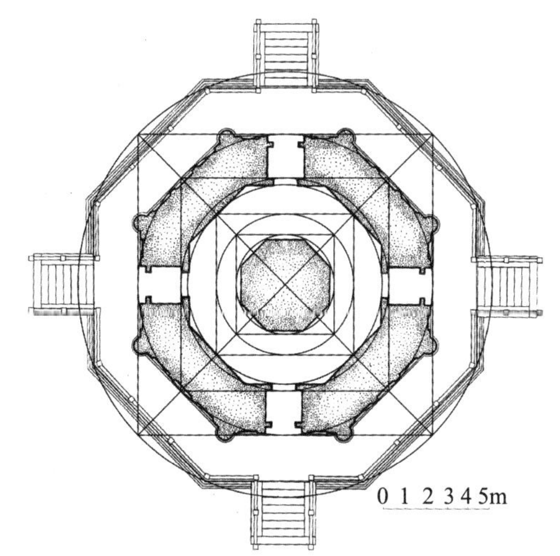

图 19　泉州开元寺仁寿塔平面分析图

（底图来源：文献 [21]）

综上可知：开元寺仁寿塔是从整体到局部、从平面到立面综合运用$\sqrt{2}$构图比例的又一完美杰作，同时亦是类似《营造法原》所载佛塔设计手法的典型实例，即总高等于塔围（取首层塔身周长）；并且该塔以 A（总高的 1/100）作为立面设计的基本模数，台基、首层至五层、屋顶加塔刹的高度分别为 3A、16A、15A、13A、12A、11A 和 30A，而首层至五层的总宽（首层取通面阔，其余各层取柱外侧间距）分别为 30A、28A、26A、24A、22A，其中三、四、五层塔身高宽比均为 1 ∶ 2。

（三）砖塔及砖木混合塔

1. 山西五台山佛光寺祖师塔（北齐或隋）

佛光寺祖师塔为六角 2 层楼阁式砖塔。通过对梁思成《图像中国建筑史》（英文版，1984 年）一书中的实测图进行几何作图，可得如下结论。

（1）总高：首层塔身以上高 =$\sqrt{2}$。

（2）总高：首层塔身总宽 =2。

（3）首层塔身直径：首层屋檐直径 =1 ∶$\sqrt{2}$；首层塔身以上高：首层屋檐直径 =1。

（4）如果取 A= 总高的 1/10 作为正立面模数网格，则首层塔身直径 5A，首层屋檐直径（等于首层塔身以上高）7A，总高 10A（图 20）。

[1] 傅熹年．中国古代城市规划、建筑群布局及建筑设计方法研究（上册）[M]．北京：中国建筑工业出版社，2001：181-182.

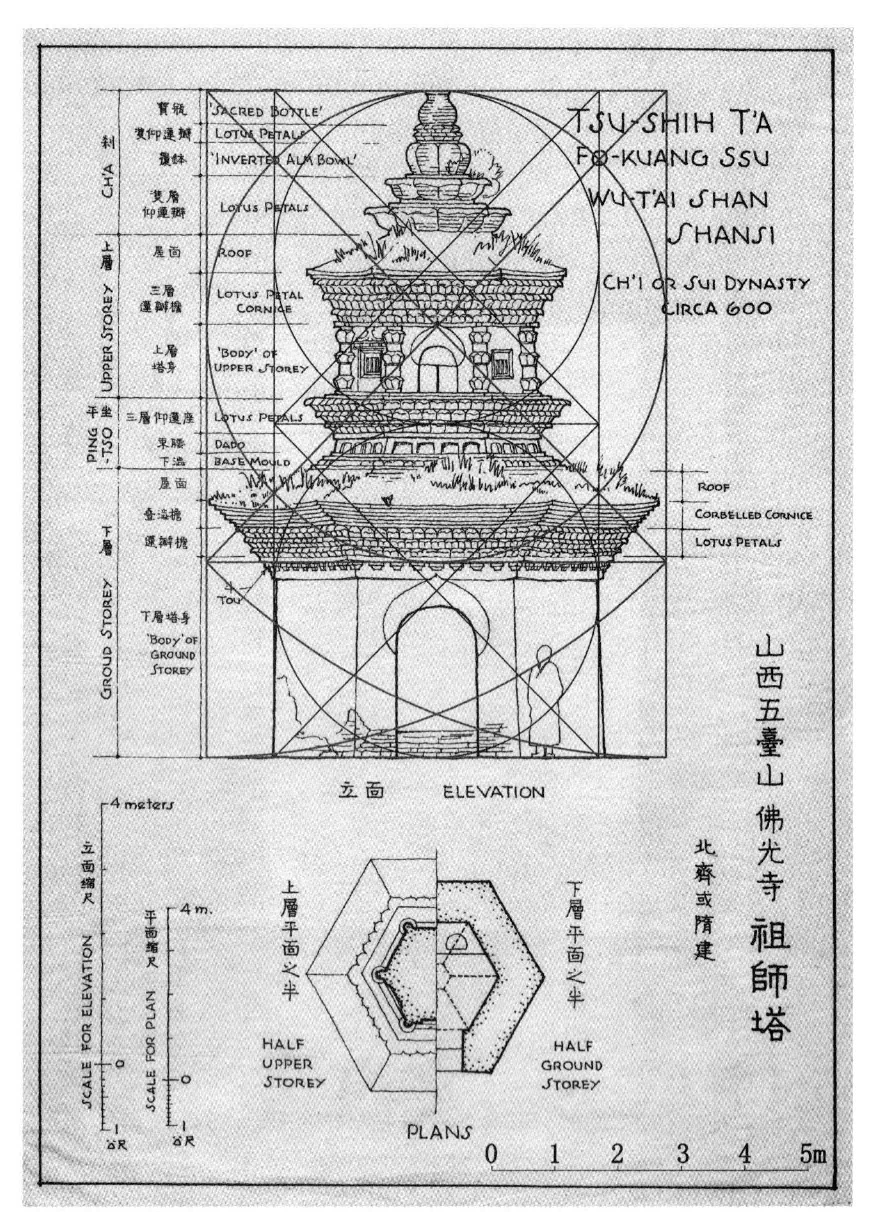

图 20　佛光寺祖师塔正立面分析图

（底图来源：中国国家图书馆藏）

综上可知：佛光寺祖师塔的首层塔身直径、首层屋檐直径（等于首层塔身以上高）与总高构成 1 ：$\sqrt{2}$ ：2 的完美比例关系。

2. 陕西西安慈恩寺大雁塔（唐至明）

慈恩寺大雁塔始建于唐永徽三年（652 年），是唐高宗为安放玄奘西行由印度取回的佛教经典而建，原为 5 层，砖表土心。唐长安年间（701—704 年）改建为方形 7 层空心砖塔；大历年间（778—779 年）又改作 10 层，后经战火破坏，剩下 7 层。后世多次重修，尤其是明万历年间，对残破的塔身加砌砖面，形成今日之格局。塔方形7层，矗立在高大的台基之上，整体比例粗壮雄强。各层以壁柱划分开间，以叠涩形成腰檐，首层、二层面阔九间，三、四层面阔七间，五、六、七层面阔五间。

通过对《陕西古建筑》（2015年）一书中的实测图进行几何作图以及实测数据分析，可得如下结论。

（1）总高（64.5米）：台基总宽（45.7米）=1.411 ≈ $\sqrt{2}$（吻合度99.8%）；总高：二层塔身柱头以上高 = $\sqrt{2}$。

（2）总高（台基以上）：台基顶宽 = $\sqrt{2}$；总高（台基以上）：第六层柱头距台明距离 = $\sqrt{2}$。

（3）总高（64.5米）：首层边长（25.5米）=2.529 ≈ 5 ： 2（吻合度98.9%）；首层边长（25.5米）：首层层高（10.36米）=2.46 ≈ 5 ： 2（吻合度98.5%）——故首层高宽比与整体高宽比互为倒数。

（4）各层层高分别为：首层10.36米，二层7.37米，三层7.15米，四层6.65米，五层6.7米，六层6.4米，七层5.2米。

首层层高（10.36米）：二、三层平均层高（7.26米）=1.427 ≈ $\sqrt{2}$（吻合度99.1%）。

四、五、六层平均层高（6.583米）：二、三层平均层高（7.26米）=0.907 ≈ 9 ： 10（吻合度99.2%）。

七层层高（5.2米）：首层层高（10.36米）=0.502 ≈ 1 ： 2（吻合度99.6%）（图21，图22）。

综上可知：大雁塔亦是在整体和局部熟练运用$\sqrt{2}$比例的杰作。

图21　西安大雁塔正立面分析图（一）

（底图来源：文献[22]）

图22　西安大雁塔正立面分析图（二）

（底图来源：文献[22]）

3. 江苏苏州虎丘云岩寺塔（北宋建隆二年，961 年）

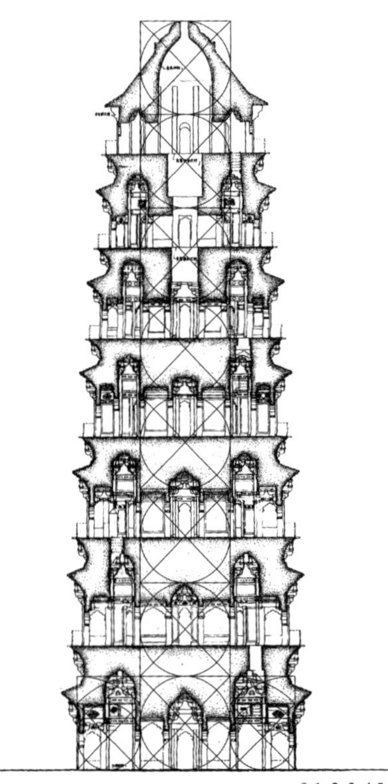

图 23　苏州虎丘云岩寺塔正立面分析图
（底图来源：文献 [21]）

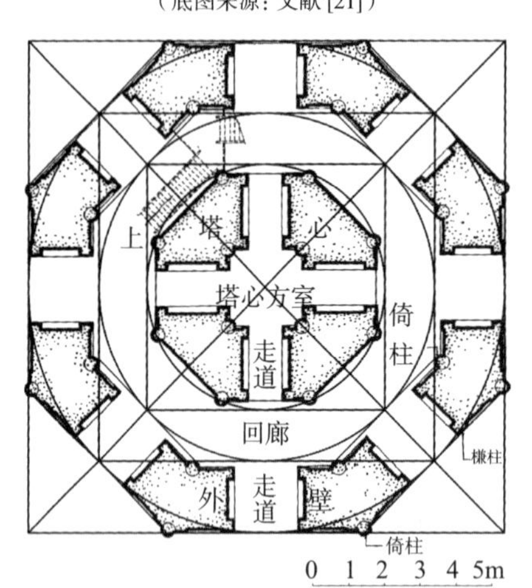

图 24　苏州虎丘云岩寺塔平面分析图
（底图来源：文献 [21]）

虎丘云岩寺塔为八角 7 层砖塔，原为一座带木腰檐及平坐的外观仿木楼阁式砖塔，现腰檐平坐俱毁，仅余砖构。塔身结构采用厚壁双套筒式，内部各层均设有塔心室及回廊。通过对《中国古代建筑史》（第二版，1984 年）一书中的实测图进行几何作图，可得如下结论。

（1）剖面

总高（不含塔刹）：首层边长 =8——与《营造法原》记载相似。不过鉴于此塔塔刹以及外檐木构均无存，故砖构塔心的比例仅仅反映出局部构图手法，整体比例暂时无法分析（图 23）。

（2）平面

核心筒外接圆直径：内壁内切圆直径 =1 ：$\sqrt{2}$；

内壁内切圆直径：外壁内切圆直径 =1 ：$\sqrt{2}$。

平面呈环环相套构图，一如前述诸塔（图 24）。

另据《中国古代建筑史·第三卷：宋、辽、金、西夏建筑》❶一书实测数据，塔总高 47.68 米，依照上述作图分析，则塔首层边长 =47.68/8=5.96 米，如果取 1 尺 =29.8 厘米（此数值介于唐尺 29.4 厘米和北宋尺 30.5—31 厘米之间），塔首层边长合 2 丈，塔高合 16 丈。

4. 江苏苏州罗汉院双塔（北宋太平兴国七年，982 年）

苏州罗汉院双塔一名“功德塔”，一名“舍利塔”，形制相同，均为八角 7 层仿木楼阁式砖塔。通过对《中国古代建筑史·第三卷：宋、辽、金、西夏建筑》❷及梁思成《图像中国建筑史》❸中的实测图进行几何作图，

❶ 文献 [23].

❷ 文献 [23].

❸ 梁思成，英文原著．费慰梅，编．梁从诫，译．图像中国建筑史 [M]. 北京：中国建筑工业出版社，1984.

可得如下结论。

（1）东塔正立面

总高（台基以上）：一层每面面阔 =15。

塔刹加屋顶高：总高（台基以上）= 1 ： 3。

总高（台基以上）的二分之一约位于第五层檐口（图 25）。

（2）西塔二层立、剖面

层高：每面面阔 = $\sqrt{2}$；每面面阔：柱高 = $\sqrt{2}$；层高：柱高 =2。

（3）西塔首层塔心室剖面

首层塔心室高：面阔 =3 ： 2；平闇盝顶以下高：面阔 = $\sqrt{2}$（图 26）。

5. 内蒙古巴林右旗辽庆州释迦佛舍利塔（辽重熙十八年，1049 年）

辽庆州释迦佛舍利塔俗称“庆州白塔”，建于辽圣宗庆陵的陵邑庆州。塔为八角 7 层楼阁式砖塔，塔身刷白色，因而得名。其建塔碑上记载了主持建塔的塔匠都作头（职位）寇守辇、副作头吕继鼎及窑坊、雕木匠、铸相轮匠、铸镜匠、锻匠、石匠、贴金匠等各工种作

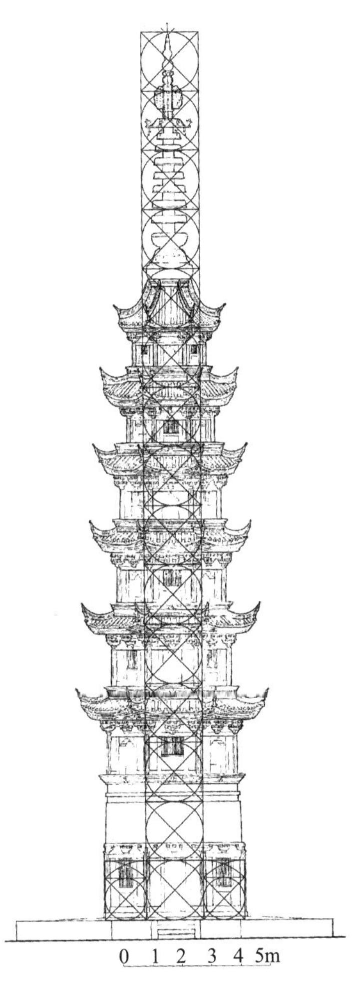

图 25　苏州罗汉院双塔正立面分析图

（底图来源：文献 [23]）

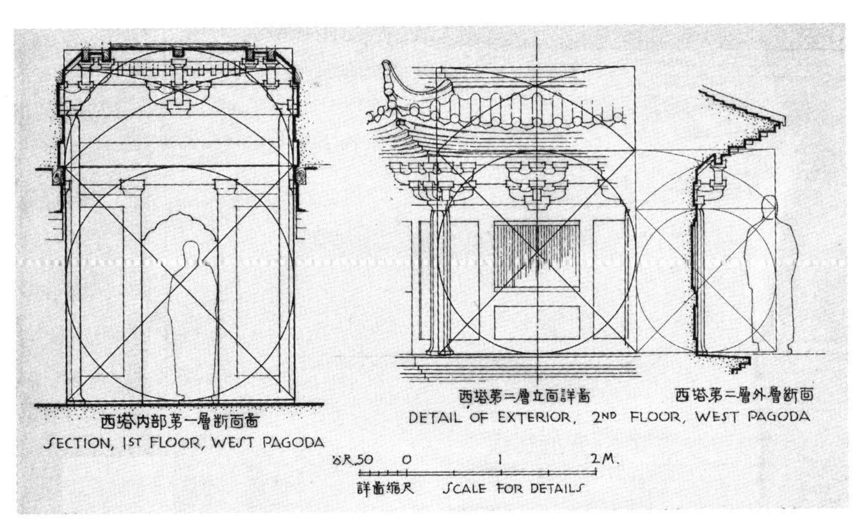

图 26　苏州罗汉院西塔首层塔心室剖面及二层立、剖面分析图

（底图来源：中国国家图书馆藏）

头的姓名，难能可贵。

通过对《中国古代建筑史·第三卷:宋、辽、金、西夏建筑》(第二版，2009年)一书中实测图进行几何作图，及《辽庆州释迦佛舍利塔营造历史及其建筑构制》(《文物》,1994年第12期)一文中的实测数据进行分析，可得如下结论。

(1)总高(第二层台基以上)：首层塔身每面面阔=8——与《营造法原》记载相似。

(2)总高(第二层台基以上)的二分之一位于第四层(即中间层)地面。

(3)塔刹加屋顶高：总高(第二层台基以上)=1 ：4;塔刹高：总高(第二层台基以上)=3/16(图27)。

(4)据实测数据，塔下两层台基高3.8米，台基以上至刹顶高69.47米,则塔总高73.27米,如果取辽代1尺=29.4厘米,则塔总高合24.92丈,约25丈(吻合度99.7%)。

此外，傅熹年研究指出:柱脚至顶层檐口高为第四层(即中间层)边长的7倍，而柱脚至塔刹底高为首层柱高之13倍。[1]

综上可知:庆州白塔的立面设计从整体到局部兼顾了总高(二层台基以上)与首层边长、塔刹以下高与柱高、顶层檐口高与中间层边长三组比例关系。

[1] 傅熹年.中国古代城市规划、建筑群布局及建筑设计方法研究(上册)[M].北京:中国建筑工业出版社，2001:175-177.

6.河北定县开元寺料敌塔(北宋咸平四年至至和二年,1001—1055年)

开元寺料敌塔创建于北宋咸平四年(1001年)，至和二年(1055年)建成,历时五十余载。塔为八角11层砖塔,通高84.2米,取1尺=30.5厘米,合27.6丈，是中国现存最高的砖塔。

通过对《中国古代建筑史》(第二版，1984年)一书中实测图进行几何作图,以及对刘敦桢《河北定县开元寺塔》(载于《刘敦桢全集》第十卷)一文中的实测数据进行分析，可得如下结论。

(1)剖面

总高(台基以上，79.92米)：首层塔身边长(9.99米)=8——塔高与塔围(取首层塔身周长)相等(此点刘敦桢《河北定县开元寺塔》一文已指出)。

总高(台基以上)：塔刹高=8。

八层地面至塔顶高：总高(台基以上)=3 ：8(图28)。

(2)平面

核心筒内切圆直径：内壁外接圆直径=1 ：$\sqrt{2}$;

外壁外接圆直径：台基内切圆直径=1 ：$\sqrt{2}$。

平面环环相套，一如前述诸塔(图29)。

7.安徽蒙城万佛塔(北宋崇宁七年，1108年)

蒙城万佛塔为八角13层砖塔，各层平、剖面均不同，结构、构造形

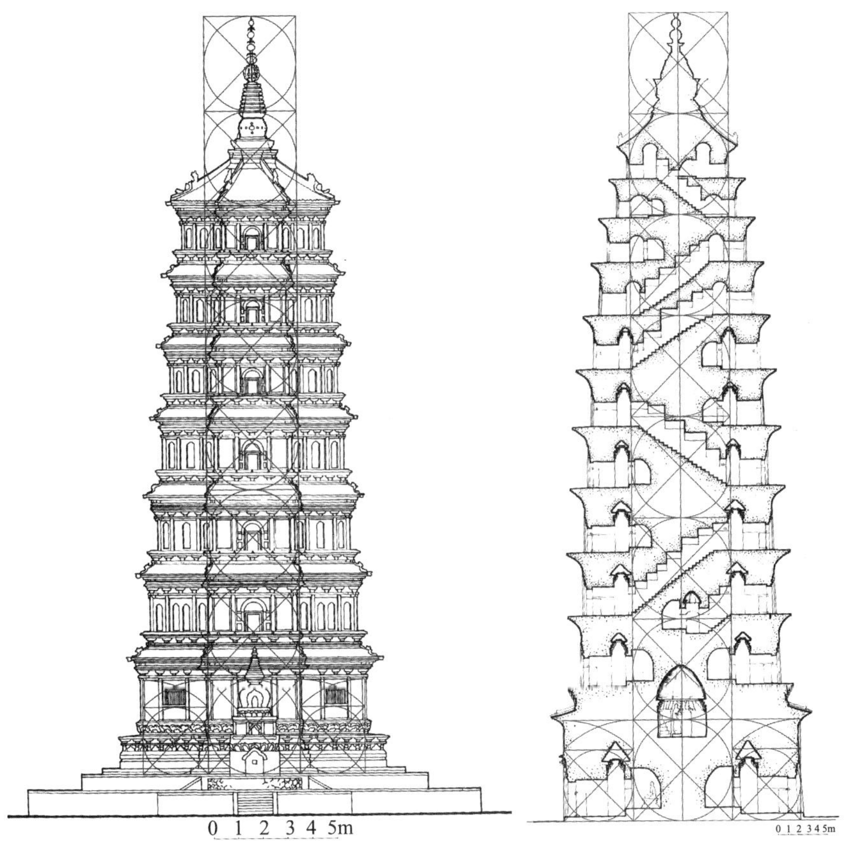

图 27 内蒙古辽庆州白塔正立面分析图
（底图来源：文献 [23]）

图 28 河北定州料敌塔正立面分析图
（底图来源：文献 [21]）

式异彩纷呈。通过对《中国古代建筑史•第三卷：宋、辽、金、西夏建筑》（第二版，2009 年）一书中实测图进行几何作图以及实测数据分析，可得如下结论。

（1）总高（42.5 米）：首层边长（3.1 米）=13.71 ≈ 14（吻合度 98%）。

（2）七层（中间层）以上高：七层以下高 =1 ：$\sqrt{2}$。

（3）若取 1 尺 =30.5 厘米，则首层边长合 1.016 丈，约 1 丈（吻合度 98.4%）；总高合 13.93 丈，约 14 丈（吻合度 99.5%）——故蒙城万佛塔设计的基本构图可能是令底边长 1 丈，塔高 14 丈（图 30）。

图 29 河北定州料敌塔平面分析图
（底图来源：文献 [21]）

8. 北京颐和园花承阁琉璃塔（清乾隆十六年，1751 年）

颐和园花承阁琉璃塔因通体黄、蓝、靛、绿、紫五彩琉璃而著名，为八角形楼阁式砖塔，外覆琉璃砖瓦，晶莹夺目。塔分 3 层，一层塔身之上是两重檐，下檐用黄琉璃瓦，上檐用绿琉璃瓦；重檐之上承平坐，平坐下部为 3 层黄琉璃仰莲，上部为蓝、靛、黄三色琉璃制成的栏板；二层塔身与一层类似，上为重檐，其上又为仰莲及栏板组成之平坐；三层塔身之上为三重檐，上承塔刹。

通过对《中国古典园林建筑图录·北方园林》[1]一书中的实测图进行几何作图，结合对《中国古建筑测绘大系·园林建筑：颐和园》[2]一书中的实测数据进行分析，可得如下结论。

（1）总高：总宽（取须弥座上枋）=3.5；总高（须弥座以上，16.385 米）：首层通面阔（2.902 米）=5.646 ≈ $4\sqrt{2}$（吻合度 99.8%）——高宽比 2 倍于应县木塔。

（2）总高（18.05 米）：一层檐口（取瓦当上皮）以上高（12.703 米）=1.421 ≈ $\sqrt{2}$（吻合度 99.5%）。

（3）总高（18.05 米）：一层每面面阔（1.706 米）= 10.58 ≈ 10.5（吻合度 99.2%）。

（4）总高（18.05 米）：塔刹高（2.407 米）=7.499 ≈ 7.5（吻合度接近 100%）（图 31）。

❶ 天津大学建筑学院．中国古典园林建筑图录·北方园林 [M]．南京：江苏凤凰科学技术出版社，2015.

❷ 文献 [41].

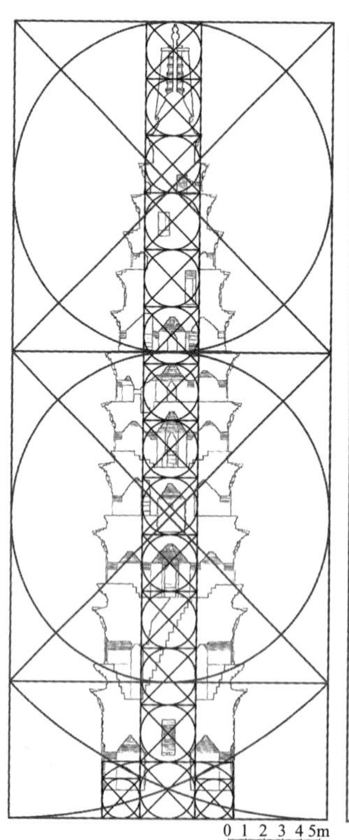

图 30 安徽蒙城万佛塔正立面分析图（左）
（底图来源：文献 [23]）

图 31 北京颐和园花承阁琉璃塔正立面分析图（右）
（底图来源：天津大学建筑学院．中国古典园林建筑图录·北方园林 [M]．南京：江苏凤凰科学技术出版社，2015.）

三、密檐式塔

密檐式塔下为高大的单层塔身（下部有时设须弥座和莲座），建在巨大的基座上，塔身上部为重叠若干层之塔檐（通常以砖石叠涩形成塔檐，也有仿木结构出檐者，出檐层数自三、五、七、九到十一、十三、十五、十六、十八层不等），檐间只有极低矮之象征性塔身，最上为塔刹。各层塔檐往往构成极优美之梭形弧线轮廓。

有学者认为密檐塔是3世纪天竺出现的，与婆罗门教天祠形式相近的砖塔于南北朝时期传入中国，并与中国楼阁式塔的一些特点相结合而形成的。[1]

1. 河南登封嵩岳寺塔（北魏正光四年，523年）

嵩岳寺塔为中国现存最古老的佛塔[2]，其造型之独特真可谓"前不见古人，后不见来者"——塔平面呈十二边形，为国内孤例。塔立面由下而上分别为台基、塔身、十五重密檐和塔刹，除了塔刹为石雕之外，通体用灰黄色砖砌成。

单层塔身立于简朴的台基之上，分上下两部分，中间以一段叠涩线脚隔开。塔身东、南、西、北四个正面有贯通上下两部分的券门，半圆形拱券上方有马蹄形尖拱券面装饰，为典型印度样式。其余八面，下半段为素面，上半段则各砌出一座单层方塔形壁龛，形制与云冈石窟单层塔造型类似。同时上半段砌出，12根角柱，柱下有砖雕的覆盆形柱础，柱头饰以砖雕的垂莲和火焰，为印度、波斯混合样式。

塔身之上是十五重密檐，为叠涩式出檐，且每层直径逐步内缩，塔的外部轮廓呈轻快秀美的抛物线形。

密檐之上为石造的塔刹，自下而上分别为覆莲、须弥座、仰莲、相轮和宝珠，覆莲造型尤为饱满有力。

内部中央塔室为八角形，直径约5米，墙体厚2.5米。

通过对《中国古代建筑史》（第二版，1984年）中实测图进行几何作图，以及对河南省古代建筑保护研究所《登封嵩岳寺塔勘测简报》（《中原文物》，1987年12月）一文中详细的实测数据进行分析，可得如下结论。

（1）首层边长（取塔底边）平均值为2.835米，正十二边形内径＝边长×（2+$\sqrt{3}$）=2.835×3.732=10.58米，与《中国古代建筑史》（第二版，1984年）所载塔身直径尺寸10.6米吻合。由此可知：

总高（37.045米）：首层总宽（10.58米）=3.5（即7：2，吻合度100%）。

（2）首层檐口高（取叠涩出檐最远一层砖下皮）＝首层总宽——由此可知：

总高：首层檐口以上高 =7：5≈$\sqrt{2}$——即塔之密檐加塔刹部分与塔

[1] 傅熹年．中国古代城市规划、建筑群布局及建筑设计方法研究（上册）[M]. 北京：中国建筑工业出版社，2001：171，187.

[2] 也有学者认为嵩岳寺建于唐代，与十五重密檐式塔西安荐福寺小雁塔和嵩山法王寺塔为"三姊妹"。参见：曹汛．嵩岳寺塔建于唐代[J]. 建筑学报，1996（6）：40–45。

总高呈“方五斜七”（即 1 ：$\sqrt{2}$ ）之关系，这也是下文许多密檐式塔的共同规律，在嵩岳寺塔这座密檐式塔“鼻祖”身上体现得十分清晰。

（3）如果将塔总高七等分，则自下而上：七分之一位于塔身上下段分界处，七分之二位于首层檐口，七分之三位于四层檐口，七分之四位于七层檐口，七分之六位于顶层塔身顶部（即叠涩第一层砖下皮），因此顶层屋顶加塔刹高为总高的 1/7（图 32）。

（4）总高（37.045 米）：首层边长（2.835 米）=13.07 ≈ 13（吻合度 99.5%）——与上述许多八角形楼阁式塔总高等于首层周长不同，此塔总高 13 倍于首层边长，略大于 12 倍。

然而据实测数据，若塔高取台基以上为 36.025 米，首层边长取塔身上半段倚柱之柱外角间距平均值为 2.985 米。则：

总高（台基以上）：首层边长（取塔身上半部）=36.025/2.985=12.07 ≈ 12（吻合度 99.4%）。

因此，嵩岳寺塔同样可以视作塔高等于首层塔身周长的实例（图 33）。

图 32　嵩岳寺塔正立面分析图（一）
（底图来源：文献 [21]）

图 33　嵩岳寺塔正立面分析图（二）
（底图来源：文献 [21]）

（5）平面

首层塔身内部上半部为八边形，边长平均值为 2.215 米，故八边形内径 =2.215 ×（1+$\sqrt{2}$）=5.347 米。由此可知：

塔心室八边形内径（5.347 米）：塔体十二边形内径（10.58 米）= 0.505 ≈ 1 ∶ 2（吻合度 99%）（图 34）。

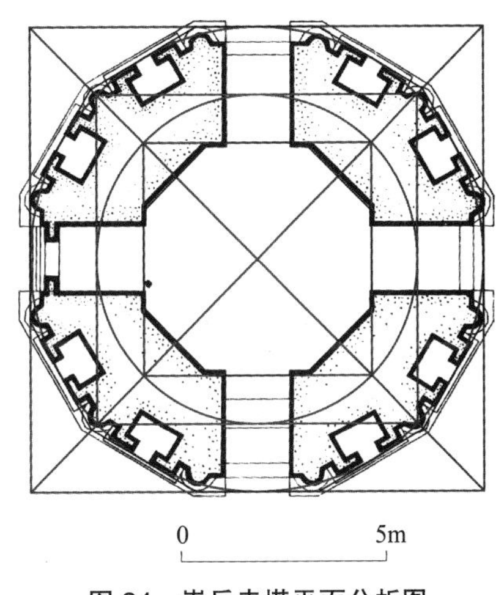

图 34　嵩岳寺塔平面分析图
（底图来源：文献 [21]）

综上所述，这座中国最古老的佛塔通体比例清晰而完美：总高与塔身总宽形成 7 ∶ 2 的高宽比，且塔上部的密檐加塔刹部分与全塔形成“方五斜七”（即 1 ∶ $\sqrt{2}$）的比例；与此同时，若取台基以上为塔高，则塔身上半段周长恰与塔高相等——这说明塔高等于塔围（取首层塔身周长）的佛塔构图方法很可能可以追溯到北魏时期。该塔足以视作此后大批密檐式塔的理想原型，除了十二边形平面不再出现之外，其他许多构图比例则在其“后继者”身上不断延续。

2. 云南大理崇圣寺千寻塔（南诏劝丰祐时期，823—859 年）

崇圣寺三塔岿然矗立在苍山洱海之间，为大理古城最重要的标志。其中，主塔千寻塔为方形十六重密檐式塔，整体比例纤秀高峻，为中国古代佛塔中之极瘦高者。

通过对《大理崇圣寺三塔》[1] 一书中实测图进行几何作图，以及对实测数据 [2] 的分析，可得如下结论。

（1）立面

原塔残高（不含塔刹，59.6 米）：塔身总宽（平均值 9.83 米）=6.06 ≈ 6（吻合度 99%）。

修复之后总高（两层大台基以上，69.13 米）：塔身总宽（平均值 9.83 米）=7.03 ≈ 7（吻合度 99.6%）——千寻塔现状高宽比 2 倍于嵩岳寺塔，极为挺拔纤秀。

塔刹高：总高 =1 ∶ 7——需要指出的是，据《大理崇圣寺主塔的实测和清理》（1981 年）一文称，原塔刹已毁，现塔刹是作者依据清末传教士拍摄的老照片以及其他现存同一时期的塔刹（如大理佛图寺塔塔刹）形制复原的，依据老照片中塔刹与塔身的比例，将塔刹高度设计为塔总高的 1/7，故此塔高宽比例尤其是总高数值仅供参考。

（2）剖面

总高：三层楼面以上高 = 7 ∶ 5 ≈ $\sqrt{2}$。

[1] 文献 [27].

[2] 数据分别引自：云南省文化厅文物处，中国文物研究所，姜怀英，邱宣充．大理崇圣寺三塔 [M]. 北京：文物出版社，1998；云南省文物工作队．大理崇圣寺三塔主塔的实测和清理 [J]. 考古学报，1981（2）：246-267； 邱宣充．大理崇圣寺三塔 [J]. 中国文化遗产，2008（6）：58-62。

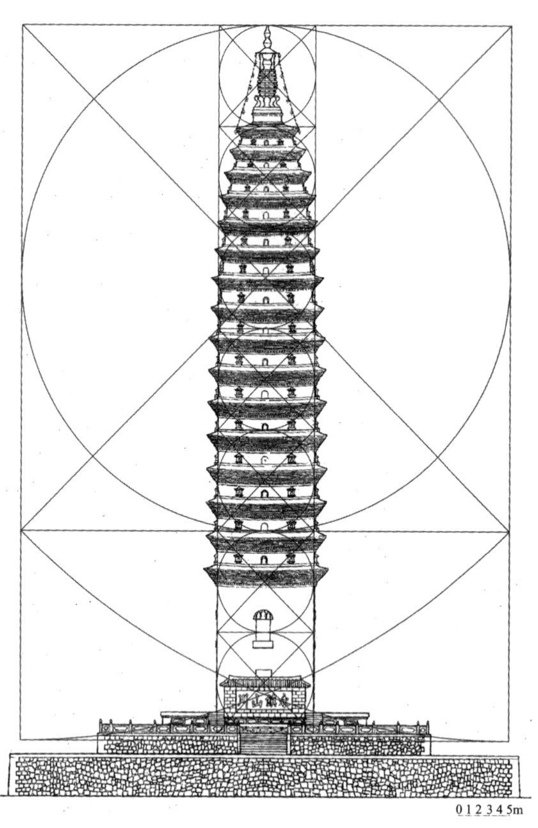

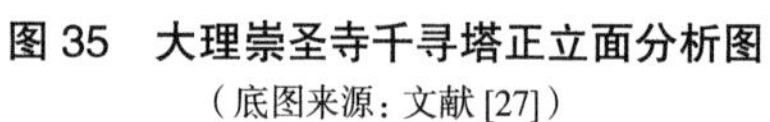
图 35　大理崇圣寺千寻塔正立面分析图
（底图来源：文献 [27]）

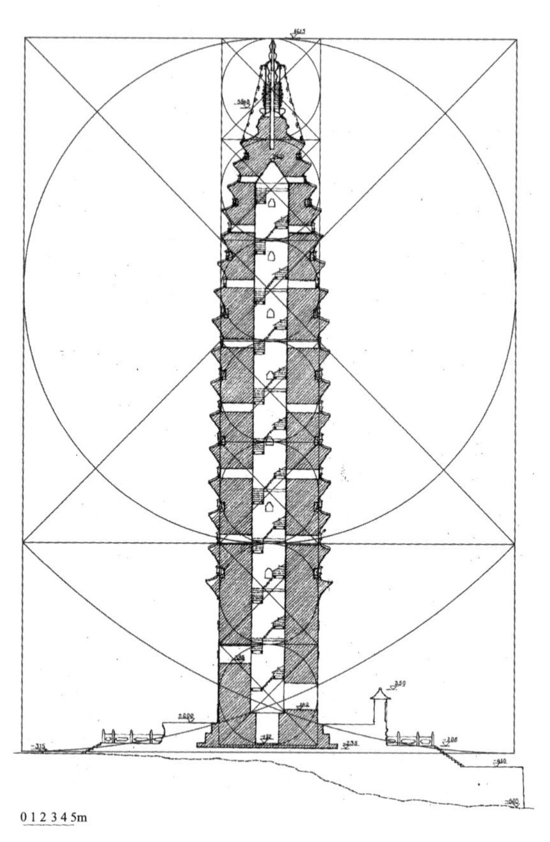

图 36　大理崇圣寺千寻塔剖面分析图
（底图来源：文献 [27]）

不同于登封嵩岳寺塔首层檐口以上高与总高呈“方五斜七”比例，千寻塔是二层檐部以上高与总高呈“方五斜七”比例——这可能是因为千寻塔共 16 层密檐，且每二层一组分成八组，故一、二层檐其实是一组，与首层塔身形成构图上的一个整体，从塔之剖面观之尤为清晰（图 35，图 36）。

3. 云南大理佛图寺塔（南诏劝丰祐时期，824—859 年）[1]

佛图寺塔俗称“蛇骨塔”，建造年代与崇圣寺千寻塔接近，为方形十三重密檐塔，总高 30.12 米。刘敦桢曾赞此塔“全体比例，在省内同系诸塔中最为无懈可击……其外观之秀丽，亦为滇省诸塔之冠”。[2] 通过对《大理崇圣寺三塔》（1998 年）一书中实测图进行几何作图，可得如下结论。

（1）立面

总高（台基以上）：首层塔身总宽（约等于首层塔身高）=6。

（2）剖面

从佛图寺塔剖面实测图可知，下部 8 层每二层为一组，上部 5 层为单独一组。

若设首层塔身总宽为 A，则总高（台基以上）6A；其中，下部 8 层（至第九层塔身顶部）高 3.5A，上部 5 层及塔刹高 2.5A，二者之比为 7 ∶ 5 ≈

[1] 此外，大理县志称其建于唐元和十五年（820 年）。参见：云南省文化厅文物处，中国文物研究所，姜怀英，邱宣充．大理崇圣寺三塔 [M]. 北京：文物出版社，1998：55。

[2] 刘敦桢．云南之塔幢 // 中国营造学社汇刊．第七卷第二期，1945.

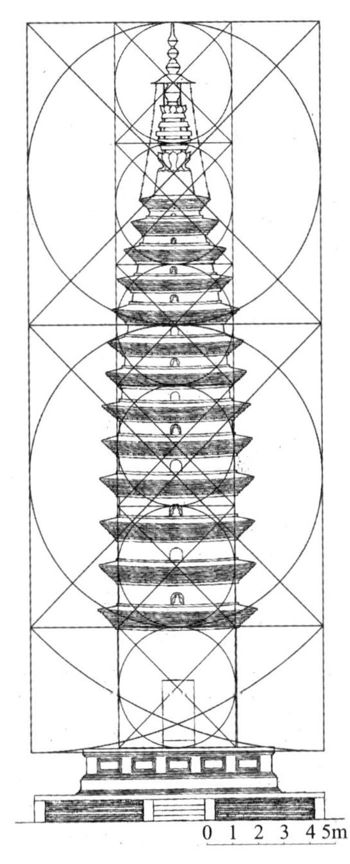

图 37　大理佛图寺塔正立面分析图
（底图来源：文献 [27]）

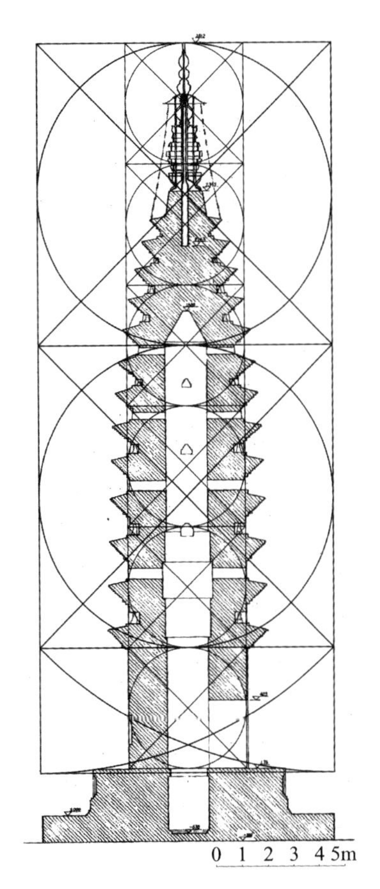

图 38　大理佛图寺塔剖面分析图
（底图来源：文献 [27]）

$\sqrt{2}$（即“方五斜七”）。

故佛图寺塔整体构图呈现为——首层塔身高：首层塔身顶部至第九层塔身顶部高：第九层塔身顶部至塔刹高 = 2 ： 5 ： 5，比例清晰简洁（图 37，图 38）。

4. 山西灵丘觉山寺塔（辽大安五至六年，1089—1090 年）

山西灵丘觉山寺塔为辽代大量密檐塔中较早的一座，八角十三重檐，可以看作下文北京天宁寺塔的“原型”。全塔由塔基（包括须弥座、平坐和仰莲）、塔身、十三重密檐和塔刹组成。塔基雕刻精美，犹存唐风。塔心室内外八壁尚存辽代壁画 60 余平方米，弥足珍贵。

通过对《山西灵丘觉山寺辽代砖塔》（《文物》，1996 年第 2 期）一文中实测图进行几何作图以及实测数据分析，可得如下结论。

（1）主要尺寸

塔总高 44.23 米，取 1 尺 =29.4 厘米，合 15.04 丈，约 15 丈（吻合度 99.7%）；

塔基最下层边长 6.2 米，合 2.1 丈；总宽 =6.2×（1+$\sqrt{2}$）=14.97（米），

图 39 山西灵丘觉山寺塔正立面分析图

（底图来源：文献 [31]）

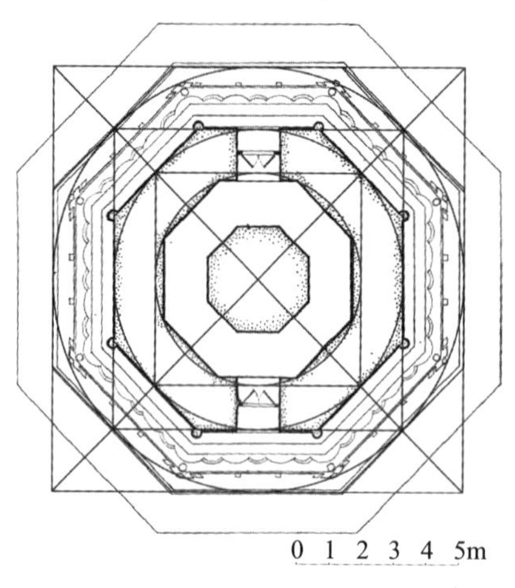

图 40 山西灵丘觉山寺塔平面分析图

（底图来源：文献 [21]）

合 5.09 丈，约 5 丈（吻合度 98.2%）；

塔基（包括须弥座、平坐、仰莲）总高 7.33 米，合 2.49 丈，约 2.5 丈（吻合度 99.6%）；

塔身边长（取柱头）3.73 米，故塔身总宽 $=3.73\times(1+\sqrt{2})=9$（米），合 3.06 丈，约 3 丈（吻合度 98%）。

（2）立面

总高（44.23 米）：塔基总宽（14.97 米）$=2.95\approx3$（吻合度 98.5%）。

总高（44.23 米）：塔身边长（取柱头，3.73 米）$=11.86\approx12$（吻合度 98.8%）；总高（44.23 米）：塔身总宽（9 米）$=4.91\approx5$（吻合度 98.2%）。

总高：首层檐口以上高 $=\sqrt{2}$（图 39）。

（3）平面

内壁外接圆直径：外壁内切圆直径 $=1:\sqrt{2}$；

外壁内切圆直径：须弥座内切圆直径 $=1:\sqrt{2}$（图 40）。

综上可知：山西灵丘觉山寺塔高 15 丈，基宽 5 丈，塔身宽 3 丈，比例关系简洁；总高与首层檐口以上高之比为 $\sqrt{2}$，与嵩岳寺塔构图一致；平面则呈典型的环环相套之构图。

5. 北京天宁寺塔（辽天庆九至十年，1119—1120 年）

天宁寺塔为北京城区内最古老的建筑，也是辽南京珍贵的遗存。该塔为八角形十三重密檐式砖塔，塔的外观分为基座、塔身、十三重密檐及塔刹几部分。

基座下层为须弥座，之上又有束腰一道，再上雕有平坐一圈，勾栏、斗栱俱全，最上为三重仰莲承托塔身。

塔身与塔座高度相当，四个正面雕有拱门，四个侧面雕直棂窗，门窗两侧及上部雕有金刚力士、佛、菩萨等雕像，各转角柱上均有浮雕蛟龙。

十三重密檐之中，最下一层檐属于塔身，出檐稍远，檐下斗栱也与上面十二层略有不同。上部十二重檐宽度每层向上递减，并且递减率向上增加，从而使塔的外轮廓形成缓和的卷杀曲线。

密檐之上以两层仰莲及小须弥座承托宝珠构成塔刹。

通过对笔者 2013 年用激光三维扫描仪实测的立面图进行几何作图和实测数据分析，可得如下结论。

（1）天宁寺塔通高 55.94 米，若按 1 尺 = 29.4 厘米计，合 19.027 丈，约 19 丈（吻合度 99.9%）；塔总高（三层大台基以上）53.03 米，合 18.037 丈，约 18 丈（吻合度 99.8%）。

全塔自下而上高度分别为：

下部，3 层大台基总高 =1.03+1.25+0.63=2.91（米），合 0.99 丈，约合 1 丈（吻合度 99%）；

须弥座、平坐、仰莲总高 =2.75+3.49+1.79=8.03（米），合 2.73 丈，约 2.7 丈（吻合度 98.9%）；

首层塔高（至二层普拍枋下皮）=8.89（米），合 3.02 丈，约 3 丈（吻合度 99.3%）；

二至十二层层高分别为 2.1 米、2.1 米、2.08 米、2.03 米、2.04 米、2.02 米、2.06 米、2.09 米、2.05 米、2.01 米、2.25 米，故平均层高 2.075 米，合每层 0.706 丈，约 0.7 丈（吻合度 99.2%）；总计 22.83 米，7.77 丈；

第十三层总高（含屋顶）4.52 米，合 1.54 丈；故二至十三层总高 =7.77+1.54=9.31（丈），约 9.3 丈（吻合度 99.9%）；

塔刹高 8.76 米，合 2.98 丈，约 3 丈（吻合度 99.3%）。[1]

（2）总高（三层大台基以上，53.03 米）：须弥座总宽（取上枋，18.883 米）=2.808 ≈ $2\sqrt{2}$（吻合度 99.3%）——高宽比与应县木塔相同（后者总宽取首层通面阔）。

（3）总高（三层大台基以上，53.03 米）：首层檐口以上高（取飞椽下皮，37.634 米）=1.409 ≈ $\sqrt{2}$（吻合度 99.6%）——与嵩岳寺塔、觉山寺塔构图相同（图 41）。

（4）总高（三层大台基以上，53.03 米）：首层台基总宽（52.79 米）=1.005 ≈ 1（吻合度 99.5%）。

总高（三层大台基以上，53.03 米）：塔身底部至塔刹八角形刹座顶部距离（37.264 米）=1.423 ≈ $\sqrt{2}$（吻合度 99.4%）——即塔身加密檐高与总高之比为 1 ∶ $\sqrt{2}$（图 42）。

（5）总高（三层大台基以上，53.03 米）：塔身边长（5.863 米）=9.04 ≈ 9（吻合度 99.6%）。

由上可知：天宁寺塔总高（三层大台基以上）53.03 米，合 18 丈；塔身边长 5.863 米，合 2 丈；此为天宁寺塔设计的基本出发点之一——总高为 9 倍塔身边长。

（6）总高（三层大台基以上，53.03 米）：塔刹高（8.76 米）=6.054 ≈ 6（吻合度 99.1%）；

[1] 王世仁认为天宁寺塔塔刹已非辽代原物，而是清代重修时更换，并依据辽代建塔碑记认为塔总高 203 尺。参见：王世仁. 北京天宁寺塔三题 [M]// 吴焕加，吕舟. 建筑史研究论文集. 北京：中国建筑工业出版社，1996。但本文依照天宁寺塔现状进行的构图分析证明，塔之现状具有从整体到局部皆极为清晰和良好的比例关系——至于改建的塔刹是否改变了辽代塔刹高度，塔总高是否如碑记所言为 203 尺，则有待获得更多资料之后再进行分析。

图 41　北京天宁寺塔正立面分析图（一）
（底图来源：王南、张晓、李旻华、周翘楚测绘）

图 42　北京天宁寺塔正立面分析图（二）
（底图来源：王南、张晓、李旻华、周翘楚测绘）

总高（三层大台基以上，53.03 米）：首层塔身高（含腰檐 8.89 米）=5.965 ≈ 6（吻合度 99.4%）。

故首层塔身高、塔刹高均为总高（三层大台基以上）的 1/6。

综上可知：天宁寺塔的设计综合运用了$\sqrt{2}$构图比例和总高与塔身边长的比例关系——总高宽比为 $2\sqrt{2}$，总高与塔身边长之比为 9；同时自下而上简洁地划分成大台基 1 丈、基座 2.7 丈、首层 3 丈、密檐各层 0.7 丈（加上屋顶总计 9.3 丈）、塔刹 3 丈这五个段落，总高 19 丈，三层大台基之上 18 丈，其中塔刹高与首层塔身高皆为总高（三层大台基之上）的 1/6，同时又是首层边长（2 丈）的 1.5 倍（图 43）。

6. 内蒙古宁城县辽中京大明塔（辽）

辽中京大明塔即感圣寺舍利塔，位于内蒙古宁城县辽中京遗址内，为十三重密檐式砖塔。塔体由基座、双层须弥座、塔身、十三重密檐和塔刹组成。

通过对《辽中京塔的年代及其结构》(《古建园林技术》,1985 年第 2 期）一文中实测图进行几何作图以及实测数据分析，可得如下结论。

（1）据实测数据，塔身各面顶宽 10.21 米，故塔身总宽（取顶宽）=10.21 ×（$1+\sqrt{2}$）=24.647（米）。由此可知：

总高（73.12 米）：塔身总宽（24.647 米）=2.967 ≈ 3（吻合度 98.9%）。

自下而上，三分之一位于塔身各面佛龛拱顶，三分之二位于第八层檐口。

（2）普拍枋下皮高 = 须弥座总宽（取上枋）；普拍枋下皮高：须弥座上枋上皮高 =2（图 44）。

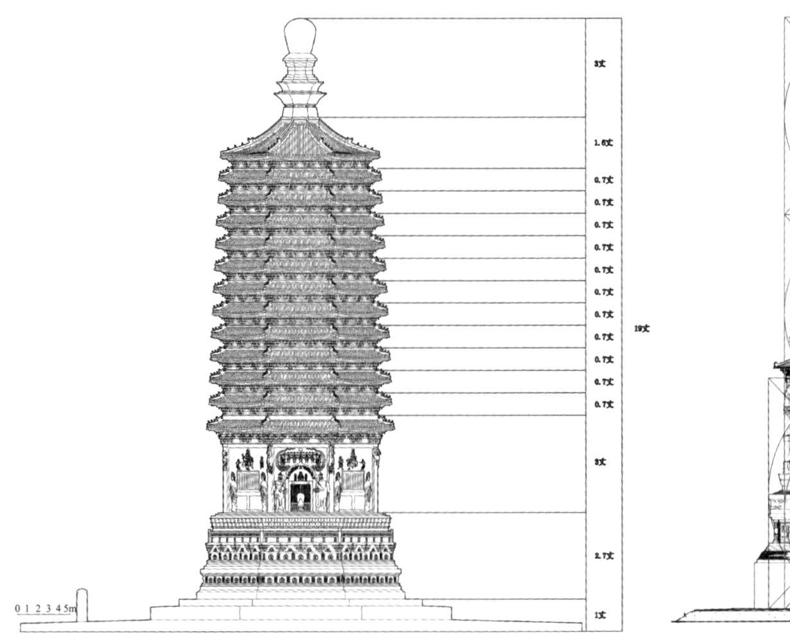

图 43 北京天宁寺塔正立面分析图（三）

（底图来源：王南、张晓、李旻华、周翘楚测绘）

图 44 辽中京大明塔正立面分析图

（底图来源：文献 [32]）

7. 云南大理宏圣寺塔（大理国时期）

大理宏圣寺塔为方形十六重密檐塔。通过对《大理崇圣寺三塔》(1998 年）一书中实测图进行几何作图，可得如下结论。

（1）立面

总高（台基以上）：首层塔身总宽（约等于首层塔身高）=6。

（2）剖面

设首层塔身总宽为 A，则总高（台基以上）6A，第十层檐以下高 3.5A，第十层檐以上高 2.5A，由此可知：

第十层檐以下高：第十层檐以上高 =7 ： 5 ≈ $\sqrt{2}$（即“方五斜七”）。

宏圣寺塔整体构图呈现为——首层塔身高：首层塔身顶部至第十层檐高：第十层檐至塔刹高 =2 ： 5 ： 5，构图手法与佛图寺塔大同小异（图 45）。

8. 云南大理崇圣寺南塔（大理国时期，约 12 世纪）

大理崇圣寺南塔为八角形十重密檐塔。通过对《大理崇圣寺三塔》（1998 年）一书中实测图进行几何作图及实测数据分析，可得如下结论。

（1）总高（42.19 米）：塔身总宽（5.31 米）=7.95 ≈ 8（吻合度 99.4%）。其中，总高（三层台基以上）约为塔身总宽的 7.5 倍。

（2）总高：第二层檐以上高 = $\sqrt{2}$—— 手法与崇圣寺千寻塔接近（图 46）。

图 45　大理宏圣寺塔正立面分析图
（底图来源：文献 [27]）

图 46　大理崇圣寺南塔正立面分析图
（底图来源：文献 [27]）

9. 北京慈寿寺塔（明万历四年至六年，1576—1578 年）

慈寿寺塔建于明万历四年（1576 年），史名“永安万寿塔”，俗称“八里庄塔”、“玲珑塔”，为明代单层密檐式塔的最典型范例。明万历四年神宗之母李太后出资建寺及塔，万历六年（1578 年）建成。至清光绪年间寺院荒废，惟孤塔得以保存至今。该塔平面为八角形，立于高台基之上，基上建塔身，上出 13 层密檐，是仿北京天宁寺辽塔建造。

通过对笔者 2013 年用激光三维扫描仪实测的立面图进行几何作图和实测数据分析，可得如下结论。

（1）总高（56.684 米）：上层须弥座栏板总宽（18.936 米）=2.993≈3（吻合度 99.8%）。

取明中期 1 尺 =31.84 厘米，总高合 17.8 丈。

（2）总高（两重大台基以上，53.82 米）：塔身平板枋上皮至塔顶距离（38.168 米）=1.41≈$\sqrt{2}$（吻合度 99.7%）。

总高（两重大台基以上，53.82 米）合 16.9 丈；塔身平板枋上皮至塔顶距离（38.168 米）合 12 丈。

图 47　北京慈寿寺塔（玲珑塔）正立面分析图

（底图来源：王南、张晓、卢清新测绘）

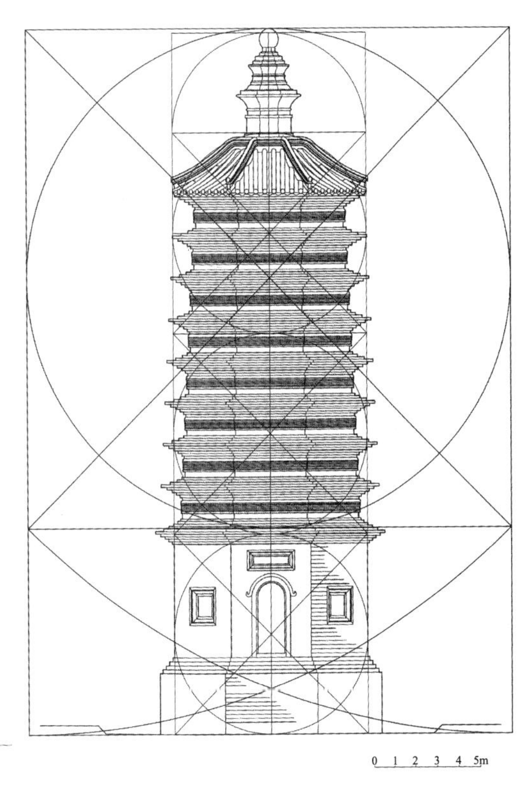

图 48　北京万松老人塔正立面分析图

（底图来源：韩扬 . 北京古建文化丛书：塔桥 [M]. 北京：北京美术摄影出版社，2014.）

（3）第二层大台基顶部至塔身平板枋上皮（15.652 米）：塔身总面阔（15.559 米）=1.006 ≈ 1（吻合度 99.4%）。

塔身边长 =15.559/（$1+\sqrt{2}$）=6.445 米，合 2.026 丈，约 2 丈（吻合度 98.7%）（图 47）。

10. 北京万松老人塔（清乾隆十八年，1753 年）

万松老人塔位于北京西城砖塔胡同，为金元间著名僧人万松老人的墓塔，原为七重密檐式砖塔，清乾隆十八年（1753 年）仿造旧塔建九重密檐式砖塔，将原塔包裹其中。

通过对《北京古建文化丛书：塔桥》[1] 一书中实测图进行几何作图，可得如下结论。

（1）总高：塔身总宽 ≈ 7 ： 2。

其中，首层檐口高（取叠涩出檐最远一层砖下皮）= 塔身总宽；首层檐口至塔刹底部高 = 2 倍塔身总宽；塔刹高 ≈1/2 塔身总宽。

（2）总高：首层檐口以上高 = 7 ： 5 ≈ $\sqrt{2}$（即“方五斜七”）——此塔虽然时间上与嵩岳寺塔相距 1230 年，但构图比例却一脉相承（图 48）。

[1] 韩扬 . 北京古建文化丛书：塔桥 [M]. 北京：北京美术摄影出版社，2014.

参考文献

[1] 梁思成 . 梁思成全集（第八卷）[M]. 北京：中国建筑工业出版社，2001.

[2] 刘敦桢 . 中国之塔 [M]// 刘敦桢 . 刘敦桢全集（第四卷）. 北京：中国建筑工业出版社，2007.

[3] 梁思成 . 山西应县佛宫寺辽释迦木塔 [M]// 梁思成 . 梁思成全集（第十卷）. 北京：中国建筑工业出版社，2007.

[4] 梁思成 . 浙江杭县闸口白塔及灵隐寺双石塔 [M]// 梁思成 . 梁思成文集(第二卷）. 北京：中国建筑工业出版社，1984：136-151.

[5] 刘敦桢 . 河北定县开元寺塔 [M]// 刘敦桢 . 刘敦桢全集・第十卷 . 北京：中国建筑工业出版社，2007：109-124.

[6] 陈明达 . 应县木塔 [M]. 北京：文物出版社，1980.

[7] 龙庆忠 . 中国建筑与中华民族 [M]. 广州：华南理工大学出版社，1990.

[8]《龙庆忠文集》编委会 . 龙庆忠文集 [M]. 北京：中国建筑工业出版社，2010.

[9] 王寒枫 . 泉州东西塔 [M]. 福州：福建人民出版社，1992.

[10] 傅熹年 . 中国古代城市规划、建筑群布局及建筑设计方法研究（上下册）[M]. 北京：中国建筑工业出版社，2001.

[11] 傅熹年 . 日本飞鸟、奈良时期建筑中所反映出的中国南北朝、隋、唐建筑特点 [J]. 文物，1992（10）：28-50.

[12] 王世仁 . 北京天宁寺塔三题 [M]// 吴焕加，吕舟 . 建筑史研究论文集 . 北京：中国建筑工业出版社，1996.

[13] 马鹏飞，陈伯超 . 典型辽塔尺度构成及各部比例关系探究 [J]. 华中建筑，2014（8）：160-164.

[14] 王南 . 规矩方圆，佛之居所——五台山佛光寺东大殿构图比例探析 [J]. 建筑学报，2017（6）：29-36.

[15] 王贵祥 . $\sqrt{2}$与唐宋建筑柱檐关系 [M]// 中国建筑学会建筑历史学术委员会 . 建筑历史与理论（第三、四辑）. 南京：江苏人民出版社，1984：137-144.

[16] 王贵祥 . 唐宋单檐木构建筑平面与立面比例规律的探讨 [J]. 北京建筑工程学院学报，1989（12）：49-70.

[17] 王贵祥 . 唐宋单檐木构建筑比例探析 [M]// 营造（第一辑：第一届中国建筑史学国际研讨会论文选辑）. 北京：文津出版社，1998：226-247.

[18] 王贵祥，刘畅，段智钧 . 中国古代木构建筑比例与尺度研究 [M]. 北京：中国建筑工业出版社，2011.

[19] 张十庆 .《营造法式》材比例的形式与特点——传统数理背景下的古代建筑技术分析 [M]// 贾珺 . 建筑史（第 31 辑）. 北京：清华大学出版社，2013：9-14.

[20] 小野胜年．日唐文化关系中的诸问题 [J]. 考古，1964（12）.

[21] 刘敦桢．中国古代建筑史（第 2 版）[M]. 北京：中国建筑工业出版社，1984.

[22] 王军，李钰，靳亦冰．陕西古建筑 [M]. 北京：中国建筑工业出版社，2015.

[23] 郭黛姮．中国古代建筑史・第三卷：宋、辽、金、西夏建筑（第 2 版）[M]. 北京：中国建筑工业出版社，2009.

[24] 张汉君．辽庆州释迦佛舍利塔营造历史及其建筑构制 [J]. 文物，1994（12）：65-72.

[25] 河南省古代建筑保护研究所．登封嵩岳寺塔勘测简报 [J]. 中原文物，1987（12）：7-20.

[26] 曹汛．嵩岳寺塔建于唐代 [J]. 建筑学报，1996（6）：40-45.

[27] 云南省文化厅文物处，中国文物研究所，姜怀英，邱宣充．大理崇圣寺三塔 [M]. 北京：文物出版社，1998.

[28] 云南省文物工作队．大理崇圣寺三塔主塔的实测和清理 [J]. 考古学报，1981（2）：246-267.

[29] 邱宣充．大理崇圣寺三塔 [J]. 中国文化遗产，2008（6）：58-62.

[30] 刘敦桢．云南之塔幢 // 中国营造学社汇刊．第七卷第二期，1945.

[31] 王春波．山西灵丘觉山寺辽代砖塔 [J]. 文物，1996（2）：51-62.

[32] 姜怀英，杨玉柱，于庚寅．辽中京塔的年代及其结构 [J]. 古建园林技术，1985（2）：32-37.

[33] 黄国康．四门塔的维修与研究 [J]. 古建园林技术，1996（6）：53-56.

[34] 黄国康．灵岩寺慧崇塔的修缮及其特点 [J]. 古建园林技术，1996（3）：49-51.

[35] 顾铁符．唐泛舟禅师塔 [J]. 文物，1963（4）：50-52.

[36] 梁思成．梁思成全集（第四卷）[M]. 北京：中国建筑工业出版社，2001.

[37] [明] 蒋一葵．长安客话 [M]. 北京：北京古籍出版社，1994.

[38] 李会智，王金平，徐强．山西古建筑（下册）[M]. 北京：中国建筑工业出版社，2015.

[39] 刘敦桢．北平护国寺残迹 // 中国营造学社汇刊．第六卷第二期，1935.

[40] 王其亨，王蔚．中国古建筑测绘大系・园林建筑：北海 [M]. 北京：中国建筑工业出版社，2015.

[41] 王其亨．中国古建筑测绘大系・园林建筑：颐和园 [M]. 北京：中国建筑工业出版社，2015.

[42] 王世仁．佛国宇宙的空间模式 [J]. 古建园林技术，1991（2）：22-28.

[43] [清] 于敏忠，等．日下旧闻考 [M]. 北京：北京古籍出版社，1983.

[44] 高介华．广德寺多宝佛塔 [J]. 华中建筑，1996（3）：61-63.

[45] 冯时．中国古代的天文与人文 [M]. 北京：中国社会科学出版社，2006.

[46] 中国社会科学院考古研究所．北魏洛阳永宁寺 1979—1994 年考古发掘报告 [M]. 北京：中国大大百科全书出版社，1996.

[47] 日本建筑学会．日本建筑史图集（新订第三版）[M]. 东京：彰国社，2011.

[48] 张十庆．中日古代建筑大木技术的源流与变迁 [M]. 天津：天津大学出版社，2004.

[49] 肖旻．唐宋古建筑尺度规律研究 [M]. 南京：东南大学出版社，2006.

[50] 张毅捷．中日楼阁式木塔比较研究 [M]. 上海：同济大学出版社，2012.

古建筑测绘

山西高平开化寺测绘图

姜铮（整理）

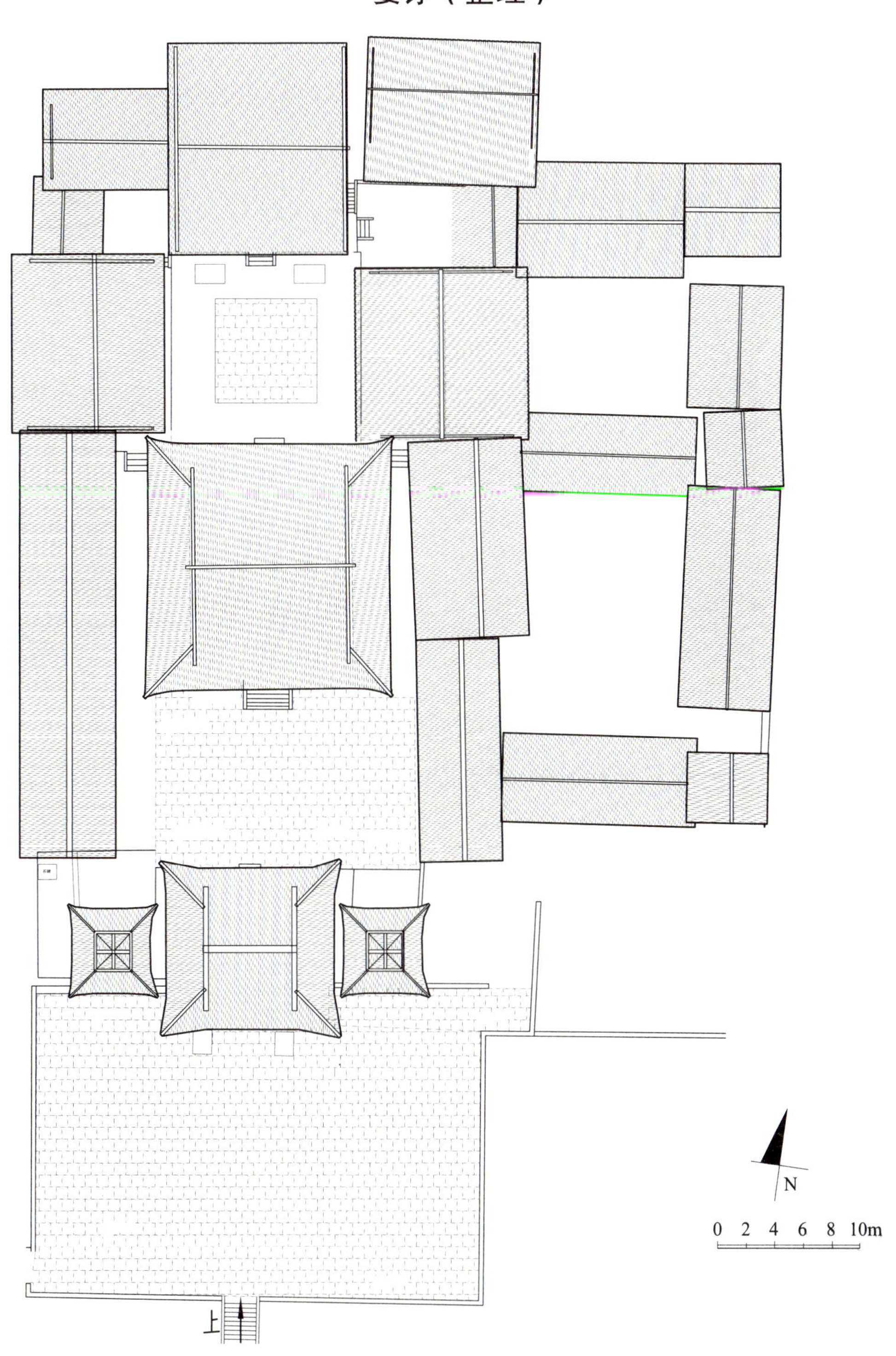

图 1　山西高平开化寺总屋顶平面图

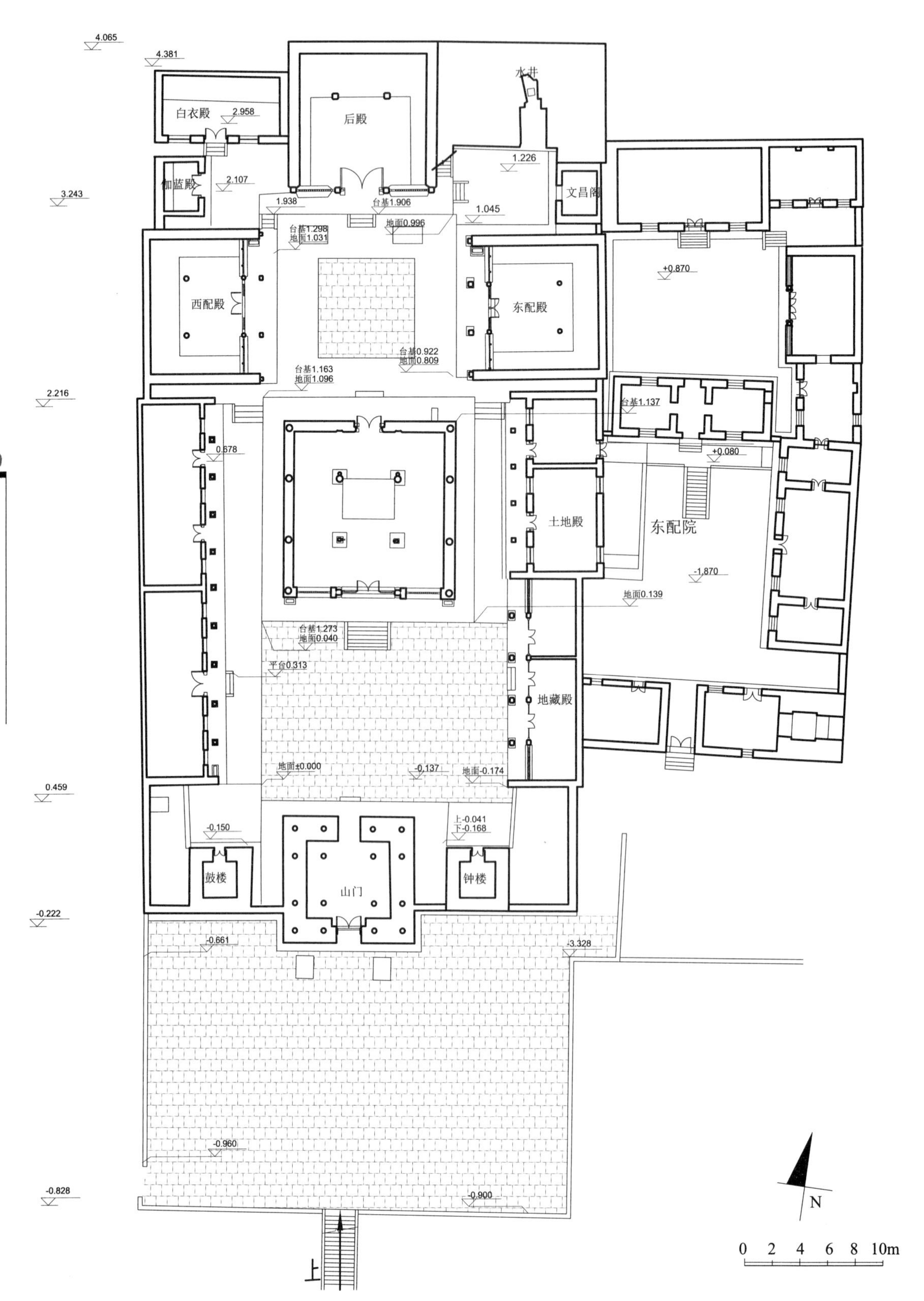

图2 山西高平开化寺总平面图

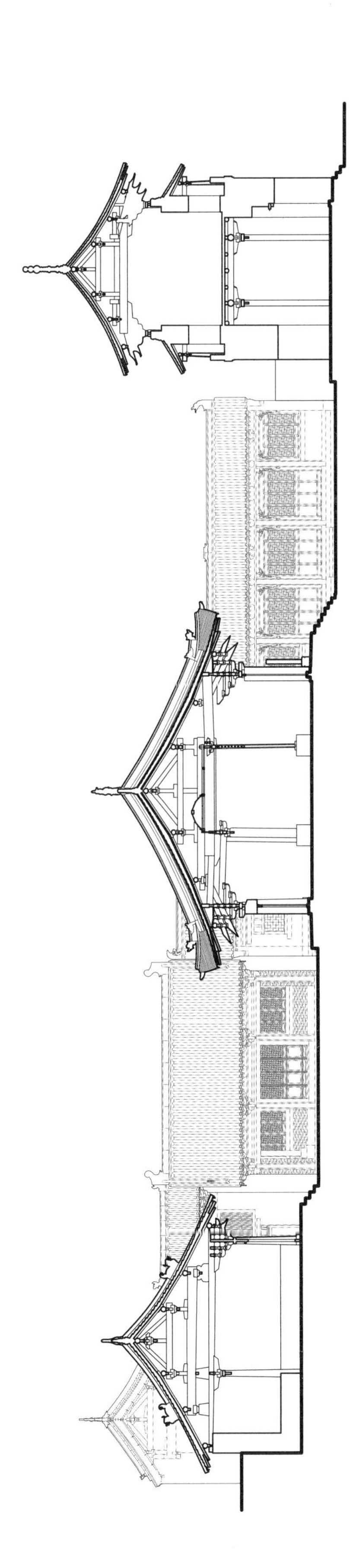

图 3　山西高平开化寺总纵剖面图

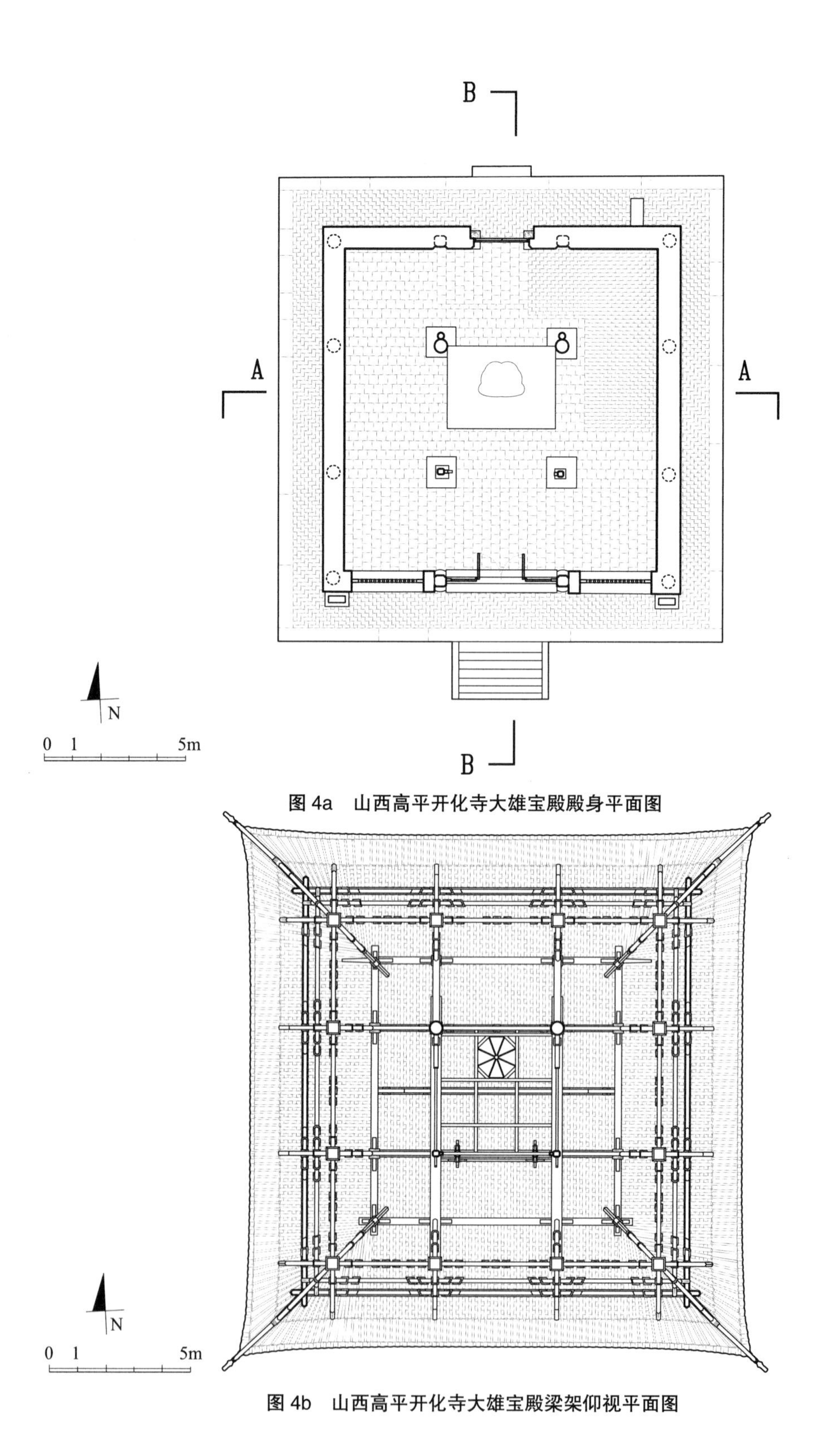

图 4a　山西高平开化寺大雄宝殿殿身平面图

图 4b　山西高平开化寺大雄宝殿梁架仰视平面图

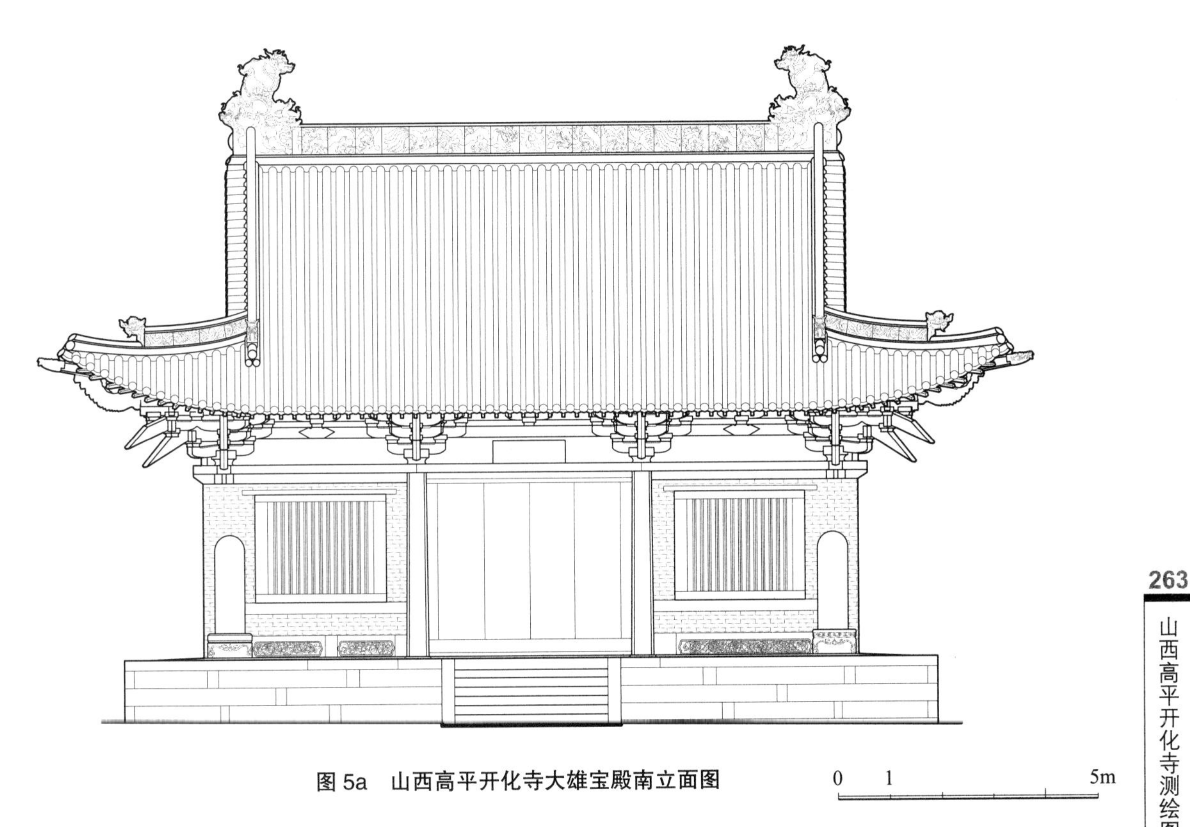

图 5a 山西高平开化寺大雄宝殿南立面图

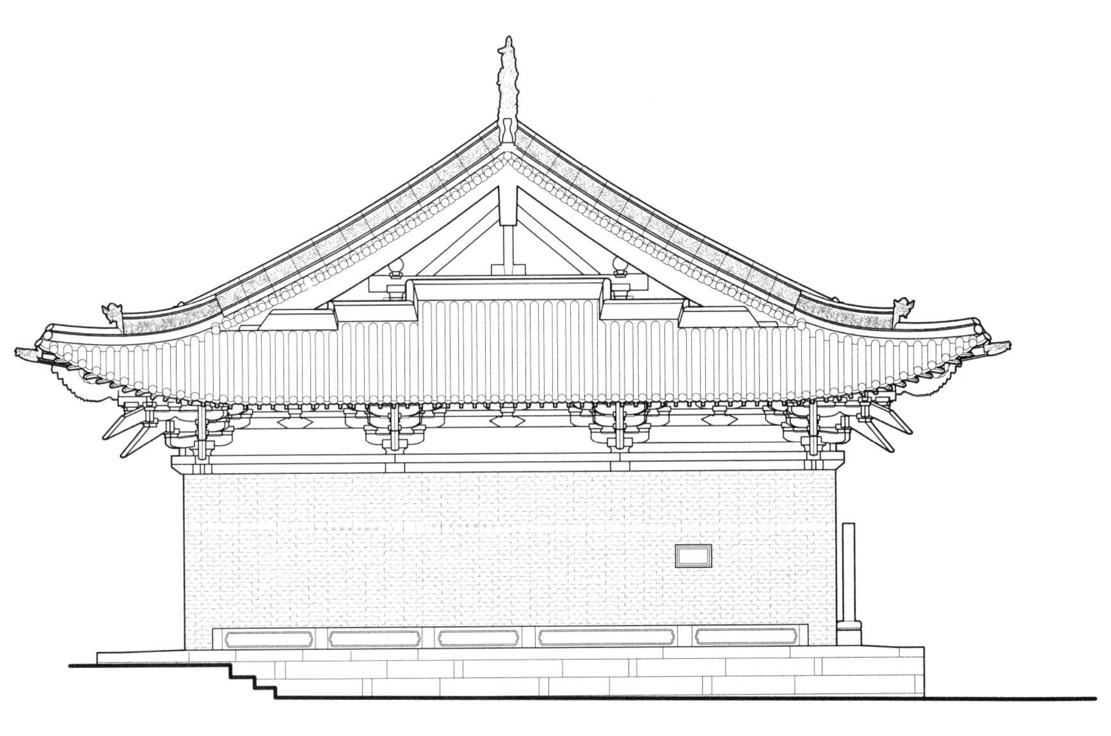

图 5b 山西高平开化寺大雄宝殿西立面图

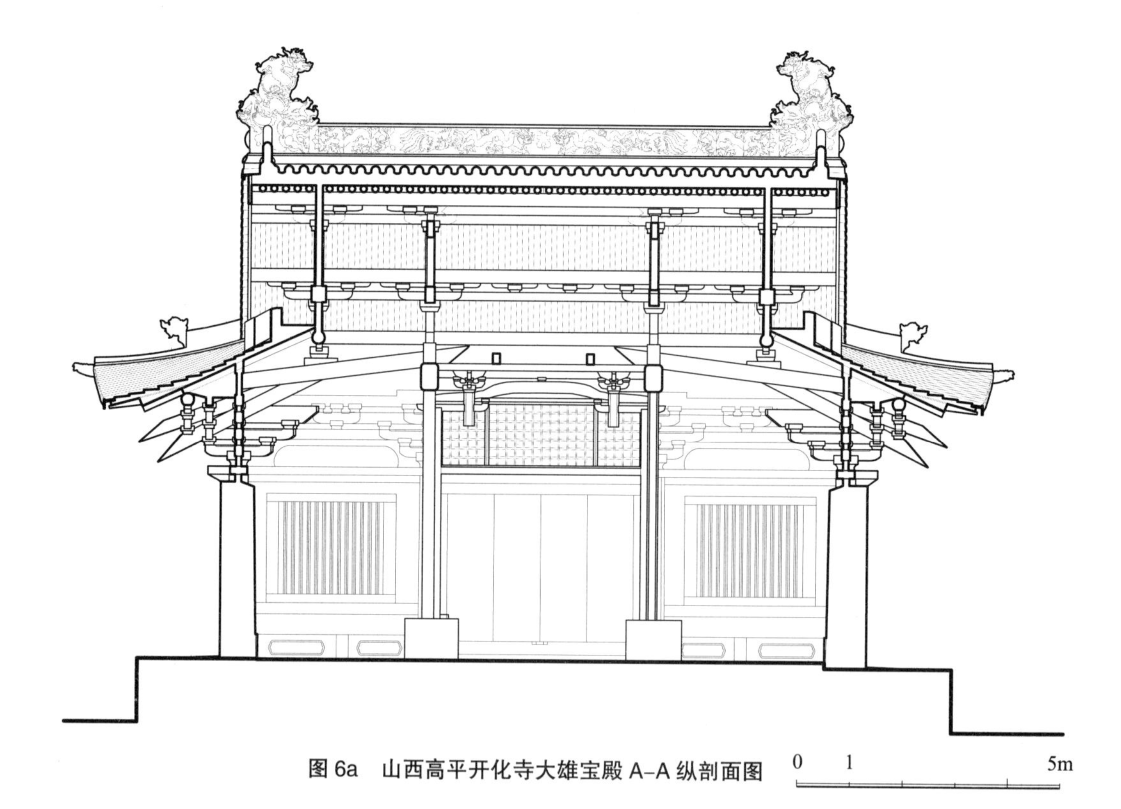

图 6a　山西高平开化寺大雄宝殿 A–A 纵剖面图

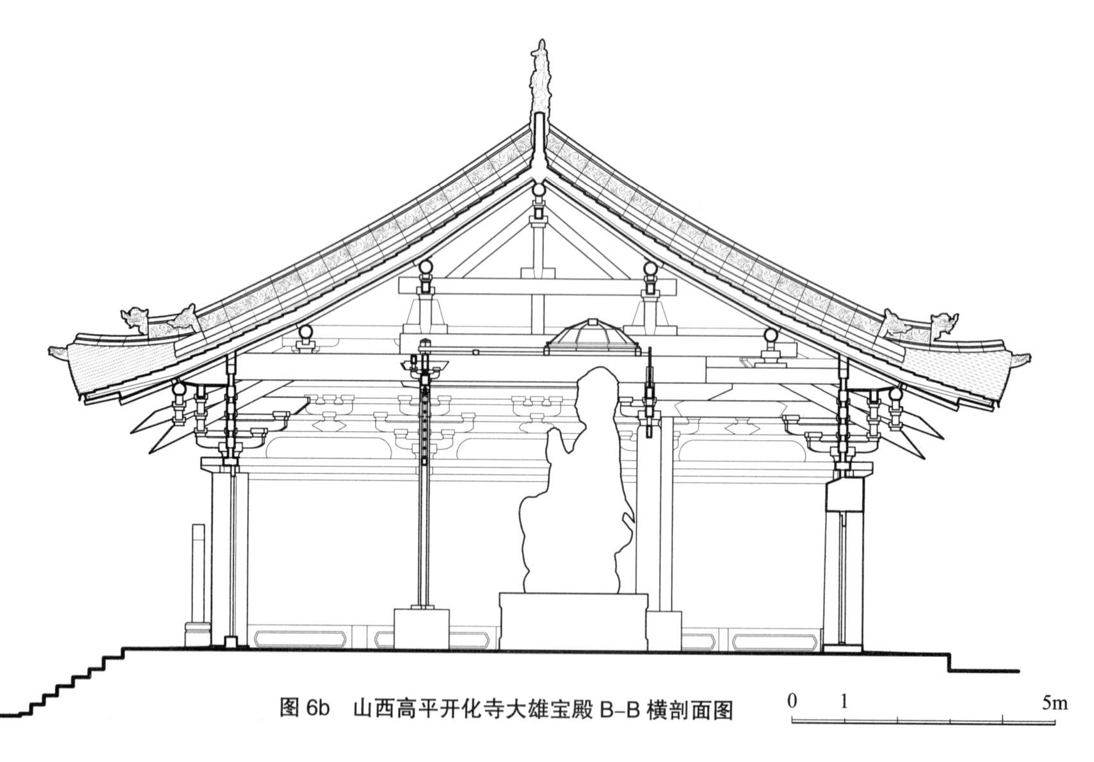

图 6b　山西高平开化寺大雄宝殿 B–B 横剖面图

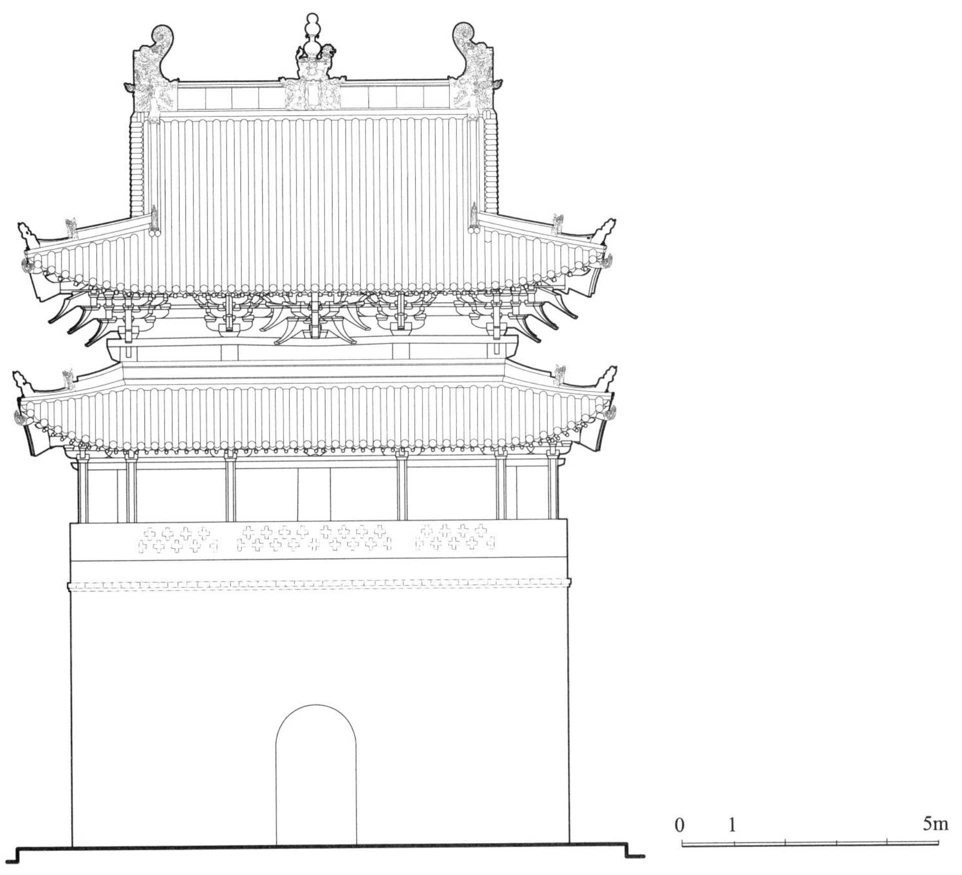

图 7a　山西高平开化寺山门正立面图

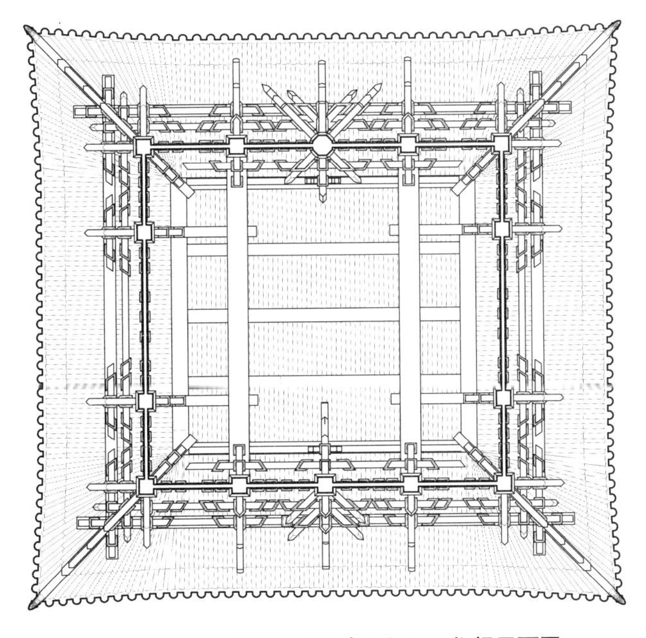

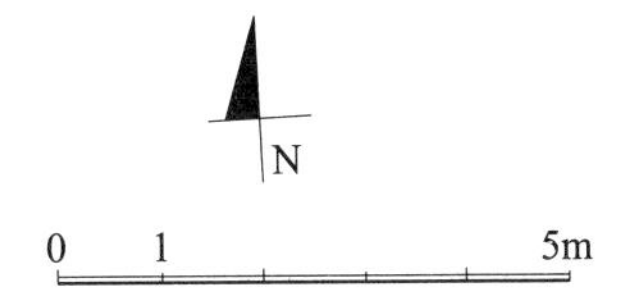

图 7b　山西高平开化寺山门二层仰视平面图

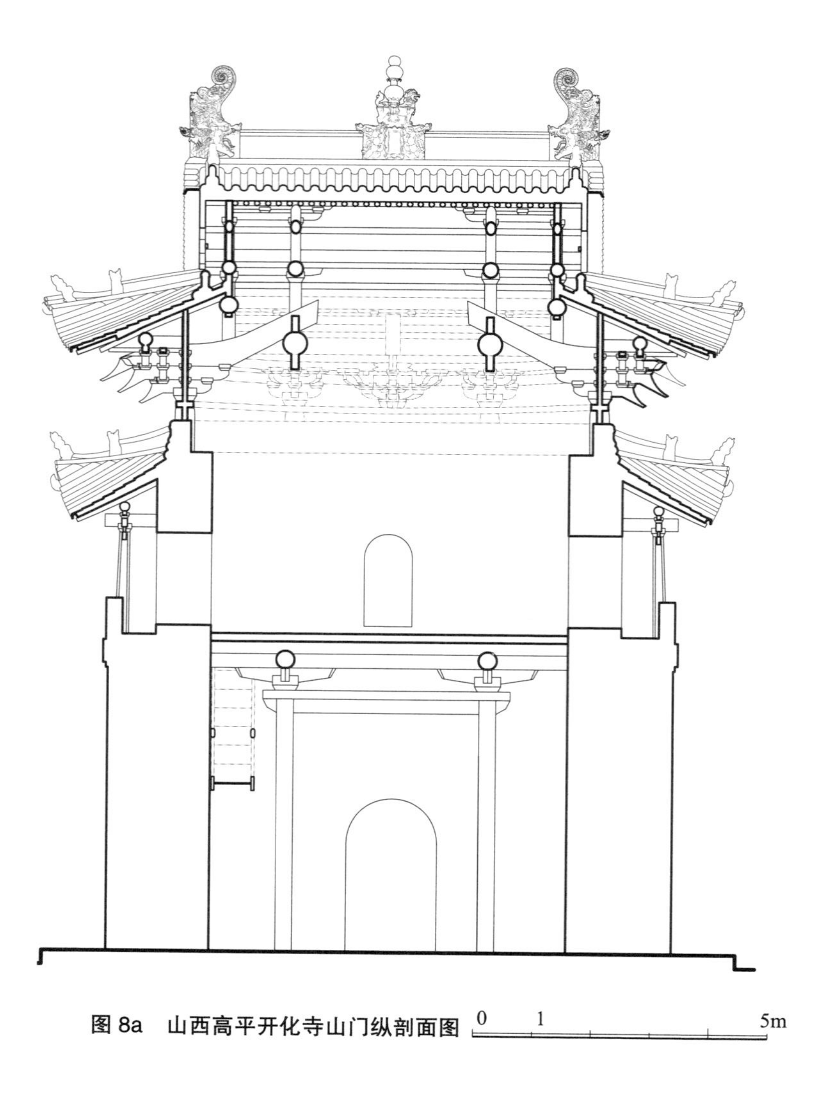

图 8a　山西高平开化寺山门纵剖面图

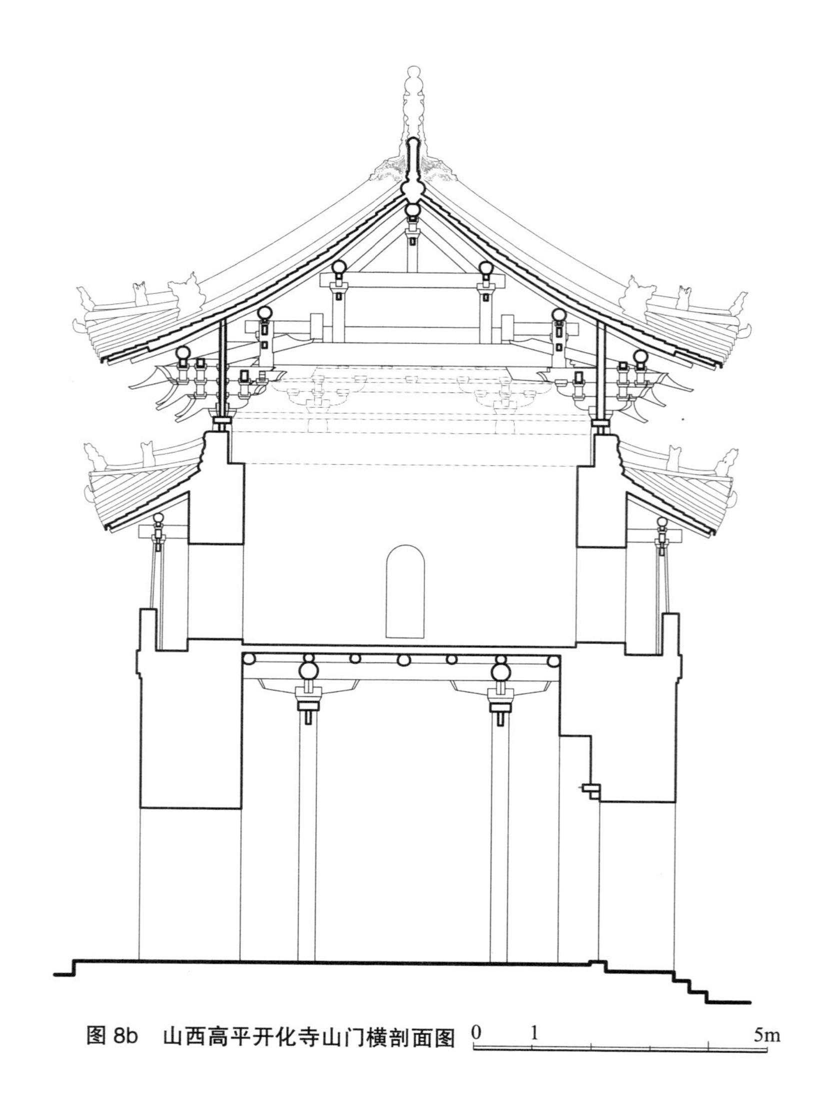

图 8b　山西高平开化寺山门横剖面图

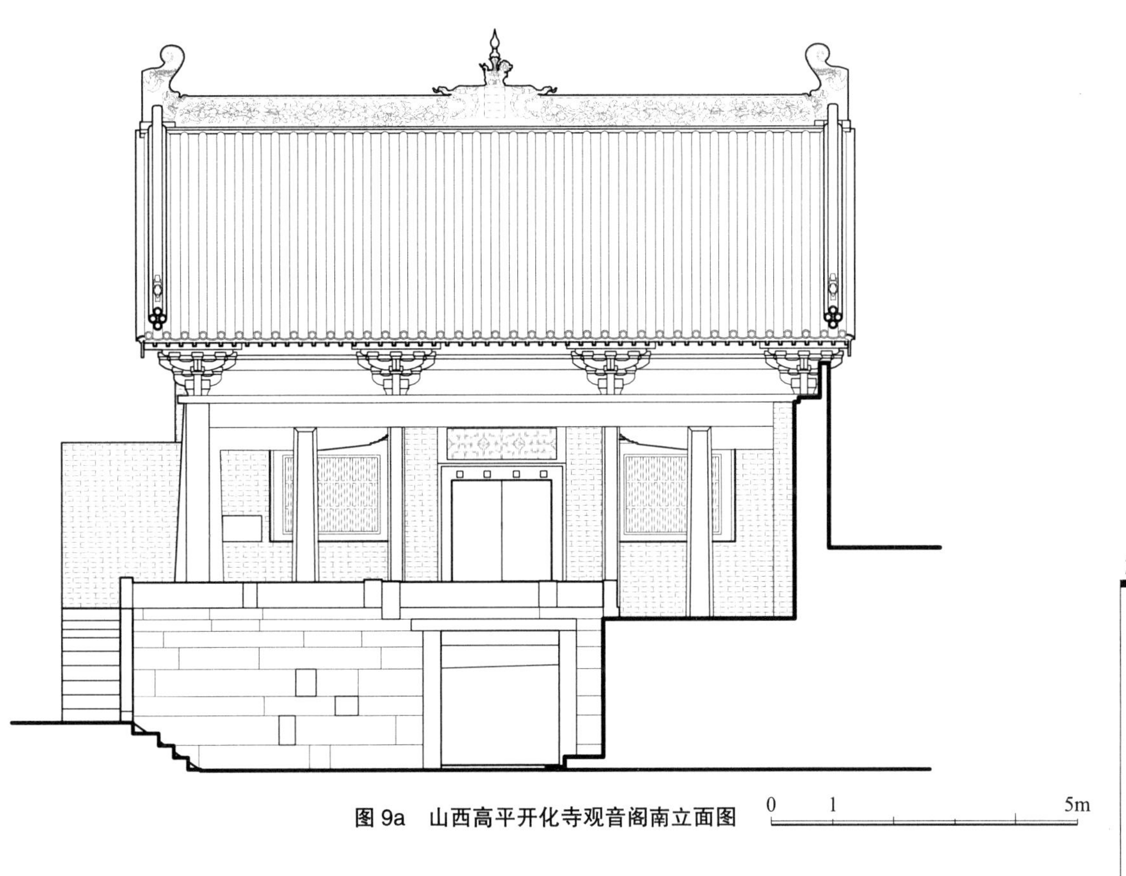

图 9a　山西高平开化寺观音阁南立面图　0　1　5m

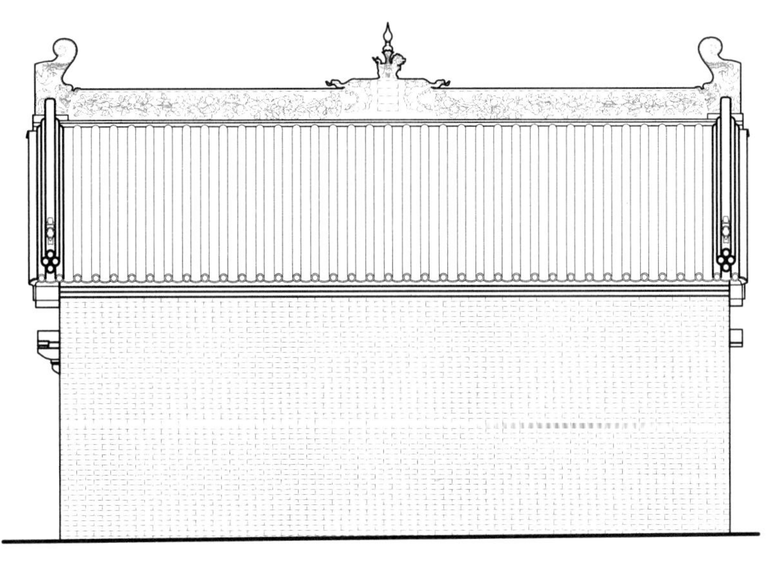

图 9b　山西高平开化寺观音阁北立面图　0　1　5m

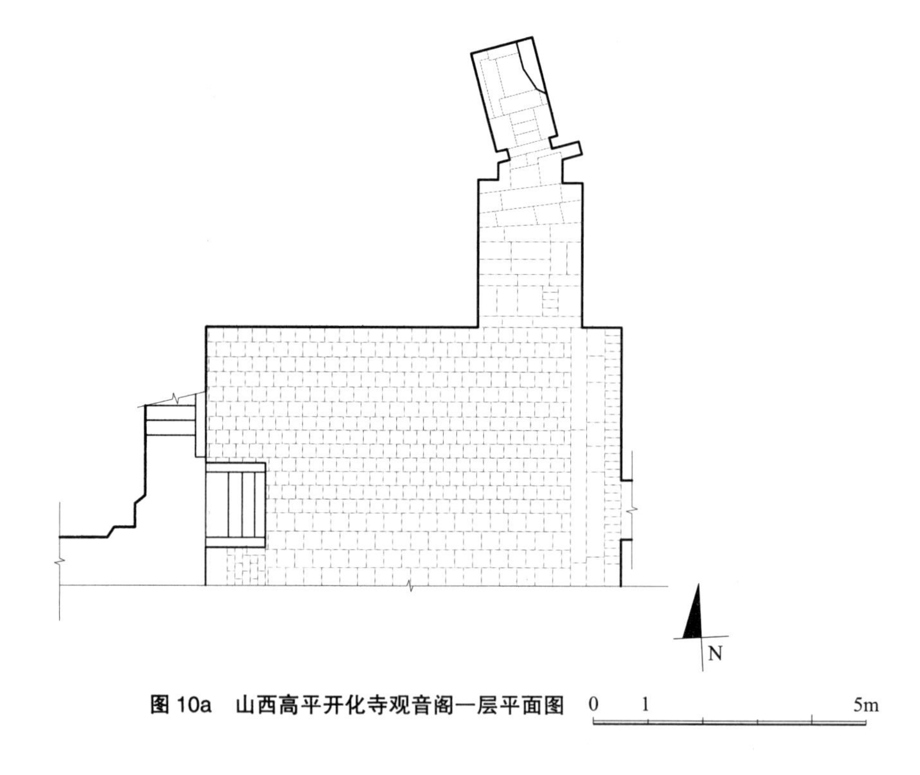

图 10a　山西高平开化寺观音阁一层平面图

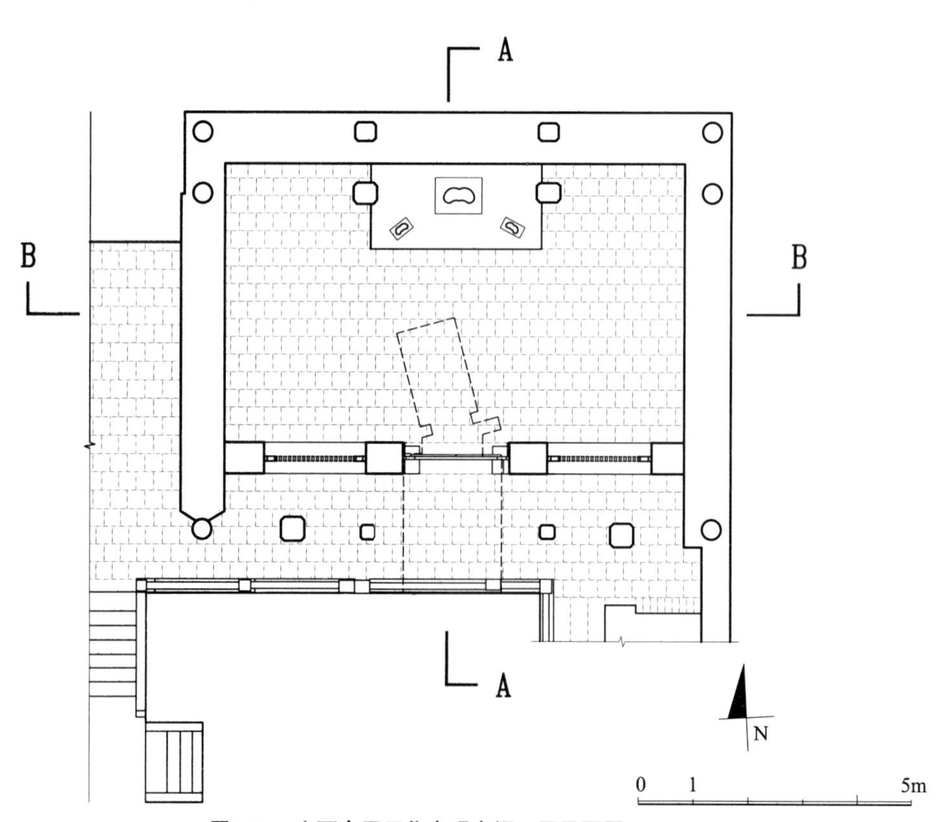

图 10b　山西高平开化寺观音阁二层平面图

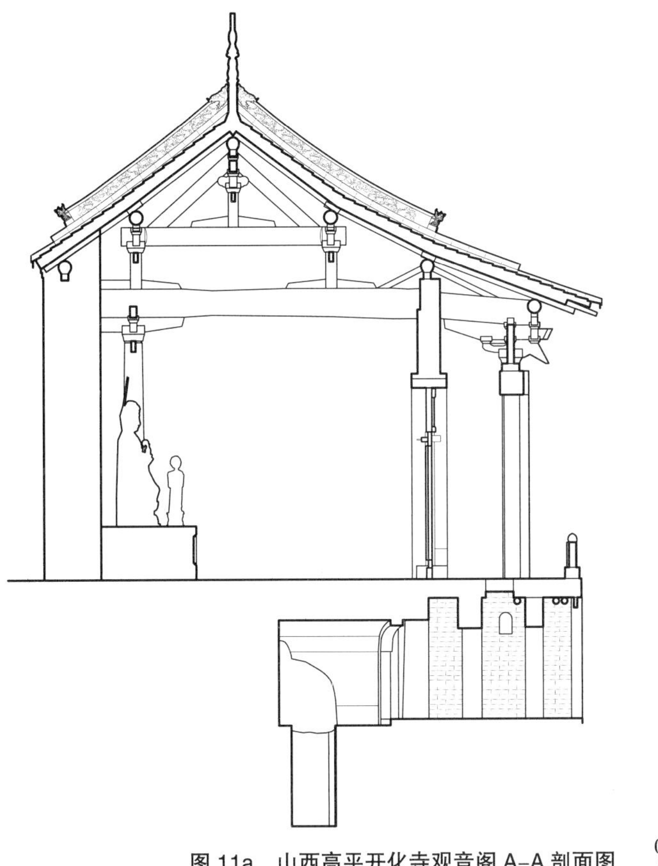

图 11a　山西高平开化寺观音阁 A-A 剖面图

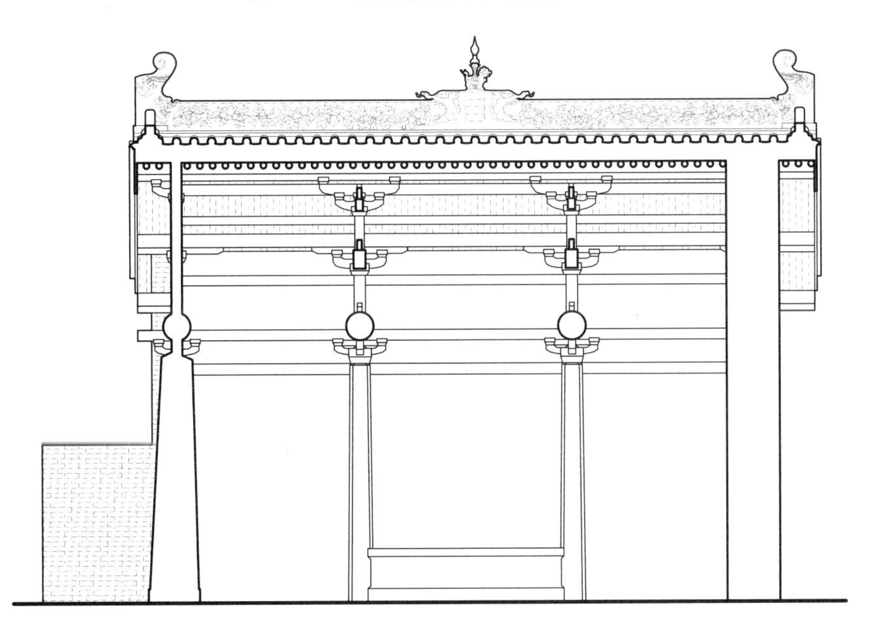

图 11b　山西高平开化寺观音阁 B-B 剖面图

2015年、2017年清华大学建筑学院－山西高平开化寺古建筑测绘组（建筑总图和单体部分）名单

指导教师：李路珂　贾　珺

助教：刘梦雨　时致远　李旻昊　张亦弛　蒋雨彤　孙　蕾　梅笑妍

清华大学建筑学院2012级本科生

姚　宇　苏天宇（彩画组长）

姚　宇　苏天宇　胡曦阳　王章宇　付之航　陈　达　李妹琳

石南菲　唐雨霏　丛　菡　周川源　杨子瑄　王　浩　毛宇帆

徐　逸　黎继明　胡毅衡　高浩歌　唐波晗　王佳怡　刘倩君

刘　田　吴承霖　刘圆方　唐思齐

清华大学建筑学院2014级本科生

黄致昊　刘诗雨　余旺仔　陈曦雨　文　雯　羊宇翔　周　知

陈　成　忻省池　谢恬怡　贾怡欣　王天君　武哲睿　吕刚旭

丁　宁

《中国建筑史论汇刊》稿约

一、《中国建筑史论汇刊》是由清华大学建筑学院主办，清华大学建筑学院建筑历史与文物建筑保护研究所承办，中国建筑工业出版社出版的系列文集，以年辑的体例，集中并逐年系列发表国内外在中国建筑历史研究方面的最新学术研究论文。刊物出版受到华润雪花啤酒（中国）有限公司资助。

二、宗旨：推展中国建筑历史研究领域的学术成果，提升中国建筑历史研究的水准，促进国内外学术的深度交流，参与中国文化现代形态在全球范围内的重建。

三、栏目：文集根据论文内容划分栏目，论文内容以中国的建筑历史及相关领域的研究为主，包括中国古代建筑史、园林史、城市史、建造技术、建筑装饰、建筑文化以及乡土建筑等方面的重要学术问题。其着眼点是在中国建筑历史领域史料、理论、见解、观点方面的最新研究成果，同时也包括一些重要书评和学术信息。篇幅亦遵循国际通例，允许做到"以研究课题为准，以解决一个学术问题为准"，不再强求长短划一。最后附"古建筑测绘"栏目，选登清华建筑学院最新古建筑测绘成果，与同好分享。

四、评审：采取匿名评审制，以追求公正和严肃性。评审标准是：在翔实的基础上有所创新，显出作者既涵泳其间有年，又追思此类问题已久，以期重拾"为什么研究中国建筑"（梁思成语，《中国营造学社汇刊》第七卷第一期）的意义，并在匿名评审的前提下一视同仁。

五、编审：编审工作在主编总体负责的前提下，由"专家顾问委员会"和"编辑部"共同承担。前者由海内外知名学者组成，主要承担评审工作；后者由学界后辈组成，主要负责日常编务。编辑部将在收到稿件后，即向作者回函确认；并将在一月左右再次知会，文章是否已经通过初审、进入匿名评审程序；一俟评审得出结果，自当另函通报。

六、征稿：文集主要以向同一领域顶级学者约稿或由著名学者推荐的方式征集来稿，如能推荐优秀的中国建筑历史方向博士论文中的精彩部分，也将会通过专家评议后纳入文集，论文以中文为主（每篇论文可在 2 万字左右，以能够明晰地解决中国古代建筑史方面的一个学术问题为目标），亦可包括英文论文的译文和书评。文章一经发表即付润毫之资。

七、出版周期：以每年 1~2 辑的方式出版，每辑 15~20 篇，总字数为 50 万字左右，16 开，单色印刷。

八、编者声明：本文集以中文为主，从第捌辑开始兼收英文稿件。作者无论以何种语言赐稿，即被视为自动向编辑部确认未曾一稿两投，否则须为此负责。本文集为纯学术性论文集，以充分尊重每位作者的学术观点为前提，唯求学术探索之原创与文字写作之规范，文中任何内容与观点上的歧异，与文集编者的学术立场无关。

九、入网声明：为适应我国信息化发展趋势，扩大本刊及作者知识信息交流渠道，本刊已被《中国学术期刊网络出版总库》及 CNKI 系列数据库收录，其作者文章著作权使用费与本刊稿酬一次性给付，免费提供作者文章引用统计分析资料。如作者不同意文章被收录入期刊网，请在来稿时向本刊声明，本刊将做适当处理。

来稿请投：E-mail：xuehuapress@sina.cn；或寄：清华大学建筑学院新楼 503 室《中国建筑史论汇刊》编辑部，邮编：100084。

本刊博客：http: //blog. sina. com. cn/ jcah

《中国建筑史论汇刊》编辑部

Guidelines for Submitting English-language Papers to the *JCAH*

The *Journal of Chinese Architecture History* (*JCAH*) provides art opportunity for scholars to Publish English-language or Chinese—language papers on the history of Chinese architecture from the beginning to the early 20th century. We also welcome papers dealing with other countries of the East Asian cultural sphere. Topics may range from specific case studies to the theoretical framework of traditional architecture including the history of design, landscape and city planning.

JCAH is strongly committed to intellectual transparency, and advocates the dynamic process of open peer review. Authors are responsible to adhere to the standards of intellectual integrity, and acknowledge the source of previously published material Likewise, authors should submit original work that, in this manner, has not been published previously in English, nor is under review for publication elsewhere.

Manuscripts should be written in good English suitable for publication. Non-English native speakers are encouraged to have their manuscripts read by a professional translator, editor, or English native speaker before submission.

Manuscripts should be sent electronically to the following email adckess: xuehuapress@sina.cn

For further information, please visit the *JCAH* website, or contact our editorial office:

English Editor: Alexandra Harrer 荷雅丽

JCAH Editorial office

Tsinghua University, School of Architecture, New Building Room 503 / China, Beijing, Haidian District 100084

北京市海淀区 100084/ 清华大学建筑学院新楼 503/JCAH 编辑部

Tel (Ms Zhang Xian 张弦 /Ms Li Jing 李菁): 0086 10 62796251

Email: xuehuapress@sina. cn

http: //blog. sina. corn. cn/ jcah

Submissions should include the following separate files:

1) Main text file in MS-Word format (1abeled with "text" + author's last name) It must include the name (s) of the author (s), name (s) of the translator (s) if applicable, institutional affiliation, a short abstract (1ess than 200 words), 5 keywords, the main text with footnotes, acknowledgment if necessary, and a bibliography. For text style and formatting guidelines, please visit the *JCAH* website (mainly Chicago Manual of Style, 16th Edition, *Merriam-webster Collegiate Dictionary*, 11th Edition)

2) Caption file in MS-Word format (1abeled with "caption" + author's last name).It should list illustration captions and sources.

3) Up to 30 illustration files preferable in JPG format (1abeled with consecutive numbers according to the sequence in the text+ author's last name). Each illustration should be submitted as an individual file with a resolution of 300 dpi and a size not exceeding 1 megapix.

Authors are notified upon receipt of the manuscript. If accepted for publication, authors will receive an edited version of the manuscript for final revision, and upon publication, automatically two gratis bound journal copies.

图书在版编目（CIP）数据

中国建筑史论汇刊．第壹拾陆辑／王贵祥主编．—北京：中国建筑工业出版社，2018.10
ISBN 978-7-112-22771-6

Ⅰ．①中… Ⅱ．①王… Ⅲ．①建筑史—中国—文集 Ⅳ．①TU-092

中国版本图书馆CIP数据核字（2018）第226088号

责任编辑： 董苏华　李　婧
责任校对： 王　烨

中国建筑史论汇刊　第壹拾陆辑
清华大学建筑学院主办
王贵祥　主　编
贺从容　李　菁　副主编
*
中国建筑工业出版社出版、发行（北京海淀三里河路9号）
各地新华书店、建筑书店经销
北京雅盈中佳图文设计公司制版
北京中科印刷有限公司印刷
*
开本：787×1092毫米　1/16　印张：$17^1/_2$　字数：357千字
2018年10月第一版　2018年10月第一次印刷
定价：92.00元
ISBN 978-7-112-22771-6
（32754）